普通高等教育教材

REARRANGEMENT REACTIONS

PRINCIPLES AND APPLICATIONS

重排反应

原理及应用

彭勃 | 等 编著

化学工业出版社

·北京·

内容简介

《重排反应：原理及应用》采用经典人名重排反应的字母索引框架进行编排，涵盖有机合成与药物化学领域高频应用的12类重排反应，针对每类反应进行了反应机理、影响因素、立体化学控制等的详细介绍；同时通过经典的合成实例，阐明各类重排反应在复杂分子构筑中的普适性应用规律。

本书可作为高等院校化学与应用化学等相关专业高年级本科生和研究生教材，也可供化学等相关领域科技工作者参考使用。

图书在版编目（CIP）数据

重排反应 ：原理及应用 / 彭勃等编著. -- 北京 ：化学工业出版社，2025. 10. -- ISBN 978-7-122-48657-8

I. O621.25

中国国家版本馆CIP数据核字第2025SU9299号

责任编辑：成荣霞　　文字编辑：姚子丽　师明远
责任校对：王　静　　装帧设计：王晓宇

出版发行：化学工业出版社
（北京市东城区青年湖南街13号　邮政编码100011）
印　　装：北京科印技术咨询服务有限公司数码印刷分部
710mm×1000mm　1/16　印张17¼　字数317千字
2025年11月北京第1版第1次印刷

购书咨询：010-64518888　　售后服务：010-64518899
网　　址：http://www.cip.com.cn
凡购买本书，如有缺损质量问题，本社销售中心负责调换。

定　　价：88.00元

PREFACE 前言

重排反应是有机化学中的一大类重要的反应类型，在药物、天然产物、新材料的合成中发挥重要作用。然而，这类反应的反应机理相对复杂，使其成为有机化学中的学习难点。本书从反应机理、反应类型、反应应用等方面，阐述该类反应的发展与最新进展，为广大高年级本科生、研究生以及合成化学相关的工作者提供参考。

有机重排反应指的是分子内原子间成键顺序变化导致分子碳骨架改变或官能团移位的过程。它通常涉及取代基由一个原子转移到同一个分子中的另一个原子上的过程。按照反应机理，有机重排反应可分为基团迁移重排反应与周环反应。前者是指反应物分子中的基团在分子内部迁移的反应；后者则是在分子内共价键协同变化的基础上发生重排的反应，可以分为电环化反应和δ迁移反应。由于重排反应种类众多，本书重点介绍部分经典的人名重排反应，包括 Brook 重排、Claisen 重排、Cope 重排、Curtius 重排、Fries 重排、Mislow-Evans 重排、Neber 重排、Payne 重排、频哪醇重排、Smiles 重排、Sommelet-Hauser 重排、Stevens 重排和 Wittig 重排等。其他重要的重排类型，包括 Beckmann 重排、Ferrier 重排、Favorskii 重排等，在其他参考书以及综述中有详细讨论，本书不做讨论。

本书有如下特点：

（1）按照重要人名重排反应分类，以便于读者查阅；

（2）从反应机理入手，展开讨论重排反应的发展，便于读者对反应进行深入理解和把握；

（3）针对每种重排反应，详细探讨反应的适用范围和局限，以及反应的其他重要影响因素，以便读者掌握反应的特点；

（4）提供最新发展成果的总结，便于读者动态掌握相关反应的发展脉络；

（5）探讨相关反应在药物、天然产物合成中的应用，辅助读者理解反应的价值所在。

本书由彭勃、黄鑫、张磊、邹晓亮主笔，郑丁铭、吉江涛、崔傲、张轩、朱玲、何以立、侯嘉宁、张屹璠参加了部分内容的编写和资料的整理工作。

编写过程得到了浙江师范大学化学与材料科学学院和化学工业出版社的大力支持，在此一并表示感谢。

由于水平有限，书中不妥之处难以避免，恳请读者批评指正。

编著者

CONTENTS

目录

第1章 Brook 重排 001

1.1 Brook 重排概述 002
1.2 重排底物（酰基硅烷）的制备 003
1.3 酰基硅烷与不同亲核试剂的重排反应 003
1.3.1 与含有 α-离去基团亲核试剂的重排反应 003
1.3.2 与含共轭基团亲核试剂的重排反应 005
1.3.3 与烯醇阴离子亲核试剂的重排反应 007
1.4 Brook 重排反应的应用 008
参考文献 010

第2章 Claisen 重排 012

2.1 经典 Claisen 重排 013
2.2 Claisen 重排的机理 014
2.3 烯丙基乙烯基醚的制备 014
2.4 催化型 Claisen 重排 016
2.4.1 金属催化的 Claisen 重排 016
2.4.2 有机催化的 Claisen 重排 018
2.5 芳香族 Claisen 重排 020
2.6 Claisen 重排变体 021
2.6.1 Carroll 重排 021
2.6.2 Eschenmoser 重排 024
2.6.3 Johnson 重排 027
2.6.4 Ireland 重排 030
2.6.5 Reformatsky-Claisen 重排 034
2.6.6 Coates-Claisen 重排 037
2.6.7 Gosteli-Claisen 重排 040
2.6.8 Saucy-Marbet 重排 042

2.6.9 Arnold-Claisen 重排 043
2.6.10 Kazmaier-Claisen 重排 043
2.6.11 thio-Claisen 重排 044
2.6.12 aza-Claisen 重排 046
2.6.13 1-aza-Claisen 重排和 2-aza-Claisen 重排 049
2.6.14 Overman 重排 051
2.7 电荷加速型 Claisen 重排 052
2.7.1 烯酮、烯酮亚胺、炔和联烯酸酯的 3-阳离子 Claisen 重排 053
2.7.2 亚砜和碘的 3-阳离子 Claisen 重排 060
2.7.3 2′-阴离子 Claisen 重排（Denmark-Claisen 重排） 073
参考文献 075

第 3 章 Cope 重排 088

3.1 Cope 重排概述 089
3.2 影响 Cope 重排平衡的因素 090
3.3 脂肪族 Cope 重排 092
3.3.1 炔烃底物参与的 Cope 重排 092
3.3.2 累积二烯烃参与的 Cope 重排 094
3.4 芳香族 Cope 重排 094
3.5 催化型 Cope 重排 096
3.5.1 酸催化的 Cope 重排 096
3.5.2 金属催化的 Cope 重排 097
3.5.3 有机催化 Cope 重排 098
3.6 其他 Cope 重排——氧-Cope 重排 099
3.7 Cope 重排的应用 102
参考文献 104

第 4 章 Curtius 重排、Hofmann 重排、Lossen 重排 106

4.1 概述 107
4.2 Curtius 重排 107
4.2.1 Curtius 重排概述 107
4.2.2 Curtius 重排的改进与优化 108
4.2.3 aza-Curtius 重排和 P-Curtius 重排 112
4.2.4 Curtius 重排的应用 112
4.3 Hofmann 重排 115
4.3.1 Hofmann 重排概述 115
4.3.2 Hofmann 重排反应的改进与优化 115

4.3.3 氮杂-Hofmann 重排反应 118
4.3.4 Hofmann 重排的应用 119
4.4 Lossen 重排 122
4.4.1 Lossen 重排概述 122
4.4.2 Lossen 重排反应的改进与优化 123
4.4.3 膦酰基 Lossen 重排 124
4.4.4 Lossen 重排的应用 125
参考文献 126

第 5 章 Fries 重排 129

5.1 Fries 重排概述 130
5.2 阳离子 Fries 重排 130
5.2.1 Lewis 酸或 Brønsted 酸催化的 Fries 重排 130
5.2.2 沸石催化的 Fries 重排 132
5.3 阴离子 Fries 重排 132
5.3.1 阴离子碳 Fries 重排 133
5.3.2 阴离子硅 Fries 重排 135
5.3.3 阴离子硫 Fries 重排 136
5.3.4 阴离子磷 Fries 重排 138
5.4 自由基 Fries 重排 139
参考文献 142

第 6 章 Mislow-Evans 重排 144

6.1 Mislow-Evans 重排概述 145
6.2 重排底物的制备 145
6.3 烯丙基次磺酸酯与烯丙醇之间经由 [2,3]-σ 重排的转化 146
6.3.1 由烯丙基次磺酸酯到烯丙基亚砜 146
6.3.2 由烯丙基亚砜到烯丙醇 147
6.4 影响重排反应立体选择性的因素 148
6.4.1 C-1 位置手性对产物立体化学的影响 148
6.4.2 构象对 Mislow-Evans 重排的影响 149
6.4.3 硫手性对产物立体化学结果的影响 150
6.5 包含 Mislow-Evans 重排反应的序列及其在合成中的应用 151
6.5.1 Diels-Alder/Mislow-Evans 重排反应 151
6.5.2 杂原子参与的 Mislow-Evans 重排反应 152
6.5.3 Claisen/Mislow-Evans 重排 153
6.5.4 Knoevenagel 缩合 / 乙烯基亚砜异构化 /Mislow-Evans 反应 154

6.5.5 连续多次的 [2,3]-重排反应 155
6.5.6 烯丙醇的差向异构化反应 156
参考文献 157

第 7 章 Neber 重排 159

7.1 Neber 重排概述 160
7.2 反应机理及特点 160
7.3 底物的合成 161
7.4 重排的范围 162
7.4.1 2*H*-氮丙啶的合成 162
7.4.2 α-氨基酮的合成 163
7.4.3 α-氨基缩酮的合成 164
7.4.4 2*H*-氮丙啶、α-氨基酮和 α-氨基缩酮形成的位点选择性和非对映选择性 165
7.5 Neber 重排反应在合成中的应用 166
7.6 Neber 重排反应的局限性 167
7.6.1 形成二氢吡嗪和吡嗪 167
7.6.2 形成吲哚 168
7.6.3 形成其他副产物 169
参考文献 170

第 8 章 Payne 重排 172

8.1 Payne 重排概述 173
8.2 重排机理及立体化学研究 173
8.2.1 碱性条件下的环氧化物迁移 173
8.2.2 非碱性条件下的环氧化物迁移 175
8.2.3 原位亲核捕获 176
8.3 重排底物的制备 177
8.4 重排的范围 177
8.4.1 与碳亲核试剂的反应 177
8.4.2 与氮亲核试剂的反应 178
8.4.3 与氧亲核试剂的反应 179
8.4.4 与氢化物的反应 180
8.4.5 与氟化物的反应 180
8.5 氮杂-Payne 重排反应 181
8.6 硫杂-Payne 重排反应 182
8.7 Payne 重排反应在天然产物合成中的应用 183

参考文献 185

第 9 章 频哪醇重排 188

9.1 频哪醇重排概述 189
9.2 重排中的基团迁移特点 189
9.3 半频哪醇重排 191
9.4 氮杂 - 频哪醇重排反应 192
9.5 不对称频哪醇重排反应 194
9.6 催化对映选择性频哪醇重排反应 197
9.7 在天然产物全合成中的应用 200
参考文献 202

第 10 章 Smiles 重排 204

10.1 Smiles 重排反应概述 205
10.2 反应机理 205
10.3 离子型 Smiles 重排 206
10.3.1 碳 - 碳键的构建 206
10.3.2 碳 - 杂键的构筑 209
10.4 自由基型 Smiles 重排反应 211
10.4.1 传统自由基型 Smiles 重排反应 211
10.4.2 可见光催化的 Smiles 重排反应 211
10.5 Smiles 重排反应的应用 215
参考文献 217

第 11 章 Sommelet-Hauser 重排、Stevens 重排 219

11.1 反应概况 220
11.2 反应的机理 221
11.3 氮叶立德重排前体的构建 221
11.3.1 碱诱导的 S-H 重排 221
11.3.2 苯炔参与的 S-H 重排 223
11.3.3 金属催化的 S-H 重排脱芳构化 224
11.4 其他类型的 S-H 重排 225
11.4.1 硫叶立德作为重排中间体的 S-H 重排 225
11.4.2 有机硒类型的 S-H 重排 226
11.4.3 光引发 S-H 重排 227
11.5 不对称的 S-H 重排 228

11.5.1 手性辅基诱导的不对称 S-H 重排 228
11.5.2 过渡金属催化的不对称 S-H 重排 229
11.6 Sommelet-Hauser 重排反应的应用 231
11.7 氮叶立德重排中间体的构建方式 232
11.7.1 碱诱导叶立德重排中间体的形成 232
11.7.2 通过卡宾形成叶立德重排中间体 233
11.8 不对称类型的 Stevens 重排 235
11.8.1 底物诱导的不对称 Stevens 重排 235
11.8.2 催化剂控制的不对称 Stevens 重排 237
11.9 Stevens 重排反应的应用 239
参考文献 241

第 12 章 Wittig 重排 244

12.1 Wittig 重排反应概述 245
12.2 1,2-Wittig 重排 245
12.2.1 1,2-Wittig 重排概述 245
12.2.2 1,2-Wittig 重排反应机理 246
12.2.3 1,2-Wittig 重排立体选择性 247
12.2.4 芳香族的 1,2-Wittig 重排 248
12.2.5 脂肪族的 1,2-Wittig 重排 249
12.3 2,3-Wittig 重排 252
12.3.1 2,3-Wittig 重排概述 252
12.3.2 2,3-Wittig 重排反应机理 252
12.3.3 脂肪族的 2,3-Wittig 重排 253
12.3.4 对映选择性 2,3-Wittig 重排 258
12.3.5 其他 2,3-Wittig 重排 260
12.3.6 Wittig 重排反应的应用 262
参考文献 264

第1章 Brook 重排

1.1 Brook 重排概述

1.2 重排底物（酰基硅烷）的制备

1.3 酰基硅烷与不同亲核试剂的重排反应

1.4 Brook 重排反应的应用

1.1 Brook 重排概述

Brook 重排（Brook rearrangement），最初由 Brook 于 1958 年发现[1]，其核心在于分子内部硅基团经由氧负离子，从碳原子向氧原子的迁移过程（图 1.1）。最初，主要是 1,2- 硅基迁移（即 C-1 至 C-2 位置的迁移），但随着研究的深入，涵盖了所有形式的 1,*n*- 硅基迁移[2]（例如 C-3 至 C-4 等更远位置的迁移），均被定义为 Brook 重排。此外，科学家们还发现了 Brook 重排的多种变体。其中包括氮杂 Brook 重排和硫杂 Brook 重排，这些发现进一步丰富了 Brook 重排的理论体系。而硅基团从氧原子逆向迁移至碳原子的过程，这一独特的迁移被称为逆 Brook 重排[3]。

图1.1

在合成化学的领域中，除了经典的 1,2-Brook 重排之外，1,*n*-Brook 重排逐渐崭露头角[2-4]。然而，本章的核心将紧密聚焦于 1,2- 碳到氧的硅基迁移。这一过程之所以成为科研探索的热点，是因为它赋予了酰基硅烷结构中的羰基碳原子一种独特的性质——兼具亲电性和亲核性的双重特性（1,1- 偶极子）（图 1.2）。

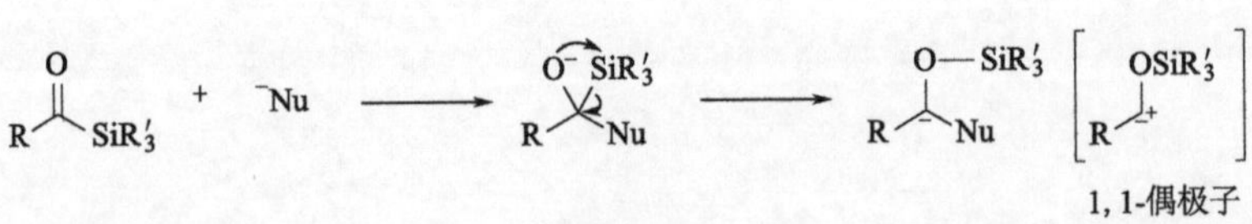

图1.2

Brook 重排过程伴随着一个五配位硅的过渡态或中间体的形成，这一过程对于达到反应平衡至关重要[5]，且该中间体在气相中的结构已经通过理论计算得到了验证。进一步的动力学研究揭示了过渡态的独特性质：在此状态下，会积累大量的负电荷（$\rho \approx 4$），并且 $\Delta S^{\ddagger}$ 呈现出极大的负值，这些特征与三元环状中间体存在高度统一[6]（图 1.3）。同时，Si—O 键相较于 Si—C 键具有更大的键能，是重排反应的主要驱动力。但在缺乏亲电猝灭试剂（例如，在向酰基硅烷体系中添加有机金属试剂）的条件下，*α*- 硅烷醇盐的生成会显著影响反应的平衡。这一平衡最终是由氧阴离子与碳阴离子之间的相对稳定性共同决定的。

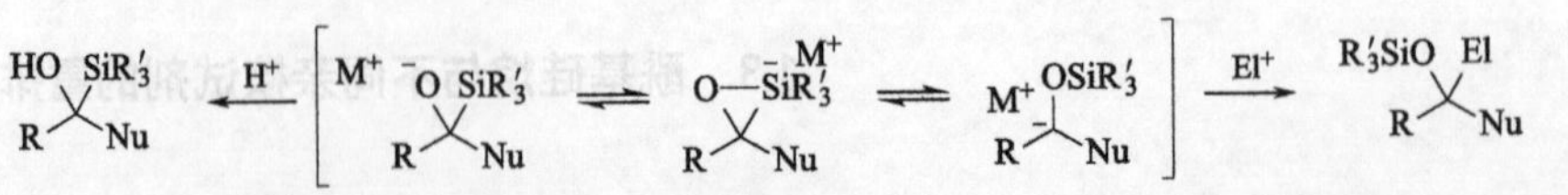

图1.3

1.2 重排底物（酰基硅烷）的制备

酰基硅烷的制备策略丰富多样，且在多篇综述中都有详细的报道[2,7]。鉴于此，本部分将聚焦于那些可用于大规模制备的方法。

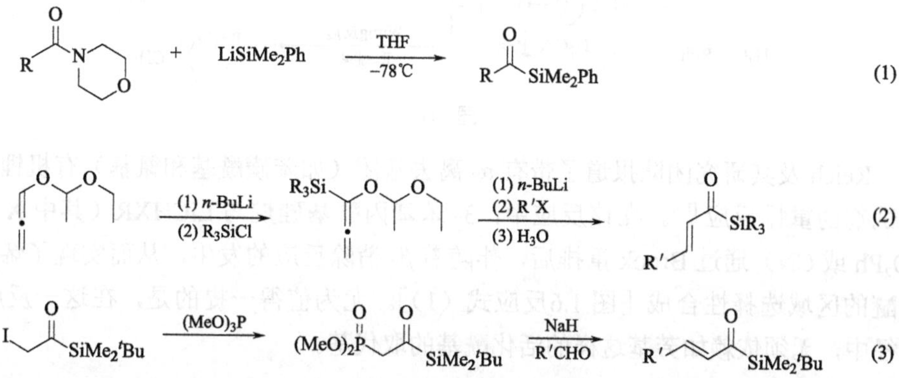

图1.4

Scheidt 及其科研团队报道了一种利用吗啉酰胺与二甲基苯基硅基锂高效制备酰基硅烷的合成方法，可以较高的产率直接制备酰基硅烷[8]［图 1.4 反应式（1)］。值得注意的是，该反应过程可放大到数十克级别，为大规模工业化生产这类重要化合物开辟了一条高效的途径。

共轭酰基硅烷的制备方法主要是 α- 硅烷基烯丙基醚的水解反应[9]［图 1.4 反应式（2)］。此外，在制备取代的 α,β- 不饱和酰基硅烷，尤其是 β- 芳基衍生物的过程中，一种极为高效的合成策略是借助 Horner-Wadsworth-Emmons 反应。该反应巧妙地运用了 α- 膦酰酰基硅烷作为核心试剂，通过与不同的醛反应可以便捷地制备相应的不饱和酰基硅烷。此类关键的 α- 膦酰酰基硅烷前体能够通过 α- 碘酰基硅烷的 Arbuzov 反应制备获得[10]［图 1.4 反应式（3)］。

1.3 酰基硅烷与不同亲核试剂的重排反应

1.3.1 与含有 α- 离去基团亲核试剂的重排反应

Brook 重排在合成化学中的应用历史可追溯至 1967 年[11]，这一领域的开拓性进展得益于 Brook 对于酰基硅烷与一系列含有 α- 离去基团的非金属亲核试剂（如重氮甲烷及 Wittig 试剂）之间反应的深入研究。当酰基硅烷与 Wittig 试剂反应时[12]，生成的碳负离子若携带有 α- 离去基团，会进一步引发 β- 消除反应，从而形成烯醇硅醚（图 1.5）。然而，在这一体系中，成功发生重排的关键在于必须存在一个能够高效稳定阴离子的酰基结构。反之，若酰基硅烷中的芳基被烷基取代了，则反应更倾向于遵循传统的 Wittig 反应路径。

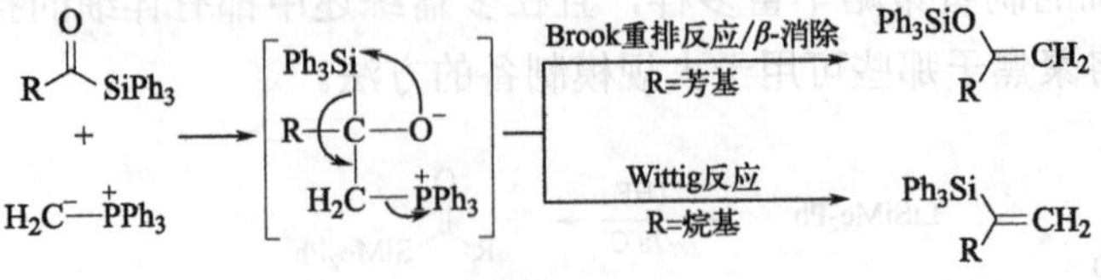

图 1.5

Reich 及其研究团队报道了带有 α- 离去基团（如苯磺酰基和氰基）有机锂亲核试剂的重排反应[13]。在该反应中，3- 苯基丙酰基硅烷与 LiCHXR（其中 X 为 SO_2Ph 或 CN）通过 Brook 重排后，伴随着 β- 消除反应的发生，从而实现了烯醇硅醚的区域选择性合成［图 1.6反应式（1）］。尤为值得一提的是，在这一反应路径中，无须依赖如芳基这样的活化酰基的取代基。

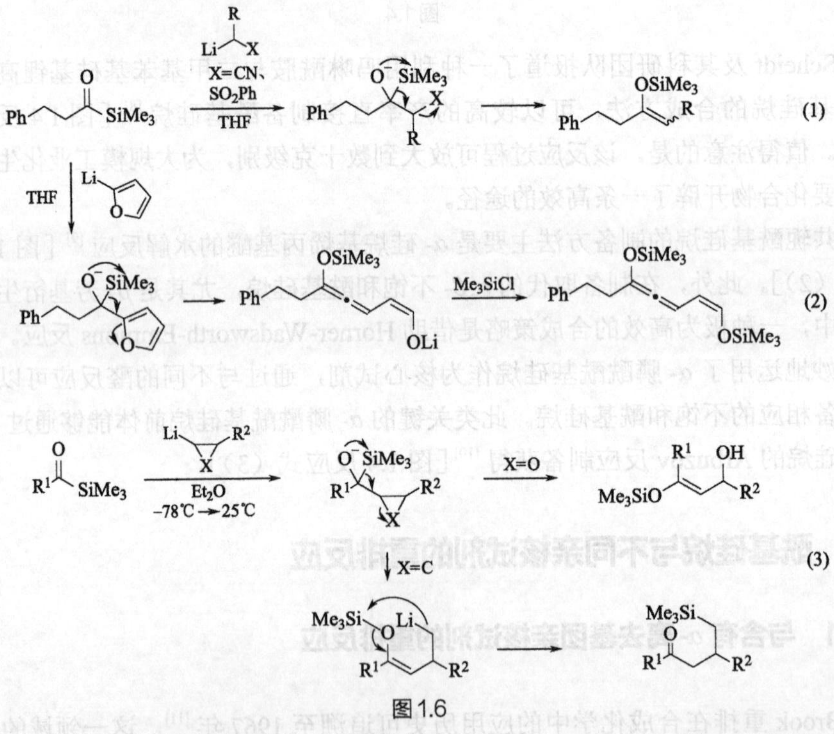

图 1.6

1979 年，Kuwajima 等人详尽报道了各类锂试剂的 Brook 重排反应。其中，以呋喃锂化物作为亲核试剂时，呋喃分子内部的 C—O 键发生了断裂，这一关键步骤极大地推动了反应平衡向碳负离子方向移动。通过这一独特的路径，成功制备了二烯醇硅醚衍生物[14]［图 1.6 反应式（2）］。

Clayden 等科研团队在实验中发现，通过环张力的释放所引发的 α 键断裂，能够有效促进 Brook 重排反应的进行。在苯甲酰三甲基硅烷与环丙基锂的反应中，经由 Brook 重排，发生 1,5- 硅基迁移 [15–16]，成功地合成了苯基酮［图 1.6 反应式（3）］。然而，实验中观察到的中等产率，主要归因于两个方面的因素：一方面，存在生成 (*E*)- 烯醇化物的副反应，而这种产物并不具备进行 1,5- 硅基迁移的能力；另一方面，仅凭环丙烷环张力释放所提供的驱动力显得相对不足。然而，当反应体系中的离去原子由碳转变为氧，即采用环氧化物替代环丙烷时，环张力的释放被证实成了一个强有力的驱动力，能够高效地推动 Brook 重排反应的进行 [16]。

1.3.2 与含共轭基团亲核试剂的重排反应

通过在酰基硅烷或亲核试剂结构中单独或同时引入共轭基团，能够调控 α-硅基烷氧基与硅氧基碳负离子之间的平衡，从而引导反应更倾向于生成碳负离子。1980 年，Reich 及其研究团队深入探索了这一机理，揭示了烷基取代的酰基硅烷与乙烯基锂的反应，并在多种亲电试剂的作用下，生成了一个重要的硅氧基烯丙基锂中间体 [17]［图 1.7 反应式（1）］。这一中间体进一步转化，最终生成了 α-取代的烯醇硅醚。

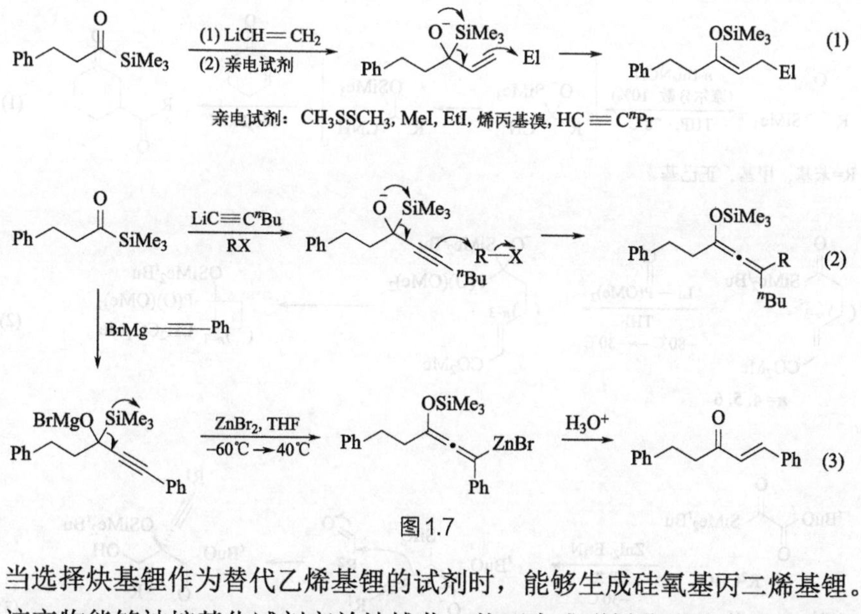

图1.7

当选择炔基锂作为替代乙烯基锂的试剂时，能够生成硅氧基丙二烯基锂。随后，该产物能够被烷基化试剂高效地捕获，从而生成联烯化合物［图 1.7 反应式（2）］。值得注意的是，在缺乏烷基化试剂的条件下，并未观察到重排反应的发生。为了规避上述问题，Marek 及其研究团队通过引入溴化锌，成功地将炔基格氏试剂与酰基硅烷的加成产物转化为有机锌化物[18]。由于 Zn-O 键相较于 Mg-O 键更弱，因此能够有效地推动反应平衡向生成丙二烯阴离子的方向移动。最后，经过后续的酸性水解步骤，即可顺利获得烯酮产物［图 1.7 反应式（3）］。这一创新性的方法不仅绕过了传统合成路径中的障碍，还为烯酮类化合物的合成提供了新的途径。

氰离子，作为炔基阴离子的含氮类似物，在促进 Brook 重排反应方面展现出了巨大的潜力，这得益于其产物中氰基所具备的阴离子稳定能力。然而，传统的氰离子源（例如 KCN）因在常规有机溶剂中的溶解度有限，难以生成足够浓度的 α- 硅基烷氧基以有效驱动重排反应。幸运的是，Degl' Innocenti 等利用催化量的 n-Bu_4NCN 与酰基硅烷反应，成功制备了氧 - 硅基氰醇阴离子。这一活性阴离子能够高效地参与到 α,β- 不饱和酮的 1,4- 加成反应中，生成 1,4- 二酮，并伴随 Me_3SiCN 的释放[13,19]［图 1.8 反应式（1）］。值得注意的是，该反应体系对烷基取代的酰基硅烷表现出了良好的适应性，同时提供了一种无需经过金属化步骤的亲核酰化新策略。

向酰基硅烷中巧妙地引入具有阴离子稳定效应的杂原子亲核试剂，同样能够显著加速 Brook 重排反应的进程。二甲氧基膦酸锂与酰基硅烷发生加成反应后，

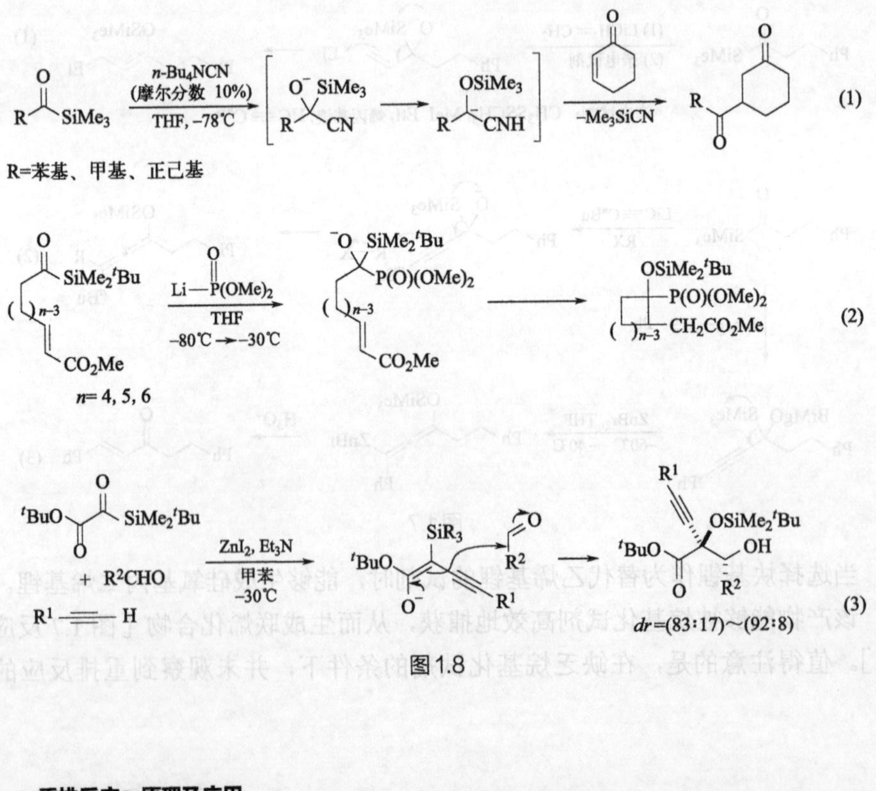

图 1.8

所生成的加成产物会经由 Brook 重排形成碳负离子。这一碳负离子进而能够参与分子内的 Michael 加成反应，与 α,β- 不饱和酯发生作用，最终生成四至六元碳环 [20]。值得注意的是，该反应生成的碳环产物以单一非对映异构体的形式存在，同时还会伴有未环化产物的生成［图 1.8 反应式（2）］。

α- 二酰基硅烷的独特魅力在于其羰基与羰基所形成的共轭结构，这一结构特性使它们在受到亲核进攻时促进了 Brook 重排反应。由于这种结构生成的碳负离子具有更高的稳定性，随后反应过程中所形成的烯醇阴离子便能够与多种亲电试剂发生化学反应。Johnson 及其研究团队利用这一原理，成功地在三组分偶联反应中引入了硅基乙醛酸酯 [21–23]［图 1.8 反应式（3）］。其中，亲核试剂包括氢化物 [21]、乙炔基阴离子 [22] 以及乙烯基阴离子 [23]，同时以醛类或 Michael 受体作为亲电试剂。特别是，乙炔基阴离子在针对酰基硅烷羰基的亲核进攻中展现出了显著的化学选择性优势，相较于对醛类羰基的亲核进攻，这种选择性很可能源于动力学上的优势。

1.3.3 与烯醇阴离子亲核试剂的重排反应

Takeda 等人在 1993 年率先报道了烯醇阴离子与酰基硅烷的 Brook 重排 [24]。在这一反应体系中，苯甲酰三甲基硅烷与烷基甲基酮的烯醇阴离子相互作用，通过生成的碳负离子对分子内的羰基进行选择性攻击，从而成功构建了顺式 1,2- 环丙二醇衍生物（图 1.9）。

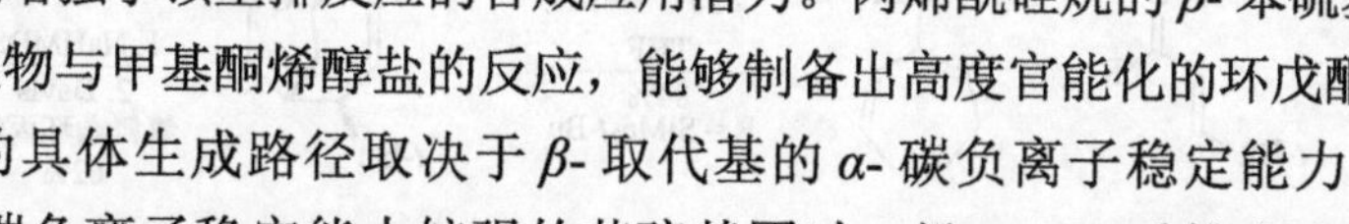

图 1.9

在丙烯酰硅烷的 β 位引入 α- 碳负离子稳定基团，与羰基的吸电子特性相结合，极大地增强了该重排反应的合成应用潜力。丙烯酰硅烷的 β- 苯硫基或 β- 三甲基硅基衍生物与甲基酮烯醇盐的反应，能够制备出高度官能化的环戊酮衍生物 [25]。这些产物的具体生成路径取决于 β- 取代基的 α- 碳负离子稳定能力（图 1.10）。当采用 α- 碳负离子稳定能力较强的苯硫基团时，经 Brook 重排生成的碳负离子会发生离域，所形成的中间体随后环化成产物［图 1.10 反应式（1）］。相反，当 β- 取代基为稳定能力相对较弱的三甲基硅基团时，由 Brook 重排产生的碳负离子会直接对分子内的羰基发起进攻，而不发生烯丙基离域，生成乙烯环丙醇盐［图 1.10 反应式（2）］。这些乙烯环丙醇盐会进一步经历氧负离子加速的乙烯环丙烷 - 环戊烯重排反应。

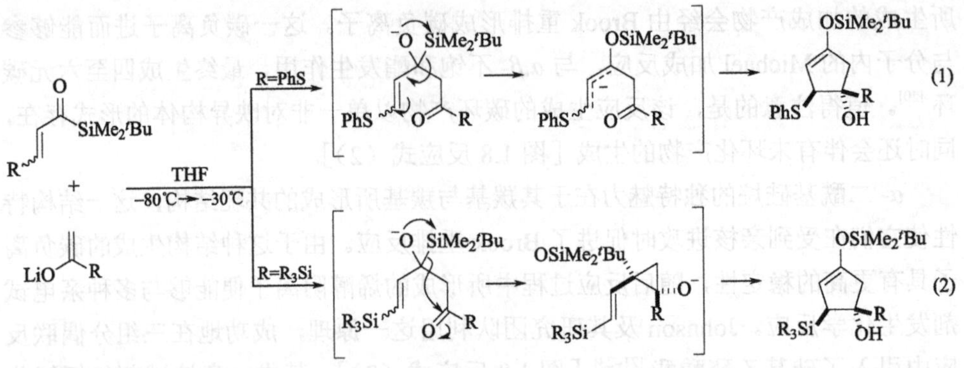

图 1.10

1.4 Brook重排反应的应用

Takeda 等利用 Brook 重排介导的 [3+4] 环化反应[26]，实现了八元碳环的立体选择性构建（图 1.11）。这一方法的独特之处在于，仅需两步，就能从广泛可得的三碳和四碳基础化合物出发，高效地合成出含有官能团的八元环体系。

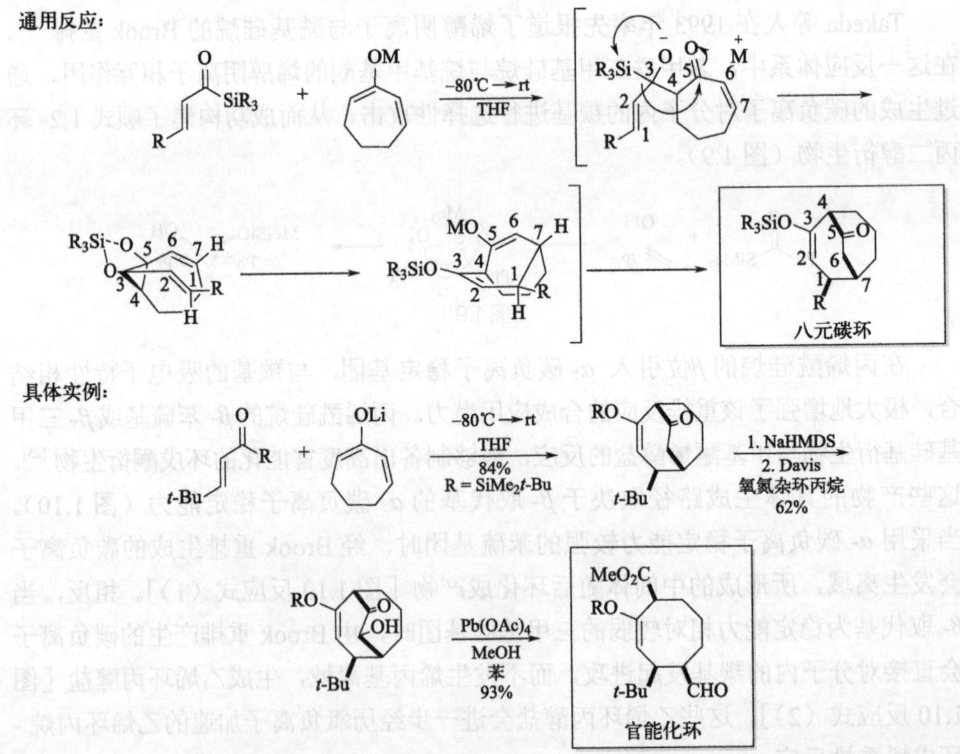

图 1.11

Moser 等报道了针对抗肿瘤药物弗雷德里卡霉素 A（fredericamycin A）中的核心螺环结构的合成，并实现了该螺环化合物立体结构的精确控制[27]。这一合成路线的关键在于，将芳烃三羰基铬配合物的加成反应、Brook 重排与环化步骤巧妙地融合在一起，形成了一个高效的 [3+2] 环化反应过程（图 1.12）。

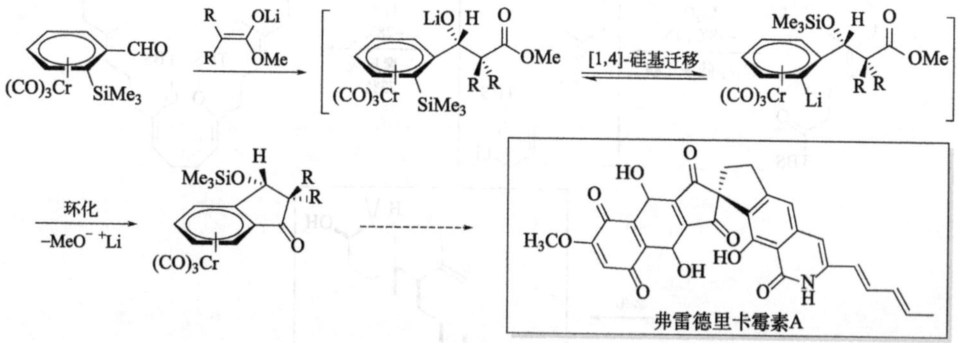

图 1.12

源自鸟巢菌的杯伞素化合物，以其独特的 5-6-7 三环骨架结构和显著的生物活性，吸引了众多科研人员的目光。竹田健（K. Takeda）等通过 Brook 重排介导的 [4+3] 环化反应，巧妙地合成了杯伞素的三环核心结构[28]。这一合成策略的亮点在于，七元环的形成巧妙地利用了二乙烯基环丙烷中间体所经历的氧 -Cope 重排反应，从而实现了对杯伞素复杂三环结构的精准构建（图 1.13）。

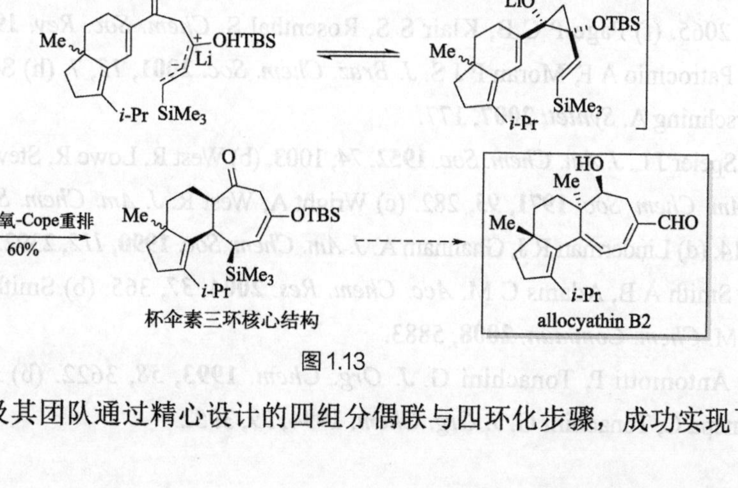

图 1.13

Corey 及其团队通过精心设计的四组分偶联与四环化步骤，成功实现了 (+)-

拟漆树素的全合成[29]（图 1.14）。这一过程关键步骤是源自法尼基乙酸酯的酰基硅烷与乙烯基锂的Brook 重排，立体选择性地生成了 (Z)- 硅基烯醇醚。

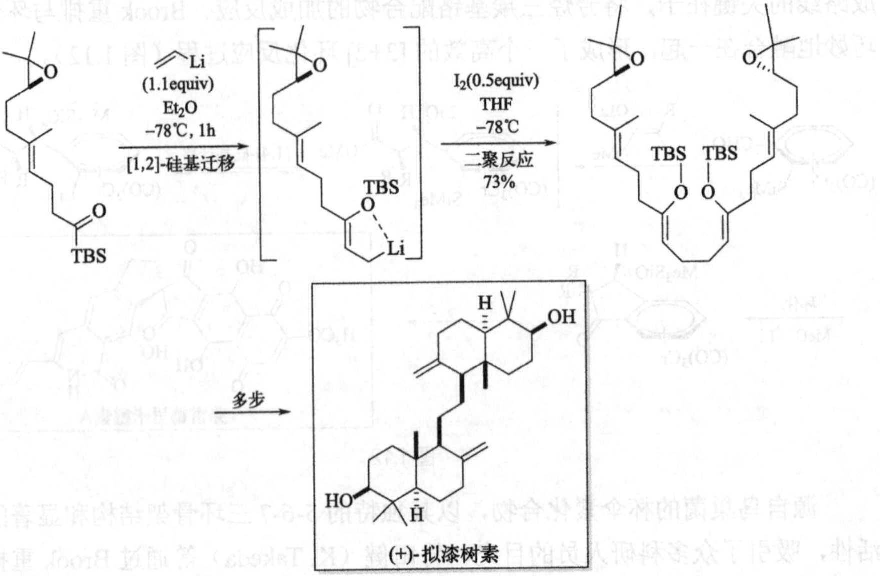

图 1.14

参考文献

[1] Brook A G. *J. Am. Chem. Soc*. **1958**, *80*, 1886.

[2] (a) Brook A G. *Acc. Chem. Res*. **1974**, *7*, 77. (b) de Mayo, P. New York：Academic Press, **1980**, 149. (c) Brook M A. Silicon in Organic, Organometallic, and Polymer Chemistry. *John Wiley & Sons, Inc*., **2000**. (d) Colvin E W. Silicon in Organic Synthesis. Butterworths：London, 1981, 30. (e) Moser W H. *Tetrahedron* **2001**, *57*, 2065. (f) Page P C B, Klair S S, Rosenthal S. *Chem. Soc. Rev*. **1990**, *19*, 147. (g) Patrocinio A F, Moran P J S. *J. Braz. Chem. Soc*. **2001**, *12*, 7. (h) Schaumann E, Kirschning A. *Synlett* **2007**, 177.

[3] (a) Speier J L. *J. Am. Chem. Soc*. **1952**, *74*, 1003. (b) West R, Lowe R, Stewart H F, et al. *J. Am. Chem. Soc*. **1971**, *93*, 282. (c) Wright A, West R. *J. Am. Chem. Soc*. **1974**, *96*, 3214. (d) Linderman R J, Ghannam A. *J. Am. Chem. Soc*. **1990**, *112*, 2392.

[4] (a) Smith A B, Adams C M. *Acc. Chem. Res*. **2004**, *37*, 365. (b) Smith A B, Wuest W M. *Chem. Commun*. **2008**, 5883.

[5] (a) Antoniotti P, Tonachini G. *J. Org. Chem*. **1993**, *58*, 3622. (b) Antoniotti P, Canepa C, Tonachini G. *J. Org. Chem*. **1994**, *59*, 3952.

[6] (a) Ricci A, Degl' Innocenti A. *Synthesis* **1989**, 647. (b) Qi H, Curran D P. In Comprehensive Organic Functional Group Transformations. *Pergamon* : *Oxford*, **1995**, 409. (c) Cirillo P F, Panek J S. *Org. Prep. Proc. Int.* **1992**, *24*, 553. (d) Zhang H J, Priebbenow D L, Bolm C. *Chem. Soc. Rev.* **2013**, *42*, 8540.

[7] (a) Brook A G, Duff J M, Jones P F, et al. *J. Am. Chem. Soc.* **1967**, *89*, 431. (b) Corey E J, Seebach D, Freedman R. *J. Am. Chem. Soc.* **1967**, *89*, 434.

[8] Lettan R B, Milgram B C, Scheidt K A. *Org. Synth.* **2007**, *84*, 22.

[9] (a) Takeda K, Nakajima A, Takeda M, et al. *Org. Synth.* **1999**, *76*, 199. (b) Sasaki M, Takeda K. *Org. Synth.* **2012**, *89*, 267. (c) Reich H J, Kelly M J, Olson R E, et al. *Tetrahedron* **1983**, *39*, 949.

[10] Nowick J S, Danheiser R L. *J. Org. Chem.* **1989**, *54*, 2798.

[11] Brook A G, Limburg W W, MacRae D M, et al. *J. Am. Chem. Soc.* **1967**, *89*, 704.

[12] Brook A G, Fieldhouse S A. *J. Organomet. Chem.* **1967**, *10*, 235.

[13] (a) Reich H J, Rusek J J, Olson R E. *J. Am. Chem. Soc.* **1979**, *101*, 2225. (b) Reich H J, Holtan R C, Bolm C. *J. Am. Chem. Soc.* **1990**, *112*, 5609.

[14] Kuwajima I, Atsumi K, Tanaka T, et al. *Chem. Lett.* **1979**, 1239.

[15] Clayden J, Watson D W, Chambers M. *Tetrahedron* **2005**, *61*, 3195.

[16] Song Z, Kui L, Sun X, et al. *Org. Lett.* **2011**, *13*, 1440.

[17] Reich H J, Olson R E, Clark M C. *J. Am. Chem. Soc.* **1980**, *102*, 1423.

[18] (a) Unger R, Cohen T, Marek I. *Org. Lett.* **2005**, *7*, 5313. (b) Unger R, Cohen T, Marek I. *Tetrahedron* **2010**, *66*, 4874.

[19] Degl' Innocenti A D, Ricci A, Mordini A, et al. *Gazz. Chim. Ital.* **1987**, *117*, 645.

[20] Takeda K, Tanaka T. *Synlett* **1999**, 705.

[21] Linghu X, Satterfield A D, Johnson J S. *J. Am. Chem. Soc.* **2006**, *128*, 9302.

[22] (a) Nicewicz D A, Johnson J S. *J. Am. Chem. Soc.* **2005**, *127*, 6170. (b) Boyce G R, Liu S, Johnson J S. *Org. Lett.* **2012**, *14*, 652.

[23] Boyce G R, Johnson J S. *Angew. Chem., Int. Ed.* **2010**, *49*, 8930.

[24] Takeda K, Nakatani J, Nakamura H, et al. *Synlett* **1993**,841.

[25] (a) Takeda K, Fujisawa M, Makino T, et al. *J. Am. Chem. Soc.* **1993**, *115*, 9351. (b) Takeda K, Ohtani Y, Ando E, et al. *Chem. Lett.* **1998,** 1157.

[26] Takeda K, Sawada Y, Sumi K. *Org. Lett.* **2002**, *4*, 1031.

[27] Moser W H, Zhang J, Lecher C S, et al. *Org. Lett.* **2002**, *4*, 1981.

[28] Takeda K, Nakane D, Takeda M. *Org. Lett.* **2000**, *2*, 1903.

[29] Mi Y, Schreiber J V, Corey E J. *J. Am. Chem. Soc.* **2002**, *124*, 11290.

第2章

Claisen 重排

2.1 经典 Claisen 重排

2.2 Claisen 重排的机理

2.3 烯丙基乙烯基醚的制备

2.4 催化型 Claisen 重排

2.5 芳香族 Claisen 重排

2.6 Claisen 重排变体

2.7 电荷加速型 Claisen 重排

2.1 经典 Claisen 重排

[3,3]-σ 重排是一类非常重要的周环反应，其核心在于分子内化学键重组过程，且这一过程遵循特定的立体化学和电子要求，从而可预测产物的结构和构型。这类反应在有机合成中占据了举足轻重的地位，可以用来高效、高选择性地构建复杂的分子骨架。

其中，Claisen 重排作为 [3,3]-Sigmatropic 重排的一个经典范例，其历史可以追溯到 1912 年 Rainer Ludwig Claisen 的开创性工作[1]。在这项研究中，Claisen 报道了苯酚衍生物中烯丙基片段（通常与氧原子相连）在加热条件下发生迁移的现象，即该烯丙基片段会从氧原子迁移到苯环上相邻的碳原子上，最终形成邻烯丙基苯酚（图 2.1）。这一过程所需的反应温度较高，通常需要加热至 230℃左右才能实现有效的转化。

Claisen 重排的发现不仅丰富了有机化学的理论体系，更为有机合成提供了一种强有力的工具。通过改变底物结构，化学家们可以利用 Claisen 重排来构建多种具有特定结构和功能的有机化合物。此外，随着对 Claisen 重排机理研究的不断深入，人们还发现了其众多变体和应用拓展，进一步扩大了其在有机合成中的应用范围。

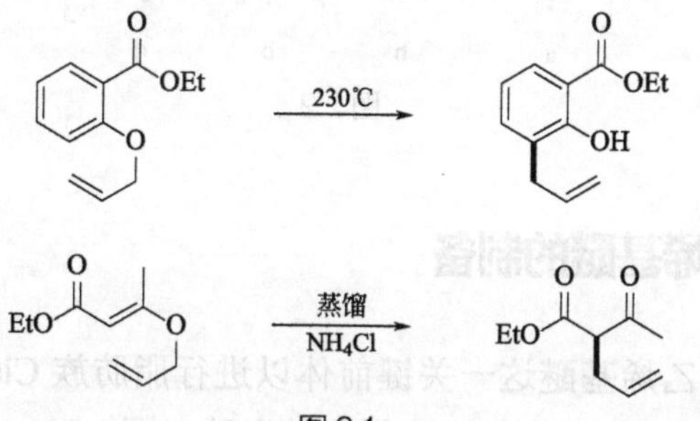

图 2.1

Claisen 重排的研究并未止步于最初的芳基烯丙基醚体系，而是迅速扩展到了包括烯丙基乙烯基醚在内的多种底物上（图 2.1）。

脂肪族 Claisen 重排，已成为合成 γ,δ- 不饱和羰基化合物的一种有效途径。这种方法不仅区域选择性高，而且立体选择性也极为出色，使得化学家们能够精确控制产物的结构，从而满足复杂分子合成的需求。脂肪族 Claisen 重排作为 Claisen 重排反应的一个重要分支，其广泛适用性和多功能性已经得到了充分的验证和展示。随着研究的不断深入和技术的不断进步，Claisen 重排及其变体将在未来的有机合成中发挥更加重要的作用。

2.2 Claisen 重排的机理

烯丙基乙烯醚的热异构化形成 γ,δ- 不饱和羰基化合物称为 Claisen 重排，长期以来一直受到实验和理论化学家的广泛关注[2]。一般观点认为，Claisen 重排是一种经历 [π2s+σ2s+π2s][3] 过程的 [3,3]-Sigmatropic 迁移重排，遵循 Woodward-Hoffmann 规则[4]和前线轨道理论[5]。Claisen 重排的过渡态是机理研究的核心[2]，因为通过这些过渡态可以阐明重排的相对速率、产物的立体化学以及不同 Claisen 变体之间的物理关系，为发展新的、高效的重排过程提供理论支撑。通过动力学研究、氘代同位素实验[6]和计算模拟，人们已经做了大量的工作来探索 Claisen 重排的过渡态[2]。这些工作极大地推动了该过程的机理演变。关于 Claisen 重排的共识是，这一过程是高度放热的[6d,7]、不同步的周环反应[8]，反应进行时具有负熵和负活化体积[9]，在正常情况下偏向生成椅型过渡态[10]。然而，对于 C—O 键断裂或 C—C 键形成的顺序以及精确过渡态仍未有明确结论[6]。

大量的研究支持以下四种代表性的过渡态，包括芳香性过渡态（b）[6c,11]、烯丙氧基自由基 - 烯丙基自由基对（c）、1,4- 二自由基（a）或双极中间体（d）[12]（图 2.2）。

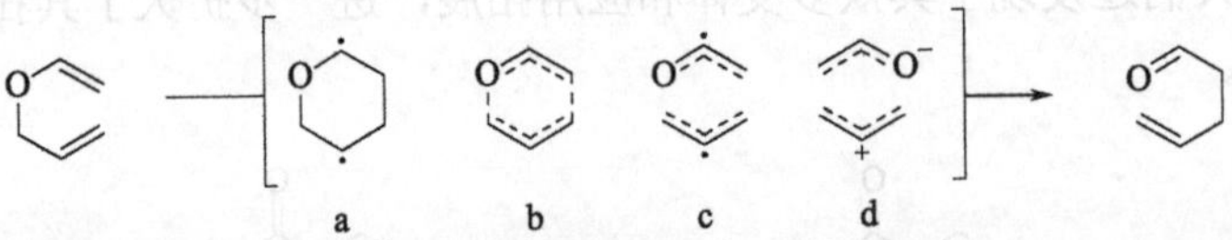

图 2.2

2.3 烯丙基乙烯基醚的制备

在合成烯丙基乙烯基醚这一关键前体以进行脂肪族 Claisen 重排的过程中，化学家们已经开发出了多种高效且多样化的方法（图 2.3）。这些方法不仅克服了传统方法使用有毒汞盐[13]或酸催化的缺点[14]，而且产率更高、反应条件更温和。

Büchi 和 Vogel 通过使用甜菜碱铵作为碱促进剂，实现了烯丙醇的 *O*- 乙烯基化，从而避免了汞盐和酸的使用[15]［图 2.3 反应式（1）］。这种方法不仅环保，而且提高了反应的效率，使得烯丙基乙烯基酯的合成更加可行。

金属催化的烯丙醇偶联反应成为了合成烯丙基乙烯基醚的重要途径。其中，钯（Ⅱ）和铜（Ⅰ）作为最常用的催化剂［图 2.3 反应式（2）］，能够高效地促进烯丙醇与乙烯基底物（如商业化的三甘醇二乙烯基醚[16]、乙烯基卤化物[17]、频哪醇乙烯基硼酸酯[18]等）的偶联反应。这些反应不仅条件温和，而且官能团兼容性好，为合成各种可分离的烯丙基乙烯基醚提供了有力支持。

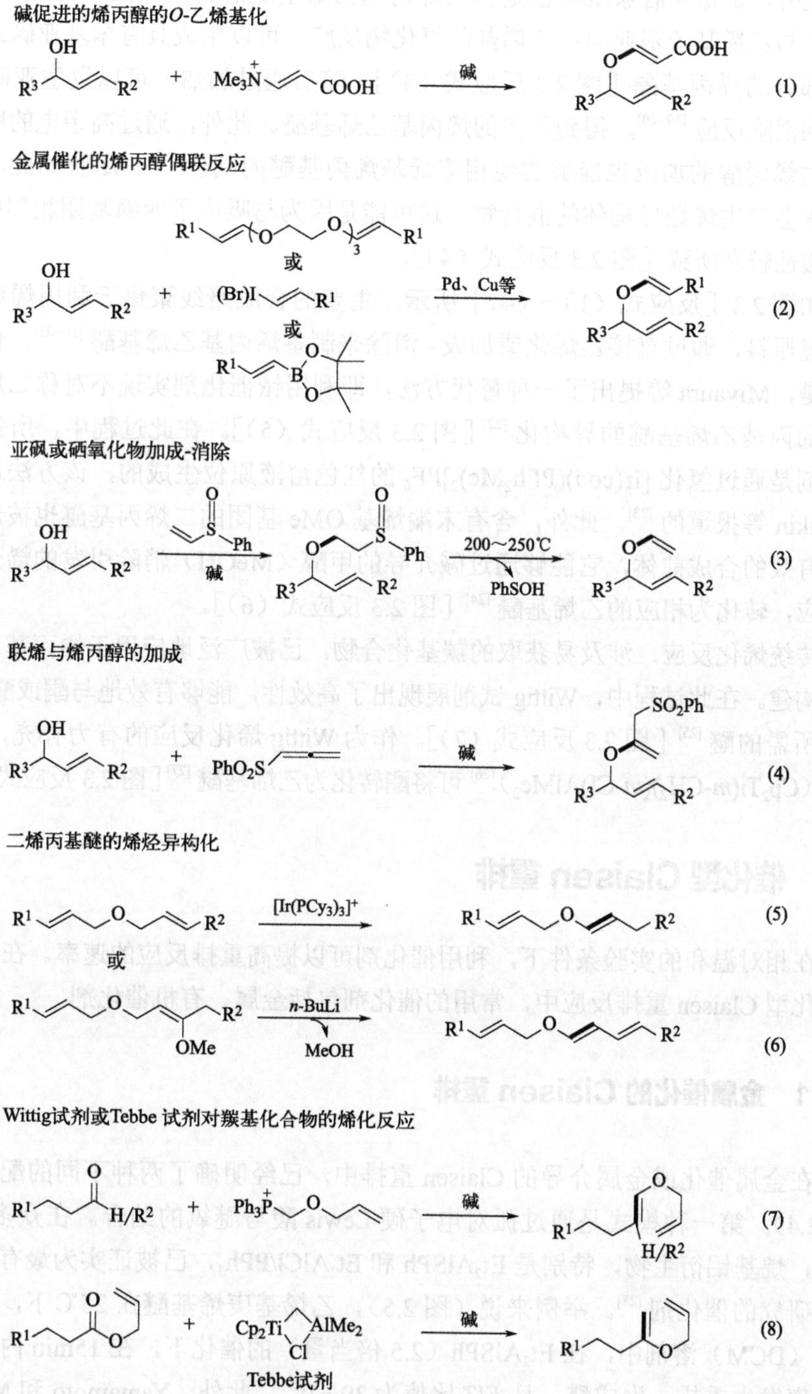
碱促进的烯丙醇的O-乙烯基化
金属催化的烯丙醇偶联反应
亚砜或硒氧化物加成-消除
联烯与烯丙醇的加成
二烯丙基醚的烯烃异构化
Wittig试剂或Tebbe 试剂对羰基化合物的烯化反应
Tebbe试剂

图 2.3

此外，加成 - 消除策略也是合成烯丙基乙烯基酯的有效方法。在碱存在下，烯丙醇与乙烯基苯基亚砜或乙烯基硒氧化物反应，可以生成具有苯基亚砜或硒氧化物部分的烯丙基酯［图 2.3 反应式（3)］。随后通过加热，可以发生亚砜或硒氧化物消除反应[19-20]，得到所需的烯丙基乙烯基醚。此外，通过高亲电的联烯化合物与烯丙醇的加成也能够实现相应烯基烯丙基醚的制备[21]。尽管如此，该方法通常会产生烯烃异构体的混合物，这可能是因为与吸电子亚砜基团相邻的 C—H 的酸性较高所致［图 2.3 反应式（4)］。

如图 2.3［反应式（1)～(4)］所示，主要的合成路线聚焦于利用烯丙醇作为关键原料，通过直接乙烯化或加成 - 消除来制备烯丙基乙烯基醚[16-21]。值得注意的是，Miyaura 等提出了一种替代方法，即利用铱催化剂实现不对称二烯丙基醚到烯丙基乙烯基醚的异构化[22]［图 2.3 反应式（5)］。在此过程中，所需的铱催化剂是通过氢化 [Ir(cod)(PPh_2Me)$_2$]PF_6 的红色溶液原位生成的，该方法最初是由 Felkin 等报道的[23]。此外，含有末端烯基 OMe 基团的二烯丙基醚也被证实是一种有效的合成前体，它能够通过碱介导的甲醇（MeOH）消除引发的烯烃异构化反应，转化为相应的乙烯基醚[24]［图 2.3 反应式（6)］。

传统烯化反应，涉及易获取的羰基化合物，已被广泛地应用于烯丙基乙烯基醚的构建。在此过程中，Wittig 试剂展现出了高效性，能够有效地与酮或醛反应，生成所需的醚[25]［图 2.3 反应式（7)］。作为 Wittig 烯化反应的有力补充，Tebbe 试剂（Cp_2Ti(m-CH_2)(m-Cl)$AlMe_2$）[26] 可将酯转化为乙烯基醚[27]［图 2.3 反应式（8)］。

2.4 催化型 Claisen 重排

在相对温和的实验条件下，利用催化剂可以提高重排反应的速率。在已报道的催化型 Claisen 重排反应中，常用的催化剂包括金属、有机催化剂。

2.4.1 金属催化的 Claisen 重排

在金属催化或金属介导的 Claisen 重排中，已经明确了两种不同的配位模式（图 2.4)。第一种模式是通过孤对电子硬 Lewis 酸与醚氧的结合。在众多 Lewis 酸中，烷基铝衍生物，特别是 Et_2AlSPh 和 Et_2AlCl/PPh_3，已被证实为最有效且被广泛研究的催化剂[28]。举例来说（图 2.5)，乙烯基庚烯基醚在 25℃下，于二氯甲烷（DCM）溶剂中，在 Et_2AlSPh（2.5 倍当量）的催化下，在 15min 内以 84% 的产率发生重排，生成醛，且 E/Z 比值为 39/61[29]。此外，Yamamoto 和 Maruoka 等报道了这种铝介导的对映选择性 Claisen 重排，特别是以手性 3,3′- 双（三芳基甲硅烷基）取代的联萘（BINOL）铝试剂作为催化剂的反应[30]。然而，值得注意的是，这些亲氧金属如 Al（Ⅲ）通常需要一当量或更多的 Lewis 酸来推动反应进行，这是因为所得的羰基产物具有较高的配位亲和力[31]。

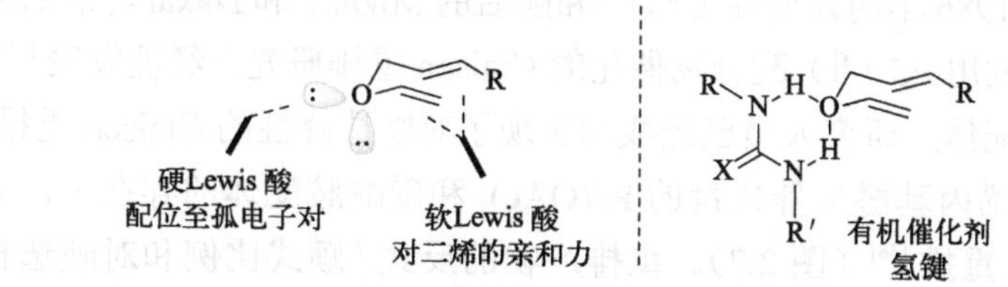

图 2.4

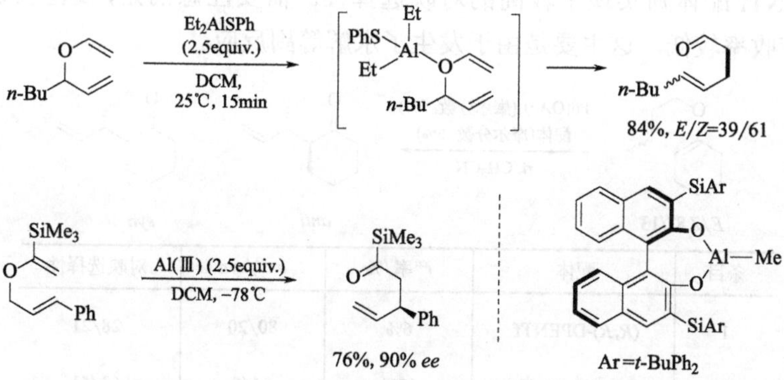

图 2.5

Lewis 酸催化的脂肪族 Claisen 重排可以通过在烯丙基乙烯基醚的 C-2 位引入酯单元来实现。这些酯基部分作为高效的配位基团，能够通过双齿配位作用增强底物与金属的亲和力。多种 Lewis 酸，包括 $Cu(OTf)_2$[31]、$Yb(OTf)_3$[32]、$Bi(OTf)_3 \cdot 4H_2O$[33] 以及 $MgCl_2$[34]，已被应用于催化 2-烷氧基羰基取代的烯丙基乙烯基醚的 Claisen 重排反应，并展现出不同的顺 / 反异构以及对映选择性。特别值得一提的是，2001 年，Hiersemann 及其同事首次报道了 Lewis 酸催化下的对映选择性 Claisen 重排[35]（图 2.6）。

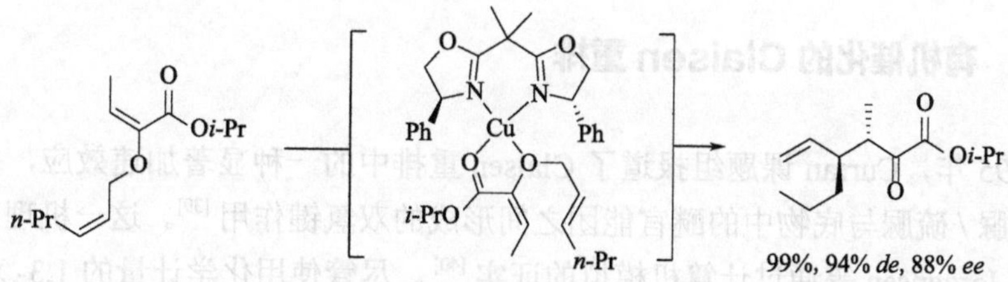

图 2.6

与硬 Lewis 酸相比，软 Lewis 酸采用了一种截然不同的模式来催化 Claisen

重排，这通常涉及到与底物二烯部分的双齿配位。这种方法的一个显著优点是，它不需要额外的配位取代基，因此极大地拓宽了可使用的底物范围。在众多的软 Lewis 酸中，钯配合物已经被证明是特别有效的催化剂。自 van der Baan 和 Bickelhaupt 在 1986 年的开创性工作[36]和随后的 Mikami 和 Nakai 等的研究工作[37]以来，一系列利用 Pd（Ⅱ）配合物催化的 Claisen 重排研究已经被发表[38]。此外，通过使用手性配体，研究人员已经成功实现了对映选择性的 Claisen 重排。例如，环己酮衍生的烯丙基醚在催化量的 $Pd(OAc)_2$ 和磺酰胺配体的存在下，能够顺利地进行 Claisen 重排[38]（图 2.7）。重排产物的反式 / 顺式比例和对映选择性会随着配体的不同而变化。配体 (*R*,*R*)-DACyTf 提供了最大的反式 / 顺式比例，使用 (*R*)-DABNTf 配体则实现了较高的对映选择性。需要注意的是，这些 Pd 催化的重排反应收率较低，这主要是由于发生了水解等副反应。

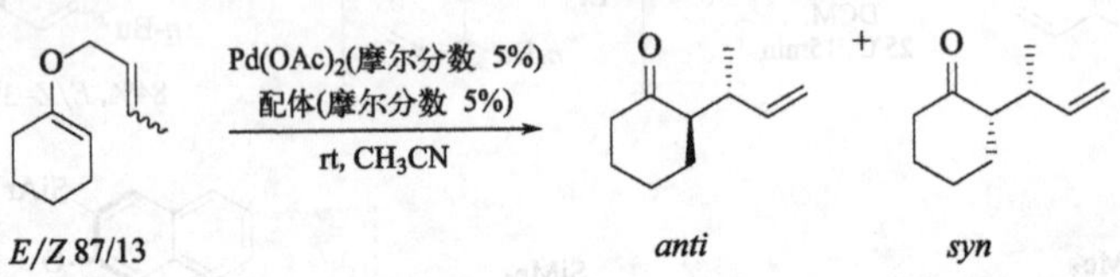

条目	配体	产率/%	*anti*/*syn*	对映选择性
1	(*R*,*R*)-DPENTf	6%	80/20	28/21
2	(*R*,*R*)-DACyTf	29%	94/6	63/51
3	(*R*)-DABNTf	24%	85/15	84/50

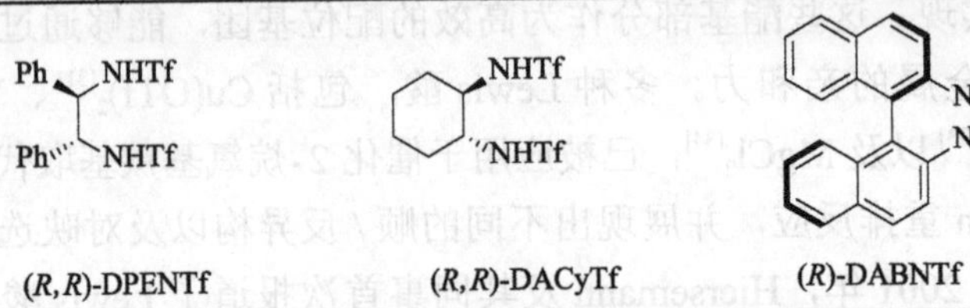

图 2.7

2.4.2 有机催化的 Claisen 重排

1995 年，Curran 课题组报道了 Claisen 重排中的一种显著加速效应，并将此归因于脲 / 硫脲与底物中的醚官能团之间形成的双氢键作用[39]。这一机理观点也得到了 Jorgensen 等通过计算机模拟的证实[40]。尽管使用化学计量的 1,3- 双 [3,5-(三氟甲基) 苯基] 硫脲能够有效地促进许多烯丙基乙烯基醚的重排，但这种氢键供体却难以在催化剂量的条件下催化重排反应的进行。

2008年，Jacobsen等人发表了有机催化Claisen重排的第一个实例[41](图2.8)。这种催化方法的成功可能归功于使用*N*,*N*-二苯基胍盐作为催化剂时，过渡态的稳定性得到了增强。值得注意的是，这项工作还证明了使用胍衍生的手性催化剂进行催化不对称重排的可行性[41-42]。此外，Kozlowski等的研究还发现，双脒鎓催化剂能够加速2-三氟甲基烯丙基乙烯基醚的重排[43]。

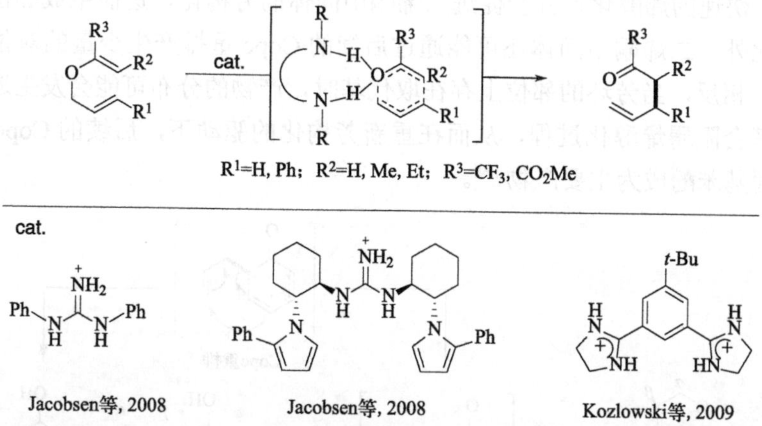

图2.8

除了氢键有机催化，2022年Moyer-Brenner和Cheong等报道了一种新的催化方法，即使用胺催化来实现对映会聚的Claisen重排反应[44]（图2.9）。使用手性仲胺作为催化剂，反应通过由外消旋*γ*-烯丙氧基烯醛形成二烯胺中间体而引发，最终生成烯丙基1,4-二羰基化合物。该反应获得了61%的产率，且对映体比例为90 : 10，这表明反应经历了动态动力学拆分过程反应。进一步的研究表明，过渡态的立体控制主要来自于手性催化剂结构中的苯环与底物C-2上的氢原子之间稳定的C-H…π相互作用。

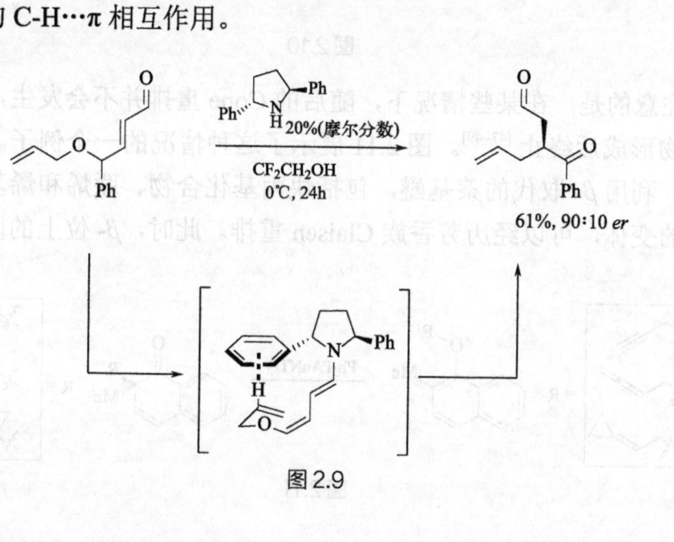

图2.9

2.5 芳香族 Claisen 重排

烯丙基芳基醚的芳族 Claisen 重排与其脂肪族重排是同时发展的[3]。这类反应首先经历一个 [3,3]-σ 迁移重排，最终在烯丙基的 γ- 位和芳环的邻位之间形成键，从而生成邻位二烯酮中间体（图 2.10）。当烯丙基的邻位碳上缺乏额外的取代基时，快速的烯醇化过程会促进二烯酮中间体的芳构化，进而生成邻位烯丙基苯酚。此外，二烯酮中间体还可能通过后续的 Cope 重排产生少量的对位取代副产物[45]。相反，当芳环的邻位上存在取代基时，产物的分布可能会发生逆转。这个取代基会阻碍烯醇化过程，从而在重新芳构化的驱动下，后续的 Cope 重排导致对烯丙基苯酚成为主要产物[46]。

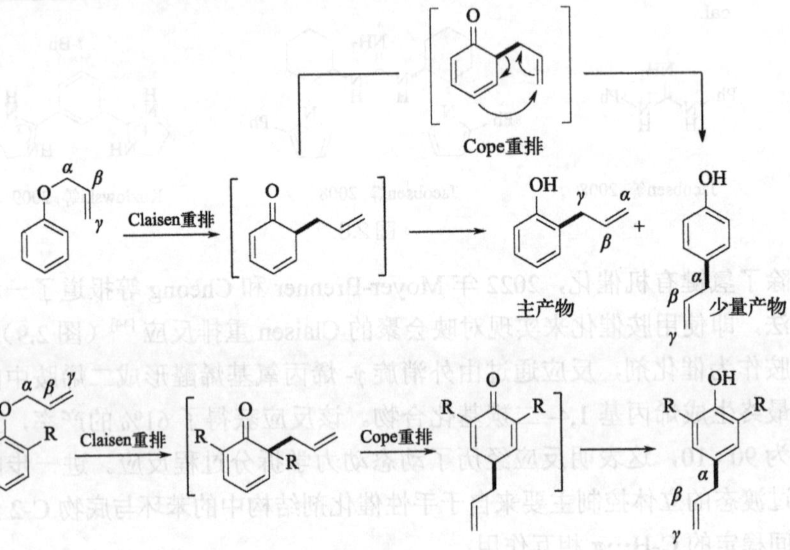

图 2.10

值得注意的是，在某些情况下，随后的 Cope 重排并不会发生，反应会在脱芳构化产物形成后终止[47–49]。图 2.11 展示了这种情况的一个例子。在金催化剂的催化下，利用 β- 取代的萘基醚，包括炔丙基化合物、联烯和烯基环丙烷等烯丙基结构的变体，可以经历芳香族 Claisen 重排。此时，β- 位上的附加的甲基作

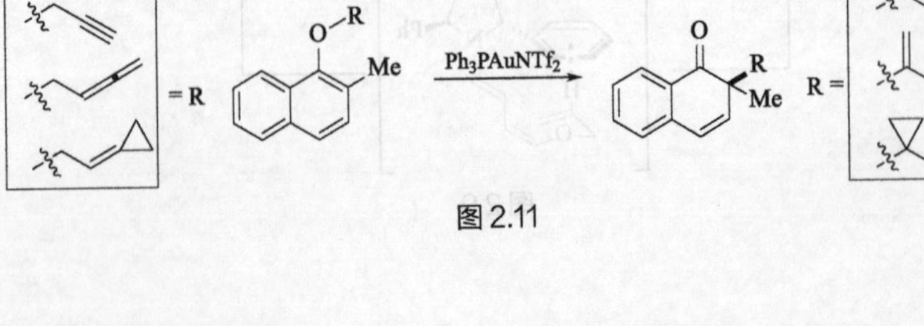

图 2.11

为一个有效的取代基，会抑制芳构化的进一步进行，并导致生成脱芳构化的环己酮衍生物。在过去的几十年里，由 Claisen 重排引发的脱芳反应在合成领域引起了越来越多的关注。这是因为这种反应策略独特，可以从容易获得的芳烃底物出发，合成出有价值的脂肪碳环化合物。

图 2.12 介绍了一种重排串联环化反应模型[50]。炔丙基芳基醚在热条件下会发生重排，产生邻丙二烯基苯酚。然后，这些中间体经历 1,5- 氢移位，接着进行电环化，最终生成苯并吡喃衍生物[51]。

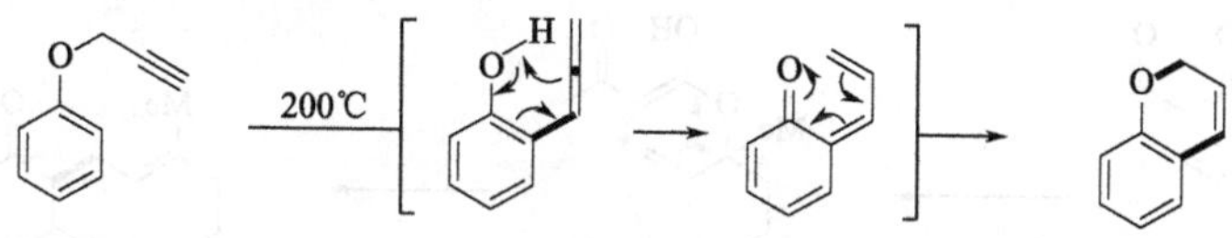

图 2.12

对于含有杂环的底物，例如含有吡啶环的结构，研究发现在热条件下，会以接近 1 : 1 的比例形成两种区域异构体[52]（图 2.13）。然而，当在 90℃下使用 $PdCl_2$ 作为催化剂时，反应更倾向于形成 *N*- 烯丙基化异构体[53]。

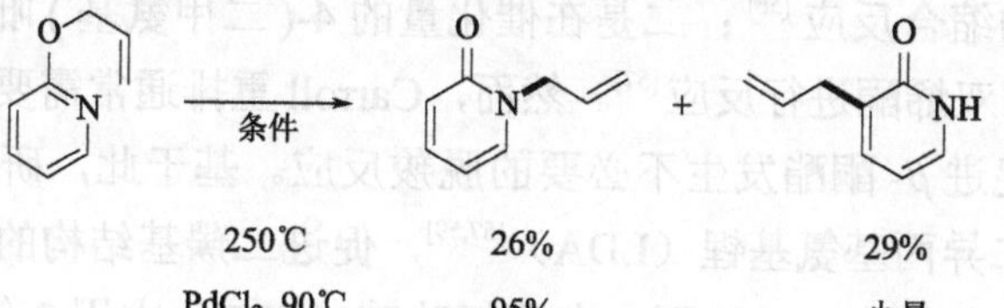

图 2.13

2.6 Claisen 重排变体

烯丙基乙烯基醚的 Claisen重排反应自 1912 年被发现以来，已经成为立体选择性形成碳 - 碳键的最有力工具之一。它之所以如此受欢迎，很大程度上是因为随后所发展的一系列新变体。以下将重点介绍 Claisen 重排的不同变体，包括它们的历史演变以及发展现状。

2.6.1 Carroll 重排

在芳樟醇的乙酰化研究过程中，Carroll 意外发现了一个副反应，这个副反应后来被命名为 Carroll 重排。Carroll 重排可以被看作是脂肪族 Claisen 重排的一个互补变体。它涉及 *β*- 酮酸烯丙基酯热力学或阴离子型 [3,3]-σ 迁移重排，随后所得 *β*- 酮酸会经历脱羧反应，最终得到相应的 *γ*,*δ*- 不饱和酮[54-55]（图 2.14）。

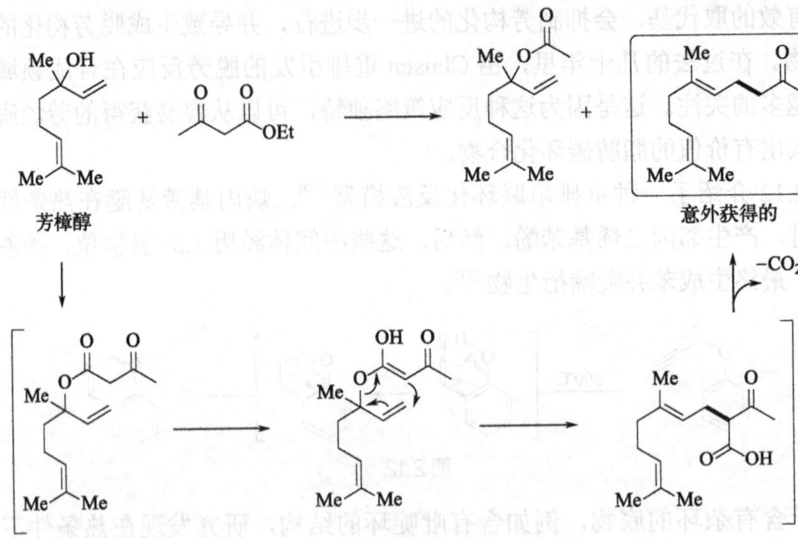

图 2.14

关键的重排前体 β- 酮酸烯丙基酯可以通过两种主要方法合成：一是烯丙醇与乙酰乙酸酯的缩合反应[56]；二是在催化量的 4-(二甲氨基) 吡啶（DMAP）存在下，烯丙醇与双烯酮进行反应[57]。然而，Carroll 重排通常需要在高温条件下进行，这往往会促进 β- 酮酯发生不必要的脱羧反应。基于此，研究人员通过引入额外碱[58]，如二异丙基氨基锂（LDA）[57,59]，促进二羰基结构的烯醇化，由此避免高温条件。例如，在 −70℃下，在四氢呋喃（THF）中用 2 倍当量的 LDA 处理 β- 酮酯，可以使其在室温或 65℃下发生重排，以令人满意的产率得到目标重排产物[57]（图 2.15）。

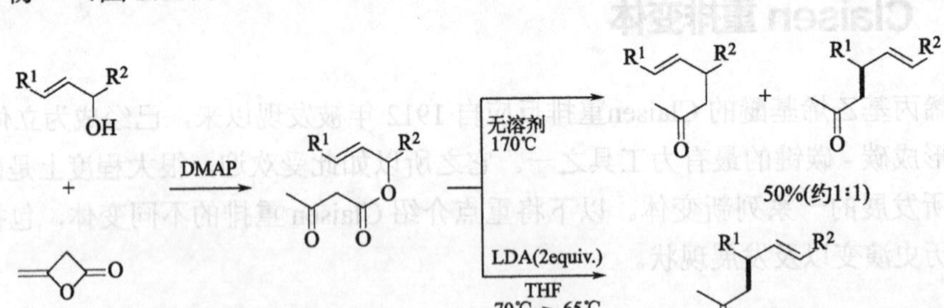

图 2.15

Carroll 重排是通过一个高度有序的椅式过渡态进行的。基于这一理解，Enders 团队利用手性辅助策略，开发了 Carroll 重排的不对称版本[60]（图 2.16）。借助易于获得的手性助剂 (S)-1- 氨基 -2-(甲氧基甲基) 吡咯烷（SAMP），经由 LDA 的处理，所得的腙中间体能够顺利进行 Carroll 重排。随后在臭氧介导下，手性辅基得以脱除，同时给出具有高对映选择性的目标产物。

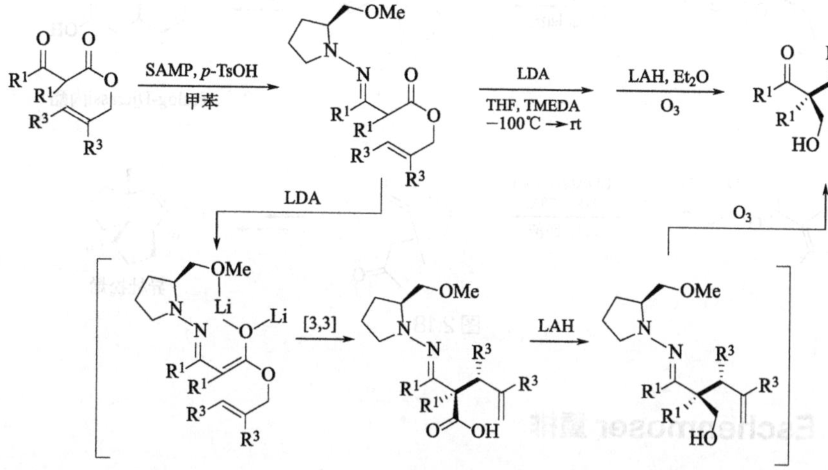

图 2.16

受到 Tsuda 和 Saegusa 等[61]在 1980 年关于钯催化的 Carroll 重排的开创性工作的启发，Murakami 和 Lacour 等证明了手性膦 - 钯配合物[62]或三（乙腈）配合物 $[Cp^*Ru(CH_3CN)_3][PF_6]$[63]可以作为对映选择性重排的有效催化剂。尽管这些催化反应通常被描述为形式上的脱羧 Carroll 重排，但所提出的机理实际上涉及一系列不同的步骤。这些步骤包括氧化加成、脱羧，以及所得烯醇物质与金属 π-烯丙基中间体的偶联（图 2.17）。

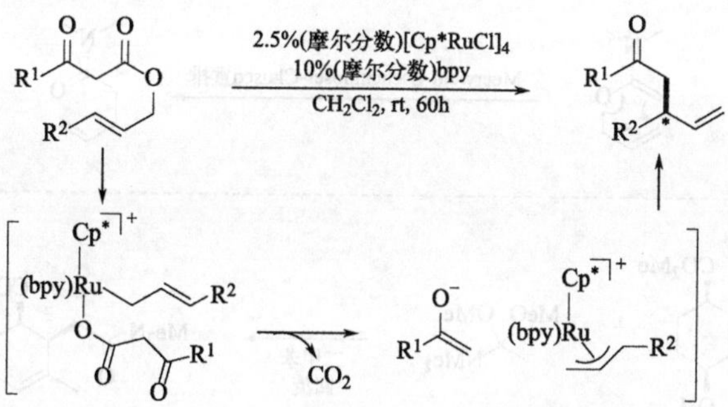

图 2.17

与传统的 Claisen 重排相比，Carroll 重排具有显著的优势，即重排前体容易制备和反应条件温和，使得 Carroll 重排成为广泛用于合成各种生物活性化合物的有效方法[64]。相关实例如图 2.18[65-66]所示。

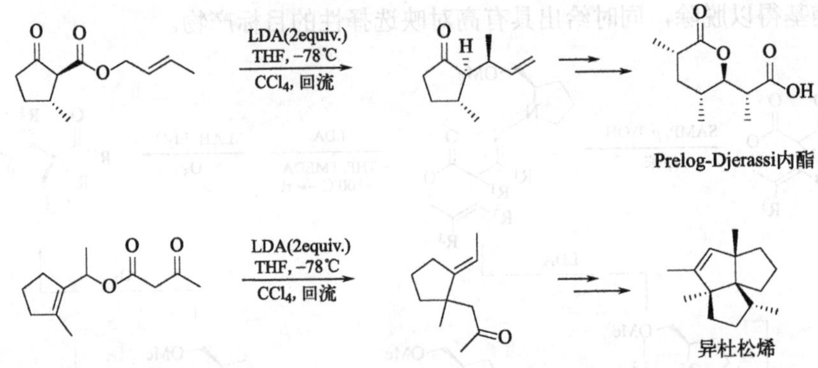

图 2.18

2.6.2 Eschenmoser 重排

Eschenmoser重排，也被称为 Meerwein-Eschenmoser 重排，是 Claisen 重排的一个重要变体。在该类重排反应过程中，关键的前体乙烯酮 *N,O*- 缩醛会发生快速的 [3,3]-σ 重排，生成 γ,δ- 不饱和酰胺。这个反应最初是在 1961 年由 Meerwein 等在研究酰胺缩醛时发现的 [67]。随后在 1964 年，Eschenmoser 对该反应的适用范围进行了全面的研究，并发展了一种实用的重排前体的制备方法。如图 2.19 所示，该方法涉及烯丙醇与二甲基乙酰胺二甲基缩醛（DMADMA）在加热条件下合成关键的烯酮 *N,O*- 缩醛的过程。

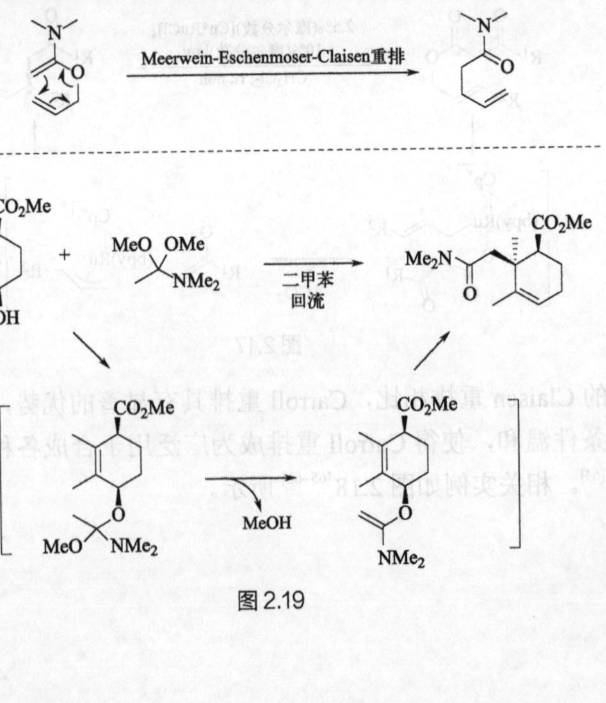

图 2.19

与经典的 Claisen 重排反应相比，Eschenmoser 变体具有一个显著的优势：烯酮缩醛上的供电子氨基取代基加速了重排过程。这一特点使得 Eschenmoser 重排反应能够在相对温和的条件下进行，并且具有广阔的底物适用范围[68]。如图 2.20 所示，在 Eschenmoser 重排中，各种烯丙醇类似物包括苄醇[69]、炔丙醇[70]和丙二烯醇[71]都表现出了令人满意的反应效果。

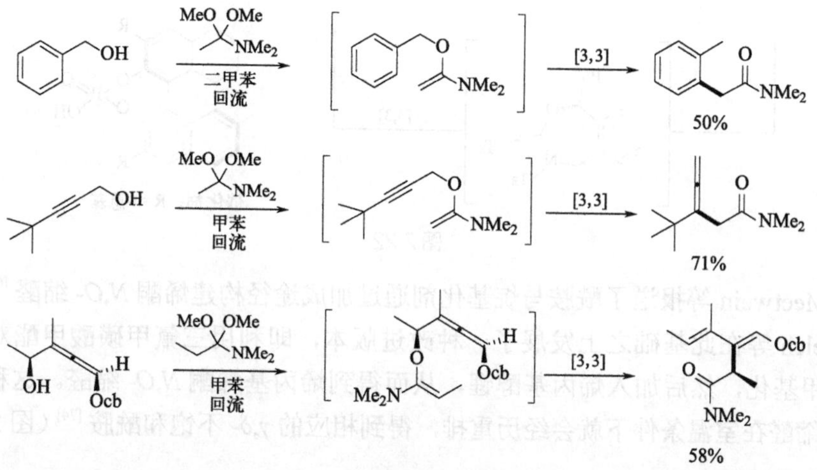

图 2.20

除了使用 DMADMA 之外，还有一种可行的策略可以用来制备重排前体，即向原位生成的烯酮亚胺盐中引入烯丙醇（图 2.21）。这类重排反应也被称为 ynamine-Claisen 重排或 Ficini 重排[72]。

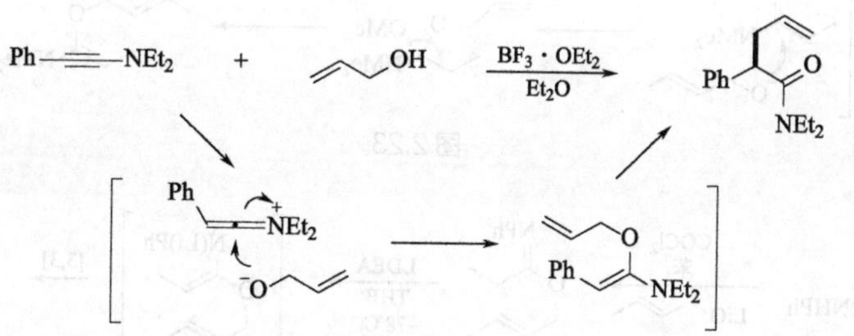

图 2.21

2021 年，叶龙武团队报道了一种分子内的 Meerwein-Eschenmoser 重排反应[73]（图 2.22）。在这个反应中，重排前体可以通过醇结构与烯酮亚胺盐结构立体选择性加成获得。而烯酮亚胺盐则是通过用手性 Brønsted 酸催化的炔酰胺质子化原位形成。通过不对称重排反应，可以得到具有高度对映选择性的脱芳构化螺环化合物。

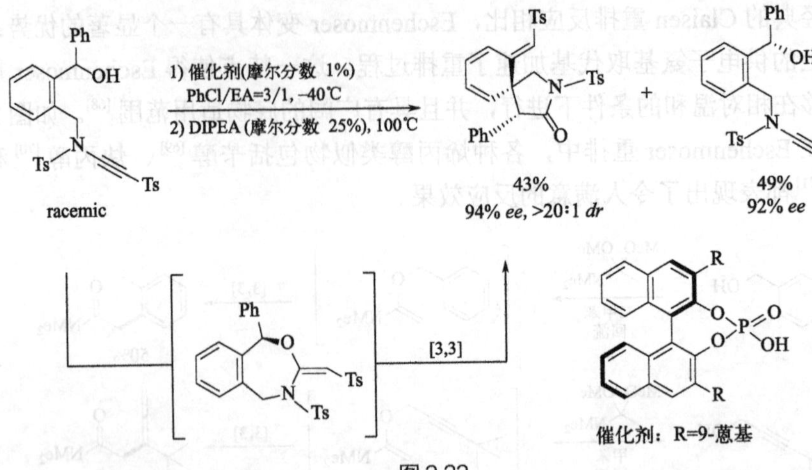

图 2.22

Meerwein 等报道了酰胺与烷基化剂通过加成途径构建烯酮 *N,O*- 缩醛 [67]，随后 Welch 等在此基础之上发展了一种改进版本，即利用三氟甲磺酸甲酯对酰胺进行甲基化，然后加入烯丙基醇锂，从而得到烯丙基烯酮 *N,O*- 缩醛。这种烯酮 *N,O*- 缩醛在室温条件下就会经历重排，得到相应的 γ,δ- 不饱和酰胺 [74]（图 2.23）。

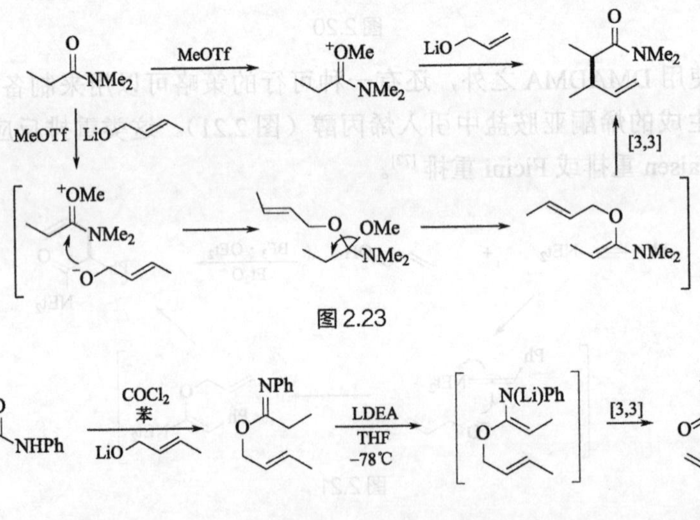

图 2.23

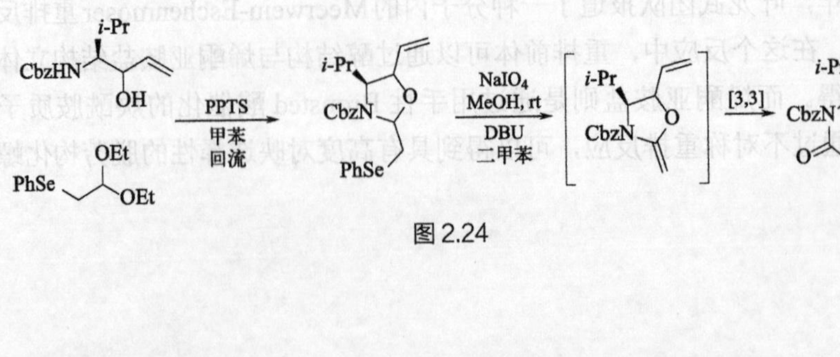

图 2.24

除了上述构建重排中间体的方法之外，图 2.24 介绍了其他一些用以制备相关 *N,O* 缩醛中间体的方法，包括亚胺的碱介导的异构化[75]和硒的氧化消除[76]。

Kozlowski 等报道了第一例催化的不对称 Meerwein-Eschenmoser 重排反应。在这个反应中，含吲哚片段的底物在 Pd 催化剂的作用下，可以通过重排反应得到具有极高的对映选择性的氧化吲哚产物[49]（图 2.25）。

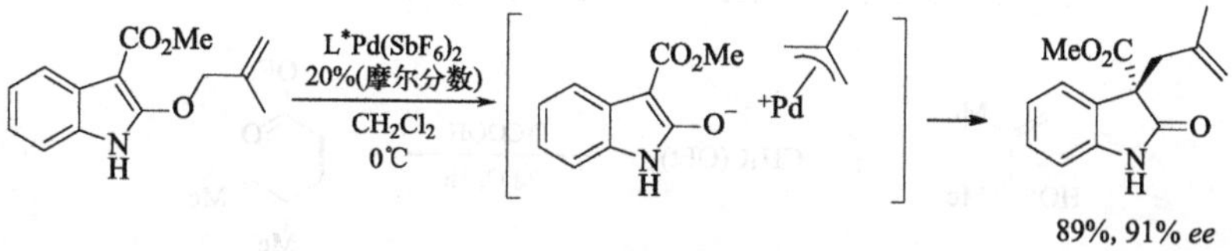

图 2.25

Meerwein-Eschenmoser 重排反应，因其反应条件温和、反应前体制备方法简单等诸多优点，在合成化学中得到了广泛的应用，特别是天然产物及其他复杂目标分子的合成[77]。图 2.26 展示了两种不同的环状烯丙醇经过此重排反应有效地转化为相应的酰胺，这些酰胺分别作为合成 crinine[78] 和 lycoposerramine R[79] 的关键中间体，体现了 Meerwein-Eschenmoser 重排反应在复杂分子合成中的重要价值。

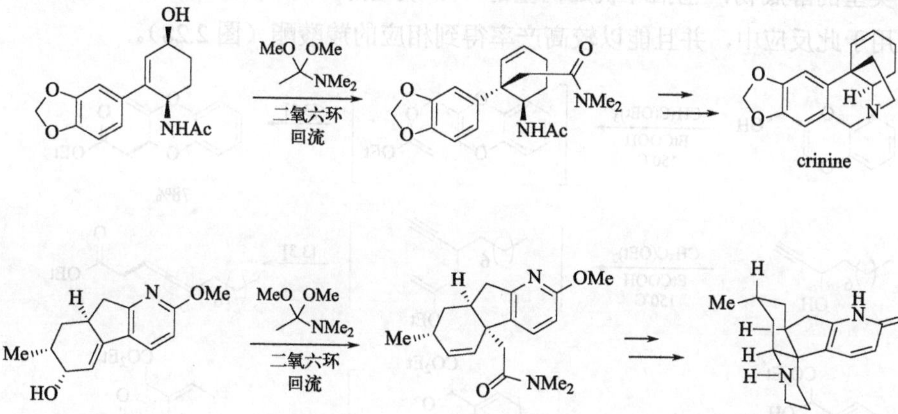

图 2.26

2.6.3 Johnson 重排

Johnson 重排，也被称为原酸酯 -Claisen 重排，是一种特殊的 [3,3]-σ 迁移重排反应，它涉及混合烯酮缩醛转化为 γ,δ- 不饱和羧酸酯。这种 Claisen 重排的变体最初是在 1970 年由 Johnson 所报道的。在酸性条件（例如，使用 EtCOOH）下，烯丙醇与原酸酯发生交换反应，所得中间体随后通过消除反应转化为混合烯酮缩醛。最后，经过重排反应，得到所需的羧酸酯（图 2.27）。

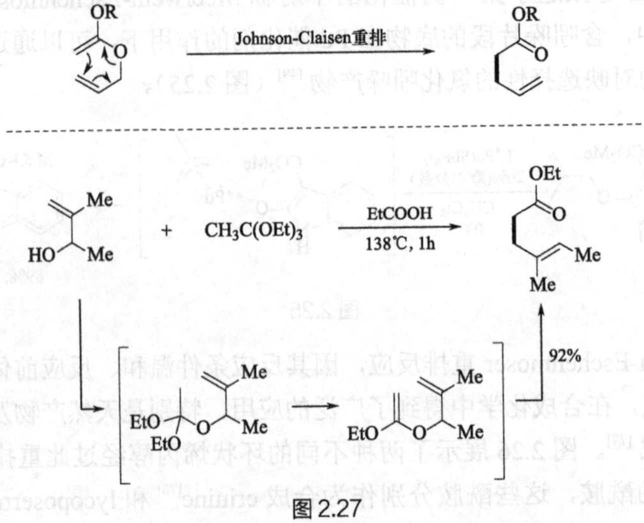

图 2.27

尽管 Johnson 重排反应一般需要高温条件，但它表现出很强的底物适用性。各种类型的醇底物，包括环状烯丙基醇[80]、炔基醇[81]和苄醇[82]，都已经被成功地应用于此反应中，并且能以较高产率得到相应的羧酸酯（图 2.28）。

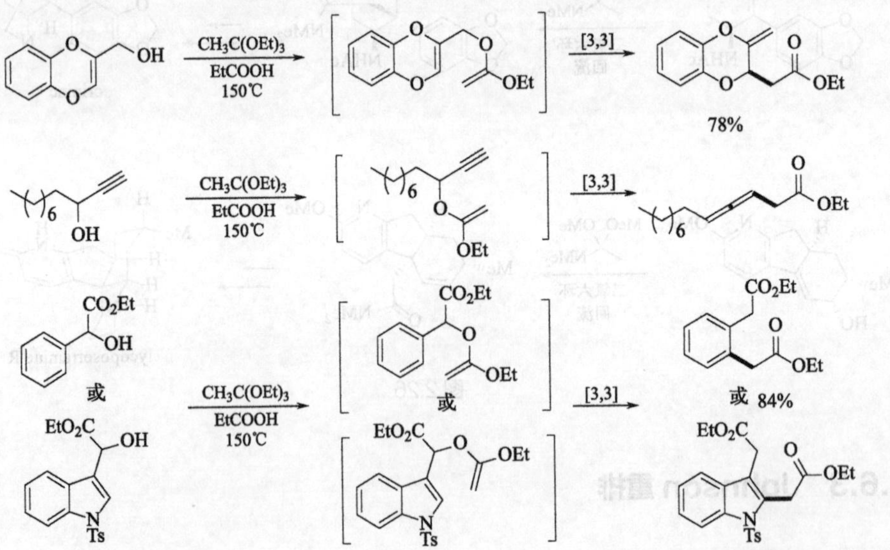

图 2.28

Mukaiyama 等报道了一种催化方式制备关键烯酮缩醛的方法。在该反应中，烯丙醇被添加到烯酮缩醛中。当在钯（Pd）催化剂存在下，该中间体会发生重排反应，以 84% 的产率生成 γ,δ- 不饱和羧酸酯[83]（图 2.29）。

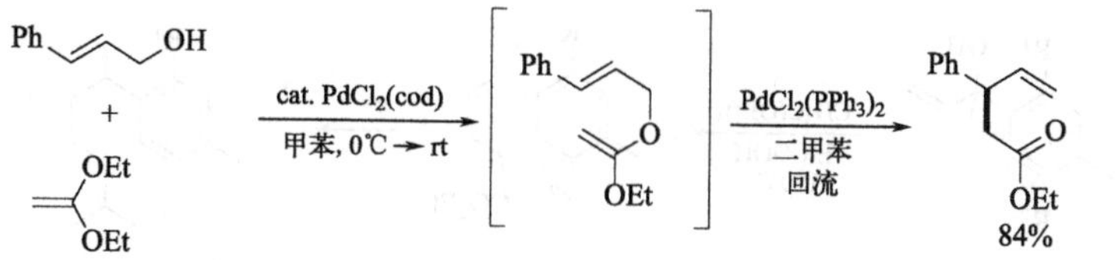

图 2.29

Petrzilka 等提出了一种多步骤的合成策略，用于制备乙烯酮缩醛[84]。这一策略首先通过苯硒基溴和烷氧基烯烃的反应开始，随后经过碱介导的取代，以及后续的氧化，形成硒化物。接着，消除苯亚硒酸产生瞬时的烯酮缩醛，该烯酮缩醛经历 Johnson 重排反应，最终给出 γ,δ- 不饱和酯（图 2.30）。值得注意的是，除了苄基型底物，各类脂肪族、单环和双环烯丙醇都能在该反应过程中展现出良好的兼容性。

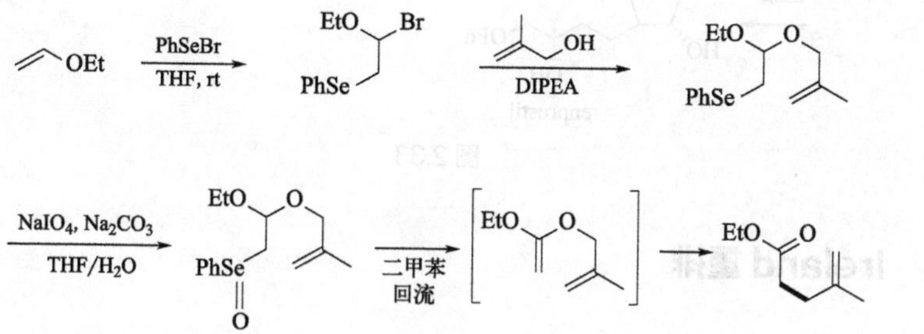

图 2.30

Jones 等报道了一种微波辅助的环状烯丙醇 Johnson 重排反应[85]（图 2.31）。研究表明，将 KSF 黏土和微波组合使用可以显著加速重排过程。此外，所得的羧酸产物可用于合成具有潜在生物活性的双环内酯结构。

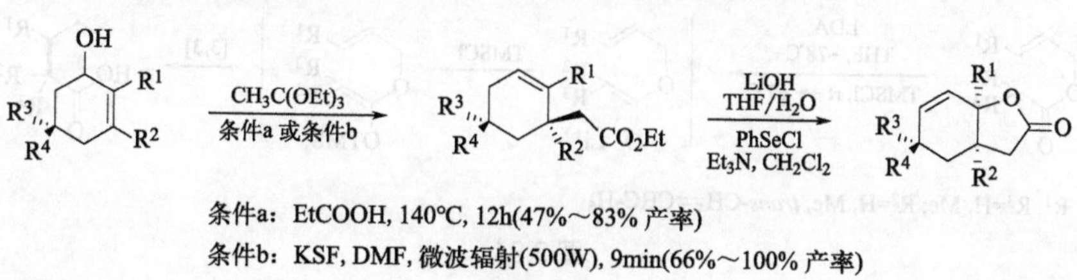

图 2.31

Johnson 重排广泛应用于制备各种复杂的天然产物[86]。例如，苄醇底物的重排可作为合成双酚及其类似物的关键步骤[87]（图 2.32）。此外，炔丙醇也可以进行非对映选择性的 Johnson 重排，产生具有四个立体中心的丙二烯中间体，其中包括丙二烯的轴向手性中心[88]（图 2.33）。该化合物可进一步用于合成胃肠道疾病的有效治疗剂 esprostil，进一步体现了 Johnson 重排在合成化学中的重要应用价值。

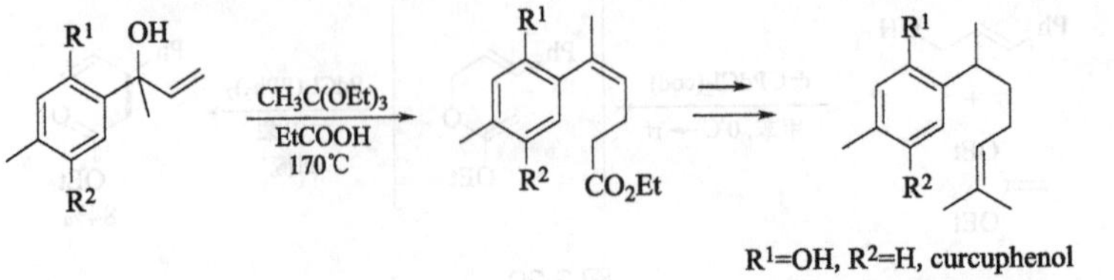

图 2.32

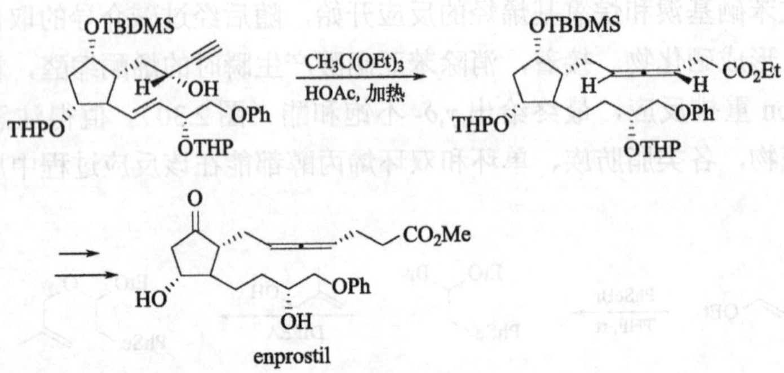

图 2.33

2.6.4 Ireland 重排

自 1937 年 Tseou 和 Wang[89] 首次报道以来，发展了多种酯烯醇化物 Claisen 重排的方法。这些方法通常涉及使用碱，如金属钠[89-90]、氢化钠[91]或二乙基溴化镁[92]，使相应的烯丙基酯生成烯醇化物，随后进行 [3,3]-σ 迁移重排。然而，这些早期的方法常常受制于低收率和较高反应温度，因而其应用受到了限制。

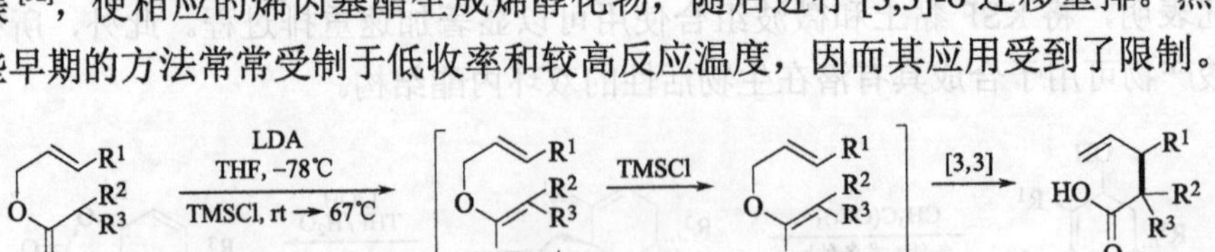

图 2.34

1972 年，Ireland 和 Mueller 报道了一种改进的烯醇 Claisen 重排，该反应作为 Claien 重排的一类重要变体，被命名为 Ireland-Claisen 重排（图 2.34）。在该反应过程中，碱（二烷基氨基锂）可以在低温下脱除烯丙基酯的 α- 质子，随后体系中引入的氯硅烷淬灭烯醇锂中间体。所得的烯醇硅醚前体进而发生重排反应，最终生成 γ,δ- 不饱和羧酸。与传统的 Claisen 重排相比较，Ireland-Claisen 具有以下特点[3]：除了反应能在相对温和的条件下进行之外，将反应物转化为更稳定的烯醇烷醚中间体可以有效地抑制副反应的发生，因此能够显著提高反应的产率。

除了使用锂这一类强碱之外，Lewis 酸 / 有机碱（例如 TMSOTf/Et_3N）组合在 Ireland 重排中也展现了良好的反应性[93]（图 2.35）。如 Nakai 等的报道所述[94]，叔胺或甲硅烷基三氟甲磺酸酯上取代基的变化会对产物的选择性结果产生重大影响。研究结果表明，大体积的基团更有利于顺式产物的形成。

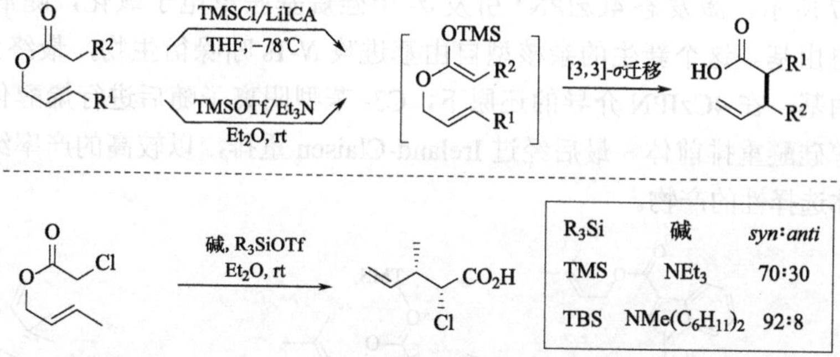

图 2.35

通过亲核试剂对 α,β- 不饱和酯的共轭加成，随后进行烯醇化物的 *O*- 硅烷化，是制备关键重排前体的另外一种有效方法。图 2.36 中给出了代表性的案例，已报道的亲核试剂包括格氏试剂[95]、烯醇盐[96]或烷基自由基[97]等。

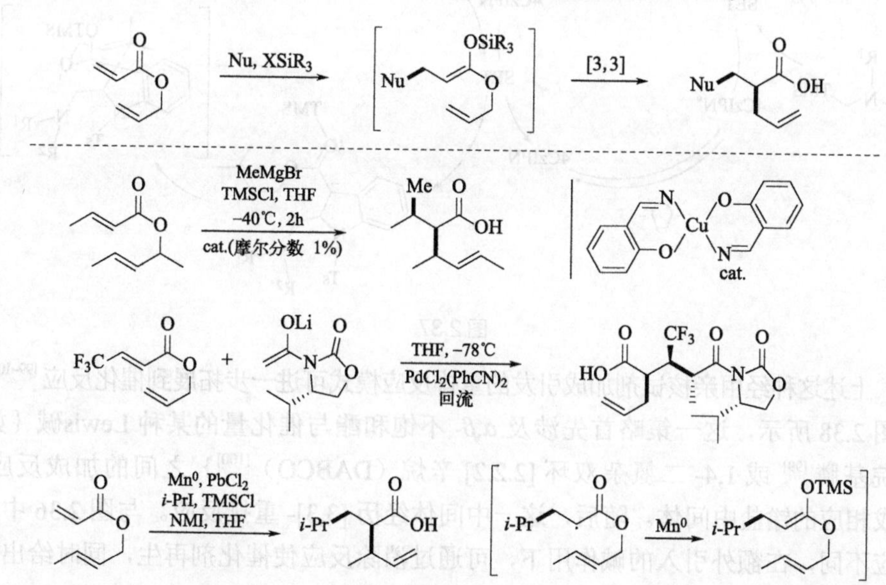

图 2.36

具体来说，铜(Ⅱ)催化下，格氏试剂与烯丙基酯经由加成、重排过程可以生成 2- 烯丙基 3- 烷基羧酸[95]。此外，带有手性辅基的烯醇化物是一种多功能的亲核试剂，能够引发不对称的 Ireland-Claisen 重排反应，得到具有高度立体选择性的产物[95a]。

1996 年，Takai 小组[97]使用卤代烷生成的自由基对丙烯酸烯丙酯进行共轭加成，得到了 α- 羧基自由基。在锰的存在下，该中间体经历还原以及随后被氯硅烷原位捕获，最后通过重排，以较高的产率生成了戊烯酸。

2023 年，冯小明课题组报道了串联自由基加成 /Ireland-Claisen 重排反应[98]。如图 2.37 所示，激发态 4CzIPN* 引发 α- 甲硅烷基胺单电子氧化，随后产生 α-氨基烷自由基。这个新生的亲核型自由基进攻 *N*-Ts 吲哚衍生物，最终生成 C3-苄基自由基。在 4CzIPN 介导的还原下，C3- 苄型阴离子随后进行烯醇化，同时生成烯醇硅醚重排前体。最后经过 Ireland-Claisen 重排，以较高的产率给出具有高度立体选择性的产物。

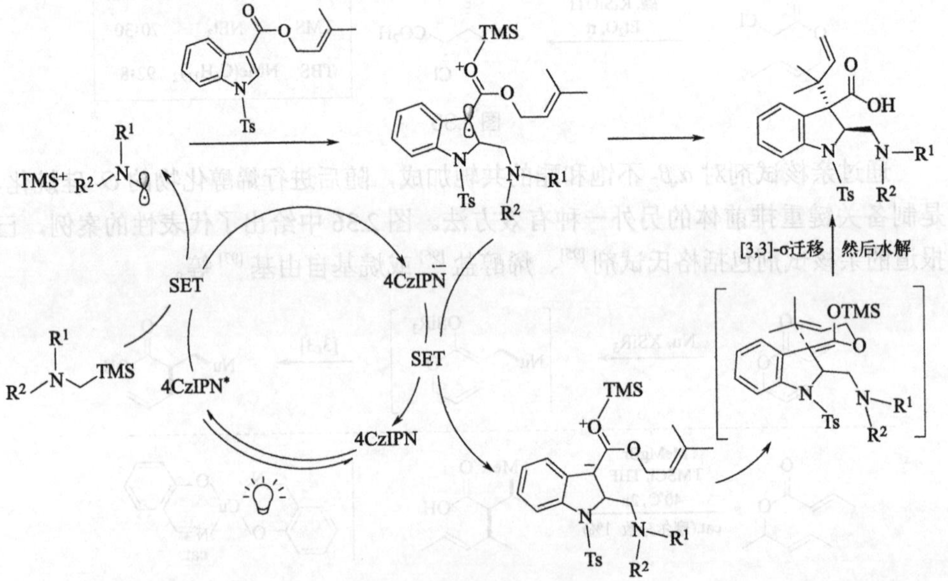

图 2.37

上述这种经由亲核试剂加成引发的重排反应模式可进一步拓展到催化反应[99-100]。如图 2.38 所示，这一策略首先涉及 α,β- 不饱和酯与催化量的某种 Lewis碱｛如三烷基膦[99]或 1,4- 二氮杂双环 [2.2.2] 辛烷（DABCO）[100]｝之间的加成反应，生成相应的鎓盐中间体。随后，这一中间体经历 [3,3]- 重排反应。与图 2.36 中的反应不同，在额外引入的碱作用下，可通过消除反应使催化剂再生，同时给出最终的重排产物。

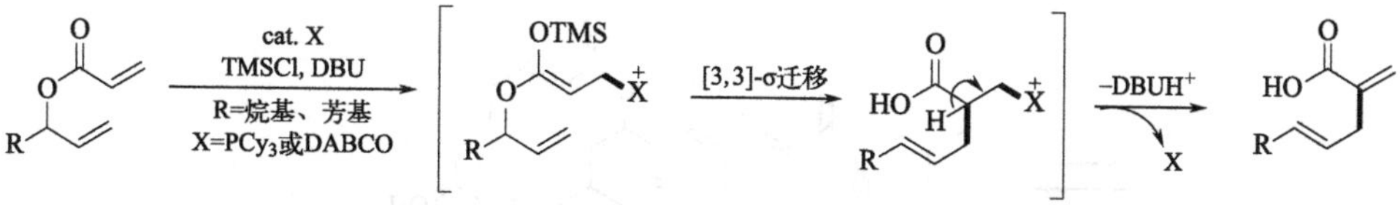

图 2.38

2019 年，Cramer 课题组报道了一种还原型的 Ireland-Claisen 重排反应。在室温条件下，1,3,2- 二氮磷杂环戊烯（DAP）即可催化重排反应进行 [101]（图 2.39）。这种活性催化剂，可视为 [P]H 的前体，是由 DAP 和 HBpin 之间的氢交换反应原位产生。正如 Cramer 等所提出的，这种催化剂能够引发膦烯醇物质的形成，随后发生重排反应。在此之后，膦与过量的 HBpin 进行交换，从而再生出 [P]H，使催化循环得以持续进行。此外，该研究团队还进一步尝试了手性 DAP 催化的不对称重排反应，但是所得产物的对映体比例（*er* 值）较低。

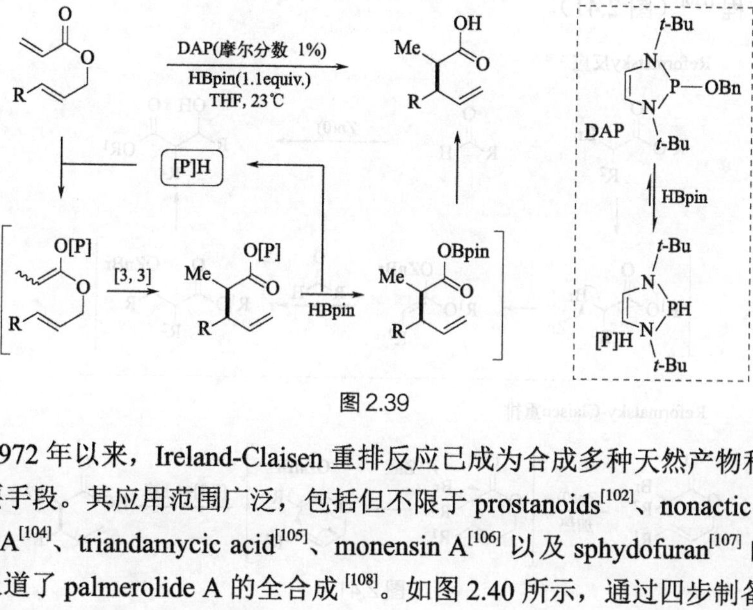

图 2.39

自 1972 年以来，Ireland-Claisen 重排反应已成为合成多种天然产物和复杂分子的重要手段。其应用范围广泛，包括但不限于 prostanoids[102]、nonactic acid[103]、lasalocid A[104]、triandamycic acid[105]、monensin A[106] 以及 sphydofuran[107] 的合成。Hall 等报道了 palmerolide A 的全合成 [108]。如图 2.40 所示，通过四步制备的烯丙基酯在 LDA（二异丙基氨基锂）的作用下，在 −78℃下即可发生重排反应。所得的 γ,δ- 不饱和羧酸作为关键中间体，经过后续的 14 步，最终实现了目标分子 palmerolide A 的合成。

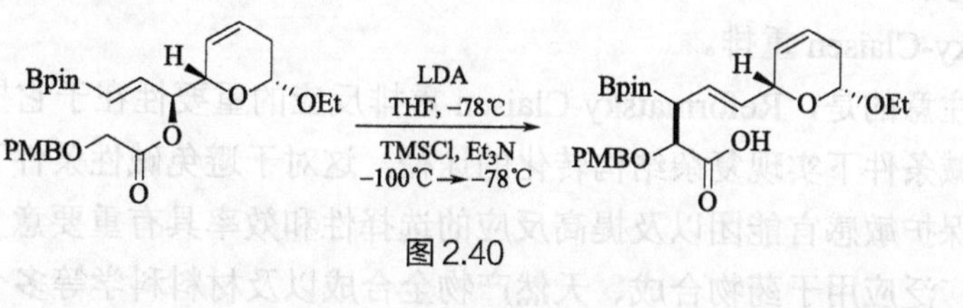

图 2.40

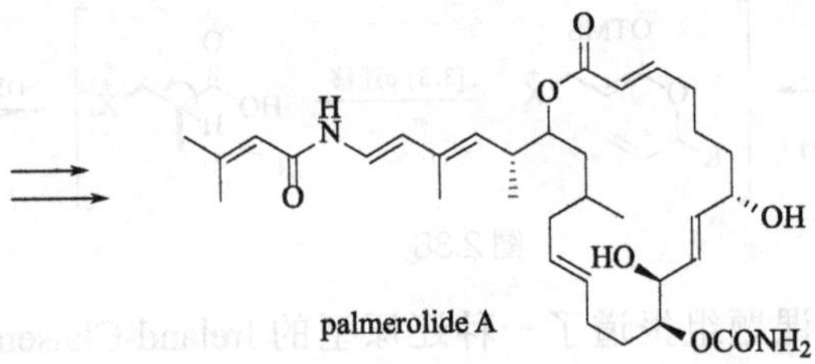

图2.40

2.6.5 Reformatsky-Claisen 重排

Reformatsky 反应[109]，也称为Reformatskii 反应，是一类重要的有机反应，它主要涉及醛或酮与α-卤代酯在金属锌的催化作用下进行缩合，从而生成β-羟基酯的过程[110]（图2.41）。

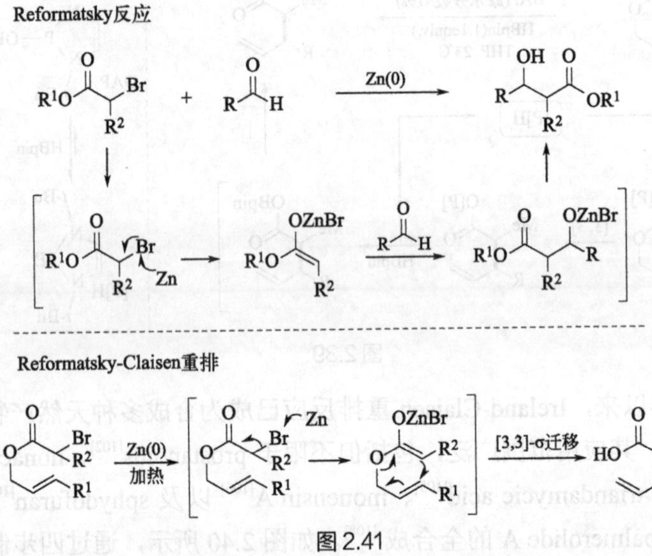

图2.41

在1976年，化学家Baldwin等进一步拓展了这一反应，将锌介导的Reformatsky型反应的独特的脱卤过程与重排巧妙地结合起来，报道了一种新颖的Claisen变体[111]，即烯丙基酯烯醇化锌的重排反应。这一发现后来被广泛称为Reformatsky-Claisen 重排。

值得注意的是，Reformatsky-Claisen 重排反应的重要性在于它提供了一种在温和、无碱条件下实现复杂结构转化的途径，这对于避免碱性条件下可能发生的副反应、保护敏感官能团以及提高反应的选择性和效率具有重要意义。因此，这一反应被广泛应用于药物合成、天然产物全合成以及材料科学等多个领域。

在深化对 Reformatsky-Claisen 重排反应的理解与应用的道路上，科学家们进行了富有创造性的探索，成功地将锌粉和特定的甲硅烷基化剂引入反应体系，实现了对该经典重排反应的一次重要改进[112]。

这一创新策略的核心在于，锌粉的加入不仅促进了烯丙基酯烯醇化锌的生成，还为后续与甲硅烷基化剂的相互作用提供了有利条件。在这一过程中，甲硅烷基烯酮缩醛作为关键中间体被稳定下来，显著提高了重排反应的效率和产物的收率。例如，将 α- 溴酯、锌粉和 TBSCl（即叔丁基二甲基氯硅烷）在适宜的溶剂体系——四氢呋喃（THF）与六甲基磷酰三胺（HMPA）的混合物中加热回流，可以高效地推动反应进行，最终以高达 73% 的产率获得了目标羧酸产物[113]（图 2.42）。

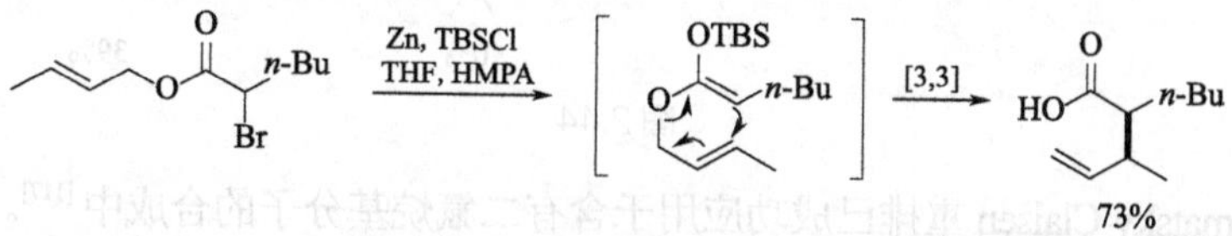

图 2.42

除了锌之外，Susumi Hatakeyama 教授及其团队发现 In/InCl$_3$ 组合作为催化剂，能够高效地促进铟介导的 Reformatsky 重排反应[114-115]（图 2.43）。在这一反应中，铟首先与底物反应生成铟烯醇中间体，这一步骤是后续重排反应的关键。随后，该铟烯醇中间体经历甲硅烷基化过程，生成了至关重要的重排前体。值得注意的是，当使用相同的底物在常规的重排条件下进行反应时，往往只能获得质子化的副产物，而难以获得目标产物。这一对比进一步凸显了铟介导的 Reformatsky 重排反应的优势。

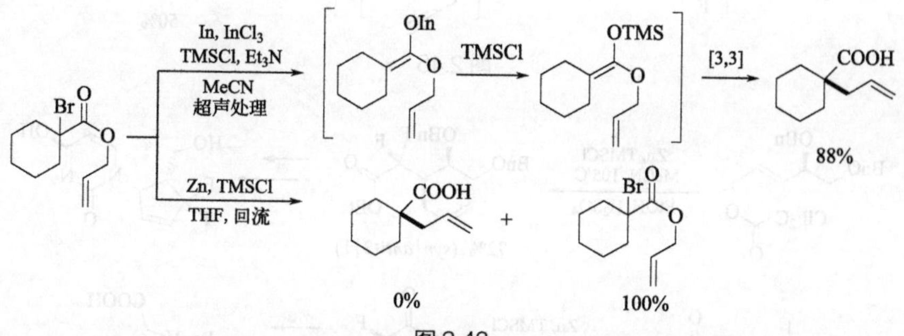

图 2.43

如图 2.44 所展示的，Reformatsky-Claisen 重排反应相较于传统的 Ireland-Claisen 变体展现出了显著的优势。这一发现特别体现在使用 In/InCl$_3$ 催化体系处理偕二甲基化的 α- 卤代酯时。具体而言，在 TMSCl（三甲基氯硅烷）的存在下，In/InCl$_3$ 催化体系能够有效地促进这些底物发生 Reformatsky 重排反应，生成 γ,δ- 不饱和羧酸，且产率达到了可观的 56%。

然而，当尝试在 Ireland-Claisen 条件下使用碱来引发相同的转化时，结果却大相径庭[116]。实验表明，在此条件下并未检测到重排反应的产物。这一对比突出了 Reformatsky-Claisen 重排在处理特定底物（如偕二甲基化的 α- 卤代酯）时的独特优势和更高的反应效率。

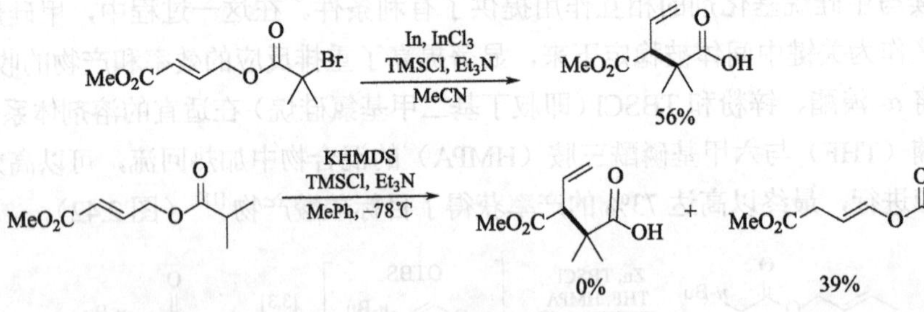

图 2.44

Reformatsky-Claisen 重排已成功应用于含有二氟烷基分子的合成中[117]。如图 2.45 所示，在锌粉和 TMSCl 的作用下，二氟化底物容易发生重排，生成所需的羧酸。烯丙基和炔丙基底物均表现出良好的兼容性。此外，卿凤翎课题组及 Scott 课题组利用这种重排策略合成了多种具有潜在生物活性的偕二氟化合物[118-119]（图 2.46）。

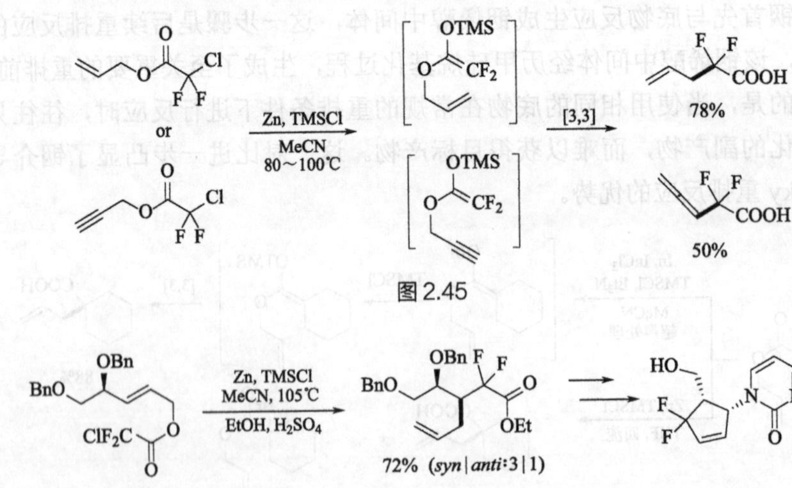

图 2.45

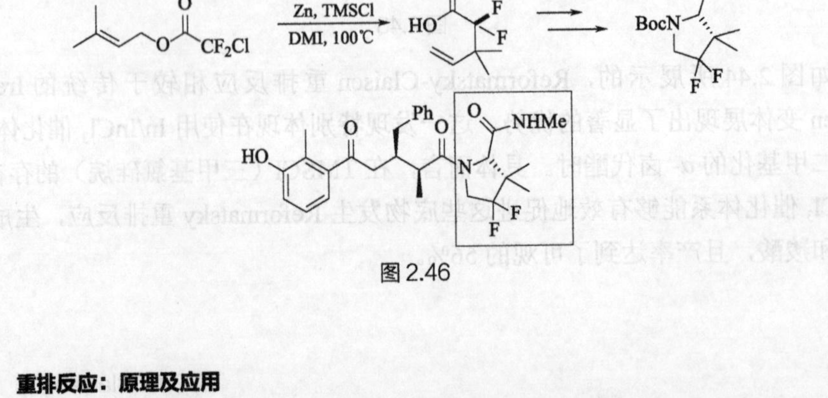

图 2.46

2.6.6 Coates-Claisen 重排

Johnson 重排以烯酮缩醛作为关键中间体，而 Coates-Claisen重排是一种烯丙基乙烯醇缩醛的 [3,3]-σ 迁移重排。该反应最早是由 Coates 等在 1982 年报道的 [120]（图 2.47）。Coates-Claisen 重排的显著特点是由于 C-2 烷氧基的存在可以加快重排速率，以及最终产物中独特的 1,5- 二羰基结构。尽管具有这些特性，Coates-Claisen 反应在 Claisen 重排家族中仍然是一个未被充分研究的变体，可能是因为关键重排前体烯丙基乙烯醇缩醛的简易合成方法有限。

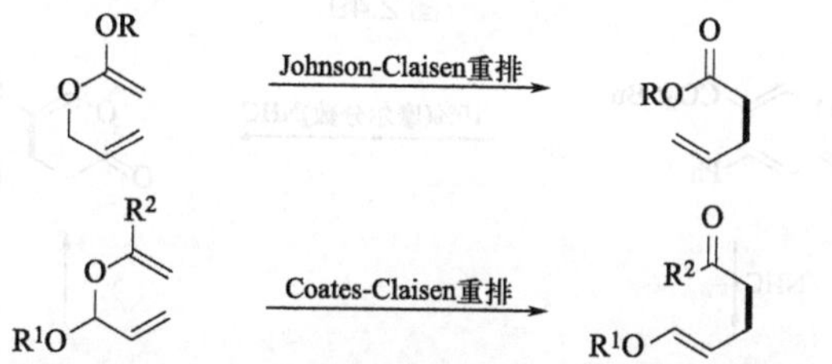

图 2.47

有三种主要方法用于合成所需的烯丙基乙烯醇缩醛。Coates 等最初展示了在回流的甲苯中，丙烯缩醛与环酮烯醇生成烯丙基乙烯醚，随后进行 Claisen 重排，可以得到烷氧基烯丙基酮 [121]（图 2.48）。此外，Dolby 等报道了一种从环状 1,3-二羰基化合物出发的策略，与 2- 甲氧基 -1,3- 丁二烯加成得到重排前体 [122]。

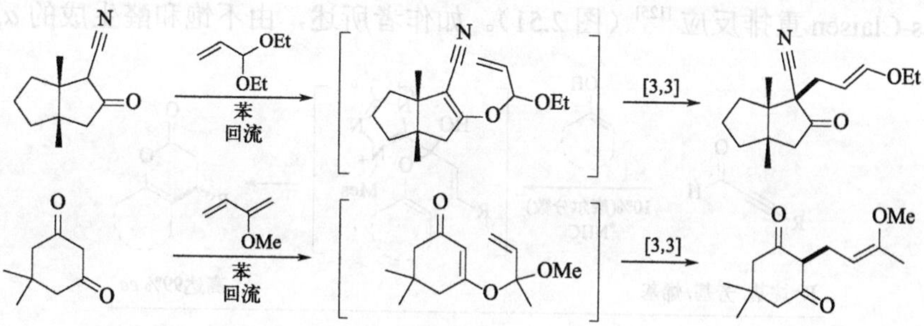

图 2.48

此外，Coates 等报道了一种通过使用硒化物的多步反应获取烯丙乙烯酯的替代方法 [123]（图 2.49）。该反应过程通过底物酮在碱性条件下生成的烯醇负离子与 α-氯 -β- 苯硒丙基乙醚进行 *O*- 烷基化反应，随后通过硒化物的氧化消除反应生成关键的重排中间体，然后进行 [3,3]- 重排，最终得到烷氧基烯丙基羰基化合物。

Lupton 等报道了首例 N 杂卡宾（NHC）催化的分子内 Coates 重排反应。在该反应中，瞬时生成烯丙基缩醛，可以高效地进行 [3,3]- 重排和随后的环化反应，形成内酯骨架 [124]（图 2.50）。

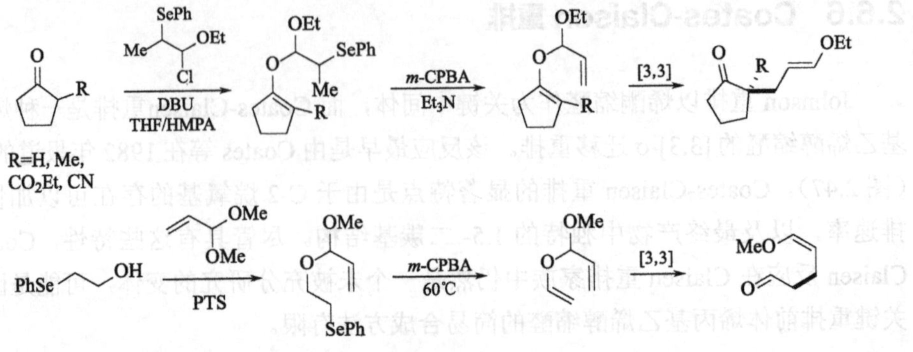

图 2.49

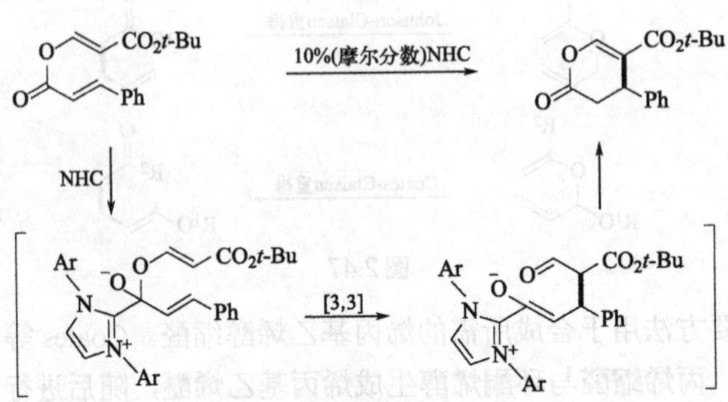

图 2.50

几乎在同一时间，Bode 课题组报道了一种 NHC 催化的对映选择性的 Coates-Claisen 重排反应[125]（图 2.51）。如作者所述，由不饱和醛生成的 α,β- 不

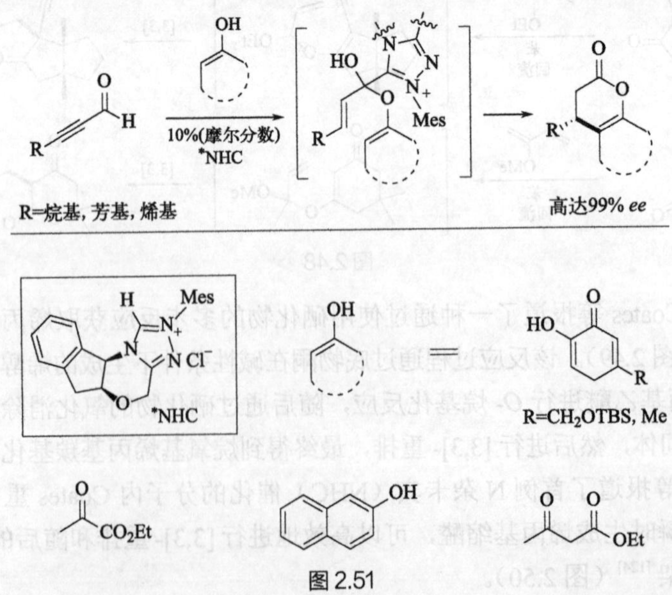

图 2.51

饱和酰基唑化物被烯醇捕获，形成烯丙基缩醛结构。随后重排给出 *ee* 值高达 99% 的环内酯化合物。这种不对称 NHC 催化过程在多种烯醇前体中均表现出兼容性，包括桔梗酸、丙酮酸乙酯、萘酚和酮酸酯等[126]。机理研究表明，这一过程更符合传统的 Claisen 机理，而非最初提出的 Michael 加成。

与传统 Coates-Claisen 重排相比，使用 NHC 催化的 Coates-Claisen 重排反应反应条件温和并且具有卓越的立体选择性，在复杂天然产物合成中展现出了潜力。例如 α,β- 不饱和烯醇酯经重排可以高选择性地制备用于合成 (−)-7- 脱氧龙胆苷的关键环戊并吡喃酮骨架[127]（图 2.52）。

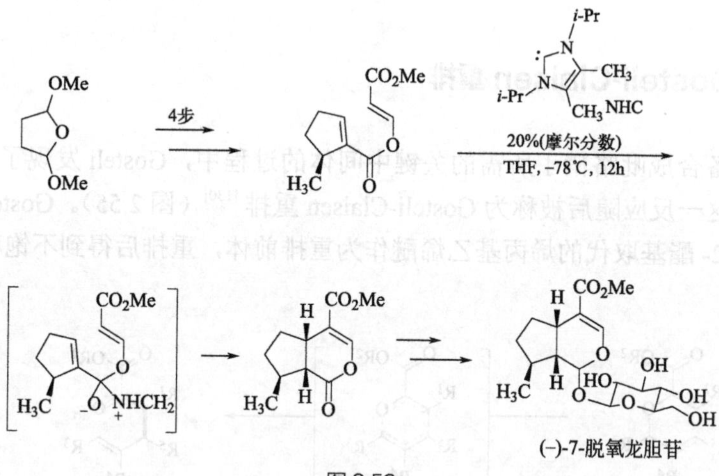

图 2.52

2021 年，Marek 等展示了 $[Ir(cod)Cl]_2$ 配合物作为烯烃异构化和后续重排的多功能催化剂，以良好的立体选择性生成羰基化合物[128]（图 2.53）。这种铱催化的不对称 Coates-Claisen 重排是天然产物异新木脂素全合成的关键步骤[129]（图 2.54）。

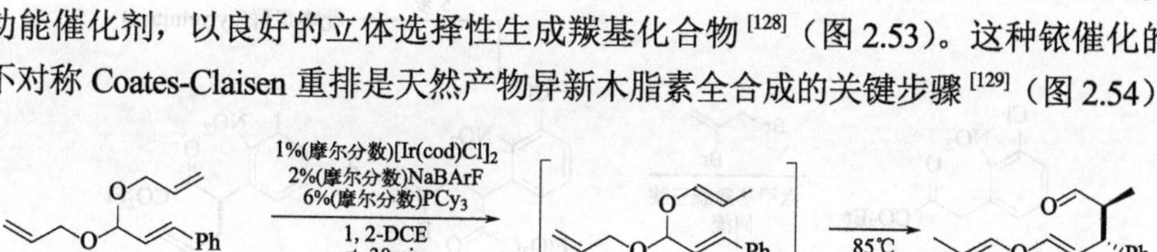

图 2.53

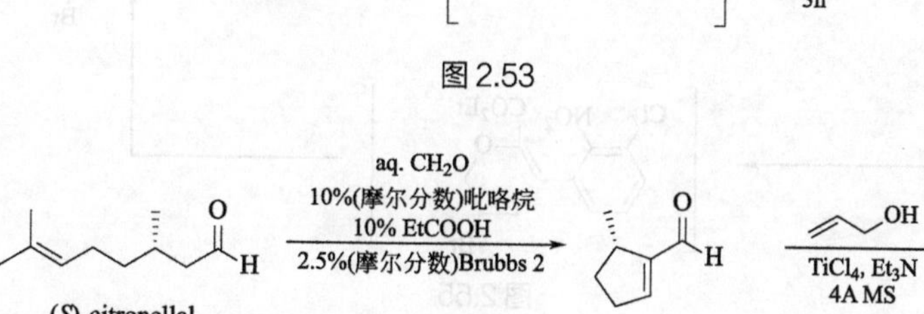

图 2.54

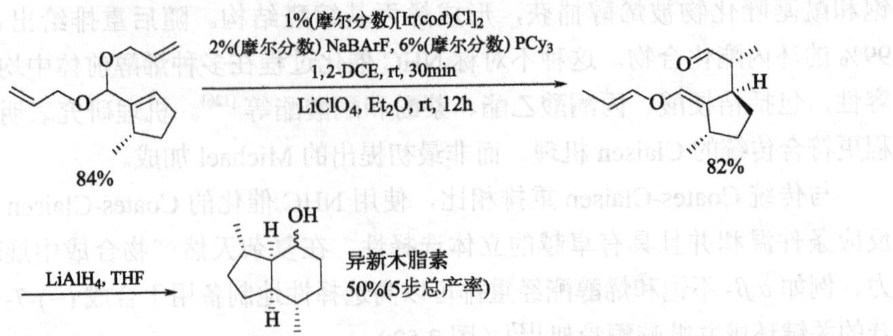

图 2.54

2.6.7 Gosteli-Claisen 重排

在制备合成吡咯硝丁所需的关键中间体的过程中，Gosteli 发现了一个意外的反应，这一反应随后被称为 Gosteli-Claisen 重排 [130]（图 2.55）。Gosteli-Claisen 重排通过 2- 酯基取代的烯丙基乙烯醚作为重排前体，重排后得到不饱和 α- 酮酸酯 [131]。

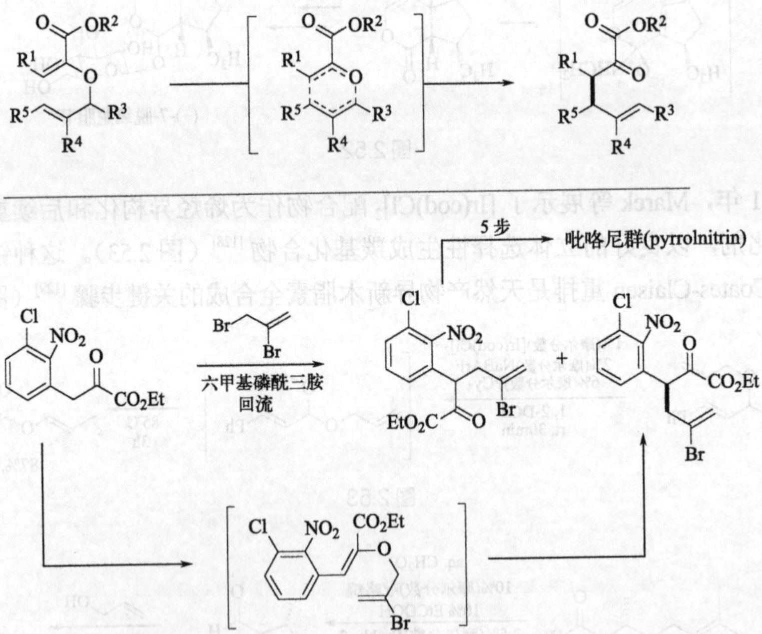

图 2.55

制备所需的 2- 酯基取代的烯丙基乙烯醚通用路线主要是烯丙醇与 α- 溴羧酸酯之间的亲核取代，随后在 LDA 的作用下与醛进行缩合 [132]（图 2.56）。

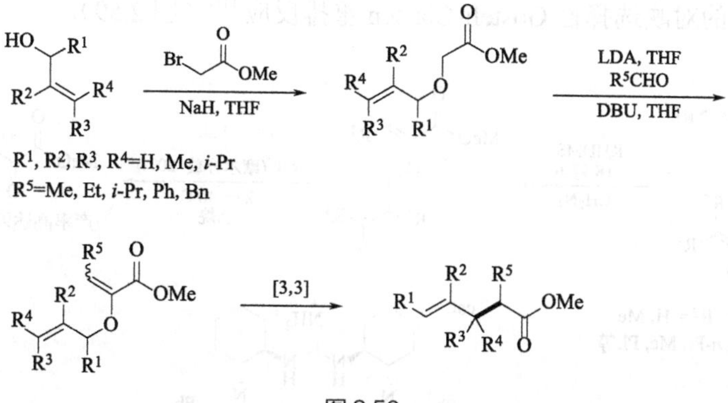

图 2.56

如图 2.57 所示，路易斯酸，例如 $Yb(OTf)_3$，可以催化 Gosteli-Claisen 重排反应，同时以 97% 的产率生成相应的 α- 酮酸酯 [133]。

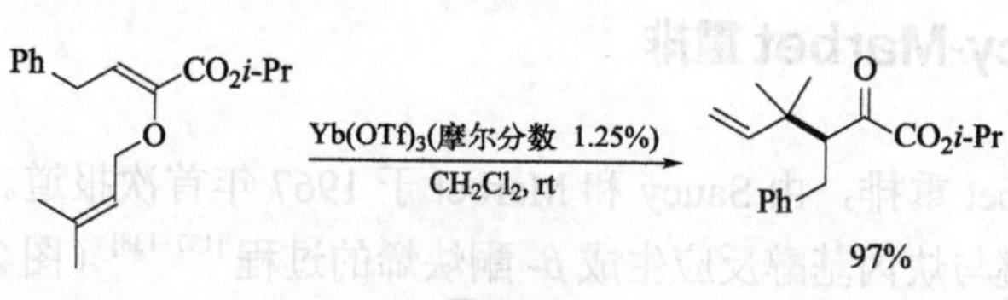

图 2.57

自 Gosteli 发现以来，这一 Claisen 重排变体就一直鲜有发展，直到人们发现了它在催化不对称重排中的潜力 [41,134-135]。Hiersemann 团队报道了手性 Lewis 酸催化的对映选择性 [1,6]- 跨环 Gosteli-Claisen 重排 [136]（图 2.58）。烯丙醇经由卡宾插入反应和随后的 Wittig 反应得到 2- 酯基取代的环状重排前体，在手性 Lewis 酸催化下能够顺利重排为缩环产物，并形成两个立体中心。

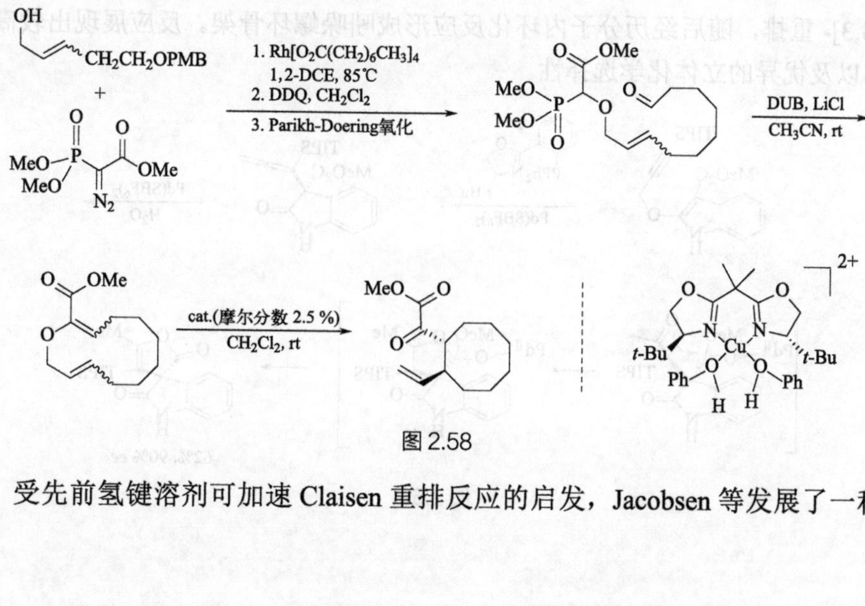

图 2.58

受先前氢键溶剂可加速 Claisen 重排反应的启发，Jacobsen 等发展了一种使双氢键催化的对映选择性 Gosteli-Claisen 重排反应[41]（图 2.59）。

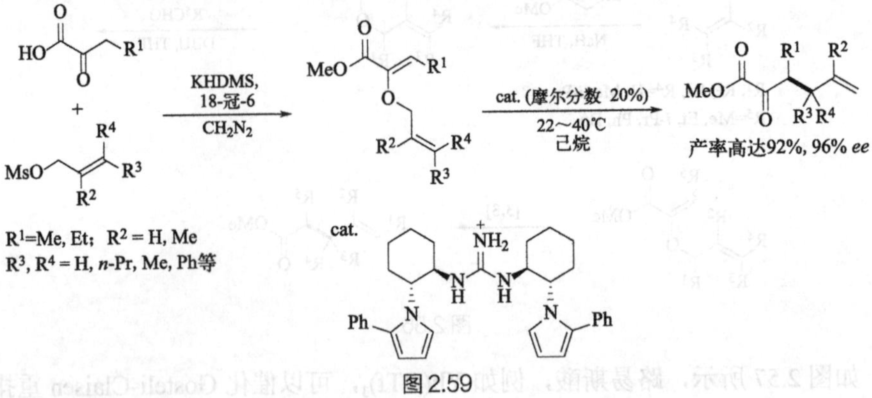

图 2.59

2.6.8 Saucy-Marbet 重排

Saucy-Marbet 重排，由 Saucy 和 Marbet 于 1967 年首次报道。该反应涉及酸催化的异丙烯醚与炔丙基醇反应生成 β- 酮炔烯的过程[137–138]（图 2.60）。

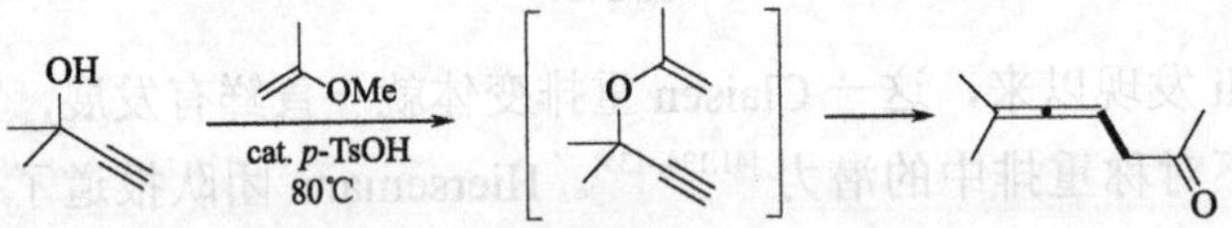

图 2.60

Kozlowski 等于 2012 年报道了首例钯催化不对称 Saucy-Marbet-Claisen 重排[139]（图 2.61）。通过将 $Pd(SBF_6)_2$ 与手性噁唑啉配体结合使用，催化吲哚炔丙基醚进行 [3,3]- 重排，随后经历分子内环化反应形成吲哚螺环骨架。反应展现出较高的收率以及优异的立体化学选择性。

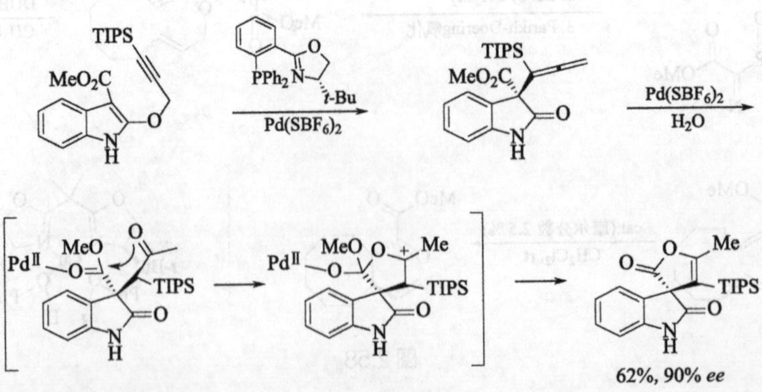

图 2.61

金催化剂也在各种炔丙基Claisen重排中展示出了高效的催化活性[140]。例如，Toste 等报道了 $[(Ph_3PAu)_3O]BF_4$ 介导的炔丙基醚的 Saucy-Marbet 重排可以通过一个高度有序的椅状过渡态进行，将底物中的中心手性转化为联烯产物中的轴手性[141]（图 2.62）。

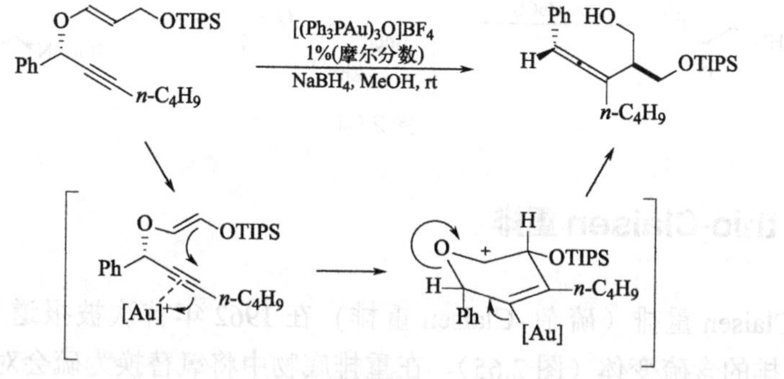

图 2.62

2.6.9 Arnold-Claisen 重排

1949 年，Arnold 和 Searles 报道了一种改进的烯醇型 Claisen 重排（也称为 Arnold-Claisen 重排），即当用甲基溴化镁或氢化钠处理 1- 甲基烯丙基二苯甲酸酯时，会重排成 *α*- 取代的二苯基乙酸。虽然使用更强的碱如 $BrMgNEt_2$ 也可以实现烯丙基 *α*- 乙基苯乙酸的重排，但产率非常低[142]（图 2.63）。由于其苛刻的反应条件，这一 Claisen 变体难以扩展到更复杂和敏感的底物。

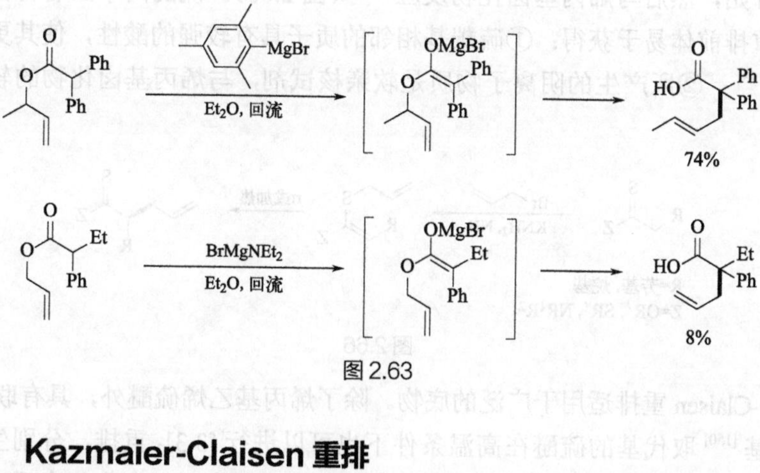

图 2.63

2.6.10 Kazmaier-Claisen 重排

Kazmaier-Claisen 重排是不饱和氨基酸酯与强碱（如二异丙基氨基锂）和金

属盐（如 $ZnCl_2$）在 −78℃下反应，生成螯合烯酸酯中间体，随后经历 [3,3]-σ 迁移重排，生成 α- 烯丙基氨基酸的反应 [143]（图 2.64）。这一重排反应在合成某些 α-氨基酸衍生物中具有广泛的应用 [144]。

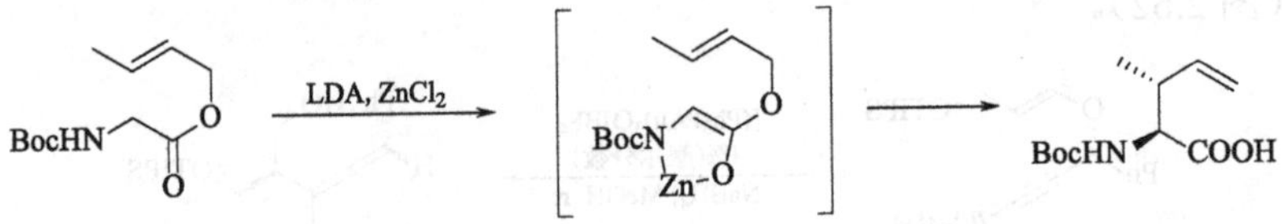

图 2.64

2.6.11 thio-Claisen 重排

thio-Claisen 重排（硫杂 -Claisen 重排）在 1962 年首次被报道 [145]，是经典 Claisen 重排的含硫变体（图 2.65）。在重排底物中将氧替换为硫会对重排反应产生显著影响。这不仅使得硫羰基化合物的合成成为可能，而且这类重排通常在更温和的条件下进行。可能的原因是：相对于 C—O 和 C—N 键，C—S 键的断裂更加容易 [146]。

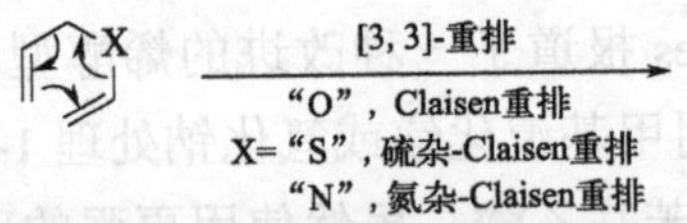

图 2.65

烯丙基乙烯基硫醚可以通过一个简单的路径制备，通常从硫羰基化合物的去质子化开始，然后与烯丙基卤化物反应 [147]（图 2.66）。硫的两个显著特征使得这类含硫重排前体易于获得：①硫羰基相邻的质子具有较强的酸性，使其更容易去质子化 [148]；②所产生的阴离子物质是软亲核试剂，与烯丙基卤化物的软酸性相匹配。

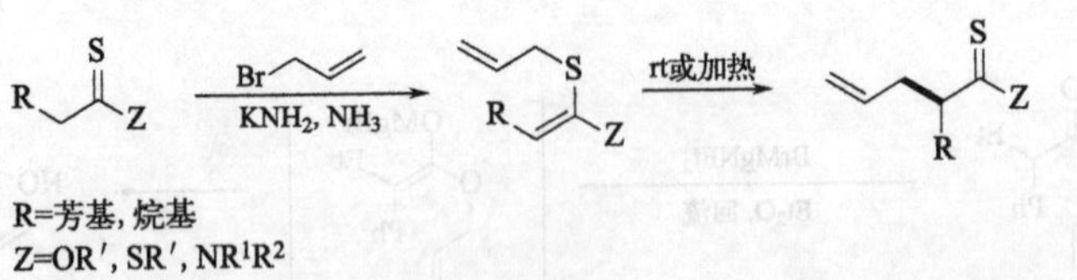

图 2.66

thio-Claisen 重排适用于广泛的底物。除了烯丙基乙烯硫醚外，具有联烯基 [149] 或炔丙基 [150] 取代基的硫醚在高温条件下也可以进行 [3,3]- 重排，分别生成硫醛和硫酯（图 2.67）。值得注意的是，生成的硫羰基产物可以在水相介质中水解生成醛。

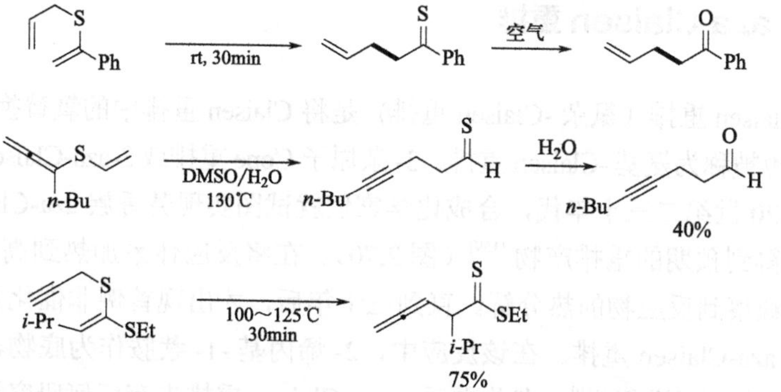

图 2.67

与经典 Claisen 重排有所不同的是，thio-Claisen 重排的另一个有趣的方面是 [3,3]- 重排后常发生的串联环化反应[151]（图 2.68），由此构建多种含硫杂环结构[152]。如图 2.69 所示，香豆素的炔丙基硫醚衍生物在加热后经历了 [3,3]- 重排。随后，重排中间体恢复芳香性生成了香豆素硫醇，该产物进一步进行分子内环化，生成了一个三并环骨架[153]。

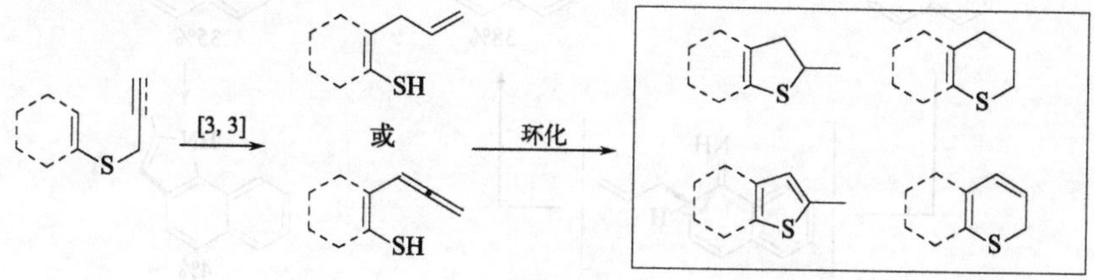

图 2.68

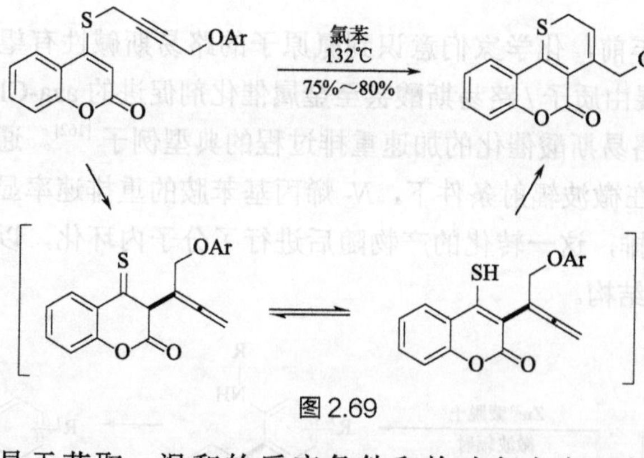

图 2.69

由于底物易于获取，温和的反应条件和构建复杂杂环的独特能力，thio-Claisen 重排已被证明是一种构建含硫天然产物和药物分子的有效途径。已经报道的例子包括但不限于 (+)- 喹克拉明[154]、(−)-amauromine[155]、(−)-trichodiene[156] 和 (+)-ethyl lanceolate[157]。

2.6.12 aza-Claisen 重排

aza-Claisen 重排（氮杂 -Claisen 重排）是将 Claisen 重排中的氧替换为氮原子。这种反应也被称为氨基 -Claisen 重排、3- 杂原子 Cope 重排或 3-aza-Claisen 重排[158]。

早在 20 世纪二三十年代，合成化学家们就试图实现芳香族 aza-Claisen 重排，但是未能得到预期的重排产物[159]（图 2.70）。在将反应体系加热到高达 250℃的温度时，观察到反应物的热分解。直到三十年后，才出现首例非催化热力学驱动的芳香族 aza-Claisen 重排。在该反应中，2- 烯丙基 -1- 萘胺作为底物，反应在超过 250℃的高温下进行[160]。在此之后，aza-Claisen 重排未有任何研究进展，更不用说其在合成中的应用[161]。这类反应的发展困局可以归因于与氧中心 Claisen 重排相比，aza-Claisen 重排所需的反应条件更加苛刻。

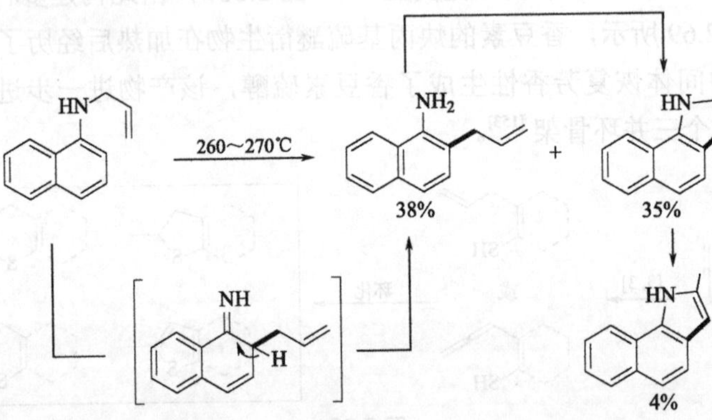

图 2.70

大约在三十年前，化学家们意识到氮原子的路易斯碱性有望使其成为理想的锚点，用于发展由质子 / 路易斯酸甚至金属催化剂促进的 aza-Claisen 重排。图 2.71 展示了一个路易斯酸催化的加速重排过程的典型例子[162]。通过使用催化量的 Zn^{2+} 蒙脱土并在微波辐射条件下，*N*- 烯丙基苯胺的重排速率显著提高。类似于 thio-Claisen 重排，这一转化的产物随后进行了分子内环化，以令人满意的产率得到了 *N*- 杂环结构。

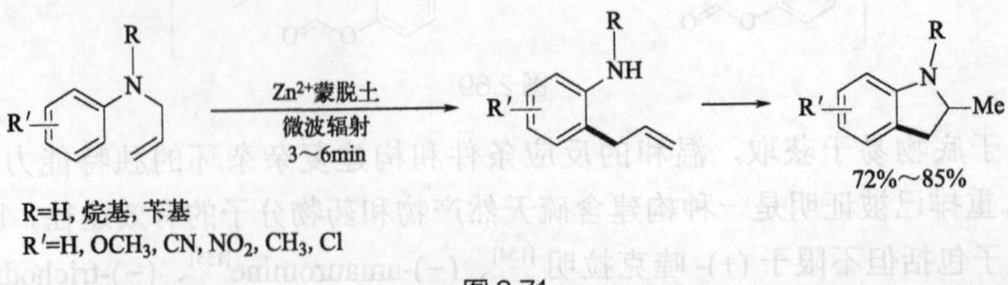

图 2.71

此外，三氟乙酸（TFA）作为一种强质子酸，已被实验证明能够有效促进aza-Claisen重排。这种酸促进的aza-Claisen重排还被用作okaramin J全合成路线中的关键步骤。okaramin J是一种吲哚生物碱，最初从微生物菌株Penicillium simplicissimum和Aspergillus aculeatus的发酵提取物中分离得到[163]（图2.72）。

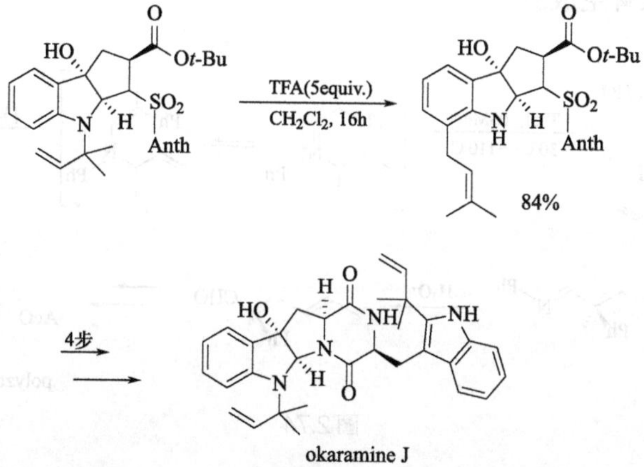

图2.72

脂肪族aza-Claisen重排的出现可以追溯到20世纪60年代初期，它是对芳香族aza-Claisen重排的重要扩展。对于非催化的脂肪族aza-Claisen重排，通常需要高达250℃的极端加热条件。这一剧烈的反应条件限制了这类的反应进一步发展。

Hill及其研究团队围绕简单的烯丙基乙烯胺作为底物的aza-Claisen重排进行了详细研究[164]（图2.73）。正如预期的那样，反应在200～250℃的温度下进行，产生了亚胺，随后在酸性条件下水解为相应的羰基化合物。

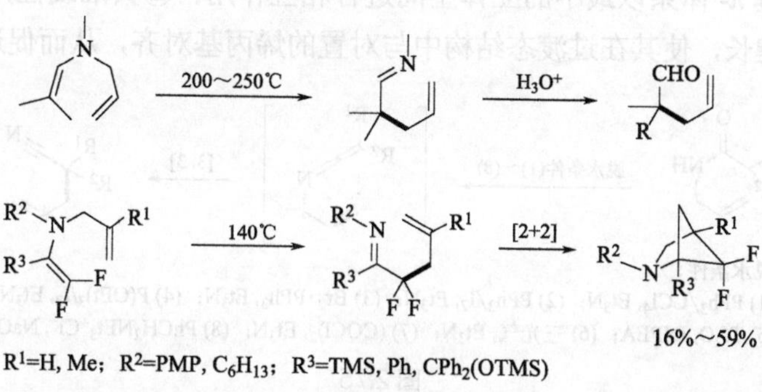

图2.73

此外，研究人员发现将二氟烷基引入烯烃结构中可以显著降低反应所需温度[165]（图2.73）。这种反应效率的提升可以归因于“氟效应”，即氟化的sp^2杂化碳原子转变为更具热力学稳定性的sp^3杂化碳原子[166]。

除了取代基的直接影响，电荷加速的 aza-Claisen 重排反应也展现出了极高的反应效率。关于这部分内容的详细探讨将在下节中展开。

此外，Hill 团队还报道了一种两组分的脂肪族 aza-Claisen 重排[167]（图 2.74）。在这一模式中，烯丙胺在 $TiCl_4$ 的作用下和醛原位生成烯胺。随后经由重排生成亚胺。最后经水解生成醛。

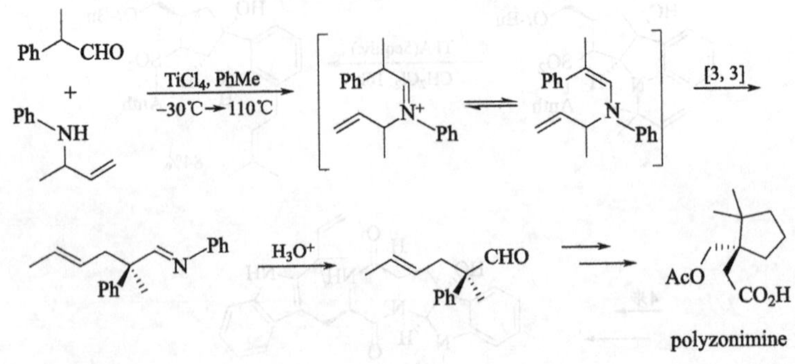

图 2.74

1961 年，Brannock 和 Burpitt 等报道了一种以 *N*- 烯丙基酮亚胺作为中间体的全新 aza-Claisen 重排反应模型[168]（图 2.75）。针对这一反应，Walters团队做了全面而系统的研究，详细阐明了这种涉及烯酮亚胺中间体的脱水型 aza-Claisen 重排[169]。Walters 等使用了各种活化试剂，如氯化碳酰、磷或酸酐，随后使用碱进行处理，成功地证明了酮亚胺中间体的形成。值得注意的是，这种 aza-Claisen 重排条件温和，反应温度一般只需要 120 ～ 200℃。Walters 等将这种较高的反应效率归因于烯酮亚胺的两个独特结构特征：①其立体化学不受阻碍的构象，使其能够与相邻烯丙基 π- 体系以最小的立体空间进行相互作用；②其准线性几何结构，特别是 C═N 键长，使其在过渡态结构中与对置的烯丙基对齐，从而促进重排过程。

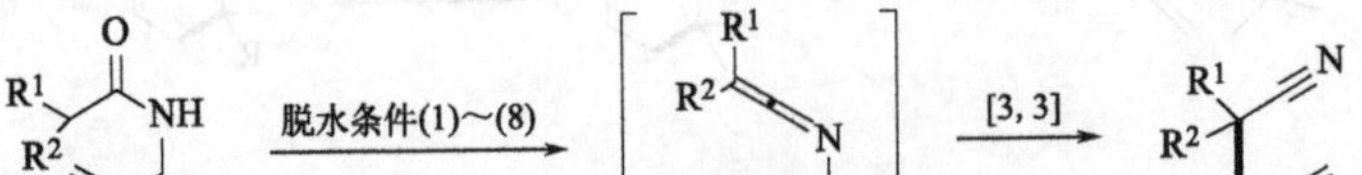

脱水条件：

(1) PPh_3/CCl_4, Et_3N；(2) PPh_3/I_2, Et_3N；(3) $Br_2 \cdot PPh_3$, Et_3N；(4) $P(OEt)_3/I_2$, Et_3N；(5) Tf_2O, DIPEA；(6) 三光气, Et_3N；(7) $(COCl)_2$, Et_3N；(8) $PhCH_2NEt_3^+Cl^-$, NaOH

图 2.75

Tsunoda 等人对烯丙基酰胺的烯醇型 aza-Claisen 重排的反应条件和立体选择性进行了研究[170]。如图 2.76 所示，首先以 THF 为溶剂，−78℃下加入 LDA 对丙酸酰胺进行去质子化，生成烯醇锂。随后将 THF 换成高沸点的非极性溶剂烷烃，在 140℃下引发重排。值得注意的是，通过使用 *E* 式底物，得到了高立体选择性的产物。类似的重排反应模式还成功应用于复杂氮杂环天然产物 (+)-α- 天丹氨酸的全合成[171]。

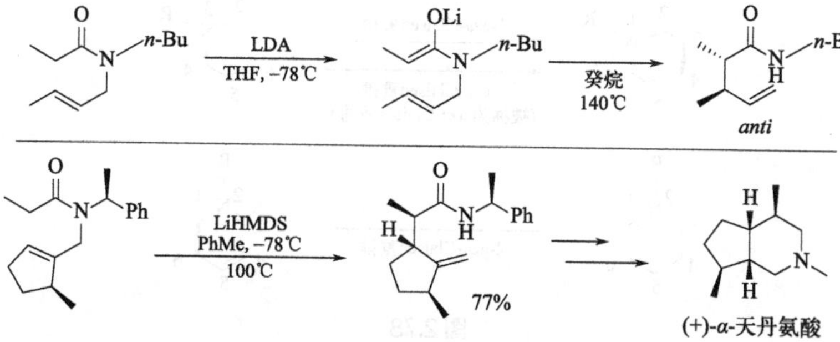

图 2.76

Suh 团队报道了一种合成塔贝纳蒙塔宁生物碱的方法（图 2.77）。其中涉及的关键步骤是将 Reformatsky 型反应与 aza-Claisen 重排结合。在 *i*-PrMgCl 的存在下，吲哚衍生的 α- 溴酰胺经历脱溴，形成烯酮 *N*,*O*- 缩醛，进而发生重排，由此构建了相关生物碱的核心碳骨架[172]。

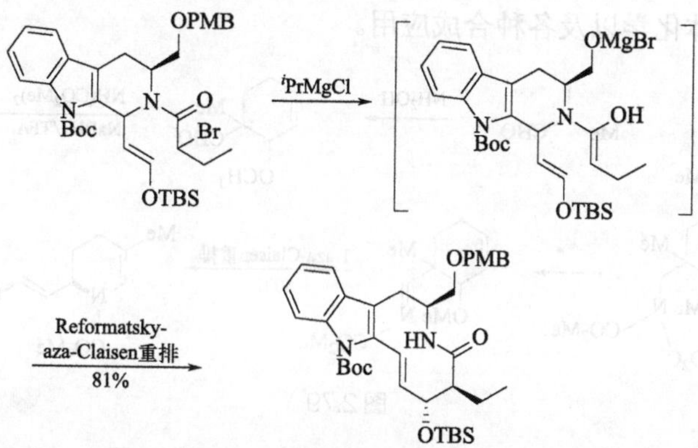

图 2.77

2.6.13 1-aza-Claisen 重排和 2-aza-Claisen 重排

aza-Claisen 重排可以根据氮原子所在的位置分为不同的变种，其中 1-aza-Claisen 重排被视为 3-aza-Claisen 重排的逆反应过程，即通常的 aza-Claisen 重排（图 2.78）。相比较下，1-aza-Claisen 重排仍然是一个未被充分探索的反应，这主要归因于这种转化是一种热力学不利过程。通常情况下，反应物的稳定性要优于产物，而 1-aza-Claisen 重排却截然相反。这使得这种重排仅在产物相对于反应物更加稳定的特殊情况下才可以发生。例如，通过 Diels-Alder 环加成、还原氨化和随后的消除反应合成了一种环己烯衍生物（图 2.79）。在加热条件下，进一步发生了1-aza-Claisen重排，形成了四氢吡啶骨架[173]。

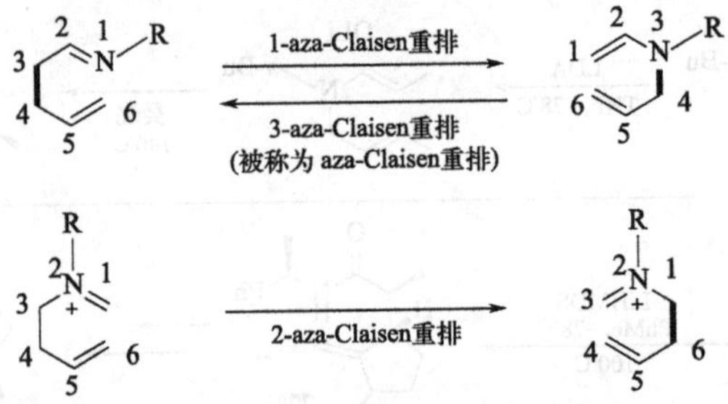

图2.78

相反，2-aza-Claisen重排是一种热力学上有利的过程。反应的关键重排中间体亚胺结构可以通过羰基化合物与胺的分子间或分子内反应生成。重排后，所得的亚胺产物可进一步经水解生成羰基化合物，或者经过Mannich型环化获得相应的含氮杂环结构[174]（图2.80）。值得注意的是，Overman等撰写的名为"aza-Cope/Mannich反应"的综述文章[175]对这类环化反应进行了全面介绍，包括历史发展、机理阐释、立体化学以及各种合成应用。

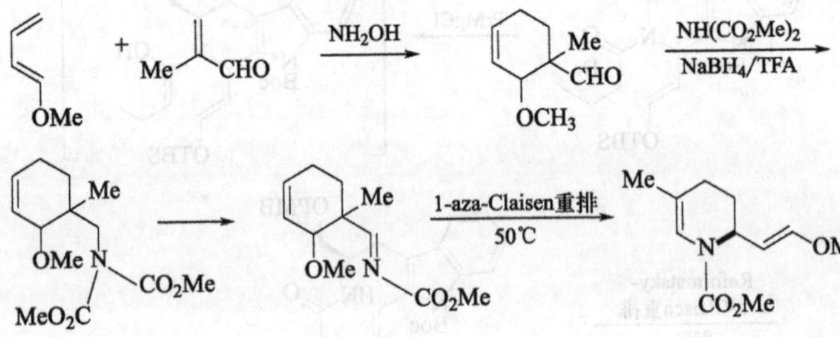

图2.79

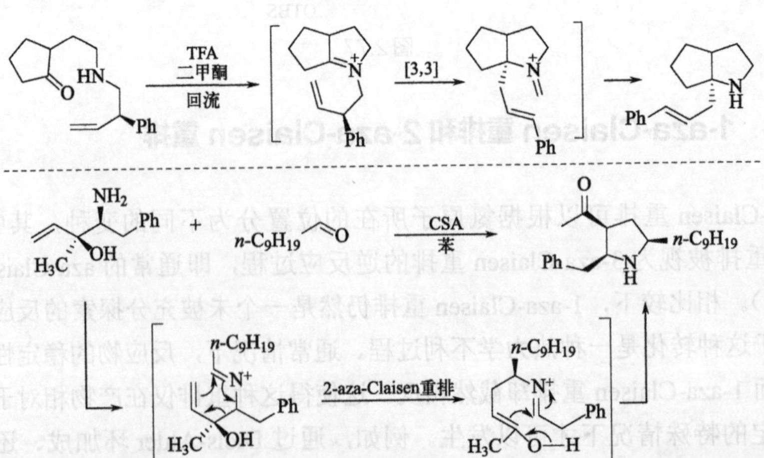

图2.80

2.6.14 Overman重排

Overman 重排，也被称为亚胺酯 -Claisen 重排，可以将烯丙基三卤乙酰亚胺酯转化为烯丙基三卤乙酰胺[176]（图 2.81）。这一反应源于 Larry E. Overman 在 1974 年的开创性工作[177]。该反应是经典的 Claisen 重排与其氮中心变体 1- 氮杂 -Claisen 重排相结合的反应。

作为 Overman 重排关键反应物，即三卤乙酰亚胺酯，可以通过与三卤乙腈在碱作用下经加成反应，高效地从各种醇（包括一级、二级和三级醇）转化而来[177-178]。

Overman 重排最吸引人的方面之一是其在重排过程中碳 - 氧（C—O）键的断开以及碳 - 氮（C—N）键的形成。由于通常在非芳香性有机骨架中引入氧基团比氮基团更为容易，这种反应具有重要的合成价值[179]，被广泛地应用于各类含氮有机化合物的制备[180]。

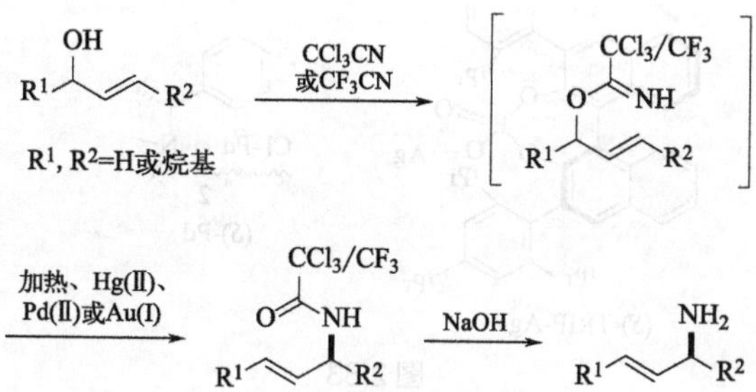

图 2.81

由于 Overman 重排较温和的反应条件、可控的区域及立体化学选择性，其常作为合成复杂天然产物分子的关键步骤[180]。例如，Chida 团队[181]利用 Overman 重排，成功合成了 (−)-agelastatin A[182]（图 2.82）。

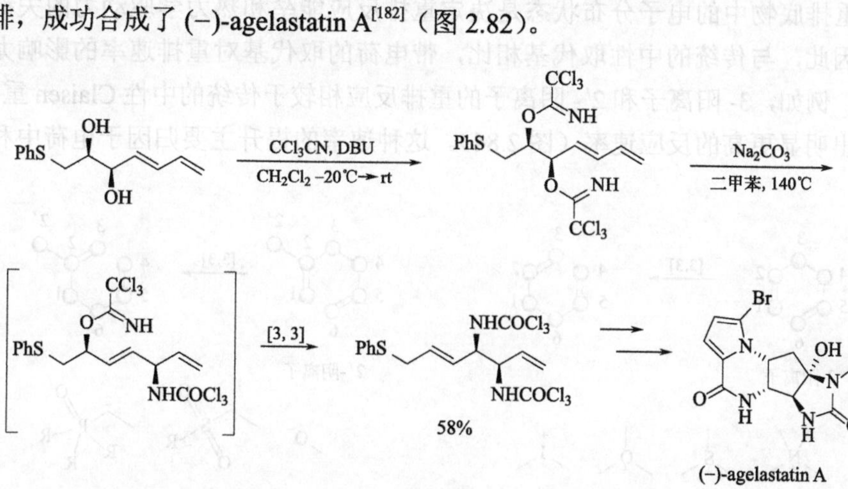

图 2.82

金属催化的不对称 Overman 重排是一种构建手性胺化合物的有效方法[180,183]。其中，手性钯催化剂最为常用[183]。例如，List 团队报道了通过使用反离子催化（ACDC）策略实现了不对称 Overman 重排[184]（图 2.83）。在寻找合适的手性钯催化剂的过程中，研究了多种钯与手性 TRIP 反离子组合，以诱导前手性 *N*-(对甲氧基苯基) 三氟乙酸酯的对映选择性重排。研究表明，市售的 (*S*)-Pd 与 TRIP-Ag 作为添加剂组合表现出优异的催化活性，能够以高对映选择性和较高的产率得到手性酰胺。

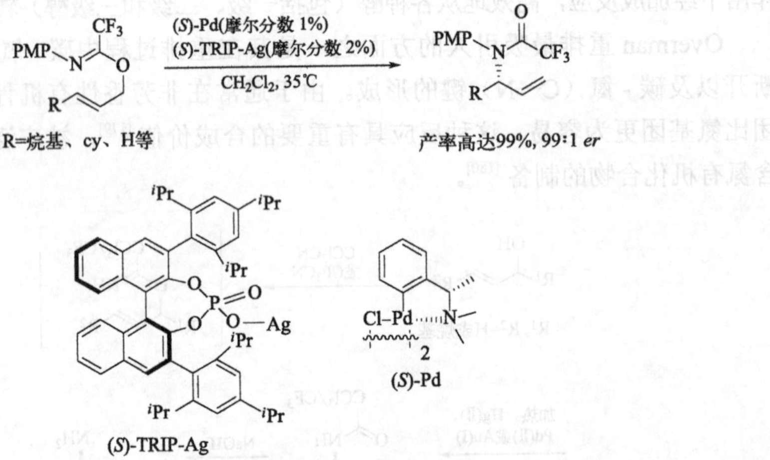

图 2.83

2.7 电荷加速型 Claisen 重排

重排底物中的电子分布状态是决定重排反应能垒和热力学驱动力的关键因素。因此，与传统的中性取代基相比，带电荷的取代基对重排速率的影响尤为显著。例如，3- 阳离子和 2′- 阴离子的重排反应相较于传统的中性 Claisen 重排，展现出明显更高的反应速率（图 2.84）。这种速率的提升主要归因于电荷中和所

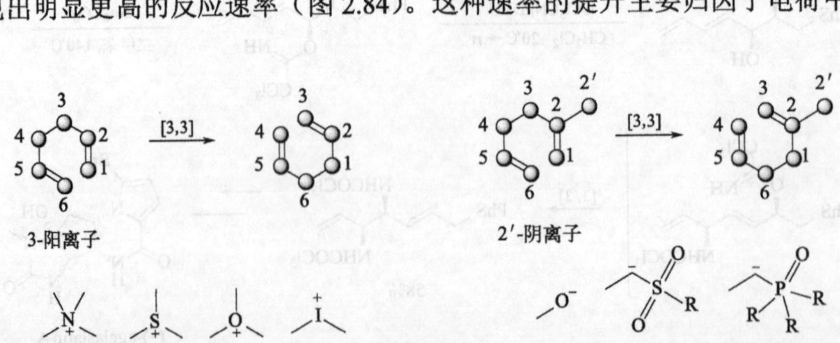

图 2.84

产生的强大驱动力。阳离子片段可以是铵、硫鎓、氧鎓和碘鎓等，而阴离子单元则通常是带负电的杂原子和碳阴离子。由于这些带电荷物质具有独特的结构特征，它们的合成路径以及相应的重排反应过程与传统的中性 Claisen 重排存在显著差异。本节将重点介绍电荷加速 Claisen 重排领域的最新发现和进展，特别是硫和碘 -Claisen 重排的相关研究。

2.7.1 烯酮、烯酮亚胺、炔和联烯酸酯的 3- 阳离子 Claisen 重排

烯丙基醚、烯丙基硫醚和烯丙基胺与烯酮[185]、烯酮亚胺[186]、缺电子炔[187]以及联烯[188]的加成反应，构成了当前发展较为成熟的 3- 阳离子 Claisen 重排方案（图 2.85）。在这一策略中，当 X 代表氮原子（N）时，原位生成的烯丙基乙烯基铵盐倾向于发生 [3,3]- 重排反应，进而转化为 γ,δ- 不饱和亚胺盐。这些中间产物随后会异构化为更为稳定的酰胺、酰亚胺或烯胺类化合物。值得注意的是，位于重排底物 1- 位或 2- 位的带负电荷的杂原子（如 N 或 O）能够通过与 3- 阳离子发生电荷中和作用，协同促进重排过程的进行。根据亲电性的差异，这些重排反应分为四种主要类型：烯酮型重排、烯酮亚胺型重排、缺电子炔烃重排和联烯型重排。

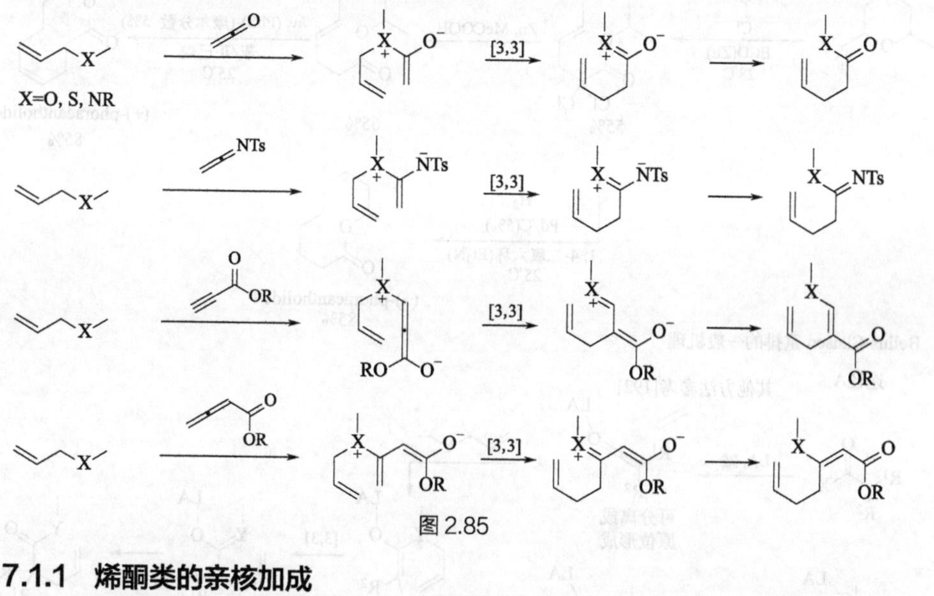

图 2.85

2.7.1.1 烯酮类的亲核加成

半个世纪前，Bellus 和 Malherbe 等开展了一项开创性的研究，他们建立了 3- 阳离子 Claisen 重排的一般反应模式[189]。在探究烯丙基硫化物与二氯乙烯酮的 [2+2] 环加成反应过程中，他们观察到了前所未有的 [3,3]-σ 重排现象。该重排是通过烯丙基硫化物中的硫原子对二氯烯烃进行加成，形成关键的 1,3- 偶极中间体，并最

终转化为γ,δ-不饱和酯。此外，他们的研究还发现，烯丙基醚和烯丙基硒化物同样适用于这一反应。值得注意的是，Bellus 和 Malherbe 等的研究并未止步于此，他们进一步研究了烯丙基环氧醚与二氯烯酮之间的反应，生成了扩环的内酯。通过这一创新性的扩环策略，他们成功合成了具有生物活性的天然产物——10 元大环内酯 (±)-phoracantholide I 和 (±)-phoracantholide J[189]（图 2.86）。这一扩环方案的提出，不仅极大地丰富了复杂内酯类化合物的合成方法，而且在随后的数十年间，极大地激发了科学界对重排反应诱导的扩环策略深入探索的兴趣。

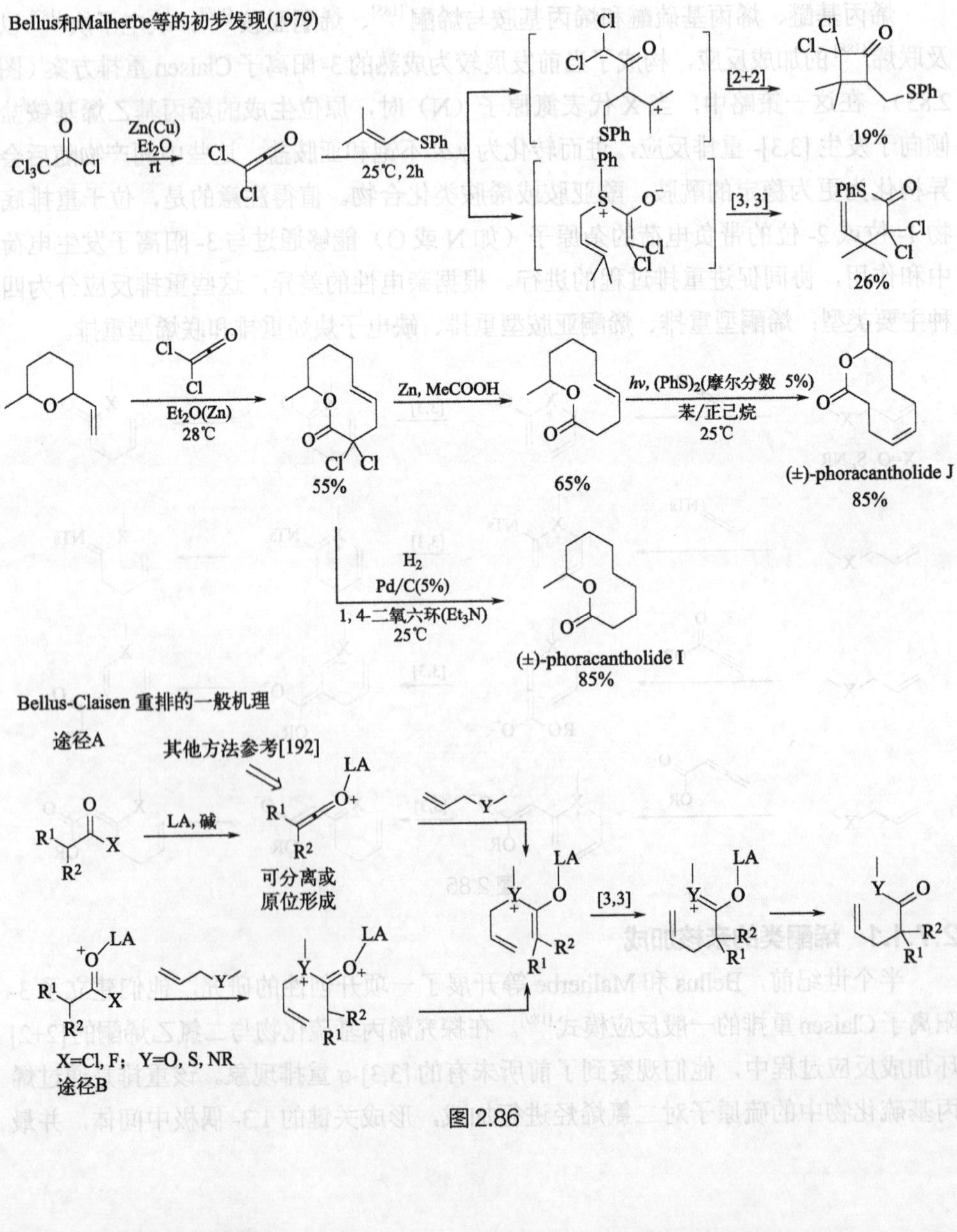

图 2.86

随后，反应范围扩展到烯丙基胺。设计了两种反应途径，分别以烯酮和酰基氯为起始原料，实现两性离子 [3,3]- 重排。制备关键重排底物的方法有两种：一是通过亲核的烯丙基胺（Y=NR）对烯酮进行加成（途径 A）；二是通过预先形成的酰基铵盐（Y=NR）的去质子化过程（途径 B）。烯酮可以作为可分离的中间体获得，或者通过 2- 氯酰氯的去卤化反应 [190]、铬 - 卡宾配合物的光解 [191] 或酰基氯的脱卤化氢反应 [192] 来原位生成。

Bellus-Claisen 重排的一个重要应用领域是扩环 [185]（图 2.87）。具体而言，环烯丙基胺（及其醚、硫醚类似物）与烯酮的加成反应能够巧妙地构建出内酰胺（或内酯、硫内酯）结构。值得注意的是，Ishida 等首次报道了烯丙基叔胺参与的 Bellus-Claisen 重排实例，他通过 2- 乙烯基氮丙啶与二氯烯酮的反应，成功合成了七元内酰胺［图 2.87 反应式（1）］[192]。除了环张力驱动的氮丙啶外，许多其他类型的 2- 乙烯基环胺也适用于这一合成策略，通过 Bellus-Claisen 重排构建九元和十元内酰胺；其骨架结构在生物碱类天然产物中广泛存在 [193]［图 2.87 反应式（2）］。尤为值得注意的是，Roberts 通过使用氮杂降冰片烯化合物与稳定的二苯乙烯酮进行重排反应 [194]，在高温、长时间反应的条件下，以 59% 的收率合成了双环内酰胺［图 2.87 反应式（3）］。此外，Pombo-Villar 和其同事进一步发展了这种重排反应，他们用二氯乙烯酮代替稳定的二苯基乙烯酮，从而加速了重排过程。所得 γ- 戊内酯可用于合成 (−)-N- 正甲基天冬氨酸。

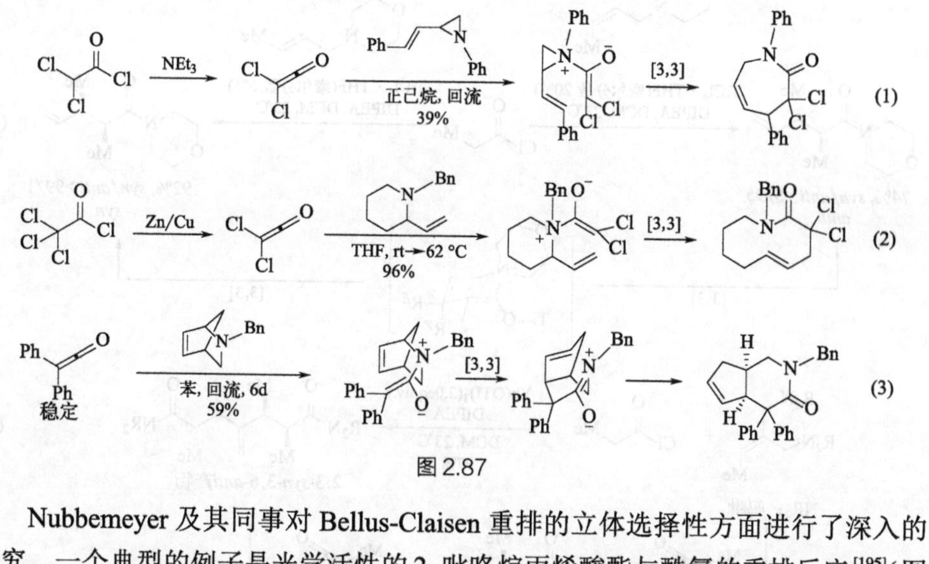

图 2.87

Nubbemeyer 及其同事对 Bellus-Claisen 重排的立体选择性方面进行了深入的研究。一个典型的例子是光学活性的 2- 吡咯烷丙烯酸酯与酰氯的重排反应 [195]（图 2.88）。由于采用了酰氯作为羰基源，该反应不再局限于结构上定义的烯酮。尤为关键的是，手性转移是由于形成了 Z 式烯醇化物中间体，并且由于这种构型最大限度地减少了1,3-二轴空间相互作用，因此3,4-反式双官能化的2-偶氮宁是主要的非对映异构体产物，在多数情况下，扩环产物具有E式双键。

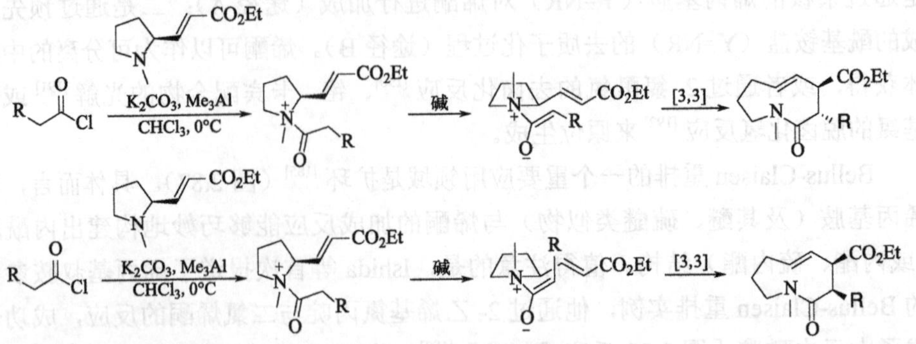

图 2.88

其他研究团队也报道了Bellus-Claisen重排在立体化学调控方面的进展。MacMillan及其同事发现，(*E*)-和(*Z*)-构型的烯丙胺与酰氯的重排可以以极高的非对映选择性进行［图2.89反应式（1）］。他们发现，催化量的$TiCl_4 \cdot THF$显著促进了反应；而最终产物的立体化学特性主要取决于烯丙基胺的几何构型，这是由于椅子状过渡态具有优异的π-面分辨能力[196]。

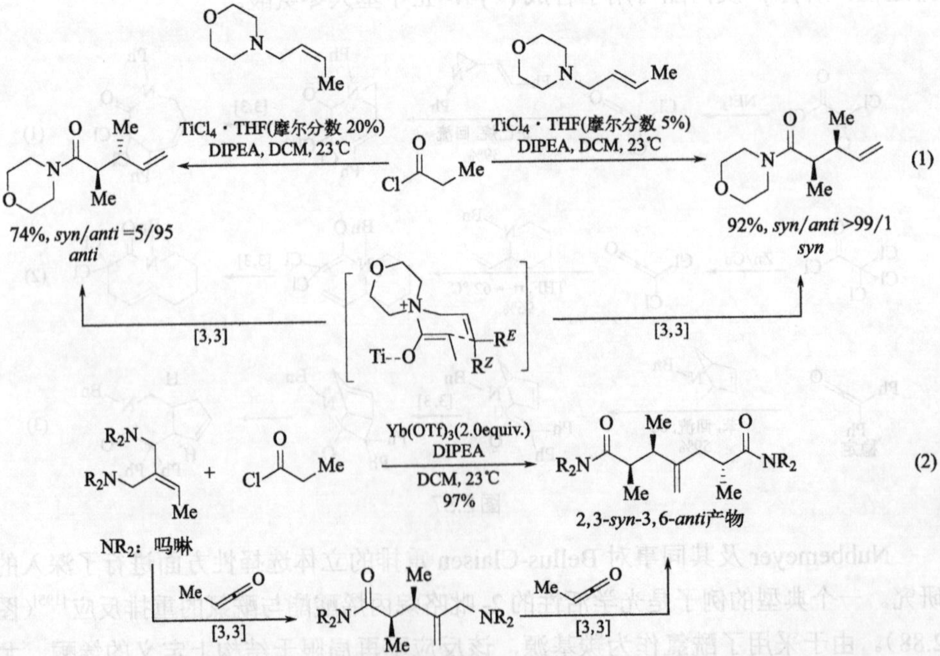

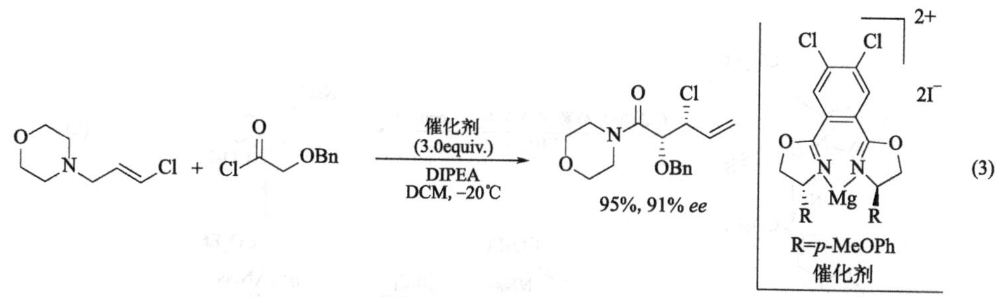

图 2.89

有趣的是，当采用二胺底物时，重排产物中新形成的烯丙基胺片段能够二次重排［图 2.89 反应式（2）］，从而允许在不分离第一次重排产物的情况下，通过一锅法策略实现串联 aza-Bellus-Claisen 重排[197]。MacMillan 课题组还提供了一个不对称 Bellus-Claisen 重排的例子，他们展示了使用手性配体 - 金属配合物作为立体控制的路易斯酸来催化 Bellus-Claisen 重排的反应[198][图 2.89 反应式（3）]。研究结果显示，酰基氯 α- 位上杂原子的存在会加强其与手性路易斯酸的配位作用，进而提高反应的对映选择性。

2.7.1.2 烯酮亚胺的亲核加成

徐华东和沈美华等对 3- 阳离子 Claisen 重排的底物范围进行了拓展，创新性地将烯酮亚胺也纳入其中。在他们的研究中，烯酮亚胺可以在铜催化剂的存在下，通过炔基与甲苯磺酰叠氮化物的反应原位生成[186b]［图 2.90 反应式（1）］。这一反应历经 [3+2] 环化，烯酮亚胺的生成伴随着氮气的释放，随后发生氮 -Claisen 重排，最终得到 α- 烯丙基环脒。特别值得注意的是，[3+2] 加合物非常容易质子化，导致副产物的形成。因此，为确保反应的成功，选择适当的催化剂和碱，以及使用无水四氢呋喃等条件至关重要。更加有趣的是，当采用环状

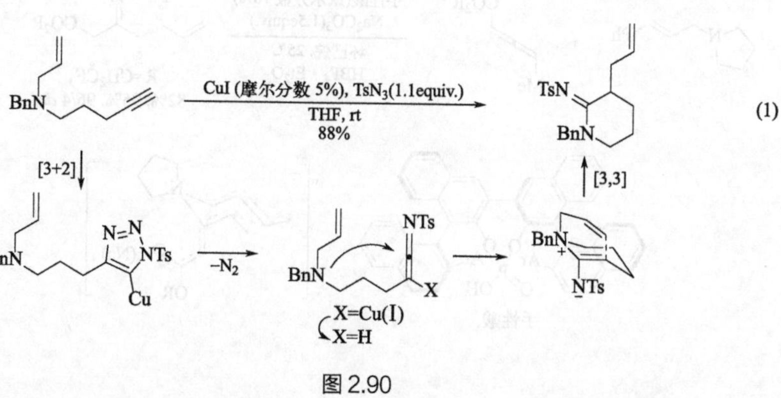

图 2.90

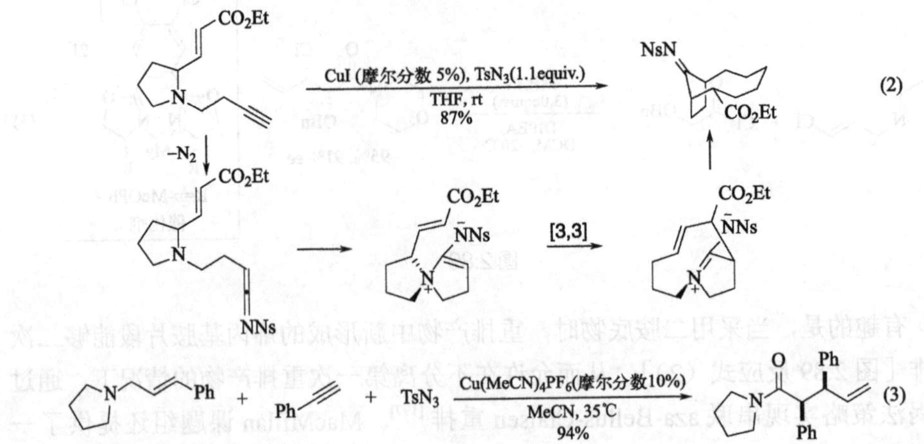
CuI (摩尔分数 5%), TsN3(1.1equiv.)
THF, rt
87%
(2)
[3,3]
Cu(MeCN)4PF6(摩尔分数10%)
MeCN, 35℃
94%
(3)

图 2.90

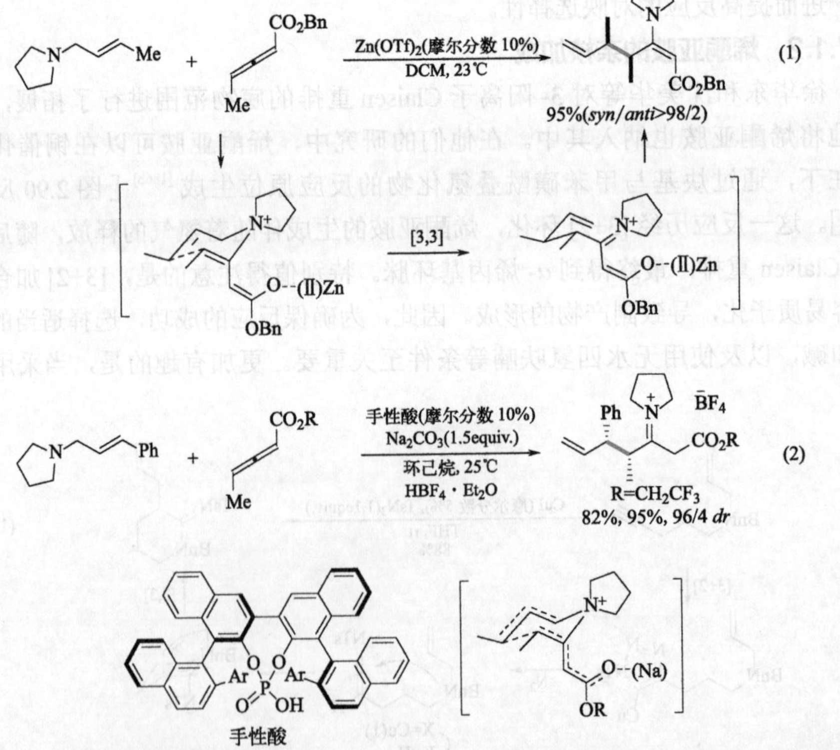
Zn(OTf)2(摩尔分数 10%)
DCM, 23℃
(1)
95%(syn/anti>98/2)
[3,3]
手性酸(摩尔分数 10%)
Na2CO3(1.5equiv.)
环己烷, 25℃
HBF4 · Et2O
(2)
R=CH2CF3
82%, 95%, 96/4 dr
手性酸

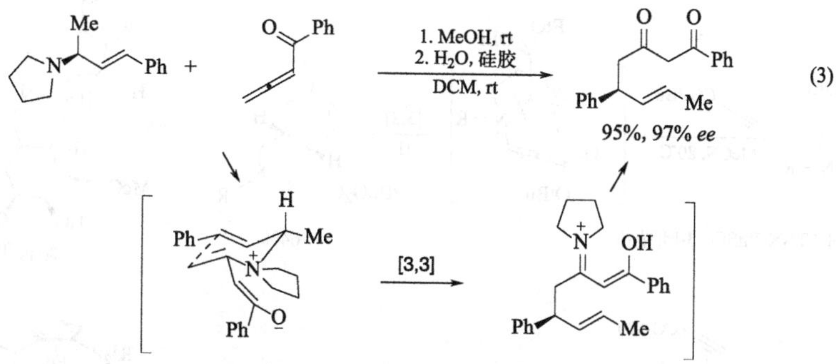

图 2.91

N- 烯丙基氨基炔作为底物时，反应生成一种桥接双环 [7/6,3/2,1] 烯基脒，并具有优异的立体选择性 [186a]［图 2.90 反应式（2）］。曹鹏及其同事报道了该反应的分子间版本 [186c]［图 2.90 反应式（3）］。

2.7.1.3 联烯酸酯、炔羰基酯和碳二亚胺的亲核加成

MacMillan 及其同事在 3- 阳离子铵 Claisen 重排领域取得了重要进展，他们成功地扩大了亲电底物的范围 [188a]［图 2.91 反应式（1）］。他们的研究证明了联烯酸酯可以在 Lewis 酸的活化下与烯丙基胺加成，从而形成适合发生 3- 阳离子 -Claisen 重排的中间体铵盐。烯丙酸的重排表现出优异的非对映选择性，能够优先形成 (*E*)- 式烯胺中间体，并且重排过程倾向于通过椅状过渡态进行。Toste 和 Sigman 等使用手性磷酸钠盐作为催化剂，成功地开发了首例不对称联烯酸酯 -Claisen 重排 [188b]［图 2.91 反应式（2）］。此外，当使用对映体富集的 α- 手性烯丙胺作为底物时，也可以发生不对称的烯丙胺 -Claisen 重排生成具有 δ- 手性中心的 β- 二酮，并且具有优异的保留烯丙酸构型的立体选择性 [188c]［图 2.91 反应式（3）］。

20 世纪 80 年代，Mariano 等人在炔羰基酯 -Claisen 重排反应领域取得了显著的进展 [187a,187d]［图 2.92 反应式（1）］。他们巧妙地利用氮杂双环化合物作为烯丙基胺部分，成功捕获亲电炔酸盐，形成了两性离子 N- 烯基异喹啉中间体。这一中间体随后经历了 [3,3] 重排，生成了氢异喹啉。2020 年，Shin 等报道了一种金催化的不对称 Claisen 重排反应［图 2.92 反应式（2）］，在这一反应中，金活化的丙酸盐与烯丙基硫化物 [187i] 相结合。值得注意的是，该反应使用了硫鎓取代传统的氧鎓作为重排底物，这一创新策略最大限度地减少了烯丙基的解离并提高了对映选择性。此外，Madalengoitia 等也开展了氮杂降冰片烯与硫脲的 1,3-diaza-Claisen 重排反应 [199]［图 2.92 反应式（3）］，这一重排过程是通过将氮杂降冰片烯加入到通过去除硫化氢原位形成的碳二亚胺中进行的。

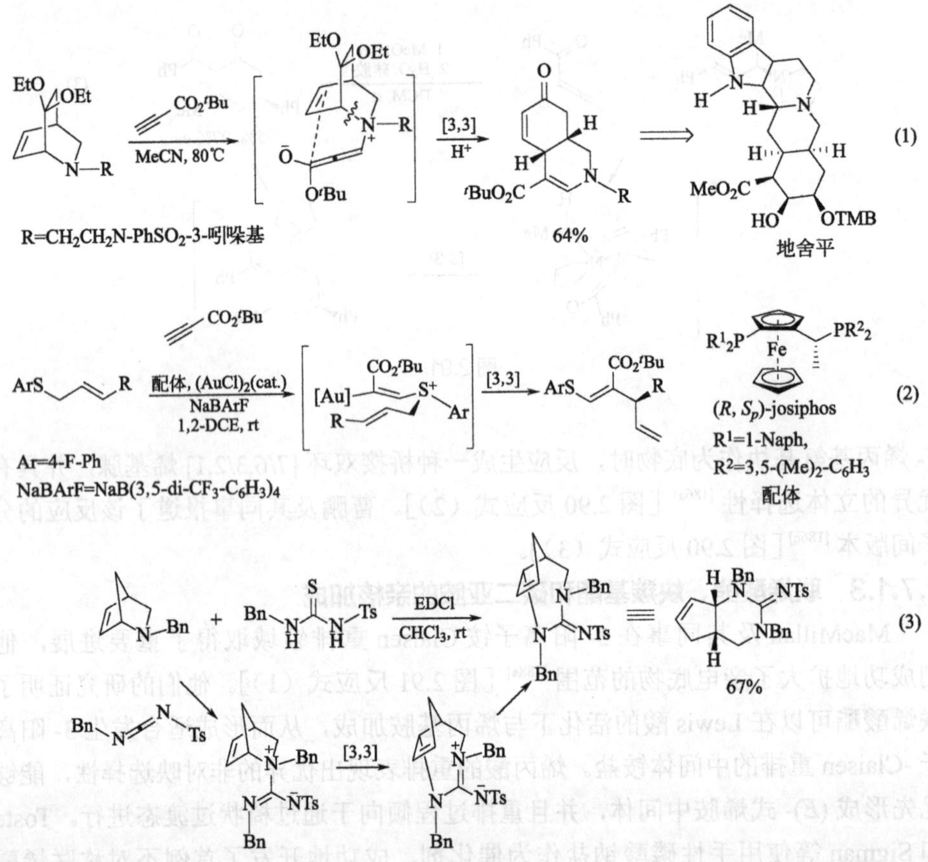

图 2.92

2.7.2 亚砜和碘的 3- 阳离子 Claisen 重排

如前所述，硫 -Claisen 重排是通过亲核的烯丙基硫化物对亲电的烯酮进行加成而实现的，这一过程可以形象地理解为“4”加“2”的反应模式，该反应模式最早由 Bellus 和 Malherbe 等报道 [189]。除了硫化物作为构建 3- 硫鎓 -Claisen 重排底物的关键组分外，硫 (Ⅳ) 氧化物中的亚砜同样展现出其作为亲电试剂或亲核试剂的独特潜力。通过“3”加“3”的合成策略，亚砜可以有效地组装成硫 -Claisen 重排的前体 [200]。这种创新的底物切断策略为探索新型重排模式开辟了新的道路，极大地推动了该领域的发展。在过去的二十年里，基于亚砜的 Claisen 重排已成为一个引人注目的新分支。与此同时，碘 -Claisen 重排也成功地从理论概念转化为实际应用，并取得了显著的研究成果 [201]。

2.7.2.1 通过亚砜亲电活化的硫-Claisen 重排

Kita 等人观察到酸酐能够催化呋喃亚砜与烯丙基锡烷及 β- 二羰基化合物之间的交叉偶联反应[202]（图 2.93）。基于他们在芳香 Pummerer 型反应方面的专业知识，他们提出了一种涉及脱芳烃锍盐形成和锍盐亲核加成的反应路径。然而，在考察了亲核试剂的适用范围后，他们认为另一种反应路径更为合理，即亲核试剂首先攻击被亲电活化的亚砜，随后经历硫-Claisen 重排和重芳构化过程，最终生成偶联产物。尽管底物范围相对有限，但 Kita 及其同事所揭示的这种独特的 Claisen 重排底物构建策略，无疑为拓展重排反应的底物范围提供了重要的启示和可能。

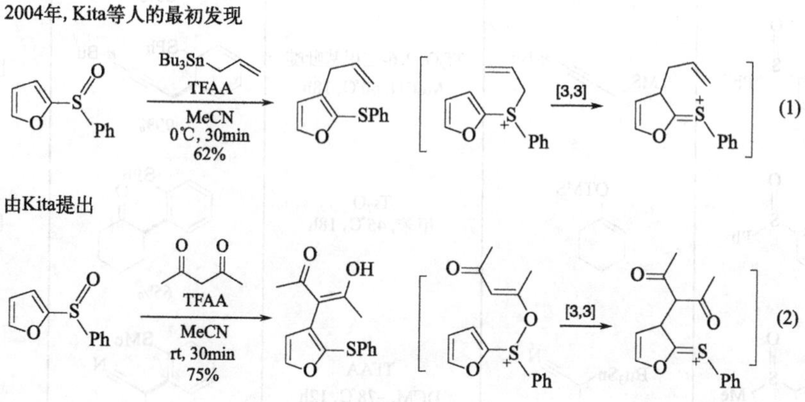

图 2.93

自 Kita 等人发现亚砜-Claisen 重排以来，过去的二十年见证了该领域研究的蓬勃发展。Kita[202]、Procter[203]、Maulide[204]、Yorimitsu[205]、彭勃[206]和 Padwa[207]等的研究团队在这一领域做出了杰出贡献，极大地拓宽了重排反应的底物范围（图 2.94）。他们发现了一系列适用于该重排过程的亲核试剂，这些试剂涵盖了烯丙基硅烷、炔丙基硅烷、烯醇硅醚、α- 锡基腈以及苯酚衍生物等多种类型。在这些反应中，酸酐对亚砜的亲电活化步骤起到了至关重要的作用，其选择性直接决定了反应的成功与否。尽管在扩大反应底物范围方面取得了显著进展，但这些反应通常仍局限于结构明确的羰基亲核试剂，特别是环状 β- 二羰基化合物。这一限制可能源于构建简单硫鎓盐重排底物的挑战性，因为这类底物往往容易与亲电性硫鎓盐及其 α- 碳发生不必要的相互作用[208]，从而影响重排反应的效率和选择性。

值得注意的是，Procter 及其同事在硫-Claisen 重排领域取得了重要进展，他们成功地将这一反应应用于含硫杂环芳烃，特别是实现了苯并噻吩的 C-3 官能团化[203c–203d]［图 2.95 反应式（1）和（2）］。与先前报道的情况类似，他们采用了苯并噻吩 *S*- 氧化物作为关键底物，而非芳基/杂芳基外环 *S*- 氧化物。这一底物在酸酐（如三氟乙酸酐 TFAA）的作用下，与烯丙基硅烷发生反应，能够合成出

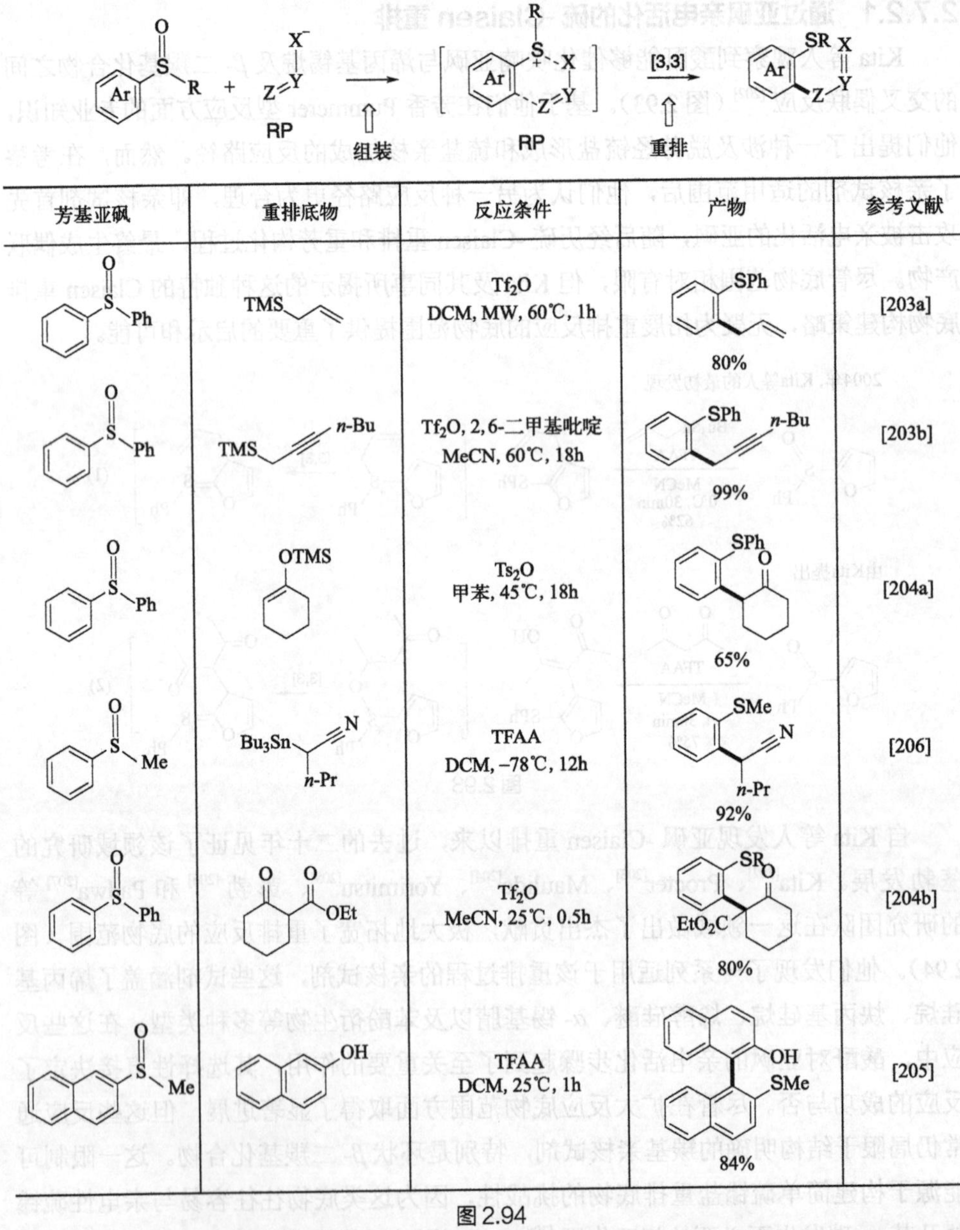

图 2.94

C-3功能化的苯并噻吩。值得一提的是，当使用苯酚作为亲核试剂时，重排反应的初步产物为重芳构化的硫缩醛。这一产物随后可以通过对甲苯磺酸的处理，进一步转化为所需的 C-3 芳基化苯并噻吩［图 2.95 反应式（2）］。此外，Procter 团队还通过将这些条件应用于 C-3 位置含有吸电子取代基团的苯并噻吩，从而证明了苯并噻吩 C-4 位置芳基化的可能性[203e]［图 2.95 反应式（3）］。为了深入理解这一反应过程，他们进行了计算研究。研究结果表明，一个合理的反应途径可能涉及芳基硫鎓盐形成、异裂解、C-4 苯并噻吩与酚鎓阳离子的重新连接，以及最终的重芳构化过程，从而得到 C-4 芳基化的苯并噻吩。

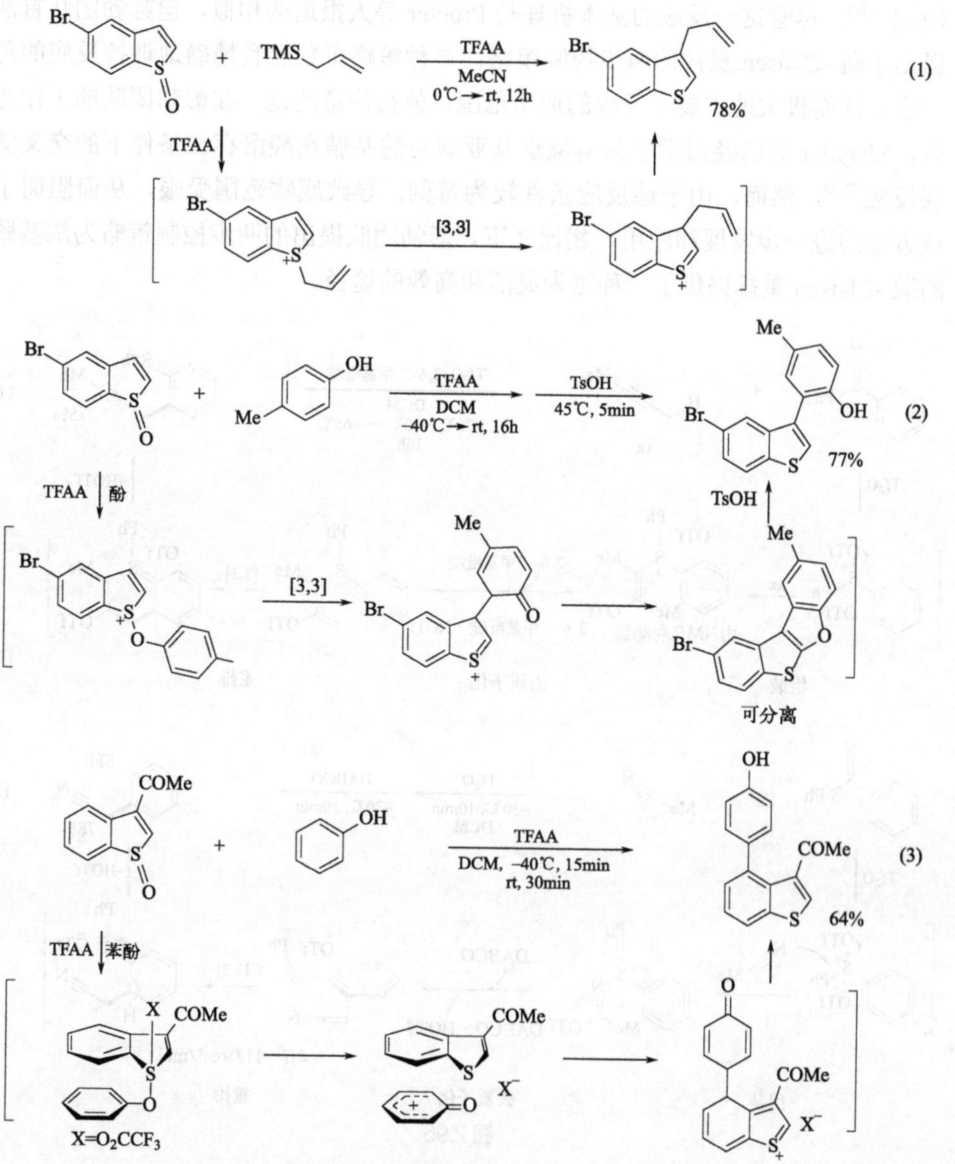

图 2.95

2016 年，Procter 等人报道了一项突破性的研究，他们成功实现了芳基亚砜与炔烃之间的重排反应[209]［图 2.96 反应式（1）］。在该反应中，为了高效制备重排前体，引入了之前重排反应中未曾使用过的 Lewis 碱。该反应历程包括亚砜与炔烃的亲电组装，形成乙烯基硫鎓盐，随后在碱的作用下发生去质子化、[3,3]重排以及重芳构化，最终得到偶联产物。与此同时，彭勃团队也基于他们研究中的一次偶然发现，开发出了烷基腈的硫 -Claisen 重排新方法［图 2.96 反应式(2)］[210]。尽管这一反应的基本机理与 Procter 等人报道的相似，但彭勃团队首次提出了硫 -Claisen 重排的两步控制策略。这种策略可独立且精确地调控反应的每一步，从而极大地扩展了反应的适用范围。值得注意的是，在彭勃团队的工作之前，Magnier 等已经报道了芳基氟烷基亚砜与烷基腈在酸酐存在条件下的交叉偶联反应[211]。然而，由于该反应条件较为苛刻，导致底物范围受限，从而阻碍了该方法的进一步发展和应用。相比之下，彭勃团队提出的两步控制策略为烷基腈的硫 -Claisen 重排提供了一种更为灵活和高效的途径。

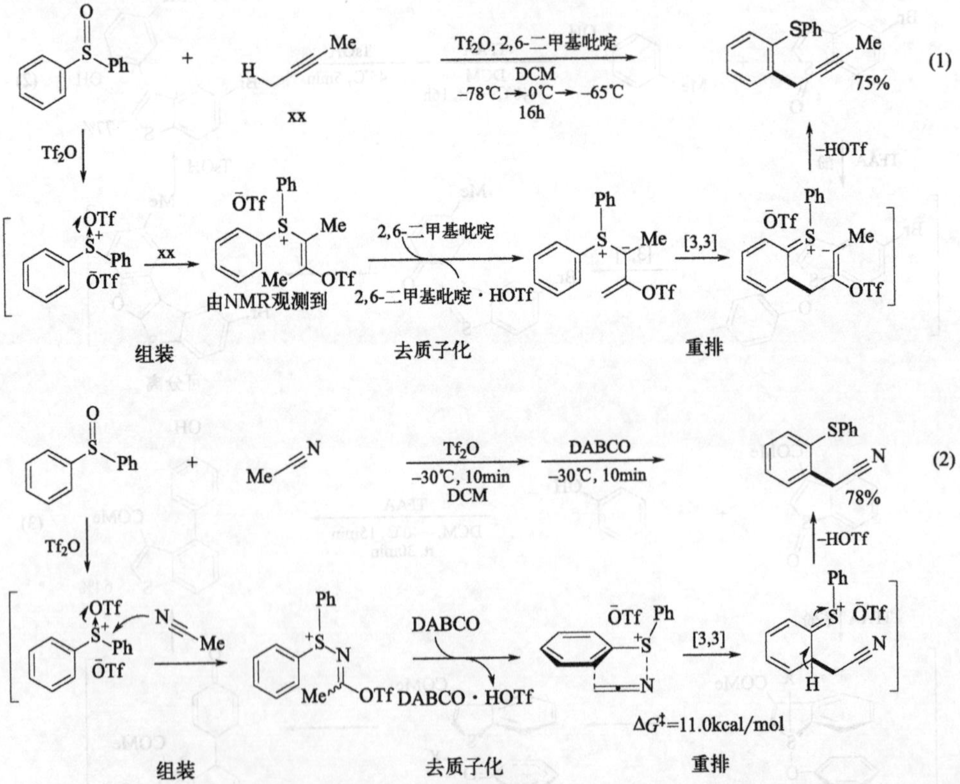

图 2.96

彭勃及其同事提出的多步组装 / 重排策略，允许独立地控制反应的每一个步骤，从而显著提高了整体效率，并为开发全新的重排模式提供了前所未有的机会(图 2.97)。采用“组装 / 脱质子 / 重排”这一策略，并且用烯丙基腈来替代传统的烷基腈，彭勃课题组成功地构建了乙烯基烯酮亚胺硫鎓盐中间体，最后重排得到[5,5]重排的产物。得益于对反应的精准控制，使该反应与之前所报道的[5,5]-σ重排反应不同，表现出较高的区域选择性以及优异的官能团兼容性[212][图 2.97 反应式（2）和（5）]。尤为值得一提的是，在每个步骤中采用较低的反应温度和较长的反应时间，对于实现 [5,5] 重排至关重要。

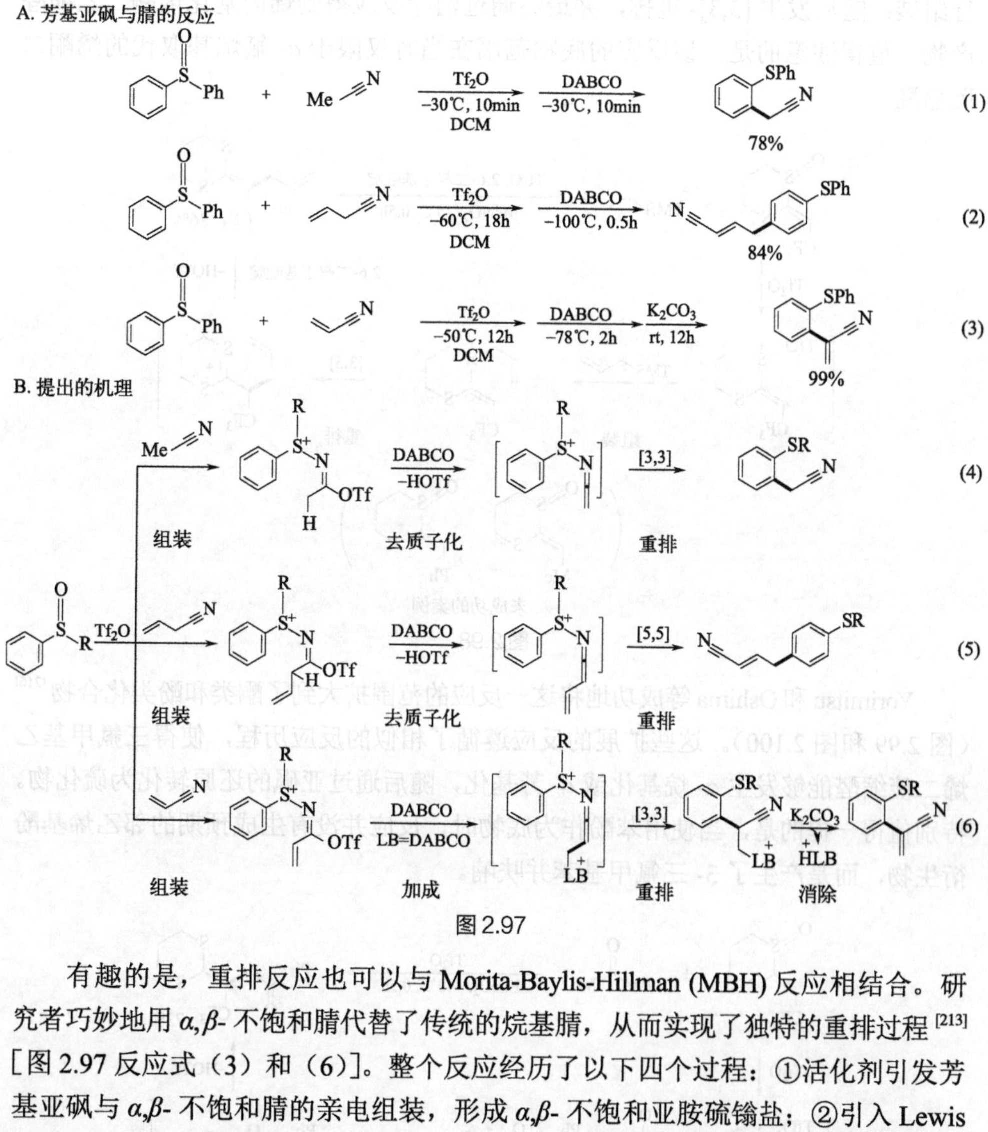

图 2.97

有趣的是，重排反应也可以与 Morita-Baylis-Hillman (MBH) 反应相结合。研究者巧妙地用 α,β- 不饱和腈代替了传统的烷基腈，从而实现了独特的重排过程[213][图 2.97 反应式（3）和（6）]。整个反应经历了以下四个过程：①活化剂引发芳基亚砜与 α,β- 不饱和腈的亲电组装，形成 α,β- 不饱和亚胺硫鎓盐；②引入 Lewis 碱，对该中间体进行 Morita-Baylis-Hillman（MBH）型加成反应，构建烯酮亚胺硫鎓盐中间体；③该中间体主要通过 [3,3]- 重排 / 重新芳构化的过程，生成了 MBH 型重排产物 β-LB 取代的 α- 芳基腈；④最后，在 K_2CO_3 的作用下 MBH 型重排产物经历 E1cb 消除反应，得到 α- 芳基 -α,β- 不饱和腈产物。

2009 年，Yorimitsu 和 Oshima 等首次报道了以三氟甲基烯酮二硫缩醛和烯丙基硅烷为底物的脂肪族硫 -Claisen 重排反应 [214]（图 2.98）。这一成果是在他们长期致力于烯酮二硫缩醛的合成及其在 Pummerer 反应等条件下的应用之后取得的 [215]。这项工作的核心在于两个关键步骤：首先酸酐活化的亚砜与亲核的烯丙基部分进行组装；随后发生 [3,3]- 重排，并最终通过消除反应得到烯丙基化烯酮二乙缩醛产物。值得注意的是，该反应的底物范围在当时仅限于 α- 氟烷基取代的烯酮二硫缩醛。

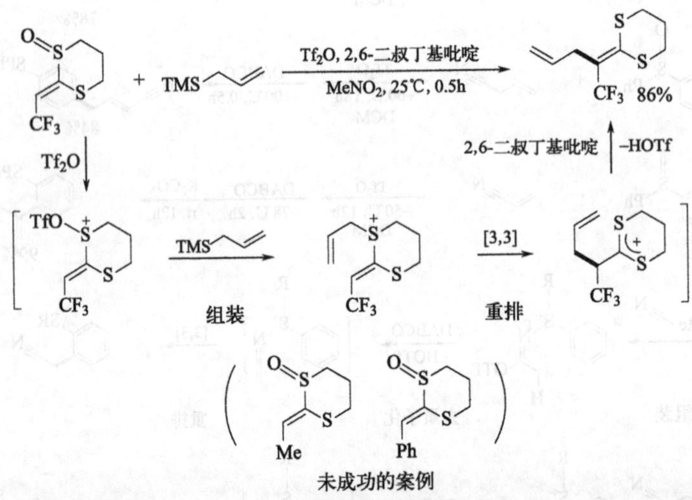

图 2.98

Yorimitsu 和 Oshima 等成功地将这一反应的范围扩大到了酮类和酚类化合物 [216]（图 2.99 和图 2.100）。这些扩展的反应遵循了相似的反应历程，使得三氟甲基乙烯二硫缩醛能够发生 α- 烷基化或 α- 芳基化，随后通过亚砜的还原转化为硫化物。特别值得一提的是，当使用苯酚作为底物时，反应并没有生成预期的邻乙烯基酚衍生物，而是产生了 3- 三氟甲基苯并呋喃。

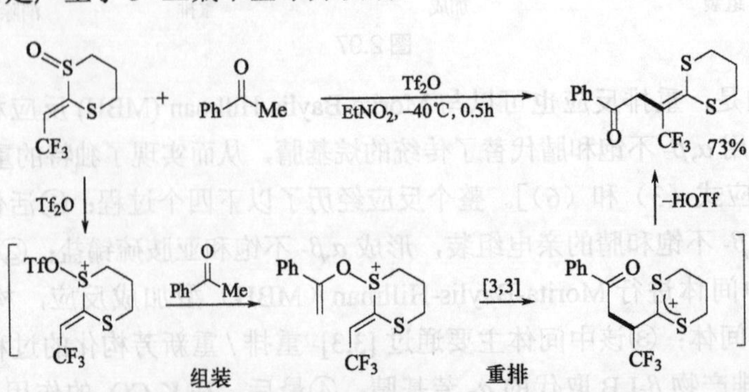

图 2.99

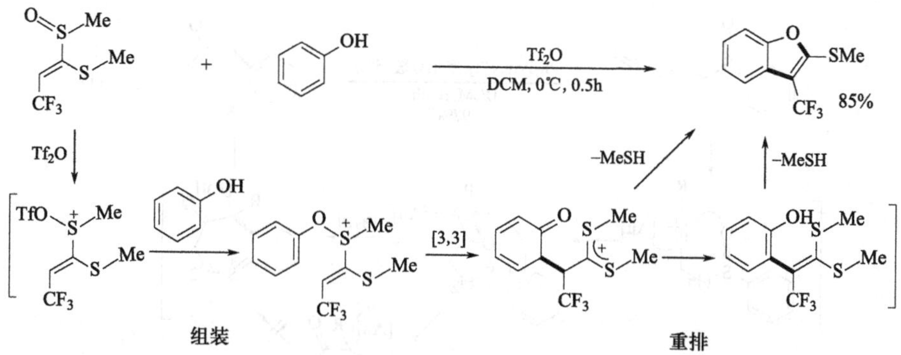

图 2.100

Procter 等的研究展现了一种颠覆了传统的硫 -Claisen 重排底物（图 2.95）的设计方式（图 2.101），他采用烯丙基亚砜与杂芳烃进行 [3,3]- 重排反应 [203e]。这种巧妙的设计使得该重排反应能够适用于多种杂环芳烃。具体而言，活化的烯丙基亚砜能够轻易地与富电子的杂芳烃发生反应，能够同时将烷基硫基和烯丙基引入到杂芳烃结构中，生成烯丙基杂芳基硫化物。

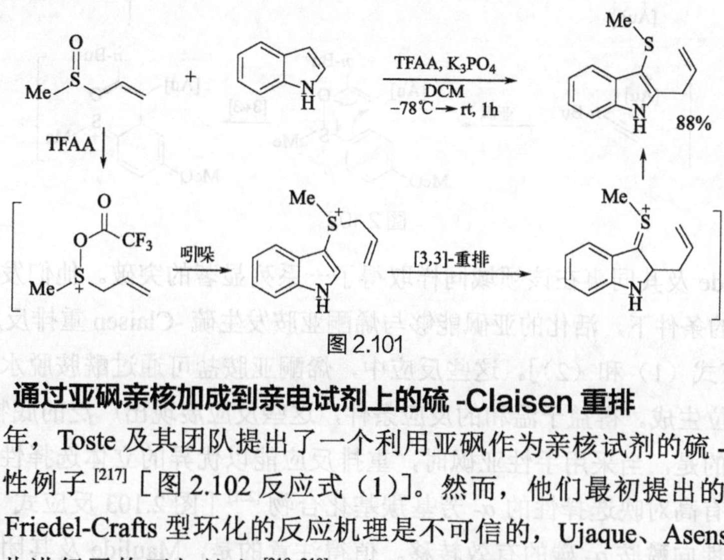

图 2.101

2.7.2.2 通过亚砜亲核加成到亲电试剂上的硫 -Claisen 重排

2007 年，Toste 及其团队提出了一个利用亚砜作为亲核试剂的硫 -Claisen 重排的开创性例子 [217]［图 2.102 反应式（1）］。然而，他们最初提出的关于生成金卡宾及 Friedel-Crafts 型环化的反应机理是不可信的，Ujaque、Asensio 和张立明等人对此进行了修正与补充 [218-219]。广泛的计算研究支持，该反应更有可能遵循以下路径：亚砜结构在分子内对金活化的炔单元进行亲核加成，随后发生 [3,3]-σ 重排，并最终通过重新芳构化完成整个反应过程。此外，他们的研究还进一步证实了芳基亚砜与炔烃之间分子间重排的可行性［图 2.102 反应式（2）］。这类重排反应的显著特征包括温和的条件、优异的官能团相容性和广泛的底物范围。

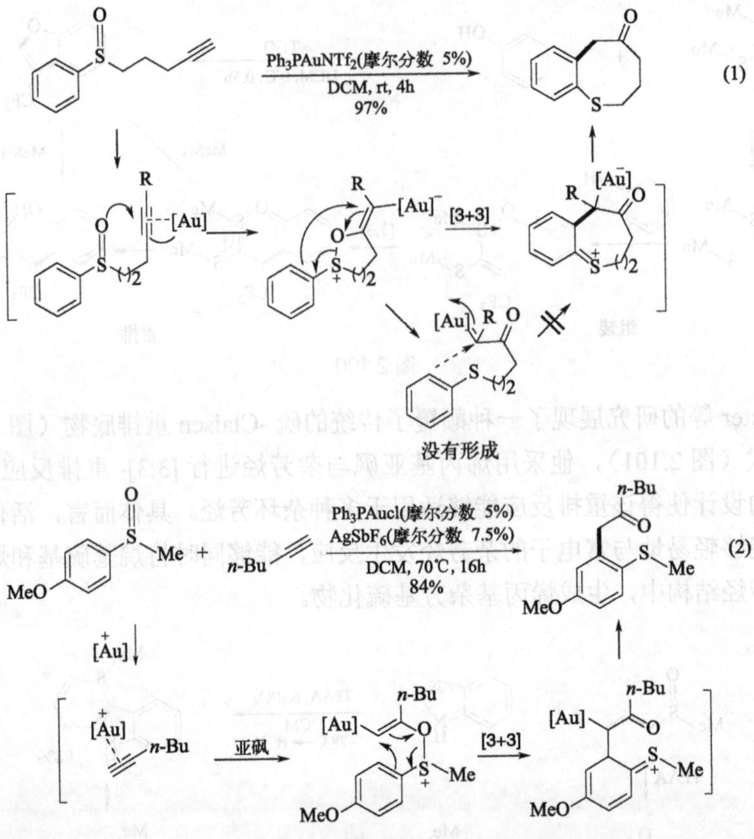

图 2.102

Maulide 及其同事在该领域同样取得了一系列显著的突破。他们发现，在无金属参与的条件下，活化的亚砜能够与烯酮亚胺发生硫 -Claisen 重排反应 [220]［图 2.103 反应式（1）和（2）］。这些反应中，烯酮亚胺盐可通过酰胺脱水或炔酰胺质子化原位生成。得益于温和的反应条件，这些反应展现出广泛的底物适用性。尤为重要的是，当采用手性亚砜时，重排反应能以优异的立体选择性进行，从而生成具有高对映选择性的 α- 芳基羰基化合物 [221]［图 2.103 反应式（3）］，实现了硫手性向酰胺 α- 碳的有效转移。值得注意的是，Maulide 及其团队还通过利用手性亚砜进一步验证了硫 -Claisen 不对称重排的潜力 [222]［图 2.103 反应式（4）］。该反应为不对称合成有价值的 1,4- 二羰基化合物提供了可能。产物的立体化学是由乙烯基亚砜硫原子上的立体化学以及双键的几何构型共同决定。近期，Voituriez 等人采用金活化的炔替代传统的酸活化炔酰胺，用于捕获亲核性手性亚砜，从而实现了金（Ⅰ）催化的手性亚砜与炔丙基硅烷的不对称 [3,3]- 重排反应。该方法为合成具有 C-4 季碳中心的环戊烯酮提供了有力支持 [223]。

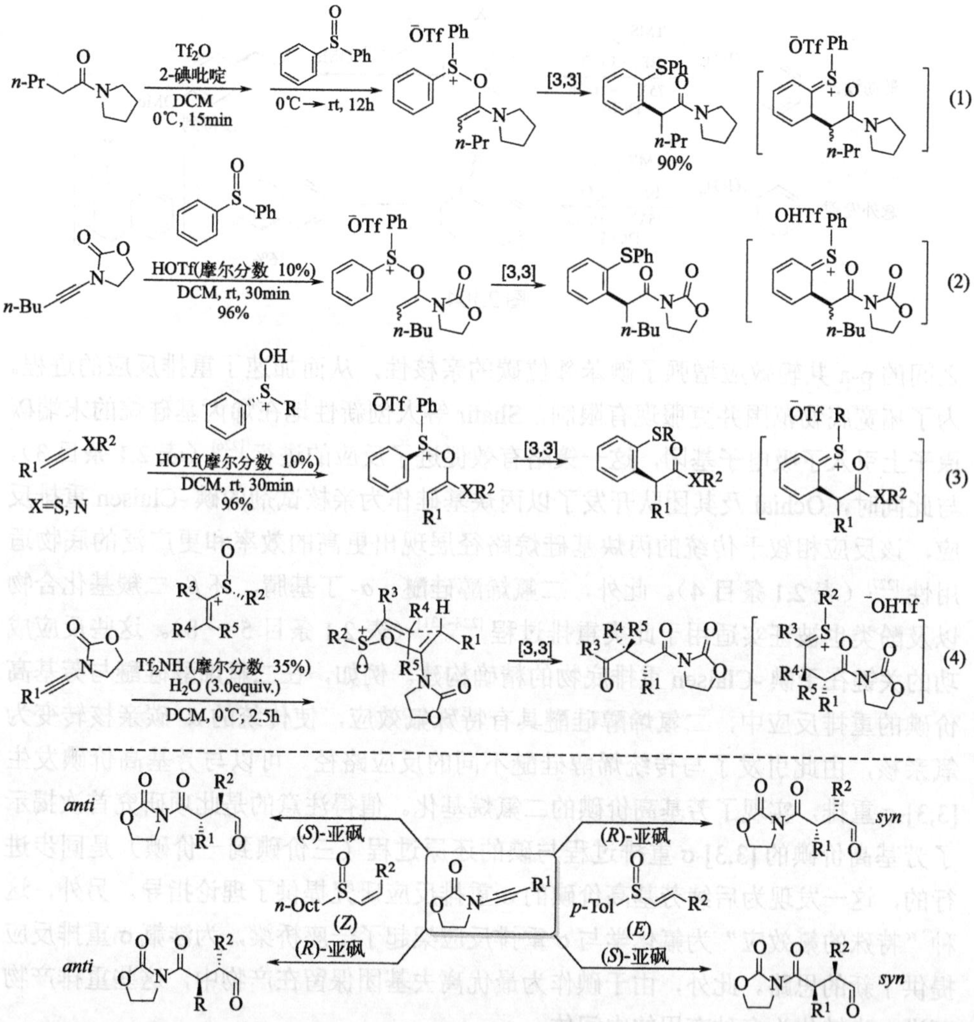

图 2.103

2.7.2.3 碘 -Claisen 重排反应

1988 年，Oh 及其同事首次报道了碘 -Claisen 重排反应 [224]（图 2.104），这一开创性工作源自于一次意外的发现。他们尝试用芳基高价碘与烯丙基硅作用，构建苯基烯丙基高价碘物种，实现烯丙基的极性反转，并引入富电子芳烃与其反应。但结果却意外地获得了少量芳基碘邻位烯丙基化的产物。作者提出，苯基烯丙基高价碘物种可能经过 [3,3]-σ 重排而给出邻位烯丙基化产物。尽管反应产率较低，但该研究团队首次观察到芳基高价碘与亲核试剂的独特偶联反应模式。

二十多年后，Zhu 及其同事发现，该类烯丙基硅烷的碘 -Claisen 重排只适用于间位氧 / 氮基取代的芳基高价碘试剂 [225]（表 2.1 条目 2）。这些杂原子与苯环

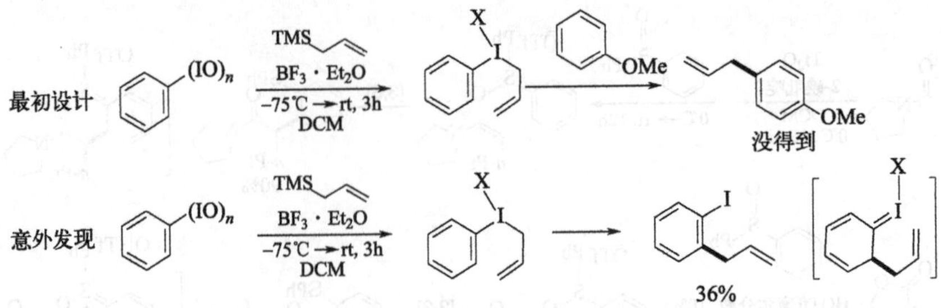

图 2.104

之间的 p-π 共轭效应增强了碘苯邻位碳的亲核性，从而加速了重排反应的进程。为了拓宽底物范围并克服现有限制，Shafir 等人创新性地在烯丙基硅烷的末端碳原子上引入了吸电子基团，这一策略有效促进了反应的进行 [226]（表 2.1 条目 3）。与此同时，Ochiai 及其团队开发了以丙炔基硅作为亲核试剂的碘 -Claisen 重排反应，该反应相较于传统的丙炔基硅烷路径展现出更高的效率和更广泛的底物适用性 [227]（表 2.1 条目 4）。此外，二氟烯醇硅醚、*α*- 丁基腈、环 *β*- 二羰基化合物以及酚类也被证实适用于此类重排过程 [228–231]（表 2.1 条目 5 ～ 8）。这些反应成功的关键在于碘 -Claisen 重排底物的精确构建。例如，在二氟烯醇硅醚与芳基高价碘的重排反应中，二氟烯醇硅醚具有特殊氟效应，使传统的 *α*- 碳亲核转变为氧亲核，由此引发了与传统烯醇硅醚不同的反应路径。可以与芳基高价碘发生 [3,3]-σ 重排，实现了芳基高价碘的二氟烷基化。值得注意的是此项研究首次揭示了芳基高价碘的 [3,3]-σ 重排过程与碘的还原过程（三价碘到一价碘）是同步进行的，这一发现为后续芳基高价碘的 σ 重排反应研究提供了理论指导。另外，这种“特殊的氟效应”为氟化学与 σ 重排反应架起了一座桥梁，为涉氟 σ 重排反应提供了新的思路。此外，由于碘作为最优离去基团保留在产物中，这些重排产物可进一步转化为多种有用的中间体。

Wengryniuk 及其同事利用 *β*- 吡啶盐烯醇硅醚与亲电活化的芳基高价碘发生 [3,3]- 重排反应（图 2.105），随后进行 *β*- 消除，实现了 *α*,*β*- 不饱和酮的 *α*- 芳基化。此反应策略进一步推动了重排化学的发展 [232]。其中 *β*- 吡啶盐烯醇硅醚可以以 *α*,*β*- 不饱和酮为原料通过 Michael 加成进行预先合成。尽管在构建新的重排模式方面已经取得了显著进展，但所报道的实例通常局限于六元环或五元环烯酮。这种局限性可能归因于缺乏高效合成 *β*- 吡啶烯醇硅醚的方法。

彭勃课题组成功地将 Morita-Baylis-Hillman (MBH) 反应原理融入到硫 -Claisen 重排中，开创性地发展了 *α*,*β*- 不饱和腈的 MBH 型硫 -Claisen 重排。在此基础上，他们进一步采用相同的研究策略，深入探索了 MBH 型碘 -Claisen 重排反应 [233]（图 2.106）。在这项研究中，彭勃课题组巧妙地用 *α*,*β*- 噁唑啉替代了原先的 *α*,*β*- 不饱

表 2.1

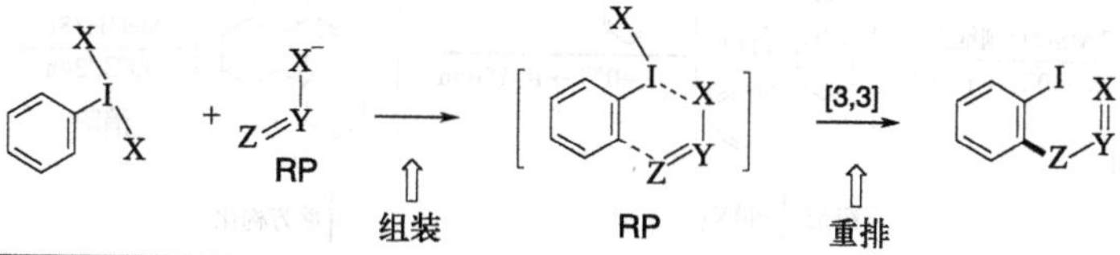

序号	芳基高价碘	重排底物	反应条件	产物	参考文献
1	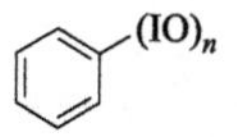	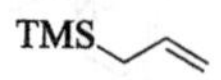	$BF_3 \cdot Et_2O$ DCM, −75℃→rt, 3h	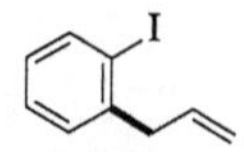 36%	[224]
2	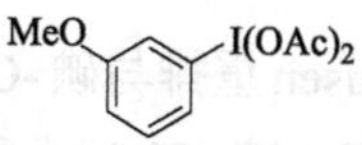		$BF_3 \cdot Et_2O$ DCM/MeCN, −50℃, 2h	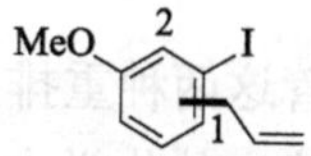 74% (C-1/C-2=86/14)	[225]
3	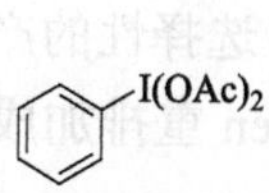	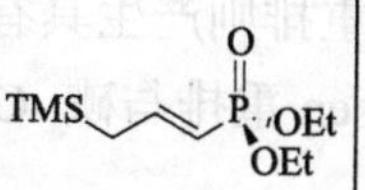	$BF_3 \cdot Et_2O$ DCM/MeCN, rt, 2h	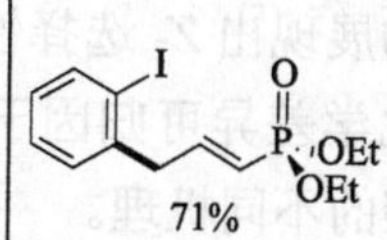 71%	[226]
4	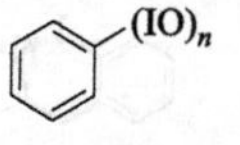		$BF_3 \cdot Et_2O$, $MgSO_4$ DCM, −20℃, 1h	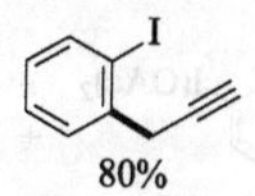 80%	[227]
5	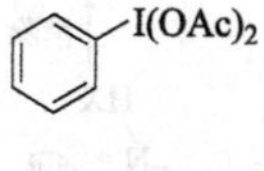	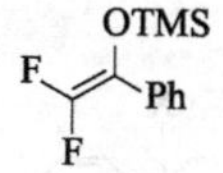	TMSOTf DCM, −78℃, 5min	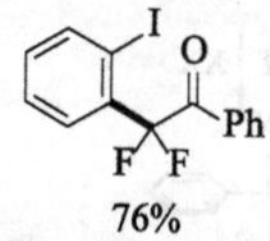 76%	[228]
6	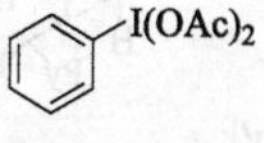	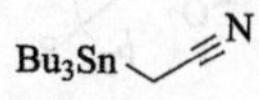	TMSOTf DCM, −78℃, 5min	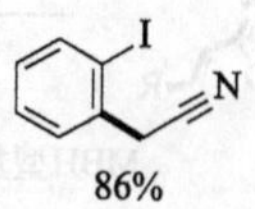 86%	[229]
7	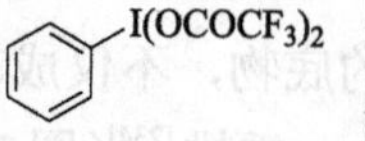	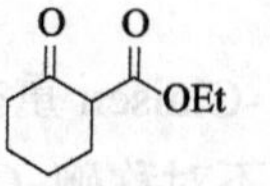	$(CF_3CO)_2O$ MeCN/TFA, rt, 4h	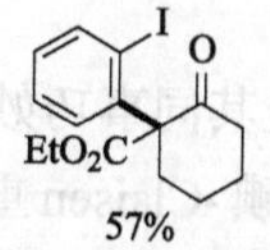 57%	[230]
8	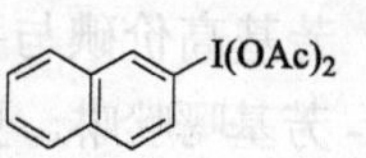	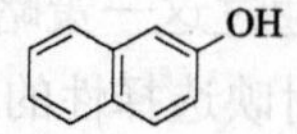	HOAc, rt, 2h	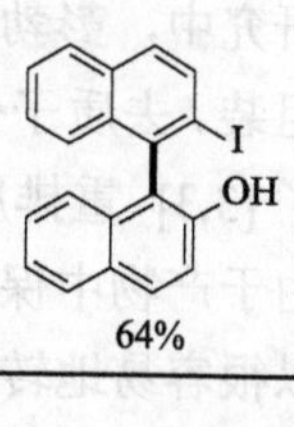 64%	[231]

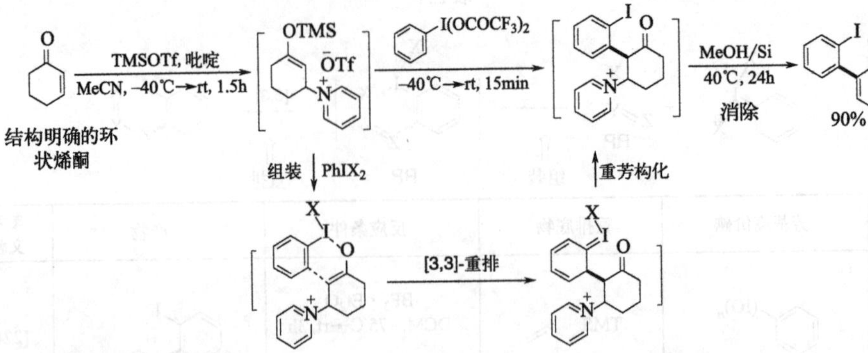

图 2.105

和腈。尽管这两种重排反应遵循相同的反应路径，但硫 -Claisen 重排与碘 -Claisen 重排在产物立体化学上却呈现出截然相反的特征。具体而言，硫 -Claisen 重排生成的产物展现出 *Z*- 选择性，而碘 -Claisen 重排则产生具有 *E*- 选择性的产物。这一立体化学差异可归因于 MBH 型硫 -Claisen 重排与碘 -Claisen 重排加成和最终消去步骤的不同机理。

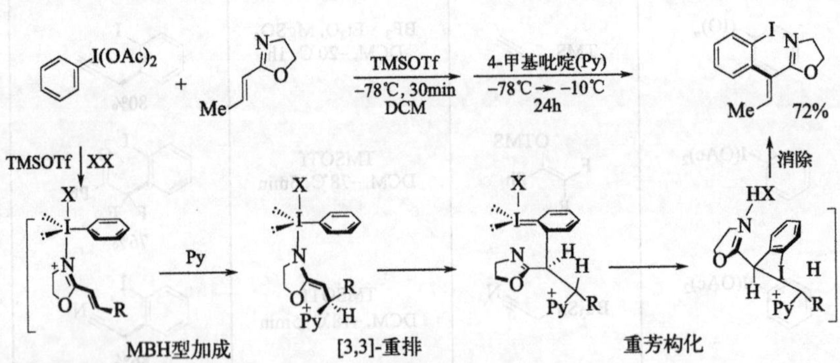

图 2.106

彭勃及其同事巧妙地利用噁唑啉作为碘 -Claisen 重排的底物，不仅成功建立了 MBH 型碘 -Claisen 重排，而且首次实现了不对称碘 -Claisen 重排[234]（图 2.107）。在他们的研究中，彭勃等人采取了一种类似于先前设计的硫 -Claisen 重排的反应策略，即组装 / 去质子化 /[3,3]- 重排策略。通过这一策略，芳基高价碘与手性噁唑啉发生了 [3,3]- 重排反应，生成了具有高对映选择性的 *α*- 芳基噁唑啉。更为重要的是，由于产物中保留了最佳的离去基团“碘”以及可转化的噁唑啉基团，这些产物可以很容易地转化为各种结构上有吸引力的手性化合物。

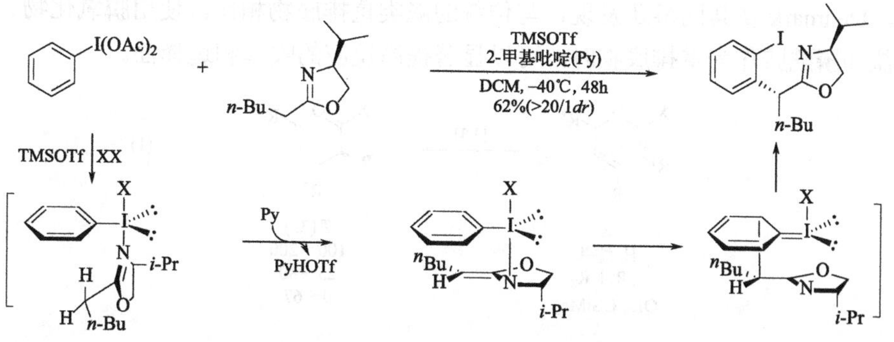

图 2.107

2.7.3 2′- 阴离子 Claisen 重排（Denmark-Claisen 重排）

重排反应的速率往往受到底物电子性质的影响，这一原则在多种 Claisen 重排变体中均得到了体现。正如之前所讨论的，3- 阳离子的存在可以加速重排过程，这一策略已被广泛研究并成功应用于拓展 Claisen 重排的应用范围。除了利用正电荷来加速重排外，另一种常用的方法是构建带有 2′- 阴离子的重排前体（图 2.108）。这种方法同样可以有效地促进重排反应的进行。例如，在 Ireland-Claisen 重排中，通过烯丙基酯的去质子化，可以形成由锂或硅稳定的、带有 2′- 氧阴离子的烯丙基乙烯基醚。这种带有负电荷的重排前体相较于 2′位为氢原子或烷基取代的重排底物，能够在更为温和的条件下进行重排反应［图 2.109 反应式（1)］。

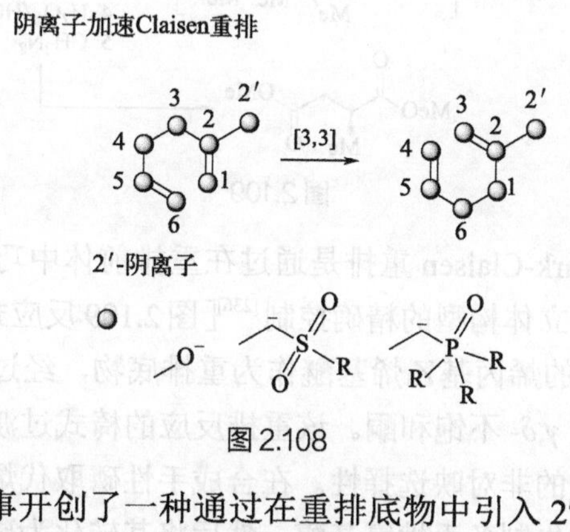

图 2.108

Denmark 及其同事开创了一种通过在重排底物中引入 2′- 碳阴离子来显著加速重排反应的新方法[235-236]［图 2.109 反应式（2)］。这一独特的反应机理得益于烯丙基乙烯醚 2 位碳阴离子（作为π给体）的加速作用，以及重排底物的精心制备策略，因此被命名为 Demark-Claisen 重排。Demark-Claisen 重排不仅展现了出色的区域选择性，还表现出了高度的非对映选择性和对反式烯烃的专一性。此外，Denmark 及其同事还发现，与传统的砜类重排底物相比，使用膦氧化物、膦酸盐和膦酰胺作为重排底物时，可以显著提高反应的收率和选择性。

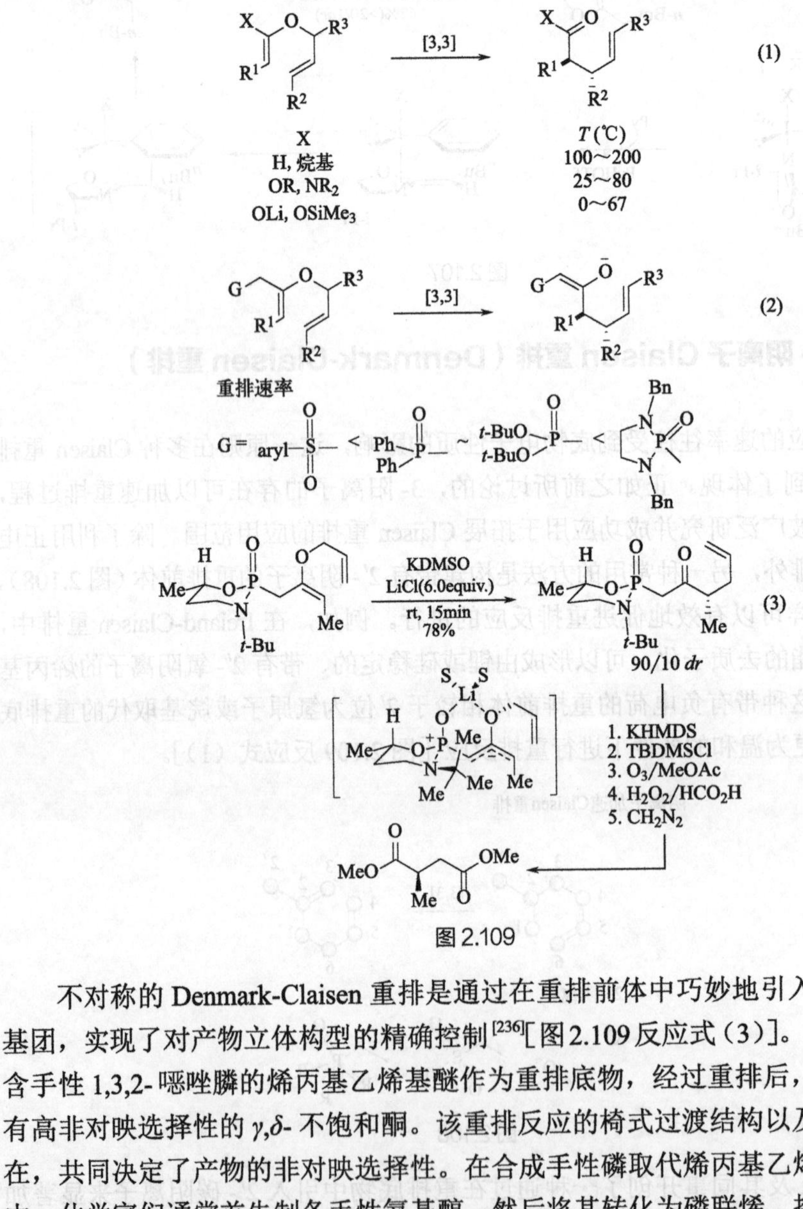

图 2.109

不对称的 Denmark-Claisen 重排是通过在重排前体中巧妙地引入一个手性磷基团，实现了对产物立体构型的精确控制[236][图 2.109 反应式（3）]。这一过程中，含手性 1,3,2- 噁唑膦的烯丙基乙烯基醚作为重排底物，经过重排后，能够生成具有高非对映选择性的 γ,δ- 不饱和酮。该重排反应的椅式过渡结构以及催化剂的存在，共同决定了产物的非对映选择性。在合成手性磷取代烯丙基乙烯基醚的过程中，化学家们通常首先制备手性氨基醇，然后将其转化为磷联烯。接下来，通过烯丙醇与磷联烯的加成反应，即可得到所需的手性磷取代烯丙基乙烯基醚重排前体（图 2.110）。

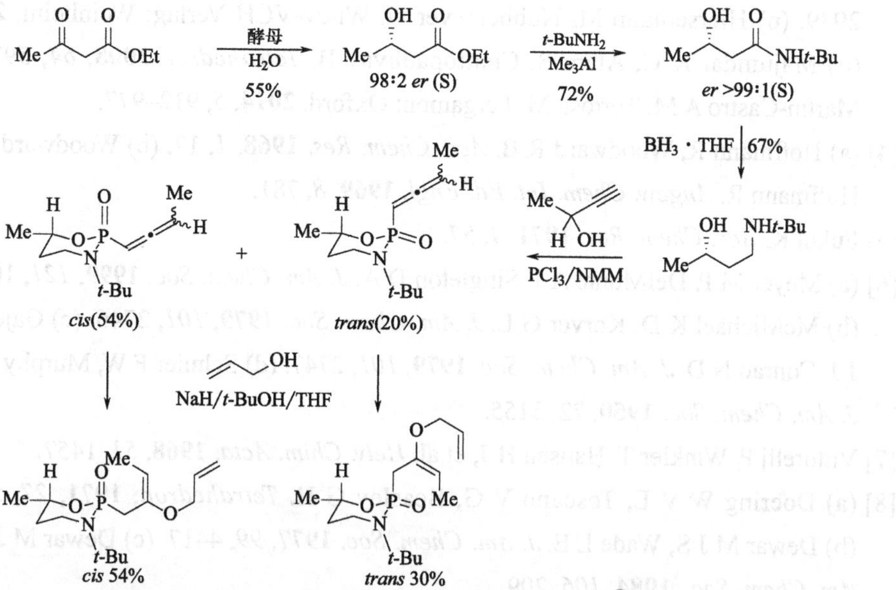

图 2.110

参考文献

[1] Claisen L. *Chem. Ber*. **1912**, *45*, 3157.

[2] (a) Vance R L, Rondan N G, Houk K N, et al. *J. Am. Chem. Soc*. **1988**, *110*, 2314. (b) Khaledy M M, Kalani M Y S, Khuong K S, et al. *J. Org. Chem*. **2003**, *68*, 572. (c) Wiest O, Black K A, Houk K N. *J. Am. Chem. Soc*. **1994**, *116*, 10336. (d) Dewar M J S, Jie C. *J. Am. Chem. Soc*. **1989**, *111*, 511. (e) Davidson M M, Hillier I H, Vincent M A. *Chem. Phys. Lett*. **1995**, *246*, 536.

[3] (a) Tarbell D S. *Chem. Rev*. **1940**, *27*, 495. (b) Tarbell D S. *Org. React*. **1944**, *2*, 1. (c) Rhoads S J, Raulins N R. *Org. React*. **1975**, *22*, 1. (d) Bennett G B. *Synthesis* **1977**, 589. (e) Ziegler F E. *Acc. Chem. Res*. **1977**, *10*, 227. (f) Lutz R P. *Chem. Rev*. **1984**, *84*, 205. (g) Wipf P. *Claisen Rearrangements*. Pergamon: Oxford, **1991**, *5*, 827–873. (h) Pereira S, Srebnik M. *Aldrichimica Acta* **1993**, *26*, 17. (i) Ganem B. *Angew. Chem., Int. Ed. Engl*. **1996**, *35*, 936. (j) Enders D, Knopp M, Schiffers R. *Tetrahedron: Asymmetry* **1996**, *7*, 1847. (k) Ito H, Taguchi T. *Chem. Soc. Rev*. **1999**, *28*, 43. (l) Chai Y, Hong S P, Lindsay H A, et al. *Tetrahedron* **2002**, *58*, 2905. (m) Hiersemann M, Abraham L. *Eur. J. Org. Chem*. **2002**, 1461. (n) Nubbemeyer U. *Synthesis* **2003**, 961. (o) Martín Castro A M. *Chem. Rev*. **2004**, *104*,

2939. (p) Hiersemann M, Nubbemeyer U. Wiley-VCH Verlag: Weinheim, **2007**. (q) Majumdar K C, Alam S, Chattopadhyay B. *Tetrahedron* **2008**, *64*, 597. (r) Martın-Castro A M, Tortosa M. Pergamon: Oxford, **2014**, *5*, 912–977.

[4] (a) Hoffmann R, Woodward R B. *Acc. Chem. Res.* **1968**, *1*, 17. (b) Woodward R B, Hoffmann R. *Angew. Chem. Int. Ed. Engl.* **1969**, *8*, 781.

[5] Fukui K. *Acc. Chem. Res.* **1971**, *4*, 57.

[6] (a) Meyer M P, DelMonte A J, Singleton D A. *J. Am. Chem. Soc.* **1999**, *121*, 10865. (b) McMichael K D, Korver G L. *J. Am. Chem. Soc.* **1979**, *101*, 2746. (c) Gajewski J J, Conrad N D. *J. Am. Chem. Soc.* **1979**, *101*, 2747. (d) Schuler F W, Murphy G W. *J. Am. Chem. Soc.* **1950**, 72, 3155.

[7] Vittorelli P, Winkler T, Hansen H J, et al. *Helv. Chim. Acta,* **1968**, *51*, 1457.

[8] (a) Doering W V E, Toscano V G, Beasley G H. *Tetrahedron*, **1971**, *27*, 5299. (b) Dewar M J S, Wade L E. *J. Am. Chem. Soc.* **1977**, *99*, 4417. (c) Dewar M J S. *J. Am. Chem. Soc.*, **1984**, *106*, 209.

[9] Conde S, Corral C, Madronrro R. *Tetrahedron*, **1974**, *30*, 195.

[10] (a) Doering W E, Roth W R. *Tetrahedron* **1962**, *18*, 67. (b) Frater G, Habich A, Hansen H J, et al. *Helv. Chim. Acta.* **1969**, *52*, 335.

[11] Gajewski J J, Conrad N D. *J. Am. Chem. Soc.* **1979**, *101*, 6693.

[12] (a) Evans M G. *Trans. Faraday Soc.* **1939**, *35*, 824. (b) Dewar M J S, Healy E F. *J. Am. Chem. Soc.* **1984**, *106*, 7127. (c) Thornton E R. *J. Am. Chem. Soc.* **1967**, *89*, 2915. (d) Gajewski J J. *Acc. Chem. Res.* **1980**, *13*, 142. (e) Gajewski J J, Gilbert K E. *J. Org. Chem.* **1984**, *49*, 11.

[13] (a) Watanabe H, Conlon L E. *J. Am. Chem. Soc.* **1957**, *79*, 2828. (b) Faulkner D J, Petersen M R. *J. Am. Chem. Soc.* **1973**, *95*, 553. (c) Nonoshita K, Banno H, Maruoka K, et al. *J. Am. Chem. Soc.* **1990**, *112*, 316.

[14] Hurd C D, Pollack M A. *J. Am. Chem. Soc.* **1938**, *60*, 1905.

[15] Büchi G, Vogel D E. *J. Org. Chem.* **1983**, *48*, 5406.

[16] Wei X, Lorenz J C, Kapadia S, et al. *J. Org. Chem.* **2007**, *72*, 4250.

[17] (a) Ziegler F E, Nangia A, Schulte G. *J. Am. Chem. Soc.* **1987**, *109*, 3987. (b) Nordmann G, Buchwald S L. *J. Am. Chem. Soc.* **2003**, *125*, 4978.

[18] Shade R E, Hyde A M, Olsen J C, et al. *J. Am. Chem. Soc.* **2010**, *132*, 1202.

[19] (a) Mandai T, Matsumoto S, Kohama M, et al. *J. Org. Chem.* **1990**, *55*, 5671. (b) Clive D L J, Magnuson S R. *Tetrahedron Lett.* **1995**, *36*, 15.

[20] Wang T Z, Pinard E, Paquette L A. *J. Am. Chem. Soc.* **1996**, *118*, 1309.

[21] (a) Denmark S E, Harmata M A, White K S. *J. Org. Chem.* **1987**, *52*, 4031. (b) Stirling C J M. *J. Chem. Soc. C* **1964**, 5863. (c) O' Connor D E, Lyness W I. *J. Am. Chem. Soc.* **1964**, *86*, 3840.

[22] Yamamoto Y, Fujikawa R, Miyaura N. *Synth. Commun.* **2000**, *30*, 2383.

[23] Baudry D, Ephritikhine M, Felkin H. *J. Chem. Soc. Chem. Commun.* **1978**, 694.

[24] Tayama E, Sugai S, Hara M. *Tetrahedron Lett.* **2006**, *47*, 7533.

[25] (a) Kulkarni M G, Pendharkar D S, Rasne R M. *Tetrahedron Lett.* **1997**, *38*, 1459. (b) Kulkarni M G, Rasne R M, Davawala S I, et al. *Tetrahedron Lett.* **2002**, *43*, 2297.

[26] Tebbe F N, Parshall G W, Reddy G S. *J. Am. Chem. Soc.* **1978**, *100*, 3611.

[27] Godage H Y, Fairbanks A. J. *Tetrahedron Lett.* **2000**, *41*, 7589.

[28] (a) Takai K, Mori I, Oshima K, et al. *Tetrahedron Lett.* **1981**, *22*, 3985. (b) Takai K, Mori I, Oshima K, et al. *Bull. Chem. Soc. Jpn.* **1984**, *57*, 446. (c) Mori I, Takai K, Oshima K, et al. *Tetrahedron* **1984**, *40*, 4013.

[29] Robertson J, Fowler T G. *Org. Biomol. Chem.* **2006**, *4*, 4307.

[30] (a) Maruoka K, Banno H, Yamamoto H. *J. Am. Chem. Soc.* **1990**, *112*, 7791. (b) Maruoka K, Banno H, Yamamoto H. *Tetrahedron: Asymmetry* **1991**, *2*, 647. (c) Maruoka K, Nonoshita K, Banno H, et al. *J. Am. Chem. Soc.* **1988**, *110*, 7922. (d) Maruoka K, Banno H, Nonoshita K, et al. *Tetrahedron Lett.* **1989**, *30*, 1265. (e) Nonoshita K, Banno H, Maruoka K, et al. *J. Am. Chem. Soc.* **1990**, *112*, 316. (f) Maruoka K, Sato J, Banno H, et al. *Tetrahedron Lett.* **1990**, *31*, 377. (g) Yamamoto H, Maruoka K. *Pure Appl. Chem.* **1990**, *62*, 2063. (h) Nonoshita K, Maruoka K, Yamamoto H. *Bull. Chem. Soc. Jpn.* **1992**, *65*, 541.

[31] (a) Trost B M, Toste F D. *J. Am Chem. Soc.* **1998**, *120*, 815. (b) Trost B M, Schroeder G M. *J. Am. Chem. Soc.* **2000**, *122*, 3785. (c) Koch G, Janser P, Kottirsch G, et al. *Tetrahedron Lett.* **2002**, *43*, 4837. (d) Koch G, Kottirsch G, Wietfeld B, et al. *Org. Proc. Res. Dev.* **2002**, *6*, 652.

[32] Hiersemann M, Abraham L. *Org. Lett.* **2001**, *3*, 49.

[33] Ollevier T, Mwene-Mbeja T M. *Can. J. Chem.* **2008**, *86*, 209.

[34] Grison C, Olszewski T K, Crauste C, et al. *Tetrahedron Lett.* **2006**, *47*, 6583.

[35] Abraham L, Czerwonka R, Hiersemann M. *Angew. Chem. Int. Ed.* **2001**, *40*, 4700.

[36] van der Baan J L, Bickelhaupt F. *Tetrahedron Lett.* **1986**, *27*, 6267.

[37] (a) Mikami K, Takahashi K, Nakai T. *Tetrahedron Lett.* **1987**, *28*, 5879. (b) Mikami K, Takahashi K, Nakai T. *J. Am. Chem. Soc.* **1990**, *112*, 4035.

[38] (a) Mikami K, Takahashi K, Nakai T, et al. *J. Am. Chem. Soc.* **1994**, *116*, 10948. (b) Sugiura M, Nakai T. *Chem. Lett.* **1995**, 697. (c) Akiyama K, Mikami K. *Tetrahedron Lett.* **2004**, *45*, 7217. (d) Mikami K, Yusa Y, Aikawa K, et al. *Chirality* **2003**, *15*, 105. (e) Mikami K, Motoyama Y, Terada M. *Inorganica Chemica Acta* **1994**, *222*, 71. (f) Terada M, Motoyama Y, Mikami K. *Tetrahedron Lett.* **1994**, *35*, 6693. (g) Mikami K, Kotera O, Motoyama Y, et al. *Synlett* **1995**, 975.

[39] Curran D P, Kuo L H. *Tetrahedron Lett.* **1995**, *36*, 6647.

[40] Severance D L, Jorgensen W L. *J. Am. Chem. Soc.* **1992**, *114*, 10966.

[41] Uyeda C, Jacobsen E N. *J. Am. Chem. Soc.* **2008**, *130*, 9228.

[42] Kirsten M, Rehbein J, Hiersemann M, et al. *J. Org. Chem.* **2007**, *72*, 4001.

[43] Annamalai V R, Linton E C, Kozlowski M C. *Org. Lett.* **2009**, *11*, 621.

[44] De Oliveira Silva A, Harper J L, Fuhr K N, et al. *J. Org. Chem.* **2022**, *87*, 10105.

[45] (a) Wipf P, Ribe S. *Org. Lett.* **2001**, *3*, 1503. (b) Wipf P, Rodriguez S. *Adv. Synth. Catal.* **2002**, *344*, 434.

[46] (a) Pogrebnoi S I, Kal’ yan Yu B, Krimer M Z, et al. *Izvestiya Akademii Nauk SSSR, Seriya Khimicheskaya* **1991**, *4*, 835. (b) Majetich G, Hicks R. *Res. Chem. Intermed.* **1994**, *20*, 61.

[47] Lovchik M A, Goeke A, Fráter G. *Tetrahedron: Asymmetry* **2006**, *17*, 1693.

[48] Peruzzi M T, Lee S J, Gagne M R. *Org. Lett.* **2017**, *19*, 6256.

[49] Linton E C, Kozlowski M C. *J. Am. Chem. Soc.* **2008**, *130*, 16162.

[50] (a) Hurd C D, Cohen F L. *J. Am. Chem. Soc.* **1931**, *53*, 1068. (b) Iwai I, Ide J. *Chem. Pharm. Bull.* **1963**, *11*, 1042. (c) Harfenist M, Thom E. *J. Org. Chem.* **1972**, *37*, 841. (d) Sarcevic N, Zsindely J, Schmid H. *Helv. Chim. Acta.* **1973**, *56*, 1457. (e) Anderson W K, LaVoie E J. *J. Org. Chem.* **1973**, *38*, 3832.

[51] Subramanian R S, Balasubramanian K K. *Tetrahedron Lett.* **1988**, *29*, 6797.

[52] (a) Moffett R B. *J. Org. Chem.* **1963**, *28*, 2885. (b) Dinan F J, Tieckelmann H. *J. Org. Chem.* **1964**, *29*, 892.

[53] (a) Stewart H F, Seibert R P. *J. Org. Chem.* **1968**, *33*, 4560. (b) Itami K, Yamazaki D, Yoshida J. *Org. Lett.* **2003**, *5*, 2161.

[54] Kimel W, Cope A C. *J. Am. Chem. Soc.* **1943**, *65*, 1992.

[55] Hill R K, Synerholm M E. *J. Org. Chem.* **1968**, *33*, 925.

[56] Oikawa Y, Sugano K, Yonemitsu O. *J. Org. Chem.* **1978**, *43*, 2087.

[57] Wilson S R, Price M F. *J. Org. Chem.* **1984**, *49*, 722.

[58] (a) Kimel W, Sax N W, Kaiser S, et al. *J. Org. Chem.* **1958**, *23*, 153. (b) Camps F,

Canela R, Coll J, et al. *Tetrahedron.* **1978**, *34*, 2179. (c) Tanabe M, Hayashi K. *J. Am. Chem. Soc.* **1980**, *102*, 862. (d) Narwid T A, Cooney K E, Uskokovic M R. *Helv. Chim. Acta.* **1974**, *57*, 771.

[59] Gilbert J C, Kelly T A. *Tetrahedron* **1988**, *44*, 7587.

[60] Enders D, Knopp M. *Tetrahedron* **1996**, *52*, 5805.

[61] Tsuda T, Chujo Y, Nishi S, et al. *J. Am. Chem. Soc.* **1980**, *102*, 6381.

[62] Kuwano R, Ishida N, Murakami M. *Chem. Commun.* **2005**, *3951*.

[63] (a) Burger E C, Tunge J A. *Org. Lett.* **2004**, *6*, 2603. (b) Constant S, Tortoioli S, Müller J, et al. *Angew. Chem. Int. Ed.* **2007**, *46*, 2082.

[64] (a) Martin S F, Guinn D E. *Synthesis* **1991**, *245*. (b) Koreeda M, Brown L. *J. Org. Chem.* **1983**, *48*, 2122. (c) Snider B.B, Beal R.B. *J. Org. Chem.* **1988**, *53*, 4508. (d) Isler O, Huber W, Ronco A, et al. *Chem. Acta.* **1947**, *30*, 1911.

[65] Ouvrard N, Rodriguez J, Santelli M. *Tetrahedron Lett.* **1993**, *34*, 1149.

[66] Wenkert E, Arrhenius T S. *J. Am. Chem. Soc.* **1983**, *105*, 2030.

[67] Meerwein H, Stopp G, Florian W, et al. *Liebigs Ann. Chem.* **1961**, *641*, 1.

[68] Felix D, Gschwend-Steen K, Wick A E, et al. *Helv. Chim. Acta.* **1969**, *52*, 1030.

[69] (a) Kawasaki T, Ohtsuka H, Mihira A, et al. *Heterocycles.* **1998**, *47*, 367. (b) Fleischhacker W, Richter B. *Monatsh. Chem.* **1992**, *123*, 837. (c) Lee T J. *Tetrahedron Lett.* **1979**, *20*, 2297.

[70] (a) Trost B M, Pinkerton A B, Seidel M. *J. Am. Chem. Soc.* **2001**, *123*, 12466. (b) Parker K A, Petraitis J J, Kosley R W, et al. *J. Org. Chem.* **1982**, *47*, 389.

[71] Egert E, Beck H, Schmidt D, et al. *Tetrahedron Lett.* **1987**, *28*, 789.

[72] (a) Ficini J, Barbara C. *Tetrahedron Lett.* **1966**, *52*, 6425. (b) Ficini J. *Tetrahedron* **1976**, *32*, 1449.

[73] Chen P F, Zhou B, Wu P, et al. *Angew. Chem. Int. Ed.* **2021**, *60*, 27164.

[74] Welch J T, Eswarakrishnan S. *J. Org. Chem.* **1985**, *50*, 5909.

[75] (a) Metz P, Hungerhoff B. *J. Org. Chem.* **1997**, *62*, 4442. (b) Metz P, Linz C. *Tetrahedron.* **1994**, *50*, 3951.

[76] Parker K A, Farmar J G. *Tetrahedron Lett.* **1985**, *26*, 3655.

[77] (a) Labidalle S, Min Z Y, Reynet A, et al. *Tetrahedron.* **1988**, *44*, 1159. (b) Fleischhacker W, Richter B. *Monatsh. Chem.* **2000**, *131*, 997. (c) Kwon O Y, Su D S, Meng D F, et al. *Angew. Chem., Int. Ed. Engl.* **1998**, *37*, 1877. (d) Lounasmaa M, Jokela R, Tirkkonen B, et al. *Heterocycles* **1992**, *34*, 321. (e) Ziegler F E, Bennett G B. *Tetrahedron Lett.* **1970**, *11*, 2545.

[78] Muxfeldt H, Schneider R S, Mooberry J B. *J. Am. Chem. Soc*. **1966**, *88*, 3670.
[79] Bisai V, Sarpong R. *Org. Lett*. **2010**, *12*, 2551.
[80] Moreau P, Neirabeyeh M A, Guillaumet G, et al. *Tetrahedron Lett*. **1991**, *32*, 5525.
[81] Mori K, Nukada T, Beata T. *Tetrahedron*. **1981**, *37*, 1343.
[82] Rancher S, Lui A S T. *J. Am. Chem. Soc*. **1978**, *100*, 4902.
[83] Ohshima M, Murakami M, Mukaiyama T. *Chem. Lett*. **1984**, *1535*.
[84] Pitteloud R, Petrzilka M. *Helv. Chim. Acta*. **1979**, *62*, 1319.
[85] Huber R S, Jones G B. *J. Org. Chem*. **1992**, *57*, 5778.
[86] (a) Scaglione J B, Rath N P, Covey D F. *J. Org. Chem*. **2005**, *70*, 1089. (b) Brenna E, Dei Negri C, Fuganti C, et al. *Tetrahedron: Asymmetry*. **2004**, *15*, 335. (c) Shigeyama T, Katakawa K, Kogure N, et al. *Org. Lett*. **2007**, *9*, 4069. (d) Snyder S A, Tang Z Y, Gupta R. *J. Am. Chem. Soc*. **2009**, *131*, 5744.
[87] Du Z T, Yu H R, Xu Y, et al. *Chin. Chem. Soc*. **2010**, *57*, 399.
[88] Cooper G F, Wren D L, Jackson D Y, et al. *J. Org. Chem*. **1993**, *58*, 4280.
[89] Tseou H F, Wang Y T *J. Chin. Chem. Soc*. **1937**, *5*, 224.
[90] Burke S D, Fobare W F, Pacofsky G J. *J. Org. Chem*. **1983**, *48*, 5221.
[91] (a) Fujisawa T, Maehata E, Kohama H, et al. *Chem. Lett*. **1985**, 1457. (b) Kallmerten J, Gould T J. *Tetrahedron Lett*. **1983**, *24*, 5177; (c) Kallmerten J, Wittman M D. *Tetrahedron Lett*. **1986**, *27*, 2443. (d) Gould T J, Balestra M, Wittman M D, et al. *J. Org. Chem*. **1987**, *52*, 3889.
[92] Sparks M A, Panek J S. *J. Org. Chem*. **1991**, *56*, 3431.
[93] (a) Yokozawa T, Nakai T, Ishikawa N. *Tetrahedron Lett*. **1984**, *25*, 3991. (b) Balakrishnan P, Boykin D W. *J. Org. Chem*. **1985**, *50*, 3663.
[94] Kobayashi M, Masumoto K, Nakai E, et al. *Tetrahedron Lett*. **1996**, *37*, 3005.
[95] (a) Aoki Y, Kuwajima I. *Tetrahedron Lett*. **1990**, *31*, 7457. (b) Eriksson M, Nilsson M, Olsson T. *Synlett* **1994**, *271*, 22824.
[96] Schmidt C, Kazmaier U. *Org. Biomol. Chem*. **2008**, *6*, 4643.
[97] (a) Takai K, Ueda T, Ikeda N, et al. *J. Org. Chem*. **1996**, *61*, 7990. (b) Takai K, Ueda T, Kaihara H, et al. *J. Org. Chem*. **1996**, *61*, 8728. (c) Bassindale A R, Stout T. *Tetrahedron Lett*. **1985**, *26*, 3403.
[98] Chang X, Zhang F, Zhu S, et al. *Nat. Commun*. **2023**, *14*, 3876.
[99] Hanamoto T, Baba Y, Inanaga J. *J. Org. Chem*. **1993**, *58*, 299.
[100] Li Y, Wang Q, Goeke A, et al. *Synlett* **2007**, *18*, 288.
[101] Reed J H, Donets P A, Miaskiewicz S, et al. *Angew. Chem. Int. Ed*. **2019**, *58*,

8893.
[102] Ireland R E, Mueller R H, Willard A K. *J. Org. Chem*. **1976**, *41*, 986.
[103] (a) Ireland R E, Vevert J P. *J. Org. Chem*. **1980**, *45*, 4259. (b) Ireland R E, Vevert J P. *Can. J. Chem*. **1981**, *59*, 572.
[104] Ireland R E, Anderson R C, Badoud R, et al. *J. Am. Chem. Soc*. **1983**, *105*, 1988.
[105] Ireland R E, Wuts P G M, Ernst B. *J. Am. Chem. Soc*. **1981**, *103*, 3205.
[106] (a) Ireland R E, Armstrong Ⅲ J D, Lebreton J ,et al. *J. Am. Chem. Soc*. **1993**, *115*, 7152. (b) Ireland R E, Meissner R S, Rizzacasa M A. *J. Am. Chem. Soc*. **1993**, *115*, 7166.
[107] Di Florio R, Rizzacasa M A. *J. Org. Chem*. **1998**, *63*, 8595.
[108] Penner M, Rauniyar V, Kaspar L T, et al. *J. Am. Chem. Soc*. **2009**, *131*, 14216.
[109] Shriner R L. *Org. React*. **2004**, *1*, 1.
[110] (a) Fürstner A. *Synthesis* **1989**, *8*, 571. (b) Ishihara J, Hatakeyama S. *Molecules* **2012**, *17*, 14249.
[111] Baldwin J E, Walker J A. *J. Chem. Soc. Chem. Commun*. **1973**, 117.
[112] (a) Wada M, Shigehisa T, Akiba K. *Tetrahedron Lett*. **1985**, *26*, 5191. (b) Zaman S, Kitamura M, Narasaka K. *Bull. Chem. Soc. Jpn*. **2003**, *76*, 1055.
[113] Ireland R E, Mueller R H, Willard A K. *J. Am. Chem. Soc*. **1976**, *98*, 2868.
[114] (a) Ishihara J, Koyama N, Nishino Y, et al. *Synlett* **2009**, 2351. (b) Ishihara J, Watanabe Y, Koyama N, et al. *Tetrahedron* **2011**, *67*, 3659. (c) Chao L C, Rieke R D. *J. Org. Chem*. **1975**, *40*, 2253.
[115] (a) Babu S A, Yasuda M, Shibata I, et al. *Org. Lett*. **2004**, *6*, 4475. (b) Babu S A, Yasuda M, Shibata I, et al. *J. Org. Chem*. **2005**, *70*, 10408. (c) Babu S A, Yasuda M, Okabe Y, et al. *Org. Lett*. **2006**, *8*, 3029.
[116] Inomata K, Hirata T, Sasada Y, et al. *Chem. Lett*. **1990**, 2153.
[117] Greuter H, Lang R W, Romann A J. *Tetrahedron Lett*. **1988**, *29*, 3291.
[118] Zheng F, Zhang X, Qing F L. *Chem. Commun*. **2009**, 1505.
[119] Chen L, Kim Y M, Kucera D J, et al. *J. Org. Chem*. **2006**, *71*, 5468.
[120] Coates R M, Shah S K, Mason R W. *J. Am. Chem. Soc*. **1982**, *104*, 2198.
[121] Coates R M, Hobbs S J. *J. Org. Chem*. **1984**, *49*, 140.
[122] Dolby L J, Elliger C A, Esfandiari S, et al. *J. Org. Chem*. **1968**, *33*, 4508.
[123] Coates R M, Rogers B D, Hobbs S J, et al. *J. Am. Chem. Soc*. **1987**, *109*, 1160.
[124] Ryan S J, Candish L, Lupton D W. *J. Am. Chem. Soc*. **2009**, *131*, 14176.
[125] Kaeobamrung K, Mahatthananchai J, Zheng P, et al. *J. Am. Chem. Soc*. **2010**,

132, 8810.
[126] Mahatthananchai J, Kaeobamrung J, Bode J W. *ACS Catal.* **2012**, *2*, 494.
[127] Candish L, Lupton D W. *Org. Biomol. Chem.* **2011**, *9*, 8182.
[128] Massad I, Marek I. *Angew. Chem. Int. Ed.* **2021**, *60*, 18509.
[129] Be Hyeon S, Isoe S, Sakan T. *Tetrahedron Lett.* **1968**, *9*, 5325.
[130] Gosteli J. *Helv. Chim. Acta* **1972**, *55*, 451.
[131] (a) Hase T A, Ourila A, Holmberg C. *J. Org. Chem.* **1981**, *46*, 3137. (b) Berryhill S R, Price T, Rosenblum M. *J. Org. Chem.* **1983**, *48*, 158. (c) Sleeman M J, Meehan G V. *Tetrahedron Lett.* **1989**, *30*, 3345. (d) Shi G Q, Cao Z Y, Cai W L. *Tetrahedron* **1995**, *51*, 5011.
[132] Hiersemann M. *Synthesis* **2000**, 1279.
[133] Hiersemann M, Abraham L. *Org. Lett.* **2001**, *3*, 49.
[134] (a) Abraham L, Körner M, Schwab P, et al. *Adv. Synth. Catal.* **2004**, *346*, 1281. (b) Abraham L, Korner M, Hiersemann M. *Tetrahedron Lett.* **2004**, *45*, 3647. (c) Pollex A, Hiersemann M. *Org. Lett.* **2005**, *7*, 5705.
[135] Kirsten M, Rehbein J, Hiersemann M, et al. *J. Org. Chem.* **2007**, *72*, 4001.
[136] Jaschinski T, Hiersemann M. *Org. Lett.* **2012**, *14*, 4114.
[137] Saucy G, Marbet R. *Helv. Chim. Acta* **1967**, *50*, 1158.
[138] Tejedor D, Meéndez-Abt G, Cotos L, et al. *Chem. Soc. Rev.* **2013**, *42*, 458.
[139] Cao T, Deitch J, Linton E C, et al. *Angew. Chem. Int. Ed.* **2012**, *51*, 2448.
[140] Wang D, Gautam L N S, Bollinger C, et al. *Org. Lett.* **2011**, *13*, 2618.
[141] Sherry B D, Toste F D. *J. Am. Chem. Soc.* **2004**, *126*, 15978.
[142] Arnold R T, Searles S. *J. Am. Chem. Soc.* **1949**, *71*, 1150.
[143] Kazmaier U. Angew. *Chem., Int. Ed. Engl.* **1994**, *33*, 998.
[144] Kinsinger T, Kazmaier U. *Eur. J. Org. Chem.* **2023**, *26*.
[145] Kwart H, Hackett C M. *J. Am. Chem. Soc.* **1962**, *84*, 1754.
[146] (a) Schuijl P J W, Bos H J T, Brandsma L. *Recl. Trav. Chim. Pays-Bas* **1969**, *88*, 597. (b) Metzner P, Pham T N, Vialle J. *Nouv. J. Chim.* **1978**, *2*, 179. (c) Yamabe S, Okumoto S, Hayashi T. *J. Org. Chem.* **1996**, *61*, 6218. (d) Gomez B, Chattaraj P K, Chamorro E, et al. *J. Phys. Chem. A* **2002**, *106*, 11227.
[147] Schuijl P J W, Brandsma L. *Recl. Trav. Chim. Pays-Bas* **1968**, *87*, 929.
[148] (a) Metzner P. *Synthesis* **1992**, 1185. (b) Metzner P. Berlin: Springer, **1999**, *vol. 204*, p. 127.
[149] (a) Corey E J, Shulman J I. *J. Am. Chem. Soc.* **1970**, *92*, 5522. (b) Brandsma L,

Verkruijsse H D. *Recl. Trav. Chim. Pays-Bas* **1974**, *93*, 319.
[150] Schuijl P J W, Brandsma L. *Recl. Trav. Chim. Pays-Bas* **1969**, *88*, 1201.
[151] (a) Anisimov A V, Viktorova E A. *Khim. Geterotsikl. Soedin.* **1980**, 435. (b) Majumdar K C, Ghosh S, Ghosh M. *Tetrahedron* **2003**, *59*, 7251.
[152] (a) Takeshita H, Uchida K, Mametsuka H. *Heterocycles* **1983**, *20*, 1709. (b) Spada M R, Klein R S, Otter B A. *J. Heterocyclic Chem.* **1989**, *26*, 1851. (c) Inoue H, Takada M, Takahashi M. et al. *Heterocycles* **1977**, *8*, 427. (d) Majumdar K C, Jana N K, Bandyopadhyay A, et al. *Synth. Commun.* **2001**, *31*, 2979. (e) Majumdar K C, Jana N K. *Synth. Commun.* **2000**, *30*, 4183. (f) Wellman G R. *J. Heterocyclic Chem.* **1980**, *17*, 911. (g) Tao Z F, Qian X. *Phosphorus, Sulfur Silicon Relat. Elem.* **1996**, *114*, 109. (h) Matloubi Moghaddam F, Zali-Boinee H. *Tetrahedron Lett.* **2003**, *44*, 6253. (i) Takada S, Makisumi Y. *Chem. Pharm. Bull.* **1984**, *32*, 872.
[153] Majumdar K C, Khan A T, Saha S. *Synth. Commun.* **1992**, *22*, 901.
[154] Takano S, Hirama M, Ogasawara K. *Tetrahedron Lett.* **1982**, *23*, 881.
[155] Takase S, Itoh Y, Uchida I, et al. *Tetrahedron* **1986**, *42*, 5887.
[156] Lemieux R M, Meyers A I. *J. Am. Chem. Soc.* **1998**, *120*, 5453.
[157] Tamaru Y, Harada T, Yoshida Z. *J. Am. Chem. Soc.* **1980**, *102*, 2392.
[158] Majumdar K J, Bhattacharyya T, Chattopadhyay B, et al. *Synthesis* **2009**, *13*, 2117.
[159] (a) Dains F B, Brewster R, Blair J, et al. *J. Am. Chem. Soc.* **1922**, *44*, 2637. (b) Carnahan F L, Hurd C D. *J. Am. Chem. Soc.* **1930**, *52*, 4586.
[160] Marcinkiewicz S, Green J, Mamalis P. *Tetrahedron* **1961**, *14*, 208.
[161] (a) Marcinkiewicz S. *Bull. Acad. Polon. Sci., Ser. Sci. Chim.* **1971**, *19*, 603. (b) Inada S, Kurata R. *Bull. Chem. Soc. Jpn.* **1981**, *54*, 1581.
[162] Yadav J S, Subba Reddy B V, Abdul Rasheed M, et al. *Synlett* **2000**, *4*, 487.
[163] Roe J M, Webster R A B, Ganesan A. *Org. Lett.* **2003**, *5*, 2825.
[164] Hill R K, Gilman N W. *Tetrahedron Lett.* **1967**, 1421.
[165] Amii H, Ichihara Y, Nakagawa T, et al. *Chem. Commun.* **2003**, 2902.
[166] Dolbier W R, Palmer K W. *J. Am. Chem. Soc.* **1993**, *115*, 9349.
[167] Hill R K, Khatri H N. *Tetrahedron Lett.* **1978**, *19*, 4337.
[168] Brannock K C, Burpitt R D. *J. Org. Chem.* **1961**, *26*, 3576.
[169] (a) Walters M A, McDonough C S, Brown P S, et al. *Tetrahedron Lett.* **1991**, *32*, 179. (b) Walters M A, Hoem A B, Arcand H R, et al. *Tetrahedron Lett.* **1993**, *34*,

1453. (c) Walters M A, Hoem A B. *J. Org. Chem.* **1994**, *59*, 2645. (d) Walters M A. *J. Am. Chem. Soc.* **1994**, *116*, 11618. (e) Walters M A, Hoem A B, McDonough C S. *J. Org. Chem.* **1996**, *61*, 55.

[170] (a) Tsunoda T, Sasaki O, Itô S. *Tetrahedron Lett.* **1990**, *31*, 727. (b) Itô S, Tsunoda T. *Pure & Appl. Chem.* **1990**, *62*, 1405. (c) Tsunoda T, Sasaki M, Sasaki O, et al. *Tetrahedron Lett.* **1992**, *33*, 1651. (d) Tsunoda T, Tatsuki S, Shiraishi Y, et al. *Tetrahedron Lett.* **1993**, *34*, 3297. (e) Tsunoda T, Tatsuki S, Kataoka K, et al. *Chem. Lett.* **1994**, 543. (f) Itô S, Tsunoda T. *Pure & Appl. Chem.* **1994**, *66*, 2071. (g) Tsunoda T, Nishii T, Suzuki T, et al. *Tetrahedron Lett.* **2000**, *41*, 7667. (h) Nishii T, Suzuki S, Yoshida K, et al. *Tetrahedron Lett.* **2003**, *44*, 7829.

[171] Tsunoda T, Ozaki F, Shirakata N, et al. *Tetrahedron Lett.* **1996**, *37*, 2463.

[172] Suh Y G, Lim C, Sim J, et al. *J. Org. Chem.* **2017**, *82*, 1464.

[173] Wu P L, Chu M, Fowler F W. *J. Org. Chem.* **1988**, *53*, 963.

[174] Deng W, Overman L E. *J. Am. Chem. Soc.* **1994**, *116*, 11241.

[175] Overman L E, Humphreys P G, Welmaker G S. *Org. React.* **2011**, *75*, 747.

[176] Overman L E. *Acc. Chem. Res.* **1980**, *13*, 218.

[177] Overman L E. *J. Am. Chem. Soc.*, **1974**, *96*, 597.

[178] Clizbe L A, Overman L E. *Org. Synth.* **1978**, *58*, 4.

[179] McCarty C G, Garner L A. Wiley: New York, **1975**, 189.

[180] Fernandes R A, Kattanguru P, Gholap S P C, et al. *Org. Biomol. Chem.* **2017**, *15*, 2672.

[181] Hama N, Matsuda T, Sato T, et al. *Org. Lett.* **2009**, *11*, 2687.

[182] Mason C K, McFarlane S, Johnston P G, et al. *Mol. Cancer Ther.* **2008**, *7*, 548.

[183] (a) Peters R, Fischer D F. *Org. Lett.*, **2005**, *7*, 4137. (b) Peters R, Xin Z Q, Fischer D F, et al. *Organometallics*, **2006**, *25*, 2917. (c) Weiss M E, Fischer D F, Xin Z Q, et al. *Angew. Chem. Int. Ed.* **2006**, *45*, 5694. (d) Jautze S, Seiler P, Peters R. *Angew. Chem. Int. Ed.* **2007**, *46*, 1260. (e) Singh N, Elias A J. *Dalton Trans.* **2011**, *40*, 4882. (f) Singh N, Elias A J. *J. Chem. Sci.*, **2011**, *123*, 853.

[184] (a) Jiang G, Halder R, Fang Y, et al. *Angew. Chem. Int. Ed.* **2011**, *50*, 9752. (b) Mahlau M, List B. *Isr. J. Chem.*, **2012**, *52*, 630. (c) Ávila E P, Amarante G W. *ChemCatChem*, **2012**, *4*, 1713. (d) Mahlau M, List B. *Angew. Chem., Int. Ed.*, **2013**, *52*, 518.

[185] (a) Gonda J. *Angew. Chem. Int. Ed.* **2004**, *43*, 3516. (b) Mahmood A. *Tetrahedron* **2017**, *73*, 2173.

[186] (a) Shen M H, Xu K, Sun C H, et al. *Org. Lett.* **2015**, *17*, 5598. (b) Xu H D, Jia Z H, Xu K, et al. *Angew. Chem. Int. Ed.* **2014**, *53*, 9284. (c) Wang C G, Wu R, Li T P, et al. *Org. Lett.* **2020**, *22*, 3234.

[187] (a) Mariano P S, Dunaway-Mariano D, Huesmann P L. *J. Org. Chem.* **1979**, *44*, 124. (b) Kunng F A, Gu J M, Chao S, et al. *J. Org. Chem.* **1983**, *48*, 4262. (c) Schwan A L, Warkentin J. *Can. J. Chem.* **1988**, *66*, 1686. (d) Baxter E W, Labaree D, Ammon H L, et al. *J. Am. Chem. Soc.* **1990**, *112*, 7682. (e) Vedejs E, Gingras M. *J. Am. Chem. Soc.* **1994**, *116*, 579. (f) Weston M H, Nakajima K, Back T G. *J. Org. Chem.* **2008**, *73*, 4630. (g) Park S R, Kim C, Kim D G, et al. *Org. Lett.* **2013**, *15*, 1166. (h) Ketcham J M, Biannic B, Aponick A. *Chem. Commun.* **2013**, *49*, 4157. (i) Kim H, Jang J, Shin S. *J. Am. Chem. Soc.* **2020**, *142*, 20788.

[188] (a) Lambert T H, MacMillan D W C. *J. Am. Chem. Soc.* **2002**, *124*, 13646. (b) Miró J, Gensch T, Ellwart M, et al. *J. Am. Chem. Soc.* **2020**, *142*, 6390. (c) Dai R H, Wang Q, Chen Z X, et al. *J. Org. Chem.* **2021**, *86*, 3065.

[189] (a) Martin P, Greuter H, Bellus D. *J. Am. Chem Soc.* **1979**, *101*, 5853. (b) Martin P, Greuter H, Bellus D. *Helv. Chim. Acta* **1981**, *64*, 64. (c) Malherbe R, Rist G, Bellus D. *J. Org. Chem.* **1983**, *48*, 860.

[190] Edstrom E D. *Tetrahedron Lett.* **1991**, *32*, 5709.

[191] Deur C J, Miller M W, Hegedus L S. *J. Org. Chem.* **1996**, *61*, 2871.

[192] Ishida M, Muramaru H, Kato S. *Synthesis* **1989**, *7*, 562.

[193] Edstrom E D. *J. Am. Chem. Soc.* **1991**, *113*, 6691.

[194] Roberts S M, Smith C, Thomas R J. *J. Chem. Soc., Perkin Trans.1.* **1990**, *5*, 1493.

[195] (a) Diederich M, Nubbemeyer U. *Angew. Chem. Int. Ed.* **1995**, *34*, 1026. (b) Diederich M, Nubbemeyer U. *Angew. Chem. Int. Ed.* **1995**, *34*, 1026. (c) Diederich M, Nubbemeyer U. *Chem. Eur. J.* **1996**, *2*, 894. (d) Sudau A, Nubbemeyer U. *Angew. Chem. Int. Ed.* **1998**, *37*, 1140. (e) Sudau A, Munch W, Nubbemeyer U. *J. Org. Chem.* **2000**, *65*, 1710.

[196] Yoon T P, Dong V M, MacMillan D W C. *J. Am. Chem. Soc.* **1999**, *121*, 9726.

[197] Dong V M, MacMillan D W C. *J. Am. Chem. Soc.* **2001**, *123*, 2448.

[198] Yoon T P, MacMillan D W C. *J. Am. Chem. Soc.* **2001**, *123*, 2911.

[199] (a) Potter R A, Bowser A M, Yang Y, et al. *J. Org. Chem.* **2013**, *78*, 11772. (b) Walker J D, Watson R, Flemer S, et al. *Org. Lett.* **2017**, *19*, 4010.

[200] (a) Liang Y, Peng B. *Acc. Chem. Res.* **2022**, *55*, 2103. (b)Yanagi T, Nogi K, Yorimitsu H. *Tetrahedron Lett.* **2018**, *59*, 2951. (c) Yorimitsu H. *Chem. Rec* **2017**, *17*, 1156. (d) Pulis A P, Procter D J. *Angew. Chem. Int. Ed.* **2016**, *55*, 9842. (e) Kaiser D, Klose I, Oost R, et al. *Chem. Rev.* **2019**, *119*, 8701. (f) Zhang L, Hu M, Peng B. *Synlett* **2019**, *30*, 2203. (g) He Z, Pulis A P, Perry G J, et al. *Phosphorus, Sulfur Silicon Relat. Elem* **2019**, *194*, 669. (h) Higuchi K, Tayu M. *Heterocycles* **2021**, *102*, 783. (i) Perry G J P, Yorimitsu H. *ACS Sustainable Chem. Eng.* **2022**, *10*, 2569. (j) Yorimitsu H, Perry G. *J. Proc. Jpn. Acad. Ser. B* **2022**, *98*, 190.

[201] (a) Chen W W, Cuenca A B, Shafir A. *Angew. Chem. Int. Ed.* **2020**, *59*, 16294. (b) Shafir A. *Tetrahedron Lett.* **2016**, *57*, 2673.

[202] (a) Akai S, Kawashita N, Satoh H, et al. *Org. Lett.* **2004**, *6*, 3793. (b) Akai S, Kawashita N, Wada Y, et al. *Tetrahedron Lett.* **2006**, *47*, 1881.

[203] (a) Eberhart A J, Imbriglio J E, Procter D J. *Org. Lett.* **2011**, *13*, 5882. (b) Eberhart A J, Procter D J. *Angew. Chem. Int. Ed.* **2013**, *52*, 4008. (c) Shrives H J, Fernández-Salas J A, Hedtke C, et al. *Nature Commun.* **2017**, *8*, 14801. (d) He Z, Shrives H J, Fernandez-Salas J A, et al. *Angew. Chem. Int. Ed.* **2018**, *57*,5759. (e) Šiaučiulis M, Sapmaz S, Pulis A P, et al. *Chem. Sci.* **2018**, *9*, 754.

[204] (a) Huang X, Patil M, Farès C, et al. *J. Am. Chem. Soc.* **2013**, *135*, 7312. (b) Huang X, Maulide N. *J. Am. Chem. Soc.* **2011**, *133*, 8510.

[205] (a) Yanagi T, Otsuka S, Kasuga Y, et al. *J. Am. Chem. Soc.* **2016**, *138*, 14582. (b) Okamoto K, Hori M, Yanagi T, et al. *Angew. Chem. Int. Ed.* **2018**, *57*, 14230. (c) Yanagi T, Nogi K, Yorimistu H. *Chem. Eur. J.* **2020**, *26*, 783.

[206] Luo F, Lu Y, Hu M, et al. *Org. Chem. Front.* **2018**, *5*, 1756.

[207] Padwa A, Nara S, Wang Q. *Tetrahedron Lett.* **2006**, *47*, 595.

[208] Huang X, Goddard R, Maulide N. *Angew. Chem. Int. Ed.* **2010**, *49*, 8979.

[209] Fernández-Salas J A, Eberhart A J, Procter D J. *J. Am. Chem. Soc.* **2016**, *138*, 790.

[210] Shang L, Chang Y, Luo F, et al. *J. Am. Chem. Soc.* **2017**, *139*, 4211.

[211] (a) Macé Y, Urban C, Pradet C, et al. *Eur. J. Org. Chem.* **2009**, 5313. (b) Pégot B, Urban C, Diter P, et al. *Eur. J. Org. Chem.* **2013**, 7800.

[212] Zhang L, He J N, Liang Y, et al. *Angew. Chem. Int. Ed.* **2019**, *58*, 5316.

[213] Chen M, Liang Y, Dong T, et al. *Angew. Chem. Int. Ed.* **2021**, *60*, 2339.

[214] Yoshida S, Yorimitsu H, Oshima K. *Org. Lett.* **2009**, *11*, 2185.

[215] (a) Yoshida S, Yorimitsu H, Oshima K. *Synlett.* **2007**, 1622. (b) Yoshida S,

Yorimitsu H, Oshima K. *Chemlett.* **2009**, *38*, 248. (c) Morita E, Iwasaki M, Yoshida S, et al. *Chemlett.* **2009**. *38*, 624. (d) Nakayama R, Matsubara H, Fujino D, et al. *Org. Lett.* **2010**, *12*, 5748.

[216] (a) Kobatake T, Fujino D, Yoshida S, et al. *J. Am. Chem. Soc.* **2010**, *132*, 11838. (b) Kobatake T, Yoshida S, Yorimitsu H, et al. *Angew. Chem. Int. Ed.* **2010**, *49*, 2340. (c) Murakami K, Yorimitsu H, Osuka A. *Angew. Chem. Int. Ed.* **2014**, *53*, 7510.

[217] (a) Shapiro N D, Toste F D. *J. Am. Chem. Soc.* **2007**, *129*, 4160. (b) Li G, Zhang L. *Angew. Chem. Int. Ed.* **2007**, *46*, 5156.

[218] Cuenca A B, Montserrat S, Hossain K M, et al. *Org. Lett.* **2009**, *11*, 4906.

[219] Lu B, Li Y, Wang Y, et al. *J. Am. Chem. Soc.* **2013**, *135*, 8512.

[220] (a) Peng B, Geerdink D, Farès C, et al. *Angew. Chem. Int. Ed.* **2014**, *53*, 5462. (b) Peng B, Huang X, Xie L G, et al. *Angew. Chem. Int. Ed.* **2014**, *53*, 8718. (c) Kaiser D, Veiros L F, Maulide N. *Chem. Eur. J.* **2016**, *22*, 4727.

[221] Kaldre D, Maryasin B, Kaiser D, et al. *Angew. Chem. Int. Ed.* **2017**, *56*, 2212.

[222] Kaldre D, Klose I, Maulide N. *Science* **2018**, *361*, 664.

[223] Zhou W, Voituriez A. *J. Am. Chem. Soc.* **2021**, *143*, 17348.

[224] Lee K, Kim D Y, Oh D Y. *Tetrahedron Lett.* **1988**, *29*, 667.

[225] (a) Khatri H R, Zhu J. *Chem. Eur. J.* **2012**, *18*, 12232. (b) Khatri H R, Nguyen H, Dunaway J K, et al. *Front. Chem. Sci. Eng.* **2015**, *9*, 359.

[226] Chen W W, Cunillera A, Chen D, et al. *Angew. Chem. Int. Ed.* **2020**, *59*, 20201.

[227] (a) Ochiai M, Ito T. *J. Org. Chem.* **1995**, *60*, 2274. (b) ochiai M, Ito T, Masaki Y. *J. Chem. Soc. Chem. Commun.* **1992**, 15. (c) ochiai M, Ito T, Takaoka Y, et al. *J. Am. Chem. Soc.* **1991**, *113,* 1319.

[228] Huang X, Zhang Y, Zhang C, et al. *Angew. Chem. Int. Ed.* **2019**, *58*, 5956.

[229] Tian J, Luo F, Zhang C, et al. *Angew. Chem. Int. Ed.* **2018**, *57*, 9078.

[230] Jia Z, Galvez E, Sebastian R M, et al. *Angew. Chem. Int. Ed.* **2014**, *53*, 11298.

[231] Hori M, Guo J D, Yanagi T, et al. *Angew. Chem., Int. Ed.* **2018**, *57*, 4663.

[232] Sousa e Silva F C, Van N T, Wengryniuk S E. *J. Am. Chem. Soc.* **2020**, *142*, 64.

[233] Zhang L, Bao W, Liang Y, et al. *Angew. Chem. Int. Ed.* **2021**, *60*, 11414.

[234] Tian J, Luo F, Zhang Q, et al. *J. Am. Chem. Soc.* **2020**, *142*, 6884.

[235] (a) Denmark S E, Marlin J E. *J. Org. Chem.* **1991**, *56*,1003. (b) Denmark S E, Stadler H, Dorow R L, et al. *J. Org. Chem.* **1991**, *56*, 5063.

[236] Denmark S E, Marlin J E, Rajendra G. *J. Org. Chem.* **2013**, *78*, 6.

第3章

Cope 重排

3.1 Cope 重排概述

3.2 影响 Cope 重排平衡的因素

3.3 脂肪族 Cope 重排

3.4 芳香族 Cope 重排

3.5 催化型 Cope 重排

3.6 其他 Cope 重排——氧-Cope 重排

3.7 Cope 重排的应用

3.1 Cope 重排概述

在 1940 年，A. C. Cope 在实验中观察到烯丙基氰基乙酸酯在蒸馏过程中，生成了戊二烯酸酯产物[1]。基于这一实验结果，Cope 推测该反应可能经历了重排过程，且该重排与当时已知的 Claisen 重排在机理上存在较大的相似性。

此后，这一类新型的重排反应被定义为 Cope 重排，特指 1,5- 二烯烃分子在特定条件下，通过 [3,3]-σ 重排机理发生异构化转化为另一种 1,5- 二烯烃的过程（图 3.1）。

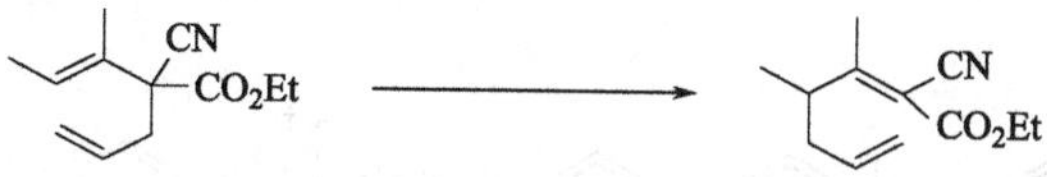

图 3.1

经过长期发展，Cope 重排已成为构建 C—C 键的一种高效且常用的方法，其作为全碳重排反应的一员，在化学界获得了广泛的认可。在重排反应的大家族中，Cope 重排与 Claisen 重排、氮杂环重排、噻吩重排、磷酸 -Claisen 重排、烯丙基酯重排以及一系列被归类为 [3,3]-σ 重排的变体并驾齐驱，共同丰富了有机合成的策略库。尤为值得一提的是，Cope 重排在天然产物及复杂有机分子的合成中展现出了巨大的应用潜力。在现代有机合成领域中，Cope 重排占据了重要的地位，这主要得益于其一系列突出的特性：

① 独特的反应性质：Cope 重排本质上是一种热驱动的反应，能够有效地避免了对酸碱催化剂的依赖，从而展现出卓越的官能团兼容性，使得在复杂分子骨架中的应用成为可能。

② 明确的化学结构转变：在断裂原始底物中的 C—C 单键并同步构建新的 C—C 单键的过程中，Cope 重排以一种高度特异性的方式生成 1,5- 二烯烃，其中新形成的 C—C 单键及两个双键的位置均是确定的。尤为重要的是，它不仅能够构建非环状二烯结构，还能高效地合成七元及七元以上大环的环状二烯，成为构建复杂中环结构不可或缺的有力工具。

③ 可控的立体选择性：得益于其高度有序的环状过渡态结构，Cope 重排在构建不对称双键和引入手性中心时，展现出了极高的立体选择性[2]。尤其是，在含有多达四个潜在手性中心（包括两个不对称双键和两个饱和碳原子上的手性位点）的六碳骨架底物中，Cope 重排能够几乎定量地转移这些手性信息，生成四个全新的手性中心，为手性分子的合成开辟了新途径。

④ 广阔的反应范围：随着氧 -Cope 及阴离子氧 -Cope 反应等重排反应的发展，Cope 重排的应用范围得到了极大的拓宽。这些拓展不仅简化了二烯烃底物的获

取过程，还显著降低了重排反应所需的温度条件，更重要的是，它们以不可逆的方式生成了羰基化合物，为产物结构的多样性和复杂性增添了新的维度。

Cope 重排主要通过椅式过渡态进行，使得取代基之间的空间作用力最小。过渡态的确切性质取决于取代基，并在两种极限形式之间变化——从两个独立的烯丙基自由基到环己烷 -1,4- 二自由基，这取决于是成键还是断键的优先次序［图 3.2 反应式（1）］。这里不得不提到的是，尽管对于开链化合物而言，反应倾向于通过一个椅式过渡态给出最终产物［图 3.2 反应式（2）］，但是，对于一些构型锁定的结构，例如顺式 1,2- 二烯基环丁烷，其反应过程经历的是船式过渡态［图 3.2 反应式（3）］。

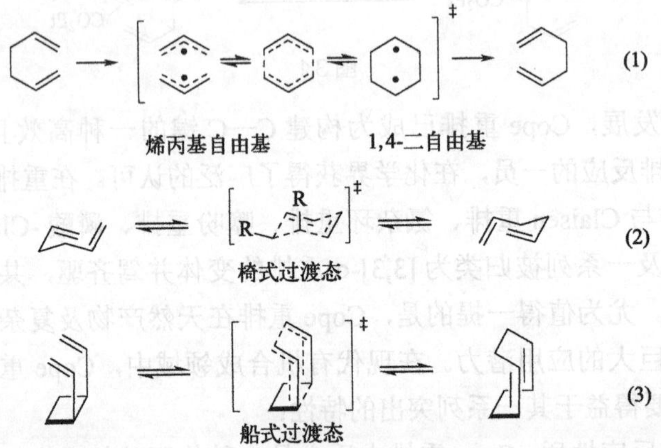

图 3.2

3.2 影响 Cope 重排平衡的因素

与众多 σ- 迁移重排反应类似，Cope 重排同样展现出了可逆性；在适宜的重排反应温度下，底物与产物（即 1,5- 二烯烃）会通过一个环状过渡态达到动态平衡。与 Claisen 重排中乙烯醚双键向羰基双键转化时能量显著增加，从而促使平衡几乎完全倾向于产物一侧不同，1,5- 己二烯的 Cope 重排面临着更为复杂的平衡调控机制。在此情况下，平衡的主要偏移方向并非由单一的能量变化决定，而是由多种因素共同决定的：

取代基效应：底物分子中取代基的性质和位置能显著影响反应中间体的稳定性，进而影响平衡的移动方向。

共轭效应：体系内的共轭结构能降低反应中间体的能量，增强其稳定性，从而对平衡位置产生影响。

环张力：在某些情况下，重排过程中形成的环状中间体可能承受较大的环张力，这种张力会驱动反应向减小张力的方向进行，即影响平衡的倾向。

不可逆转化：当1,5-二烯烃作为中间产物进一步发生不可逆的转化，生成更加稳定的化合物时，这将极大地促进平衡向产物方向移动。

以下是对上述影响因素的简要概述，它们共同构成了决定Cope重排平衡位置的关键因素。

（1）取代基效应

在缺乏共轭取代基的条件下，底物与产物之间的平衡倾向性通常表现为向双键上取代基数量更多的一方移动，遵循着取代烯烃相对稳定性的一般规律：四取代烯烃最为稳定，随后依次为三取代烯烃、二取代烯烃，最后是单取代烯烃。在以下四个反应中，所有产物的双键均展现出了比初始1,5-二烯烃更高的烷基取代程度，从而印证了上述平衡移动的趋势（图3.3）。

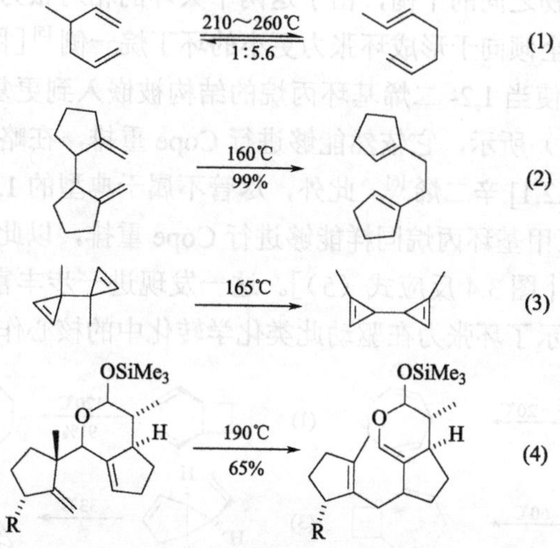

图3.3

（2）共轭效应

第二个至关重要的因素涉及到一个或两个双键与π-取代基（诸如酮、酯、氰基或苯基等）之间形成的共轭效应。在以下三个反应中，由于共轭作用的存在，共轭异构体在平衡体系中占据了主导地位，显著影响了产物的分布与稳定性（图3.4）。

（3）环张力

在1,2-二烯基环烷烃与环状二烯之间发生的Cope重排平衡中，一个决定性的因素是所涉及特定环的张力大小。具体而言，顺式-1,2-二烯基环丙烷[3]和顺式-1,2-二烯基环丁烷[4]因其较高的环张力，倾向于进行Cope重排，从而生成环张力相对较小的1,4-环庚二烯和1,5-环辛二烯［图3.5反应式（1）和（2）］。在

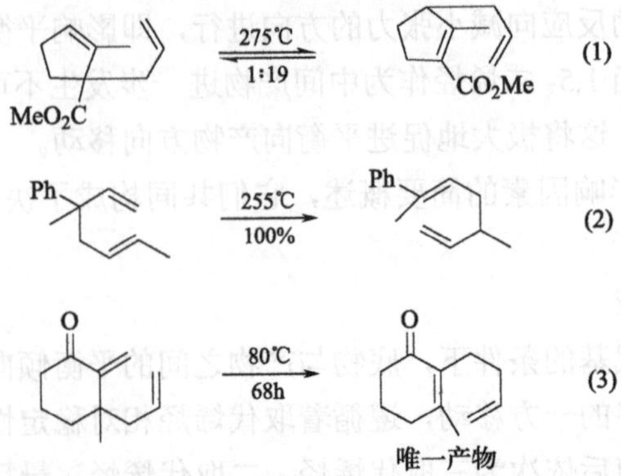

图 3.4

三元环与四元环产物之间的平衡，由于这两个大环的相对张力在一定程度上相互抵消，因此平衡完全倾向于形成环张力更小的环丁烷一侧[5][图 3.5 反应式（3）]。值得注意的是，即使当 1,2- 二烯基环丙烷的结构被嵌入到更复杂的双环体系中，如图 3.5 反应式（4）所示，它依然能够进行 Cope 重排，在略高于室温的条件下顺利转化为二环 [3.2.1] 辛二烯[6]。此外，尽管不属于典型的 1,2- 二烯基环丙烃范畴，但 2- 乙烯基亚甲基环丙烷同样能够进行 Cope 重排，以此作为缓解其内在环张力的有效途径[7][图 3.4 反应式（5）]。这一发现进一步丰富了 Cope 重排反应的应用范围，并揭示了环张力在驱动此类化学转化中的核心作用。

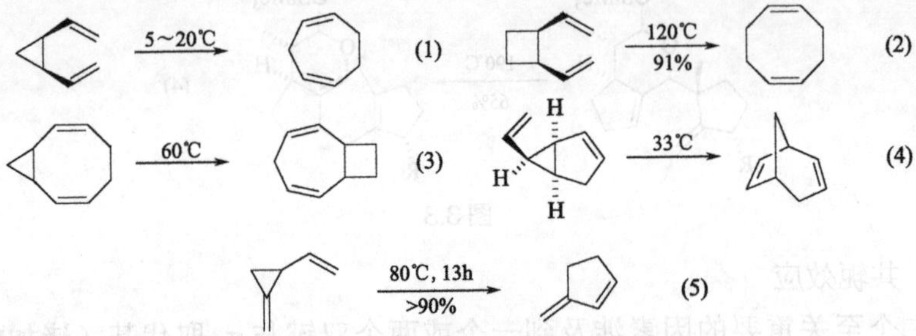

图 3.5

3.3 脂肪族 Cope 重排

3.3.1 炔烃底物参与的 Cope 重排

从几何构型的视角来看，尽管炔烃的三键似乎与六元环状过渡态的兼容性有限，但令人惊讶的是，1,5- 烯炔烃乃至 1,5- 二炔烃的 Cope 重排反应却成功地生成了预期产物，开辟了累积二烯烃的高效制备路径。对于某些底物［图 3.6 反应式（1）］，直接合成累积二烯烃依旧面临挑战，因为产物在重排温度下倾向于环化[8]。然而，通过引入更多取代基团，可以有效规避这一问题，使得底物经由重排后可以停留在生成累积二烯烃阶段[9–10]［图 3.6 反应式（2）和（3）］。此外，图 3.6 反应式（4）中底物不仅可通过氧 -Cope 重排过程生成累积二烯烃的烯醇形式，该烯醇还进一步互变异构为不饱和酮，所得产物为 β- 紫罗酮[11] 的合成过程中重要的中间体。图 3.6 反应式（5）结构中含有两个不同的双键，通过研究其竞争重排实验

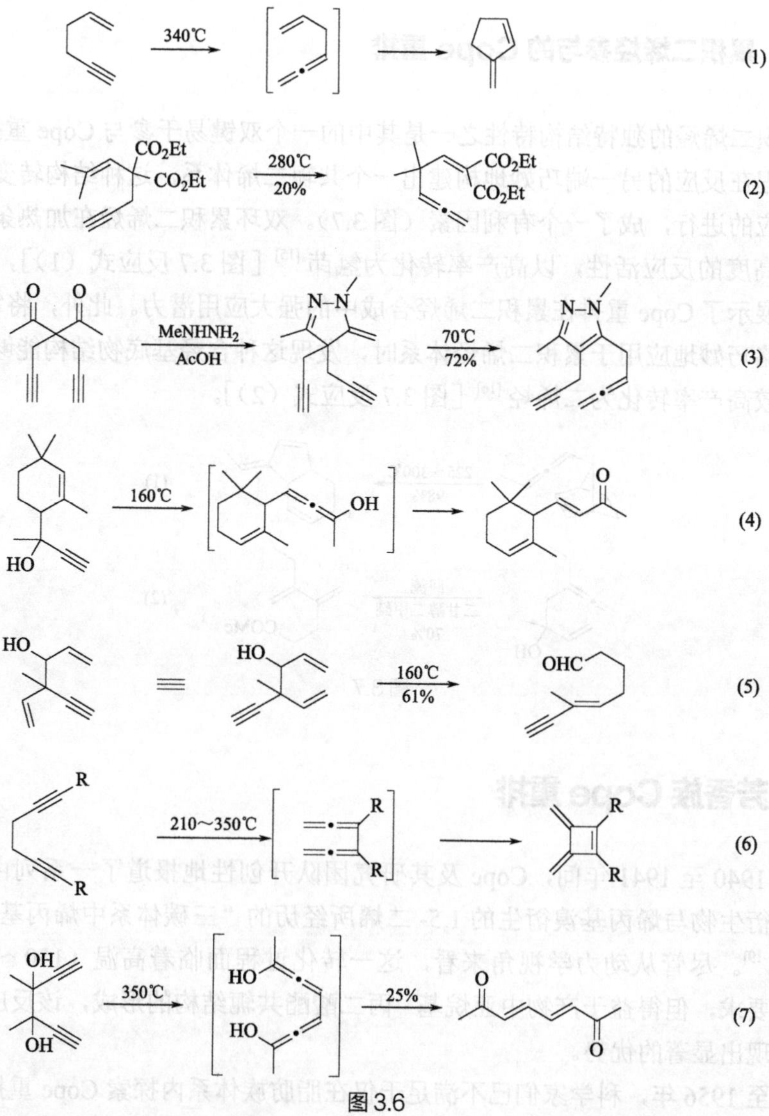

图 3.6

发现，1,5- 二烯的正常无张力 Cope 重排是更为优选的反应路径[12]。

为了深入探究乙烯基与乙炔基在 Cope 重排中的竞争机制，Huntsman 和 Wristers 等针对 1,5- 二炔烃进行了系统性研究[13]［图 3.6 反应式（6）］。尽管这些化合物在理论上应正常重排为双累积二烯烃，但在实际操作中，由于重排所需的高温条件使得产物发生电环化反应，最终生成了双亚甲基环丁烯。此外，二炔二醇经过氧 -Cope 重排后，并未遵循传统反应路径，而生成了线性的二烯二酮，这一转化同样依赖于双烯醇中间体的互变异构[14]［图 3.6 反应式（7）］。这些发现不仅丰富了 Cope 重排反应的多样性，也为复杂有机分子的合成提供了新的策略。

3.3.2 累积二烯烃参与的 Cope 重排

累积二烯烃的独特结构特性之一是其中的一个双键易于参与 Cope 重排反应，这一过程在反应的另一端巧妙地构建出一个共轭二烯体系，这种结构转变显著促进了反应的进行，成了一个有利因素（图 3.7）。双环累积二烯烃在加热条件下展现出了高度的反应活性，以高产率转化为氢茚[15]［图 3.7 反应式（1）］，这一转化充分展示了 Cope 重排在累积二烯烃合成中的强大应用潜力。此外，将氧 -Cope 重排策略巧妙地应用于累积二烯烃体系时，发现这种含羟基底物结构能够以前所未有的较高产率转化为二烯烃[16]［图 3.7 反应式（2）］。

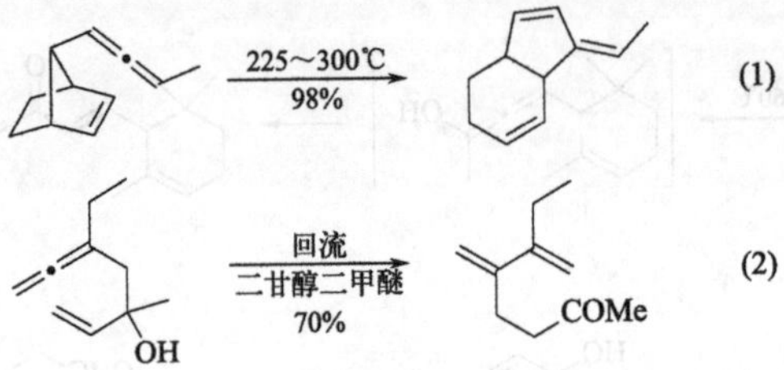

图 3.7

3.4 芳香族 Cope 重排

在 1940 至 1941 年间，Cope 及其研究团队开创性地报道了一系列由丙二酸亚烷基衍生物与烯丙基溴衍生的 1,5- 二烯所经历的“三碳体系中烯丙基的重排”反应[17-19]。尽管从动力学视角来看，这一转化过程面临着高温（150 ～ 200℃）的严苛要求，但得益于产物中亚烷基 - 丙二酸酯共轭结构的形成，该反应在热力学上展现出显著的优势。

直至 1956 年，科学家们已不满足于仅在脂肪族体系内探索 Cope 重排，转而探索芳香族 Cope 重排。首个芳香族 Cope 重排的成功案例[20]，便是以菲衍生物作为底物（图 3.8）实现的[21]，基于菲分子在脱芳构化过程中相较于其他芳烃所展现出的较小影响，这一发现无疑为后续的深入研究奠定了坚实的基础。

然而，利用芳香族 Cope 重排制备目标产物的效果不佳，其能垒极高（反应温度超过 250℃），且极易引发一系列复杂的副反应[22-24]。这些反应包括烯反应、逆克莱森缩合以及迈克尔加成等，最终生成了非预期产物（图 3.9）。这一系列连锁反应在学术界被形象地称为“异常”Cope 重排[25]。

直至 1986 年，MacDowell 等的工作才揭开了这一“异常”现象的神秘面纱[26]，他揭示了这一系列复杂反应的内在机理。

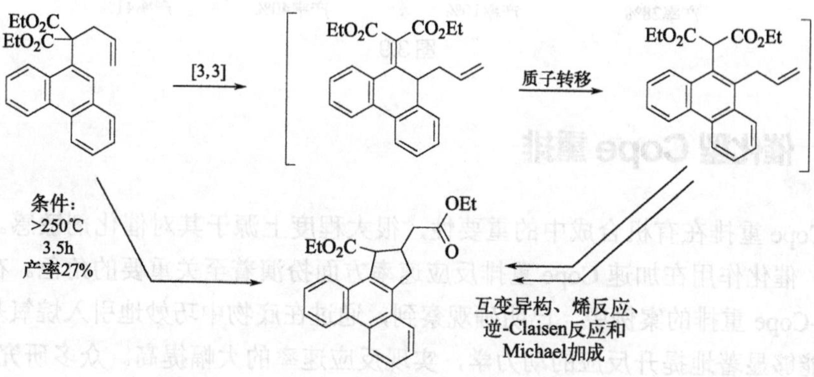

图 3.8

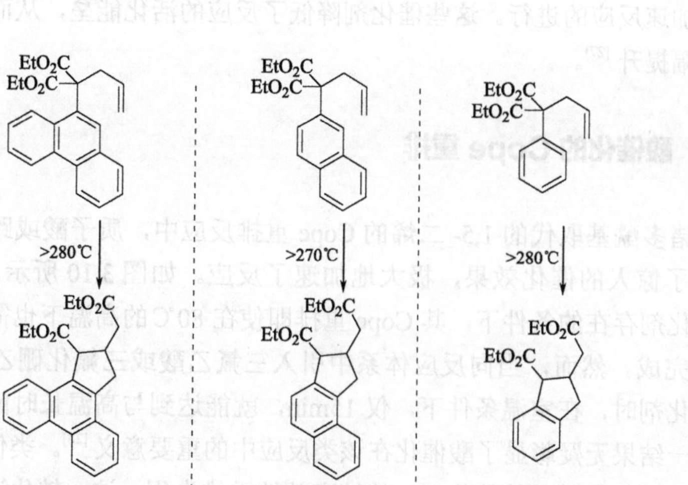

图 3.9

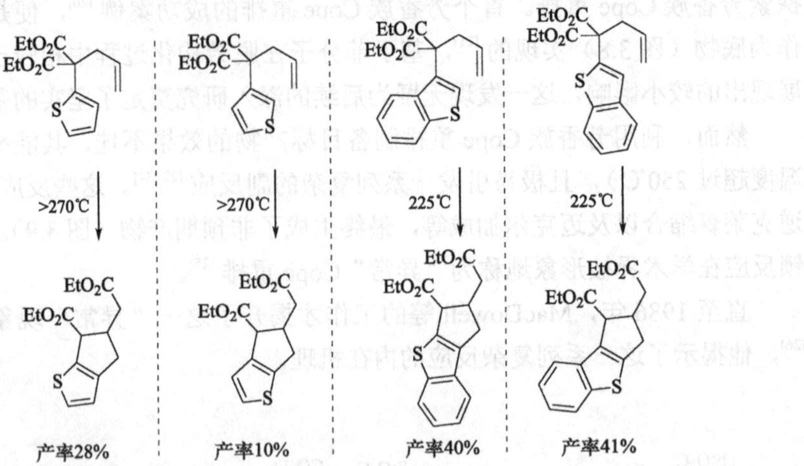

图 3.9

3.5 催化型 Cope 重排

Cope 重排在有机合成中的重要性，很大程度上源于其对催化剂敏感。具体而言，催化作用在加速 Cope 重排反应速率方面扮演着至关重要的角色。在阴离子氧 -Cope 重排的案例中，已明确观察到，通过在底物中巧妙地引入烷氧基负离子，能够显著地提升反应的动力学，实现反应速率的大幅提高。众多研究表明，通过向反应体系中添加酸或金属催化剂，催化效果甚至可以超越烷氧基负离子，进一步加速反应的进行。这些催化剂降低了反应的活化能垒，从而实现了反应速率的大幅提升[27]。

3.5.1 酸催化的 Cope 重排

在诸多酰基取代的 1,5- 二烯的 Cope 重排反应中，质子酸或路易斯酸的加入展现出了惊人的催化效果，极大地加速了反应。如图 3.10 所示，对于酮而言，在无催化剂存在的条件下，其 Cope 重排即使在 80℃的高温下也需要耗费数天时间才能完成。然而，当向反应体系中引入三氟乙酸或三氟化硼乙醚（1.0equiv.）作为催化剂时，在室温条件下，仅 15min，就能达到与高温长时间反应相同的产率，这一结果无疑彰显了酸催化在该类反应中的重要意义[28]。类似地，烯醇醚在室温条件下，在稀酸的催化下，能够高效地重排为酮，这一转化过程不仅简化了实验条件，还极大地缩短了反应时间，为有机合成领域提供了更为高效的路径。

质子酸或路易斯酸作为催化剂，在酰基取代的 1,5- 二烯的 Cope 重排反应中展现出了卓越的性能，为复杂有机分子的合成开辟了新的可能。

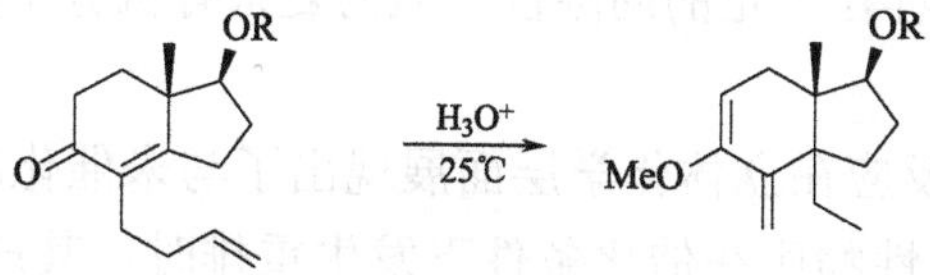

图 3.10

3.5.2 金属催化的 Cope 重排

酸催化在促进 1,5- 二烯的 Cope 重排方面，其影响力主要聚焦于含有羰基取代基（或潜在的其他路易斯碱特性基团）的底物。然而，随着化学研究的深入，金属催化剂的引入极大地拓宽了这一反应的应用范围。其中，$PdCl_2(PhCN)_2$ 等金属催化剂凭借其独特的催化活性，已被证实能有效促进 1,5- 二烯的 Cope 重排，展现出更为广泛和灵活的应用潜力。

Jonassen 及其研究团队在 1966 年的开创性工作，首次揭示了二 (苯甲腈) 氯化钯 [$PdCl_2(PhCN)_2$] 的催化效果 [29]。研究发现，在室温条件下，仅通过添加等物质的量的该催化剂，即可使 (*E,Z*)-1,5- 环癸二烯顺利重排为顺式 -1,2- 二乙烯基环己烷，且产物以 $PdCl_2$ 配合物的形式稳定存在。这一发现与以往需要高温（如 150 ℃）才能实现的热重排形成了鲜明对比，凸显了金属催化剂在降低反应能垒、加速反应进程方面的显著优势。随后，Heimbach 及其同事沿着这一方向继续深入研究，他们将研究范围扩展至一系列环癸二烯［图 3.11 反应式（1）］以及 1,2- 二乙烯基环丁烷等化合物 [30]。通过深入的实验探索，不仅成功地将这些底物转化为相应的 Cope 重排产物，还进一步将这些产物以钯配合物的形式进行了有效的分离与表征。这一系列研究成果为金属催化剂在有机合成中的应用提供了宝贵的经验与启示。

Overman 及其研究团队发现利用催化量的钯 (Ⅱ) 配合物，特别是二 (苯甲腈) 氯化钯（仅需 0.06 equiv.），即可在室温条件下高效催化非环 1,5- 二烯的 Cope 重排［图 3.11 反应式（2）］[31]。在钯催化剂的作用下，该底物在短短 1 h 内便以高达 87% 的产率完成了重排反应。相比之下，传统的热重排方法即便在 177 ℃的高温下，也需耗时 13h 才能达到相近的转化率，这意味着催化剂的使用将反应速率提升了惊人的约 10^{10} 倍。值得注意的是，该催化反应生成的产物为 *E/Z* 构型比为 93 : 7 的混合物，这一结果不仅展示了反应的高效性，还揭示了产物构型的可控性。然而，醋酸钯和四 (三苯基膦) 等催化剂在此类 Cope 重排中并未有催化效果。此外，催化反应的有效进行似乎依赖于底物在 C-2 或 C-5 位置上存在烷基或芳基取代基。Overman 团队的这一发现为 Cope 重排反应提供了一种高效、温和的催化方法。尽管存在一定的局限性，但为复杂有机分子的高效合成提供了有力支持。

催化 Cope 重排反应在立体化学层面展现出了与未催化的热重排反应高度一致的特性。当光学活性物质在催化条件下发生重排时，其产物为（*E*）- 和（*Z*）- 异构体的混合物，且该混合物的对映体过量（*ee* 值）维持在 96% ～ 97% 的高水平，这一结果与通过传统热重排方法获得的结果相近[32]［图 3.11 反应式（3）］。这一发现不仅证实了催化重排在保持立体化学完整性方面的有效性，也进一步验证了催化过程与热重排在反应机理上的内在联系。催化 Cope 重排所经历的过渡态构象与热重排中观察到的椅式过渡态构象相吻合。这一结论为我们预测和优化该类反应的立体化学结果提供了坚实的理论基础。因此，催化 Cope 重排作为一种高效、温和的有机合成方法，在保持反应立体化学特性的同时，也展现出了广泛的应用前景。

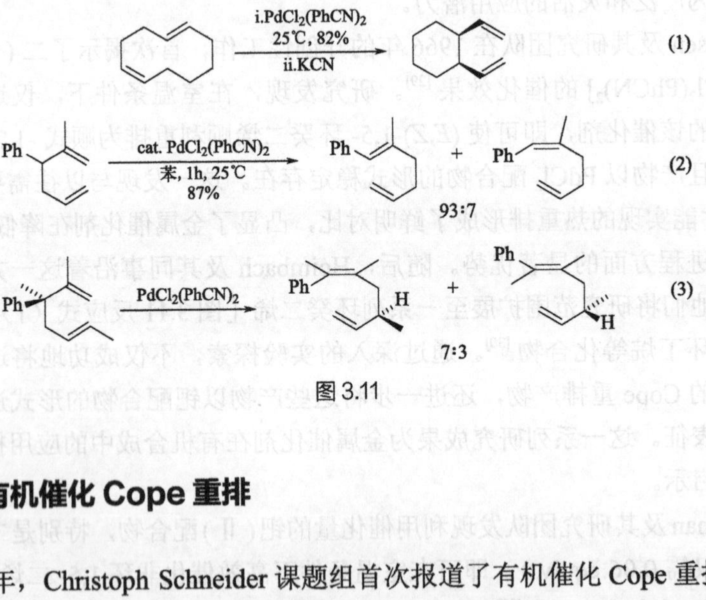

图 3.11

3.5.3 有机催化 Cope 重排

2016 年，Christoph Schneider 课题组首次报道了有机催化 Cope 重排反应[33]。这一创新策略巧妙地通过在 1,5- 二烯的 2 位引入羰基基团，并引入 *N*- 酰基二氮杂环庚烷作为催化剂，成功地将 LUMO 能量降低的亚胺离子催化概念融入 Cope 重排反应之中。以 4- 苯基 -1,5- 己二烯 -2- 甲醛为例，该底物在无需催化剂的条件下，需经历长达 24h 高温（110℃）的反应，才能以 90% 的产率转化为共轭的 1,5- 己二烯。然而，当采用七元 *N*- 酰基肼［仅需 10%（摩尔分数）］与三氟甲磺酸（摩尔分数 10%）作为高效的共催化剂体系，在乙腈溶剂的温和条件下（室温）反应 24h，产物收率仍能保持在 90%［图 3.12 反应式（1）］。这一显著改进不仅彰显了有机催化在加速和调控复杂化学反应方面的巨大潜力，也体现了 *N*- 酰基肼作为催化剂的独特优势。为了进一步扩大这一研究成果的应用范围，Schneider 课题组进一步合成了四种新型手性二氮杂环庚烷。实验结果显示，当使用 10%（摩尔分数）的手性 *N*- 酰基二氮杂环庚烷时，1,5- 己二烯的 Cope 重排反应能以 54% 的产率和 47% 的 *ee* 值生成目标产物［图 3.12 反应式（2）］。

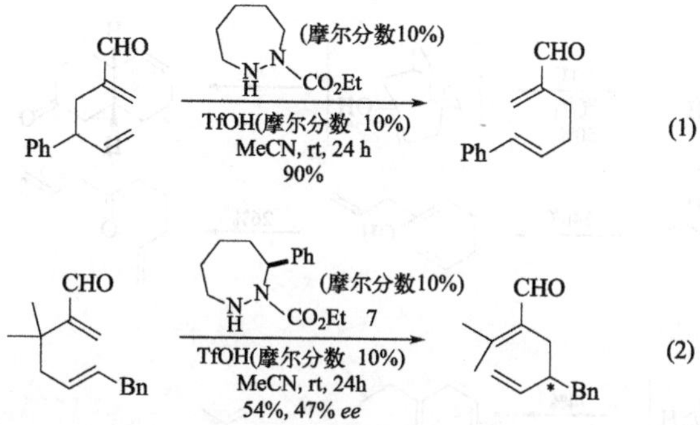

图 3.12

3.6 其他 Cope 重排——氧 -Cope 重排

在 Cope 重排被首次报道后的最初二十年里，其作为合成工具的应用并未广泛展开，这一现象背后的原因颇为直观：当时常用的制备 1,5- 二烯烃底物的方法，往往能够直接高效地合成出与 Cope 重排产物结构相似的化合物，从而使得额外的重排步骤显得多余且不必要。然而，1964 年氧 -Cope 重排的发现彻底打破了这一僵局（图 3.13）。

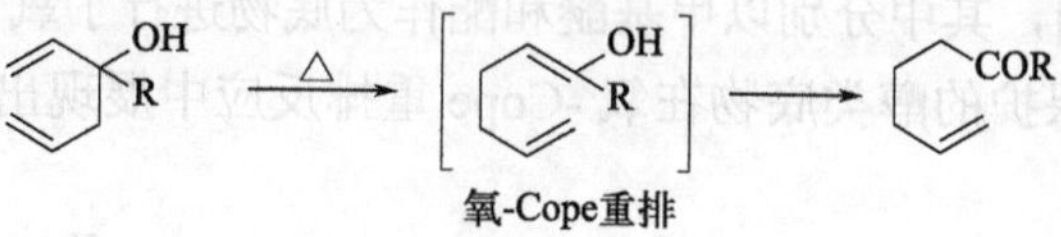

图 3.13

Berson 和 Jones 等创新性地提出了在 1,5- 二烯烃的 C-3 或 C-4 位置引入羟基基团后，通过氧 -Cope 重排反应，可以生成一种烯醇中间体，该中间体随后会经历不可逆的互变异构过程[34]，转化为具有独特化学性质的 δ,ε- 不饱和羰基化合物（图 3.14）。这些氧 -Cope 重排反应充分展示了其独特的优势：首先，Cope 重排的底物易通过格氏试剂制备，无论是通过乙烯基金属有机试剂与 β,γ- 不饱和羰基化合物的加成反应，还是烯丙基试剂与 α,β- 不饱和羰基化合物的加成反应，都能高效合成出所需的底物；其次，氧 -Cope 重排过程具有不可逆性，这确保了反应的高效性；最后，氧 -Cope 重排的产物同时含有两个不同的官能团，这为后续的合成转化提供了丰富的可能性，使得产物能够进一步参与到更为复杂的有机合成反应中。氧 -Cope 重排的发现是对 Cope 重排反应的一次重要补充和完善。

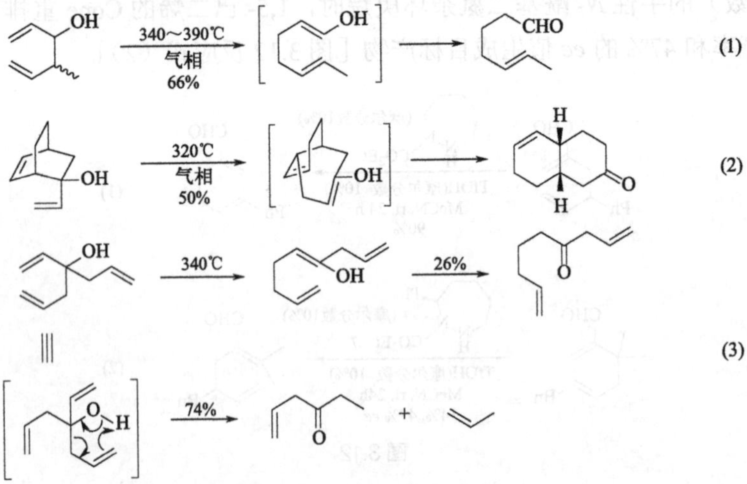

图 3.14

氧 -Cope 重排虽然具备诸多优势，但其主要挑战在于底物在反应过程中可能遭遇热逆烯反应的竞争性裂解［图 3.14 反应式（3）］。在逆烯反应占据主导地位的情境下，只要底物的几何构型允许，逆烯产物的生成几乎成为无法避免的结果。尤其是在结构较为简单的底物中，这种裂解反应往往成为主要的反应路径，从而显著降低了目标产物的收率。

为了有效应对这一难题，研究者们探索出了一种合理的策略——对羟基进行保护，将其转化为醚或酯的形式。这一保护策略在图 3.15 反应式（1）[35] 和（2）[36] 中得到了成功应用，其中分别以甲基醚和酯作为底物进行了氧 -Cope 重排。实验结果表明，经过保护的醇类底物在氧 -Cope 重排反应中展现出了更高的稳定性，

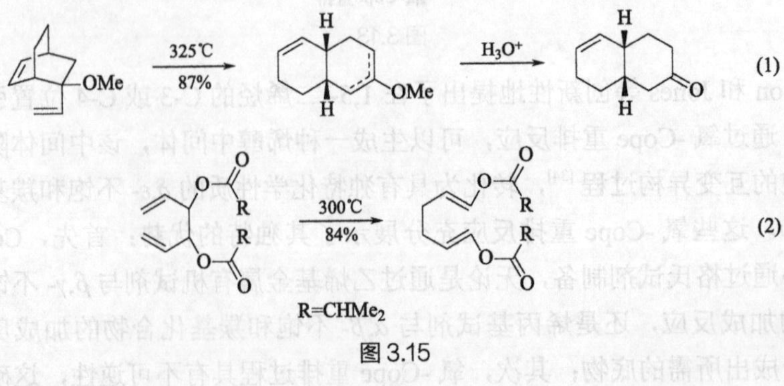

图 3.15

从而以较高的产率获得了目标产物。这一发现为解决氧 -Cope 重排中的竞争性裂解问题提供了有效的解决方案。

在 Cope 重排合成应用的历程中，1975 年，Evans 和 Golob 等开创性地发现，通过将 1,5- 二烯醇盐作为反应底物引入氧 -Cope 重排体系，能够实现反应速率的大幅提高，提升幅度高达 10^{17} 倍 [37]。这一发现彻底改变了人们对 Cope 重排反应动力学特性的认知。深入研究进一步揭示了不同醇盐在促进氧 -Cope 重排中的效果差异，其中钠盐和钾盐因其突出的反应效果，成为最为有效的选择。图 3.16 反应式（1）～（3）作为阴离子氧 -Cope 重排的经典示例，体现了这些反应在优化条件下的高效与可控性。这些阴离子介导的氧 -Cope 重排反应不仅显著加速了反应进程，还能够在相对温和的条件下平稳进行。

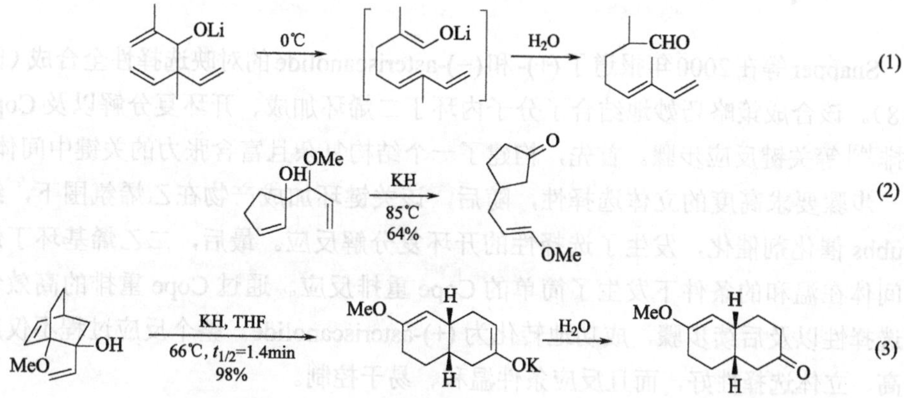

图 3.16

对于醇盐离子在氧 -Cope 重排中实现的速率提升，一种广为接受的合理解释是产物烯醇盐中负电荷相较于初始的醇盐底物具有更高离域程度。这种负电荷的分散有助于稳定过渡态结构，从而降低反应的活化能，加速反应进程。然而，值得注意的是，理论计算却揭示了另一个关键因素：醇盐的主要作用实际上是削弱 C—C 单键的强度 [38]，而非直接影响过渡态的电荷分布 [39]。

氧负离子的这种催化效应在多种环境中均表现出色 [40]，无论是在气相条件下还是在水溶液环境中，都能观察到反应速率的大幅提升。进一步证实了氧负离子在促进 Cope 重排反应中的广泛适用性和重要性。

此外，关于取代基效应的探讨也为我们提供了优化 Cope 重排反应的新视角。根据一个简化的模型预测，无论是供电子基团还是受电子基团，在 Cope 底物的饱和碳原子上进行取代均有可能提高反应速率。这一预测在多个已发表的研究中得到了验证，其中烯醇盐离子 [41] 或碳正离子 [42] 在该位置的引入确实显著加速了 Cope 重排的进行（图 3.17）。这些研究展示了取代基在调控反应速率方面的潜力。

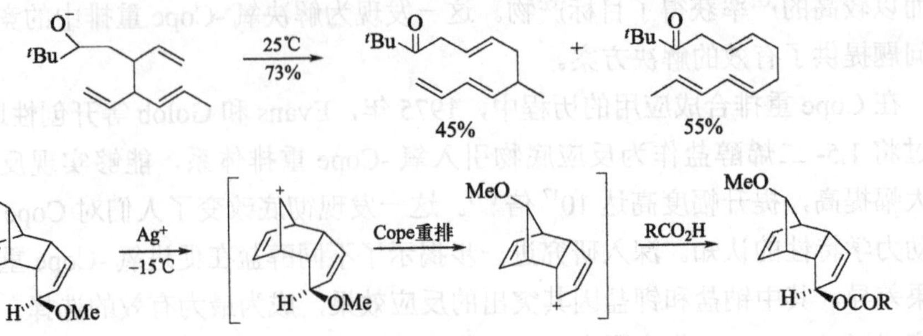

图 3.17

3.7 Cope 重排的应用

Snapper 等在 2000 年报道了 (+)- 和 (−)-asteriscanolide 的对映选择性全合成（图 3.18）。该合成策略巧妙地结合了分子内环丁二烯环加成、开环复分解以及 Cope 重排[43] 等关键反应步骤。首先，构建了一个结构复杂且富含张力的关键中间体。这一步骤要求高度的立体选择性，随后，该关键环加成产物在乙烯氛围下，经 Grubbs 催化剂催化，发生了选择性的开环复分解反应。最后，二乙烯基环丁烷中间体在温和的条件下发生了简单的 Cope 重排反应。通过 Cope 重排的高效性和选择性以及后续步骤，成功地转化为 (+)-asteriscanolide。整个反应过程不仅产率高、立体选择性好，而且反应条件温和、易于控制。

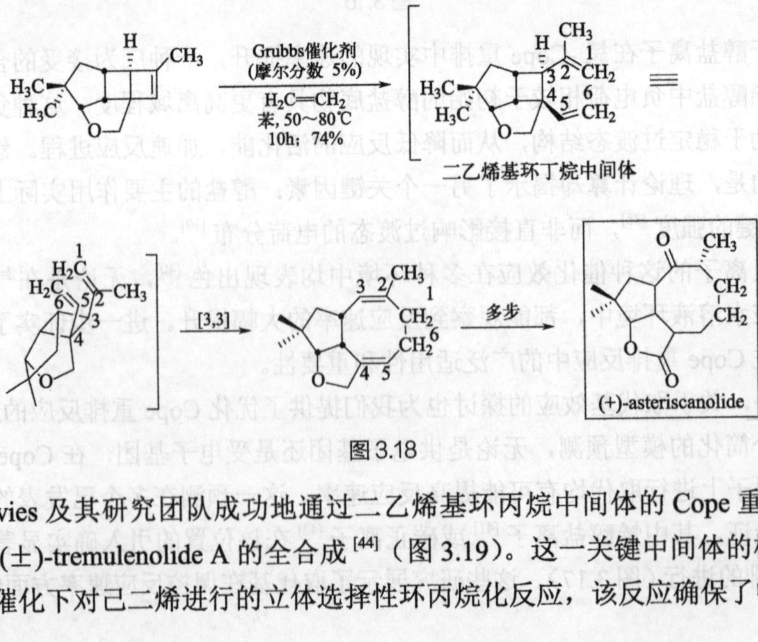

图 3.18

Davies 及其研究团队成功地通过二乙烯基环丙烷中间体的 Cope 重排策略，实现了 (±)-tremulenolide A 的全合成[44]（图 3.19）。这一关键中间体的构建，得益于铑催化下对己二烯进行的立体选择性环丙烷化反应，该反应确保了中间体的高效合成。值得注意的是，传统上二乙烯基环丙烷的 Cope 重排通常在温和条件（如室温或更低温度）下顺利进行。然而，在 (±)-tremulenolide A 的合成中，重排过程需要经过一个结构拥挤的船式过渡态。面对这一难题，研究团队采用了更为严苛的反应条件，以克服过渡态的高能垒。最终，通过 Kugelrohr 蒸馏法在 140 ℃的高温下，成功地获得了环庚二烯产物，这一关键步骤的产率高达 49%，且产物以单一的立体异构体形式存在。

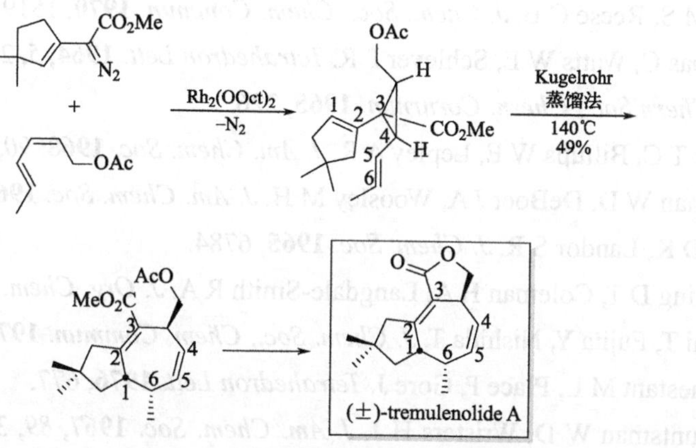

图 3.19

Hudlicky 及其研究团队巧妙地结合了分子内 Diels-Alder 环加成反应与后续的 Cope 重排[45]，成功构筑了一个复杂的三环体系，该体系完整地包含了(–)-吗啡非芳香部分的所有关键立体化学中心（图 3.20）。尤为引人注目的是，在特定的反应条件下，他们发现初始的 Diels-Alder 环加成产物并未如预期般立即进行 Cope 重排，然而，当研究团队将这一环加成产物中的羟基巧妙地氧化为相应的酮基团后，情况发生了显著变化。在密封管中，随着温度升至 250℃，一个 [3,3]-σ 迁移反应被成功诱导并发生，这一转变的驱动力源自于 α,β- 不饱和酮这一高度稳定且热力学有利的产物结构的形成。

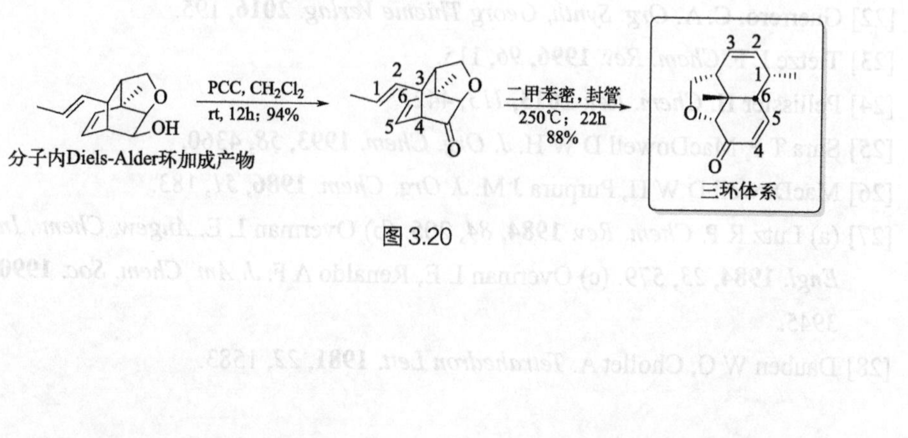

图 3.20

参考文献

[1] Rhoads S J, Raulins N R. *Org. React.* **1975**, *22*, 1.

[2] Hill R K. *Asymm. Synth*. **1984**, *3*, 503.

[3] Brown J M, Golding B T, Stofko J J. *J. Chem. Soc., Chem. Commun.* **1973**, 319.

[4] Vogel E. *Justus Liebigs Ann. Chem*. **1958**, *615*, 1.

[5] Baird M S, Reese C B. *J. Chem. Soc., Chem. Commun.* **1970**, 1519.

[6] (a) Cupas C, Watts W E, Schleyer P R. *Tetrahedron Lett.* **1964**, *5*, 2503. (b) Brown J M. *J. Chern.Soc., Chern. Cornrnun.* **1965**, 226.

[7] Shields T C, Billups W E, Lepley A R. *J. Am. Chem. Soc.* **1968**, *90*, 4749.

[8] Huntsman W D, DeBoer J A, Woosley M H. *J. Am. Chem. Soc.* **1966**, *88*, 5846.

[9] Black D K, Landor S R. *J. Chem. Soc.* **1965**, 6784.

[10] Manning D T, Coleman H A, Langdale-Smith R A. *J. Org. Chem.* **1968**, *33*, 4413.

[11] Onishi T, Fujita Y, Nishida T. *J. Chem. Soc., Chem. Commun.* **1978**, 651.

[12] Roumestant M L, Place P, Gore J. *Tetrahedron Lett.* **1976**, 677.

[13] (a) Huntsman W D, Wristers H J. *J. Am. Chem. Soc.* **1967**, *89*, 342. (b) D'Amore M B, Bergman R G. *J. Am. Chem. Soc.* **1969**, *91*, 5694.

[14] Chuche J, Manisse N C R. *Acad. Sci. Paris, Sere C*, **1968**, *267*, 78.

[15] Duncan J A, Aki L Y, Absalon M J, et al. *J. Org. Chem.* **1988**, *53*, 196.

[16] Doutheau A, Balme G, Malacria M, et al. *Tetrahedron Lett.* **1978**, 1803.

[17] Cope A C, Hardy E M. *J. Am. Chem. Soc.* **1940**, *62*, 441.

[18] Cope A C, Hoyle K E, Heyl D. *J. Am. Chem. Soc.* **1941**, *63*, 1843.

[19] Cope A C, Hofmann C M, Hardy E M. *J. Am. Chem. Soc.* **1941**, *63*, 1852.

[20] Cope A C, Field L, MacDowell D W H, et al. *J. Am. Chem. Soc.* **1956**, *78*, 2547.

[21] Wertjes W C, Southgate E H, Sarlah D. *Chem. Soc. Rev.* **2018**, *47*, 7996.

[22] Guerrero, C. A. *Org. Synth, Georg Thieme Verlag.* **2016**, 195.

[23] Tietze L F. *Chem. Rev.* **1996**, *96*, 115.

[24] Pellissier H. *Chem. Rev.* **2013**, *113*, 442.

[25] Sura T P, MacDowell D W H. *J. Org. Chem.* **1993**, *58*, 4360.

[26] MacDowell D W H, Purpura J M. *J. Org. Chem.* **1986**, *51*, 183.

[27] (a) Lutz R P. *Chem. Rev.* **1984**, *84*, 205. (b) Overman L E. *Angew. Chem., Int. Ed. Engl.* **1984**, *23*, 579. (c) Overman L E, Renaldo A F. *J. Am. Chem. Soc.* **1990**, *112*, 3945.

[28] Dauben W G, Chollet A. *Tetrahedron Lett.* **1981**, *22*, 1583.

[29] Trebellas J C, Olechowski J R, Jonassen H B. *J. Organomet. Chem.* **1966**, *6*, 412.

[30] (a) Heimbach P, Brenner W. *Angew. Chem., Int. Ed. Engl.* **1967**, *6*, 800. (b) Heimbach P, Molin M. *J. Organomet. Chem.* **1973**, *49*,483.

[31] Overman L E. *Angew. Chem., Int. Ed. Engl.* **1984**, *23*, 579.

[32] Overman L E, Jacobsen E J. *J. Am. Chem. Soc.* **1982**, *104*,7225.

[33] Gebauer K, Schneider C. *Angew. Chem. Int. Ed.* **2016**, *55*, 14208.

[34] Berson J A, Jones M. *J. Am. Chem. Soc.* **1964**, *86*, 5019.

[35] Berson J A, Walsh E J. *J. Am. Chem. Soc.* **1968**, *90*, 4729.

[36] Bader A, Weiss F. *Chem. Abstr.* **1969**, *70*, 96177.

[37] Evans D A, Golob A M. *J. Am. Chem. Soc.* **1975**, *97*, 4765.

[38] (a) Evans D A, Baillargeon D J. *Tetrahedron Lett.* **1978**, *19*, 3319. (b) Ahlgren G. *Tetrahedron Lett.* **1979**, *20*, 915. (c) Steigerwald M L, Goddard W A, Evans D A. *J. Am. Chem. Soc.* **1979**, *101*, 1994.

[39] Rozeboom M D, Kiplinger J P, Bartmess J E. *J. Am. Chem. Soc.* **1984**, *106*, 1025.

[40] Carpenter B K. *Tetrahedron* **1978**, *34*, 1877.

[41] Wender P A, Ternansky R J, Sieburth S M. *Tetrahedron Lett.* **1985**, *26*, 4319.

[42] Breslow R, Hoffmann J M. *J. Am. Chem. Soc.* **1972**, *94*, 2111.

[43] Limanto J, Snapper M L. *J. Am. Chem. Soc.* **2000**, *122*, 8071.

[44] Davies H M L, Doan B D. *J. Org. Chem.* **1998**, *63*, 657.

[45] Hudlicky T, Boros C H, Boros E E. *Synthesis* **1992**, 174.

第4章

Curtius 重排、Hofmann 重排、Lossen 重排

4.1 概述

4.2 Curtius 重排

4.3 Hofmann 重排

4.4 Lossen 重排

4.1 概述

Curtius 重排、Hofmann 重排及 Lossen 重排在化学反应机理与策略层面展现出紧密的相关性，如图 4.1 所示。从结构出发，每种重排反应的起点均在于活性 N-X 酰胺酸酯或其等效物的生成。以 Curtius 重排为例，作为此类反应中的代表，它涉及酰氯与 NaN_3 的置换反应，或通过二苯基膦酰叠氮（DPPA）与羧酸的作用来制备酰基叠氮。相较之下，Hofmann 重排与 Lossen 重排则经历了不同的路径，它们各自通过碱处理原位生成酰胺阴离子，其中 X 分别对应于卤素和酰氧基。这些中间体一旦形成，便会发生重排反应，并伴随 X 基团（在 Curtius 重排中为 N_2）的脱除，最终生成异氰酸酯作为核心产物。

这些重排反应之所以备受青睐，部分归因于异氰酸酯作为多功能合成中间体的广泛应用。通常，异氰酸酯会进一步在酸或碱的作用下转化为氨基甲酸，而氨基甲酸则通过脱去二氧化碳生成伯胺。这一转化过程，实现了羧酸等价物向减少一个碳原子的胺的转变，然而，这仅仅是异氰酸酯化学潜力的冰山一角，它们还能与多种亲核试剂反应，生成包括氨基甲酸酯（Y = OR）、脲（Y = NR_2）在内的多种相关化合物[1-3]。此外，异氰酸酯的环加成反应也是化学界熟知的反应类型之一。

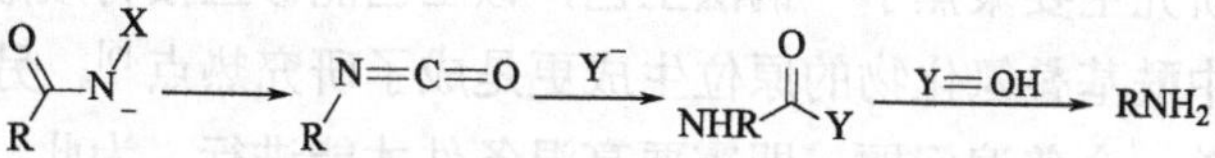

$X = N_2^+$：Curtius重排；
X =Br或其他卤素：Hofmann重排；
X = OC(O)R′：Lossen重排

图 4.1

4.2 Curtius 重排

4.2.1 Curtius 重排概述

相较于其他重排反应，Curtius 反应的一大亮点在于其广泛的底物兼容性及较高的反应产率。尽管过程中涉及叠氮化物这一潜在危险中间体，但通过适当的操作条件可安全进行。该反应的历史可追溯至 1885 年，由 Curtius 首次报道，为酰胺向胺的转化提供了一种强有力的合成策略。在 Curtius 反应的经典案例中，酰氯与叠氮化钠反应生成酰基叠氮化物，经重排、水解后，成功制得目标化合物伯胺。

Curtius 重排反应的核心在于，通过协同机理将酰基叠氮化物高效地转化为异氰酸酯[4]。首先，羧酸经过一系列处理转化为酰氯，随后酰氯与叠氮化钠反应，生成关键的酰基叠氮化物中间体。这一中间体在热作用下发生分解，经历重排反应并释放出氮气，最终生成异氰酸酯。生成的异氰酸酯具有高度反应活性，能够与多种亲核试剂（包括水、醇和胺等）发生反应，分别被捕获而转化为胺、氨基甲酸酯和脲[5]（图 4.2）。

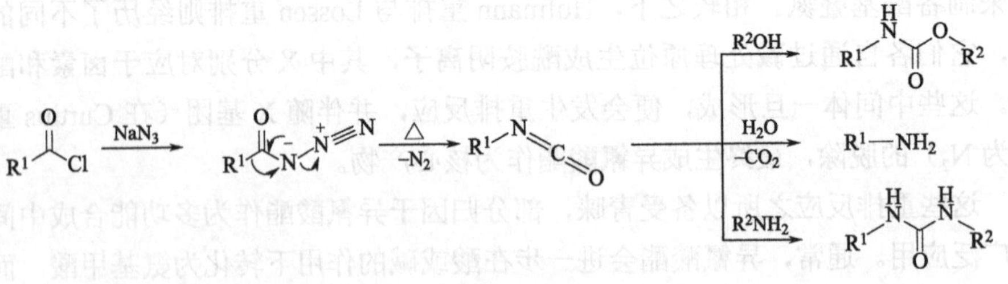

图 4.2

4.2.2 Curtius 重排的改进与优化

在传统的 Curtius 重排反应中，酰基叠氮化物因其不稳定性而广为人知。鉴于此，近期的研究主要聚焦于一锅法工艺，该工艺能够直接将羧酸转化为脲或氨基甲酸酯，其中酰基叠氮化物的原位生成更是成了研究热点[6]。另外，Curtius 重排反应还面临着一个普遍问题，即需要高温条件才能进行。为此，研究人员已经开发出了多种改良方法，旨在实现在较低温度下的有效重排。

4.2.2.1 生成酰基叠氮化物中间体的新方法

Lebel 及其研究团队成功设计了一种创新的工艺路线，该工艺巧妙地结合了羧酸、二碳酸二叔丁酯和叠氮化钠，在四丁基溴化铵和三氟甲磺酸锌的协同催化下，于低温环境中实现了高效转化为叔丁基氨基甲酸酯的目标[6-7]［图 4.3 反应式（1）］。在此过程中，亲核试剂对异氰酸酯中间体的加成成了整个反应的速率决定步骤。通过引入四丁基溴化铵和三氟甲磺酸锌作为催化剂可以促进溴化锌氨基甲酰基中间体的有效形成，从而显著地加快反应速率。尽管锌催化剂在体系中发挥了关键作用，但据推测，它并不直接参与非速率决定的重排步骤，即酰基叠氮化物向异氰酸酯的转化过程。

Lebel 及其研究团队进一步利用二碳酸二叔丁酯或氯甲酸酯结合叠氮化钠，成功实现了芳香族羧酸的 Curtius 重排反应，高效地制备了相应的氨基甲酸酯和脲类化合物[8-9]［图 4.3 反应式（1）和（2）］。具体而言，氯甲酸酯在叠氮化钠的作用下，首先转化为叠氮甲酸酯，随后该中间体与等物质的量的羧酸进行反应，生成了关键的混合酸酐。紧接着，叠氮阴离子对混合酸酐发起攻击，生成了酰基叠氮化物，后者在加热条件下发生重排，转化为活泼的异氰酸酯。最后，向异氰酸酯中间体中加入胺类化合物，可以选择性地生成脲类化合物［图 4.3 反应式（2）］。

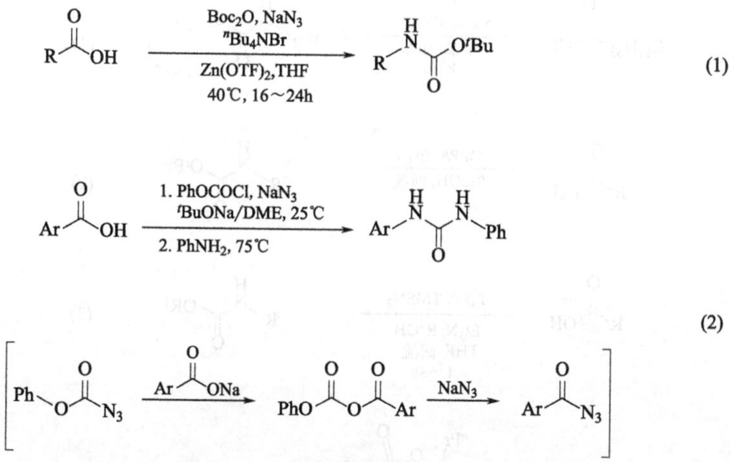

图 4.3

Bianco 及其研究团队，通过引入苄基三乙基氯化铵（BTEAC）作为高效的相转移催化剂，实现了氨基甲酸酯一锅法合成［图 4.4 反应式（1）］。BTEAC 的巧妙运用，如同一位幕后推手，极大地促进了叠氮化钠与酰氯分子在非极性溶剂（如甲苯）中的亲密接触与高效反应，为整个合成过程铺设了顺畅的道路 [10]。

除叠氮化钠之外，利用碱性条件下二苯基磷酰叠氮（DPPA，又称 Shioiri 试剂）作为媒介，同样可以实现羧酸向酰基叠氮化物的直接转化。在回流条件下（叔丁醇为溶剂），酰基叠氮化物随即发生原位重排，转化为高活性的异氰酸酯，这些异氰酸酯迅速与叔丁醇发生捕获反应，生成了目标产物——叔丁基氨基甲酸酯［图 4.4 反应式（2）］。整个转化过程高效且通过一锅法即可完成，极大地简化了合成步骤，提高了反应效率。

丙基膦酸酐（$T_3P^{®}$），这一高活性且环境友好的酸酐，在肽合成中发挥着双重关键作用。它既是高效的脱水剂，也是温和的偶联促进剂。通过与叠氮三甲基硅烷（$TMSN_3$）这一可溶性叠氮源及醇类的巧妙结合，$T_3P^{®}$ 能够直接、高效地在一锅反应中促使羧酸转化为氨基甲酸酯［图 4.4 反应式（3）］。该反应不仅产率较高，而且能够生成多样化的氨基甲酸酯产物 [11]。

Fu 及其研究团队利用 Brønsted 酸催化，实现了叠氮酸对烯酮的不对称催化加成反应 [12]。这一突破性进展的关键在于对固定在铁基载体上的平面手性吡啶催化剂进行了结构与反应性的精细优化。通过这一设计，生成的手性酰基叠氮在重排过程中保持了其原有的立体化学特征，最终高效地合成了具有高对映选择性的胺衍生物（图 4.5）。

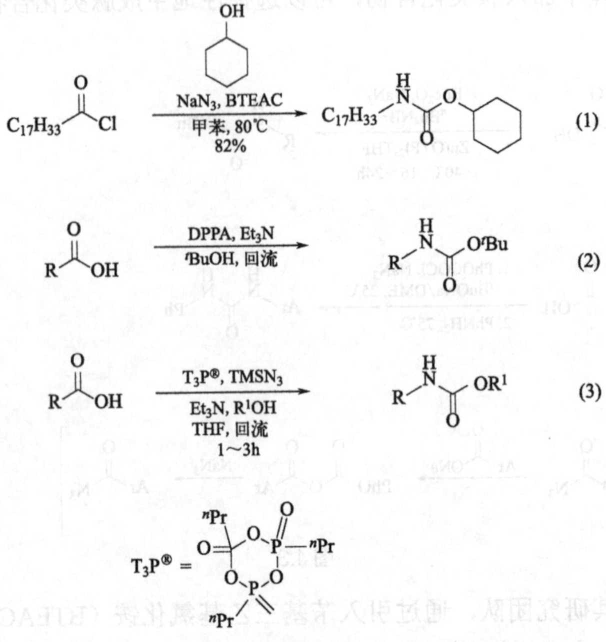

图 4.4

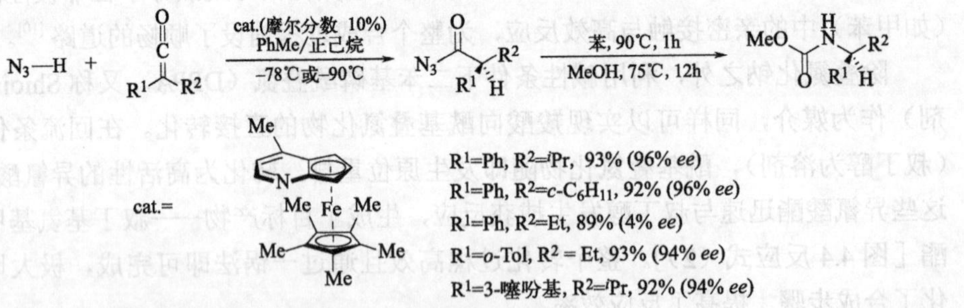

图 4.5

4.2.2.2 异氰酸酯的新型重排条件及反应

Leathen 课题组报道了一种室温条件下的 Curtius 重排反应，用以实现苄基和杂芳基甲基羧酸转化为相应的氨基甲酸酯[13]（图 4.6）。反应过程涉及在草酰氯作用下原位生成酰基叠氮中间体，随后生成的相应异氰酸酯被醇捕获并最终给出目标产物。

Padwa 及其研究团队报道了一种利用有机金属试剂高效地捕获原位生成的异氰酸酯的反应。通过呋喃 -2- 羰基叠氮的转化，成功制备了呋喃基异氰酸酯[14–15]。

随后，当这种异氰酸酯与格氏试剂或氰化亚铜反应时，表现出优异的化学选择性，生成了一系列结构多样的 2- 酰氨基取代呋喃。当采用叔丁基吉尔曼试剂直接处理呋喃 -2- 羰基叠氮时，则得到了结构异构的呋喃酰胺（图 4.7）。

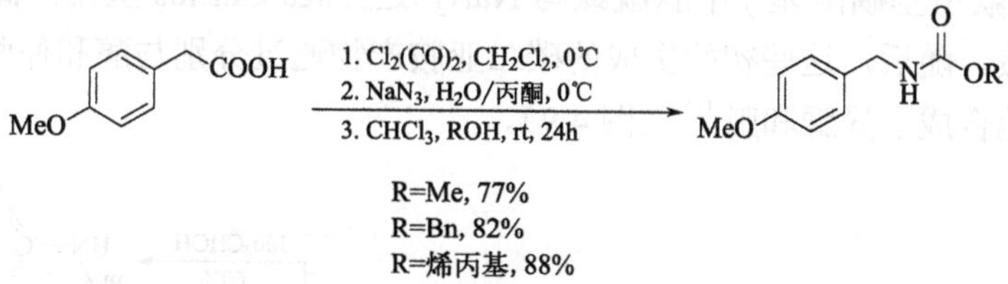

图 4.6

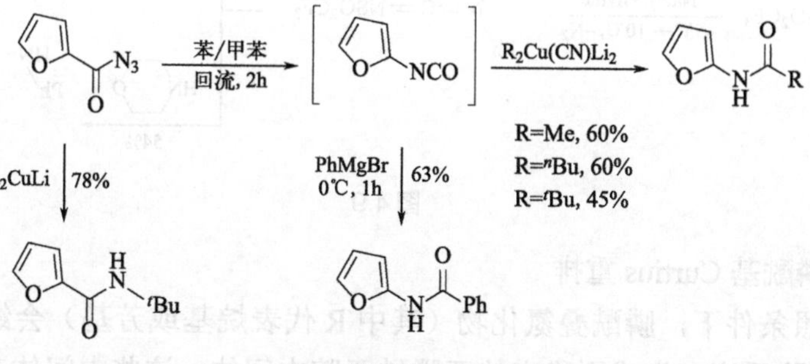

图 4.7

Morita-Baylis-Hillman 化合物在 Curtius 重排反应中的表现同样引人注目。该反应顺利生成了烯基异氰酸酯中间体，这一中间体在随后的水解过程中并未如预期般转化为胺类化合物，而是高产率地生成了酰亚胺[16]（图 4.8）。最后，通过对这些酰亚胺进行还原胺化，研究团队以较高的收率和高的非对映选择性获得了反式邻取代氨基醇，进一步展示了该合成路线的实用价值和潜力。

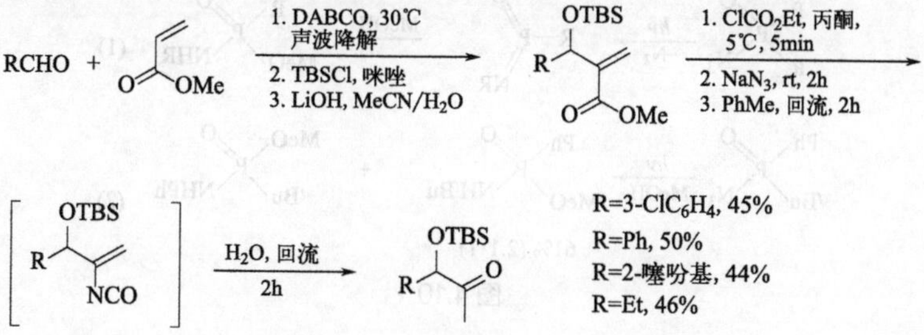

图 4.8

4.2.3 aza-Curtius 重排和 P-Curtius 重排

（1）aza-Curtius 重排

N-(三氟甲基磺酰基)甲脒酰氯与 NaN_3 发生 aza-Curtius 重排，高效地生成了碳二亚胺。随后，这些初始生成的碳二亚胺产物通过分别与醇和仲胺的化学反应，成功地合成了异脲和胍[17]（图 4.9）。

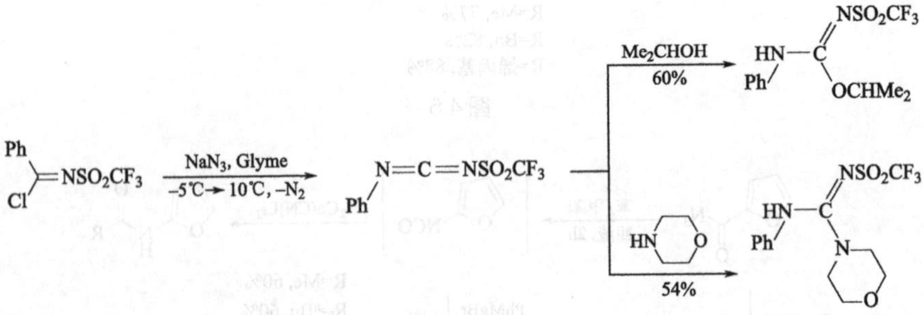

图 4.9

（2）膦酰基 Curtius 重排

在光照条件下，膦酰叠氮化物（其中 R 代表烷基或芳基）会经历氮气分子（N_2）的消除反应，生成不稳定的亚膦酰亚胺中间体。这些中间体在存在甲醇的情况下能够被稳定捕获，进而转化为膦酰胺［图 4.10 反应式（1）］。值得注意的是，这些亚膦酰亚胺中间体在结构上与酰基叠氮化物在 Curtius 重排过程中生成的异氰酸酯具有相似性。因此，这一反应也被称为膦酰基 Curtius（或 Harger）反应。当对非对称的膦酰叠氮化物进行光照时，会产生两种重排产物，这两种产物分别源于叔丁基和苯基的迁移［图 4.10 反应式（2）］。

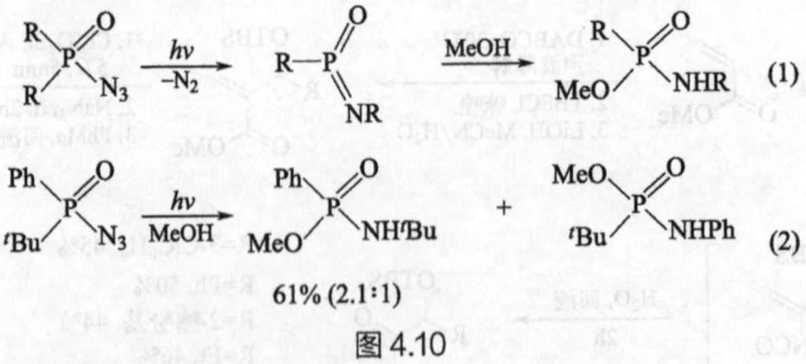

图 4.10

4.2.4 Curtius 重排的应用

Marco 等人报道了一种针对细胞因子调节剂 (−)-cytoxazone 的对映选择性全合成方法，反应路线的关键步骤包括顺式立体选择性的醛醇加成和 Curtius 重排[18]。在合成过程中，关键中间体酸在甲苯中回流时与二苯基膦酰叠氮化物（DPPA）及三乙胺发生反应。这一步骤通过游离仲醇官能团对异氰酸酯基的有效原位捕获，高效地生成了关键中间体噁唑烷酮（图 4.11）。

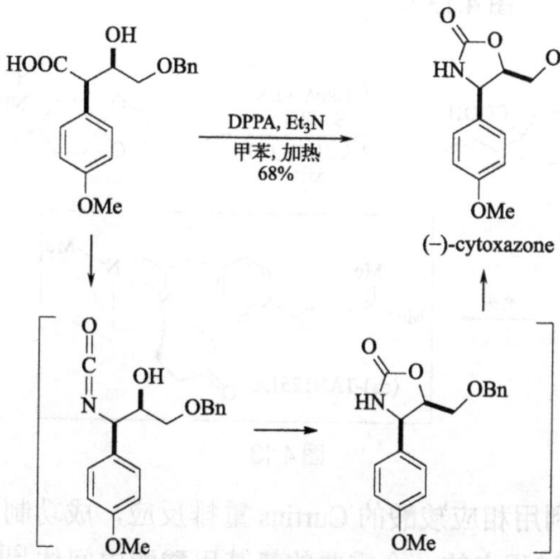

图 4.11

Boger 实验室成功实现了 streptonigrone 的首次全合成[19]。在合成过程中，为了将 C-5 位修饰为吡啶酮胺官能团，研究团队将羧酸置于苯 - 水混合溶剂中，并使其与 DPPA 发生反应。紧接着，通过在四氢呋喃（THF）- 水混合溶剂中利用氢氧化锂进行水解处理，成功地将中间产物转化为所需的伯胺（图 4.12）。

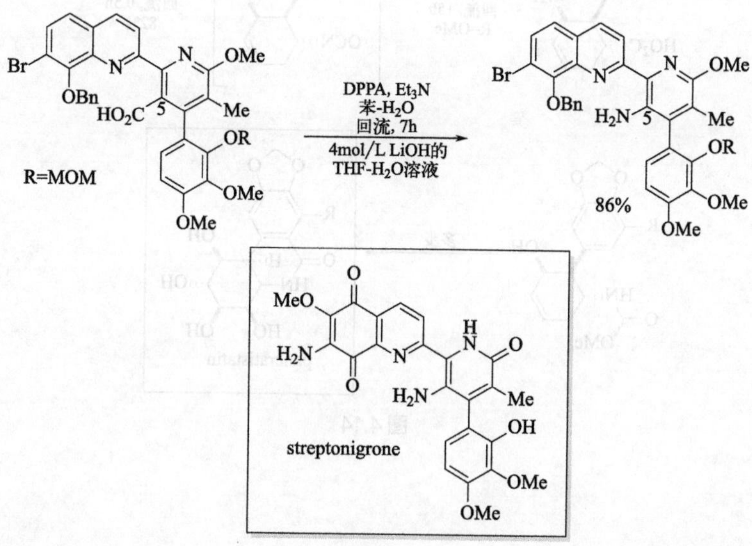

图 4.12

抗胆碱能化合物(±)-TAN1251A展现了一个独特的三环结构框架，该框架包含一个1,4-二氮杂二环[3.2.1]辛烷环，以及一个经由螺碳原子紧密相连的环己酮环。Murashige及其研究团队巧妙地利用Curtius重排反应，成功地将氮原子引入至螺碳原子上[20]（图4.13）。

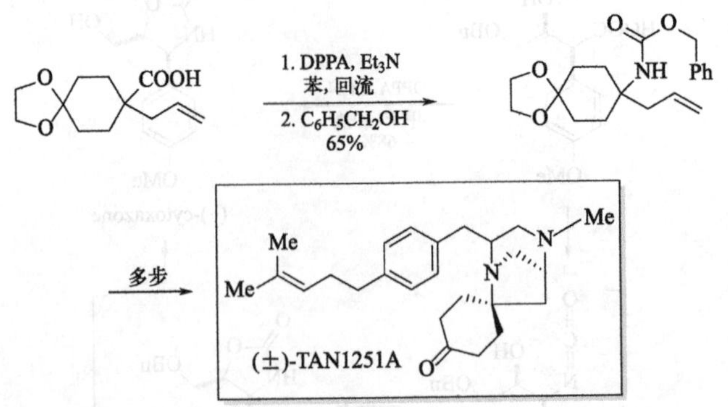

图4.13

Kim及其团队利用相应羧酸的Curtius重排反应，成功制备了全合成水鬼蕉碱（pancratistatin）过程中的一个重要的氨基甲酸酯中间体[21]。制备过程中产生的异氰酸酯中间体表现出了良好的稳定性，在后续的甲醇钠/甲醇处理过程中，能够以高达82%的总收率顺利转化为所需的氨基甲酸酯（图4.14）。

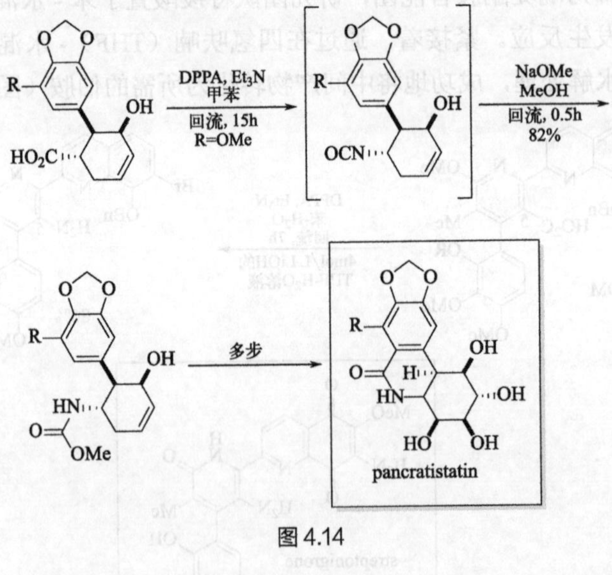

图4.14

4.3 Hofmann 重排

4.3.1 Hofmann 重排概述

Hofmann 重排反应的核心在于通过四级铵盐在强碱作用下发生分子内重排，从而有效地将酰氨基转化为氨基并迁移至碳链的另一端。相较于其他重排反应，Hofmann 重排的一个特点在于重排过程中生成了稳定的氮正离子中间体，这一关键步骤推动反应向生成胺的方向进行。该反应的历史可追溯至 19 世纪末，由 Hofmann 在研究季铵盐的热解过程中首次观察到特定胺的生成。在 Hofmann 重排的经典案例中，脂肪族或芳香族酰胺在碱性条件下转化为相应的伯胺和羧酸盐。生成的伯胺产物不仅易于分离和纯化，而且其化学性质稳定，为后续的官能团化提供了可能。

4.3.2 Hofmann 重排反应的改进与优化

4.3.2.1 使用卤素试剂的 Hofmann 重排

卤素试剂作为 Hofmann 重排中最早引入的活化剂，其反应机理如图 4.15 所示。酰胺与卤素试剂结合，生成一种含有缺电子氮原子的中间体——*N*- 卤代酰胺。随后，该中间体在多种碱的作用下经历去质子化过程，通过加热诱导的重排反应，*N*- 卤代酰胺转化为异氰酸酯。在某些特定的反应条件下，如使用无质子溶剂，异氰酸酯可以被直接分离出来。然而，在更常见的情况下，异氰酸酯会在质子溶剂中发生溶剂解，生成游离的伯胺，或者受到各种亲核试剂的进攻，从而生成一系列酰胺产物。

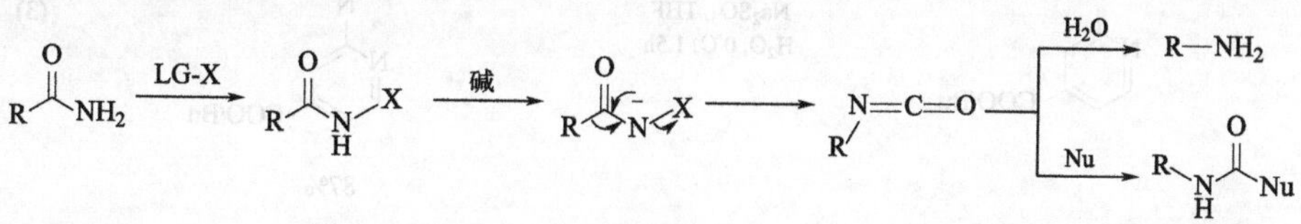

图 4.15

在卤素催化的 Hofmann 重排中，一系列高效的氧化剂被广泛采用，其中包括但不限于 *N*- 溴代琥珀酰亚胺（NBS）[22-23]、三氯异氰尿酸（TCCA）[24]、三溴异氰尿酸（TBCA）[25-26]、1,3- 二溴 -5,5- 二甲基乙内酰脲（DBDMH）[26]、*N,N*-二溴对甲苯磺酰胺（$TsNBr_2$）[27]、纯溴、四烷基铵三溴化物[28]、碱性次卤酸盐及其类似试剂（图 4.16）。当选择 DBU 或水溶性氢氧化钠作为碱时，反应更倾向于生成伯胺。相反，在反应体系中引入醇类或烷氧化物时，则主要生成氨基甲酸酯类化合物。

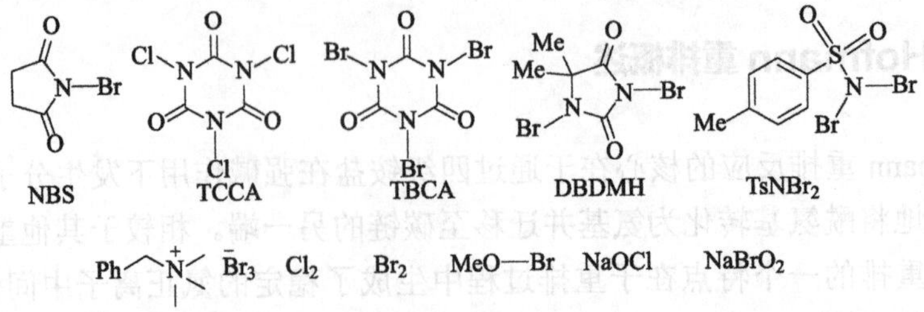

图 4.16

在采用卤素试剂的一锅法 Hofmann 重排体系中，脂肪族酰胺是最常用的底物。这里，酰胺必须为伯酰胺，同时其α-碳中心可允许多种取代基的存在[24,26,29]。与其他类似反应一样，Hofmann 重排反应在进行时，能够保持原有的立体化学构型不变（图 4.17）。

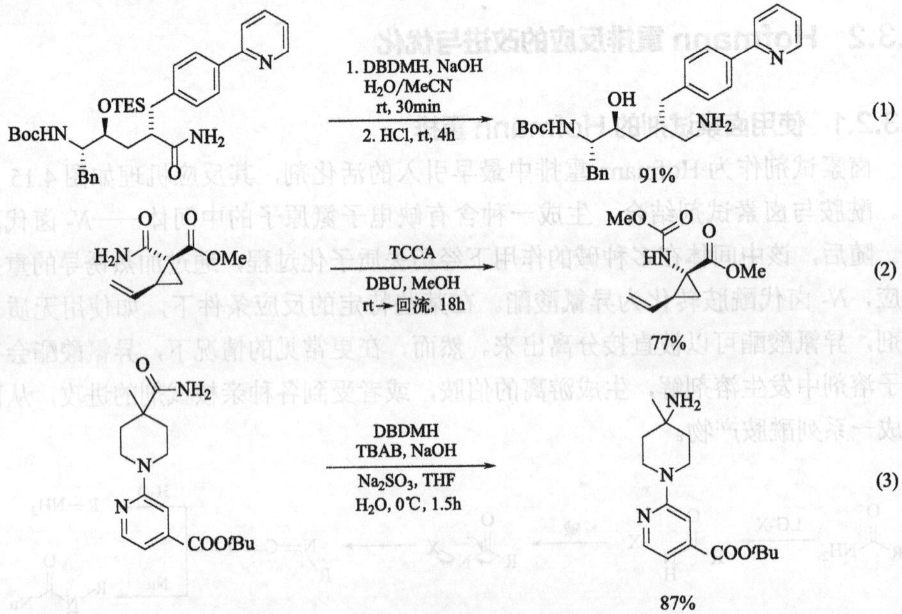

图 4.17

卤素试剂催化的 Hofmann 重排同样适用于芳香族伯酰胺[23,30]（图 4.18）。在这类反应中，相较于缺电子的芳香族酰胺，富电子的芳香族酰胺往往展现出更高的反应效率。

4.3.2.2 使用高价碘试剂的 Hofmann 重排

高价碘化合物在 Hofmann 重排中也常常作为活化剂（图 4.19）。在此反应中，酰胺与 $PhIX_2$ 发生作用，顺利生成了 *N*-碘(Ⅲ) 中间体。得益于氮 - 碘键的固有

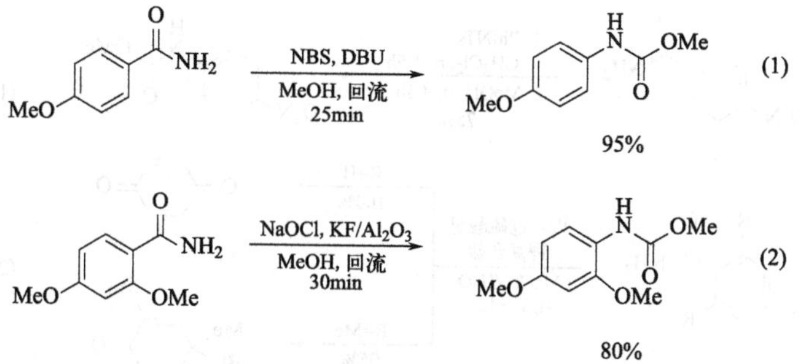

图 4.18

不稳定性，这一重排过程能够自发进行，无需额外添加碱作为催化剂，最终高效地转化为异氰酸酯。

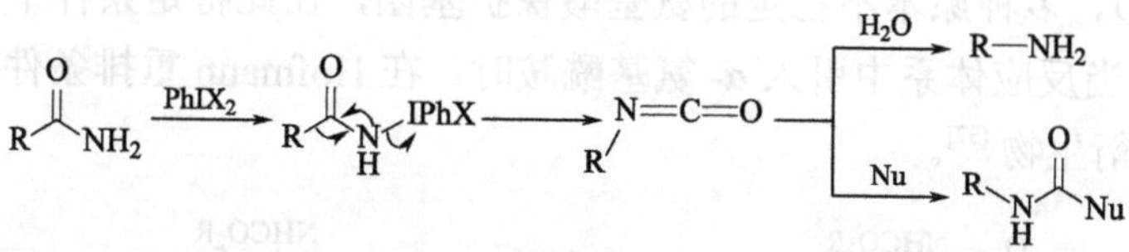

图 4.19

在这些 Hofmann 重排中，常使用的有机碘化合物（图 4.20），包括双（三氟乙酰氧基）碘苯 [31-33]、（二乙酰氧基）碘苯 [34]、[羟基（对甲苯磺酰氧基）碘] 苯 [35]、（对甲苯磺酰亚氨基）苯 -λ_3- 碘烷 [36] 以及碘酰苯 [37]。在反应过程中，水解步骤通常能将初始生成的异氰酸酯产物转化为胺类化合物；而若在反应体系中引入醇类，则更倾向于生成氨基甲酸酯。这些高价碘试剂以其温和的反应条件、强大的氧化能力以及广泛的官能团兼容性而著称，为传统亲电卤化剂提供了更为有效的替代方案。

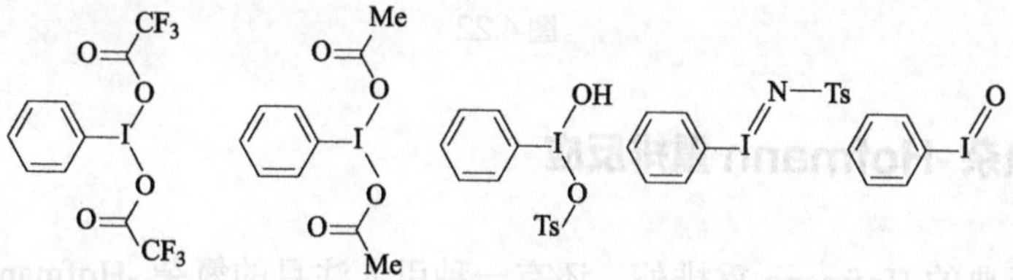

图 4.20

与常规卤素源相比，高价碘化合物在活化缺电子芳香族酰胺方面展现出了更高的效率和选择性。例如，在甲醇溶剂中，利用 PhINTs 处理对硝基苯甲酰胺，可以高效地生成对应的氨基甲酸酯产物 [36]［图 4.21 应式（1）］。在某些高价碘氧化条件下，芳香族酰胺还能氧化转化为苯醌衍生物，这一转化过程在图 4.21 反应式（2）中得到了清晰的阐述 [38]。

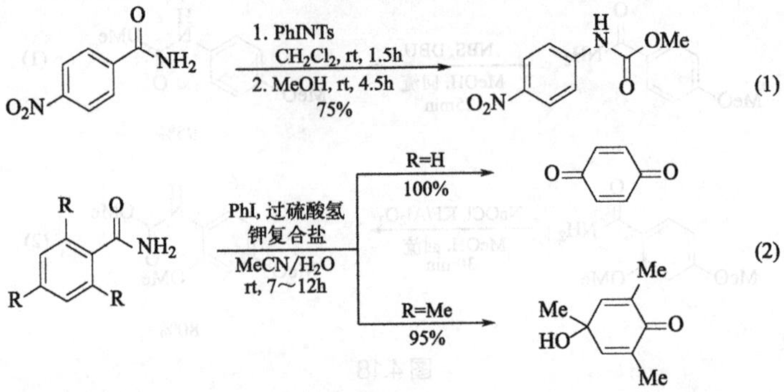

图 4.21

采用高价碘试剂作为催化剂，脂肪族伯酰胺能够顺利进行 Hofmann 重排反应（图 4.22）。多种原本不稳定的氨基酸保护基团，在此特定条件下能够保持稳定[39]。尤其当反应体系中引入 α- 氨基酰胺时，在 Hofmann 重排条件下，会生成内酰胺二胺衍生物[37]。

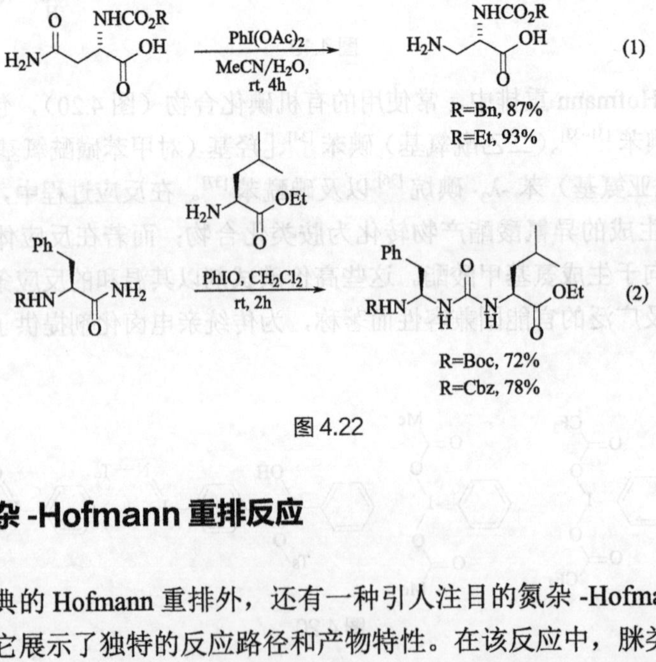

图 4.22

4.3.3 氮杂 -Hofmann 重排反应

除了经典的 Hofmann 重排外，还有一种引人注目的氮杂 -Hofmann 重排反应已被报道，它展示了独特的反应路径和产物特性。在该反应中，脒类化合物与高价碘试剂作用，首先转化为一个关键的中间体——碳二亚胺。随后，这个活泼的碳二亚胺与胺类化合物发生反应，最终生成取代胍类产物（图 4.23）。

磺酰胺同样能够参与一种类似于 Hofmann 重排的反应[40]。由于磺酰胺较酰胺具有更强的酸性，这一变体反应在发展过程中遭遇了巨大挑战，主要源于其竞争性的 β- 消除反应［图 4.24 反应式（1）］。在采用传统高价碘试剂进行尝试时，

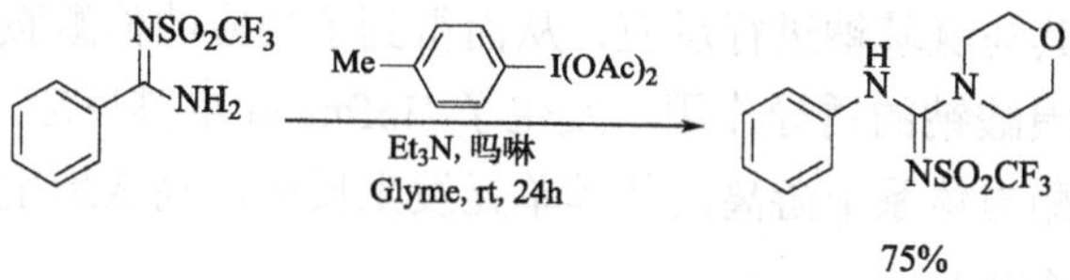

图 4.23

不可避免地发生了 β- 消除，生成了亚氨基 -λ_3- 碘烷副产物。为了克服这一难题，研究团队转而通过提高高价碘离去基团亲核性的策略［图 4.24 反应式（2）］，显著增强了反应向 1,2- 迁移路径进行的倾向。研究发现，特定的芳基 -λ_3- 溴化物在此反应体系中表现尤为出色，不仅能够高效促进重排反应的进行，而且彻底避免了 β- 消除产物的生成，实现了目标产物的高产率制备。

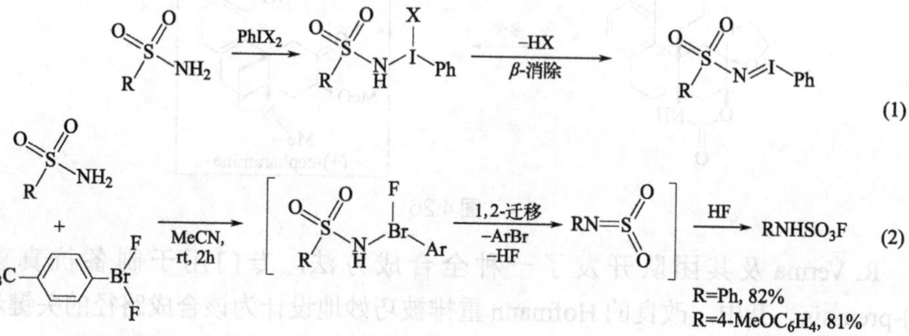

图 4.24

4.3.4 Hofmann 重排的应用

Evans 课题组报道了 (–)-epibatidine 的对映选择性全合成 [41]。整个过程主要包括两大核心步骤：一是杂环 Diels-Alder 反应，二是经过改良的 Hofmann 重排反应。具体而言，一级羧酰胺在叔丁醇溶剂中，经由乙酸铅的催化作用，发生重排反应，高效地生成对应的 Boc 保护的一级胺。随后，以此中间产物为基础，经历后续多步反应之后最终合成了目标产物 (图 4.25)。

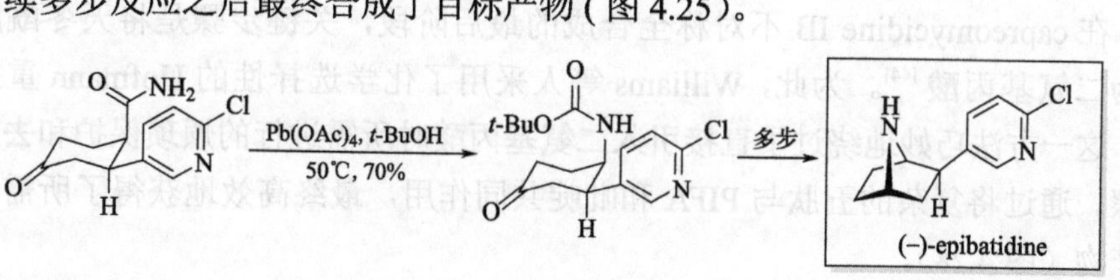

图 4.25

Schultz 及其团队成功实现了 Hasubanan 生物碱 (+)-cepharamine 的首次不对称全合成 [42]。为了构建所需的顺式 *N*- 甲基吡咯烷环结构，首先将四环内酯置于液氨环境中，使其与氨基钠进行反应，从而得到了相应的伯酰胺。随后，在甲醇溶剂中，通过次溴酸钠的诱导作用，发生了 Hofmann 重排反应，生成异氰酸酯。随后，该异氰酸酯与体系中游离的仲醇单元发生反应，高效地生成了相应的环状氨基甲酸酯（图 4.26）。

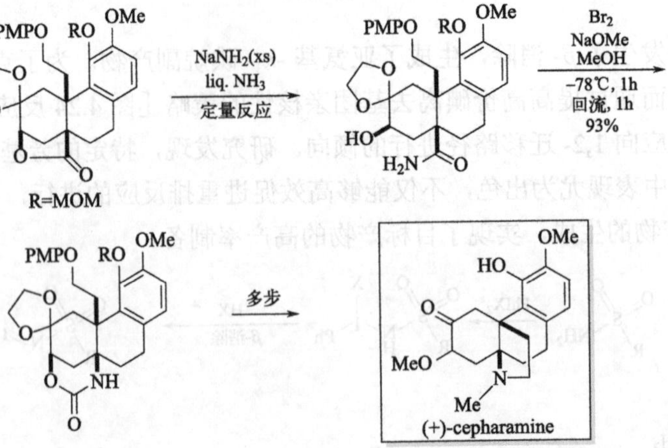

图 4.26

R. Verma 及其团队开发了一种全合成方法，专门用于制备抗真菌剂 (+)-preussin。其中，改良的 Hofmann 重排被巧妙地设计为该合成路径的关键步骤之一[43]。在该反应中，以 DMF 为溶剂，通过引入苄醇，使得伯酰胺与 LTA 发生反应。这一步骤高效地触发了 Hofmann 重排，最终生成了 Cbz（即苄氧羰基）保护的伯胺。正如预期，所得的产物保持了其原有底物的立体化学特征（图 4.27）。

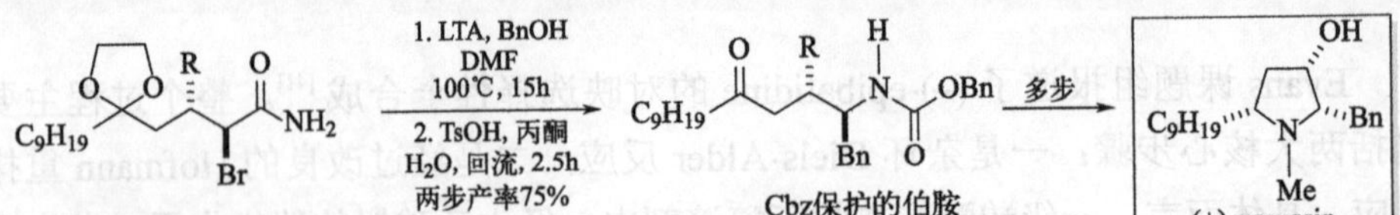

图 4.27

在 capreomycidine IB 不对称全合成的最后阶段，关键步骤是将天冬酰胺转化为二氨基丙酸[44]。为此，Williams 等人采用了化学选择性的 Hofmann 重排策略，这一方法巧妙地绕过了直接引入二氨基丙酸时所需进行的烦琐保护和去保护步骤。通过将复杂的五肽与 PIFA 和吡啶共同作用，最终高效地获得了所需的伯胺产物（图 4.28）。

在合成药物分子 oseltamivir 的过程中，合成化学家们巧妙地运用了 Hofmann 重排，成功地将酰胺转化为含有保护氨基的关键结构。随后通过碱的处理，进一步转化生成了合成 oseltamivir 的关键中间体[45]（图 4.29）。

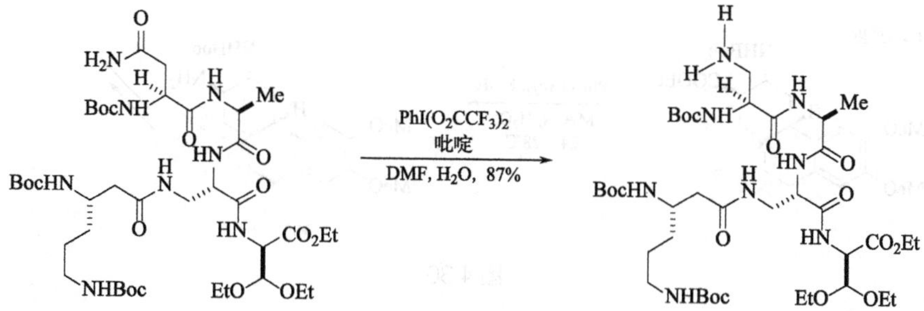

图 4.28

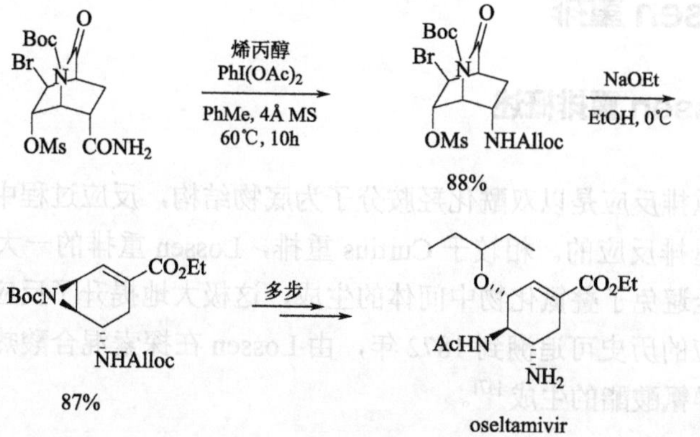

图 4.29

Roche 公司研发的DPP-IV 抑制剂——carmegliptin，已成为治疗 2 型糖尿病的重要药物。在药物化学合成探索的初期，科研人员曾尝试采用 Curtius 重排反应路径，然而，由于该过程中关键原料二苯基膦酰叠氮（DPPA）在高温条件下存在稳定性隐患，出于安全考虑，该路径迅速被评估并放弃。随后，研究团队转而探索并成功应用 Hofmann 重排策略，通过酰胺与二醋酸碘苯发生反应，以高效且稳定的方式在大规模生产中合成了目标胺类化合物[46]（图 4.30）。

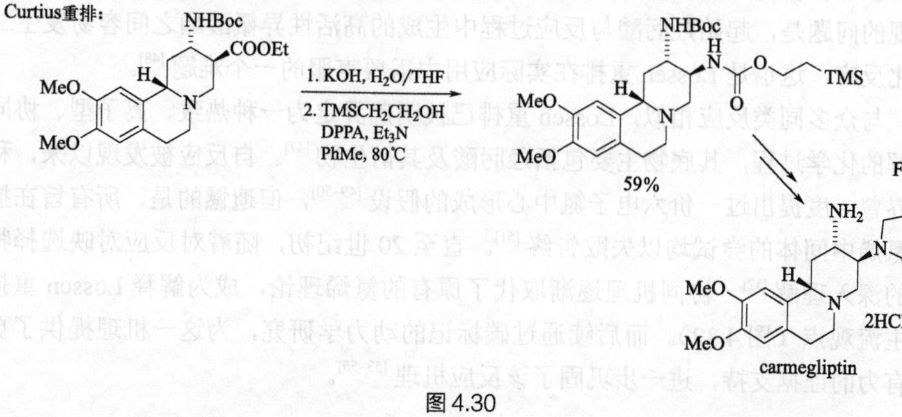

图 4.30

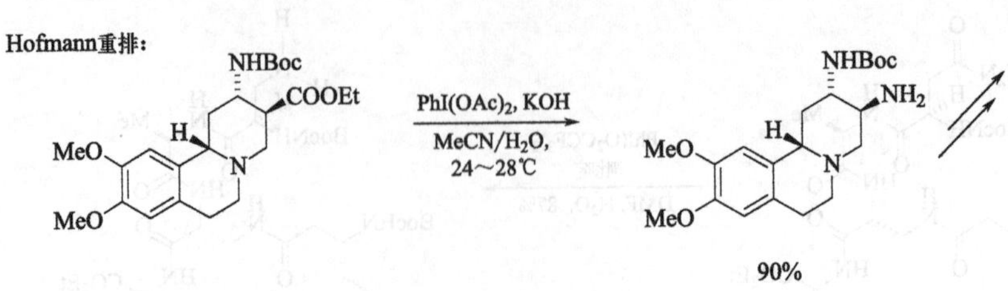

图 4.30

4.4 Lossen 重排

4.4.1 Lossen 重排概述

Lossen 重排反应是以双酰化羟胺分子为底物结构，反应过程中给出羧酸根离子，并推动重排反应的。相较于 Curtius 重排，Lossen 重排的一大显著优势在于其过程中完全避免了叠氮化物中间体的生成，这极大地提升了反应的安全性和可行性。该反应的历史可追溯到 1872 年，由 Lossen 在探索混合酸热解过程时首次发现了苯基异氰酸酯的生成 [47]。

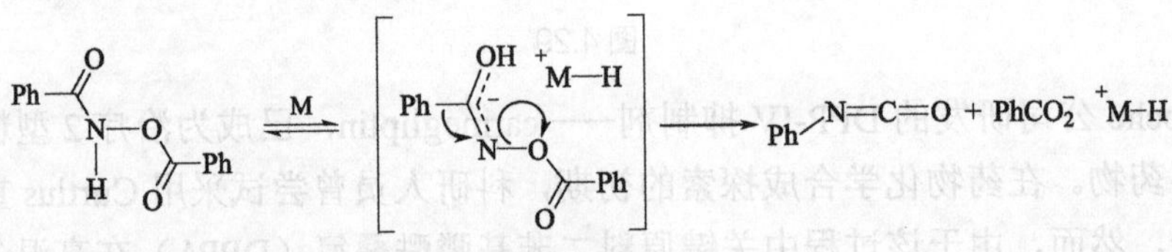

图 4.31

Lossen 重排在强碱性条件下发生，碱性条件促进如图 4.31 所示的阴离子中间体的有效形成。此外，羟肟酸相较于其对应的酸或酰氯而言，种类较为有限，且其获取往往需要额外的合成步骤，这进一步增加了应用的复杂性。另一个不容忽视的问题是，起始羟肟酸与反应过程中生成的高活性异氰酸酯之间容易发生二聚化反应，这也是 Lossen 重排在实际应用中需要克服的一个难题 [48]。

与众多同类反应相似，Lossen 重排已被明确界定为一种热致、离子型、协同分解的化学过程，其底物主要包括羟肟酸及其衍生物 [47]。自反应被发现以来，科学界曾一度提出过一价六电子氮中心形成的假设 [49-50]，但遗憾的是，所有旨在捕获氮烯中间体的尝试均以失败告终 [51]。直至 20 世纪初，随着对反应对映选择特性的深入理解 [52]，协同机理逐渐取代了原有的氮烯理论，成为解释 Lossen 重排的主流观点（图 4.32）。而后续通过碳标记的动力学研究，为这一机理提供了更为有力的证据支持，进一步巩固了该反应机理 [53-55]。

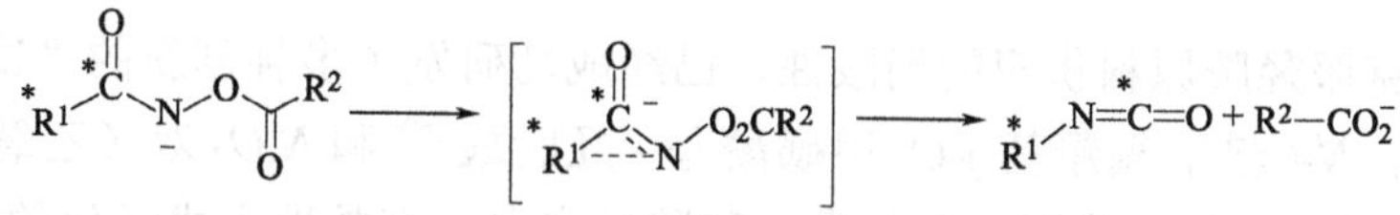

图 4.32

4.4.2 Lossen 重排反应的改进与优化

早期游离羟肟酸的活化面临一个显著挑战，即容易发生自身二聚化的副反应。具体而言，未转化的羟肟酸在低温条件下会与通过 Lossen 重排反应生成的异氰酸酯发生缩合，进而生成氨基甲酰氧基酰胺衍生物[48]（图 4.33）。这种现象的根本原因在于，在 1,2- 迁移步骤启动之前，羟肟酸未能充分转化为其活化状态。因此，为了提升反应效率和产物纯度，对活化剂的改进和优化显得尤为重要。

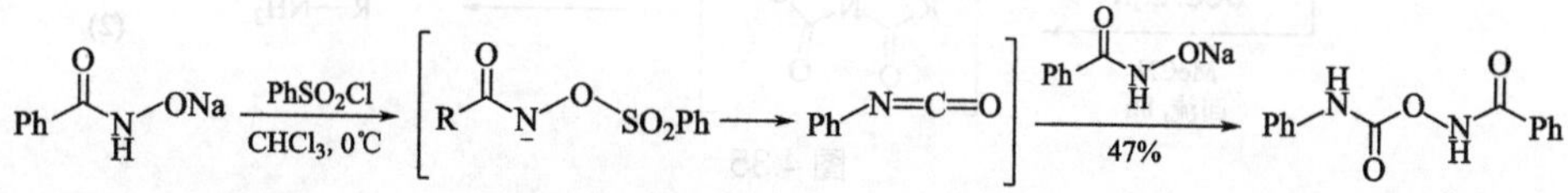

图 4.33

已经报道了多种针对 Lossen 重排的促进剂，这些试剂显著提升了游离羟肟酸的利用效率，无需烦琐的预酰化步骤。它们通过实现羟肟酸的简便且全面的活化，有效抑制了自二聚化的不良倾向[56]。羰基二咪唑[57]、三聚氯氰[58]以及二甲基溴化硫鎓[59]这三种试剂均可无缝融入“一锅法”合成中，极大地简化了操作步骤，提升了合成效率（图 4.34）。

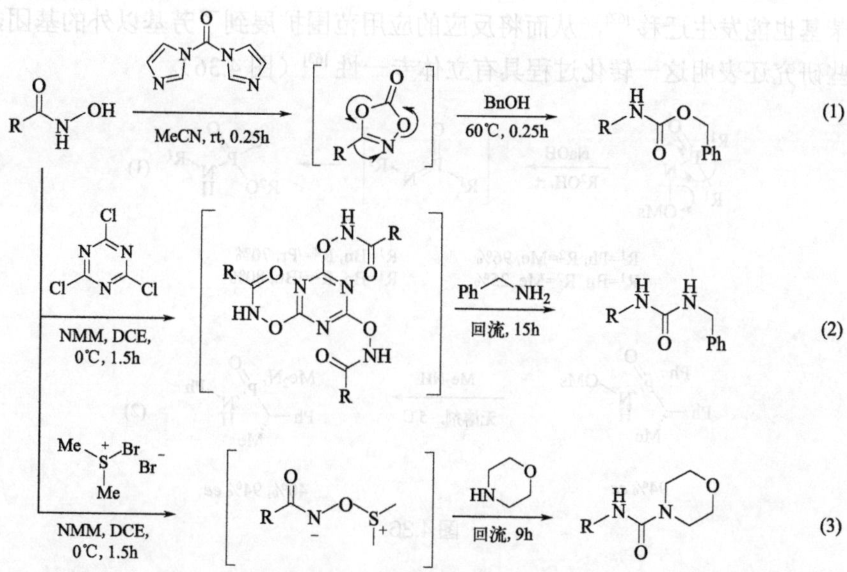

图 4.34

为了克服羟胺原料供应的局限性，已经成功研发了多种创新的“试剂导向”改进策略，*N*-(叔丁氧羰基)-*O*-甲磺酰基-羟肟酸[60]和*N*,*O*-双（乙氧基羰基）羟胺[56]这两种试剂，分别能够从酰氯和羧酸出发，高效地生成活化的羟肟酸衍生物（图 4.35），从而为后续反应提供了更为灵活和可靠的原料来源。

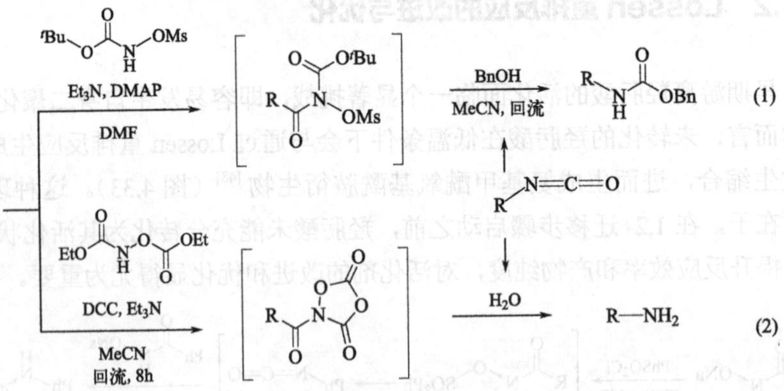

图 4.35

4.4.3 膦酰基 Lossen 重排

Lossen 重排的应用领域已经超出了羰基中心体系。1983 年的研究发现，*N*-膦酰基羟胺在热条件下能够发生类似反应[61]。与异氰酸酯类似，反应经历了*N*-膦酰基羟胺的生成，但遗憾的是，该物种无法被分离出来。随后的研究进一步证实，苄基也能发生迁移[62]，从而将反应的应用范围扩展到了芳基以外的基团，并且这些研究还表明这一转化过程具有立体专一性[63]（图 4.36）。

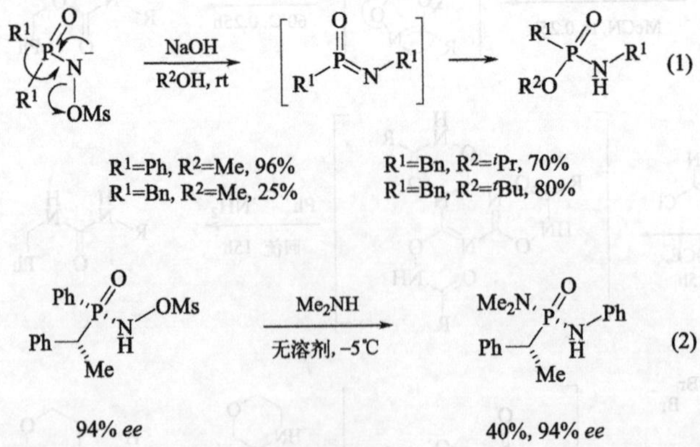

图 4.36

4.4.4 Lossen 重排的应用

Ohmoto 及其研究团队开发了一种 ONO-6818 的合成方法。ONO-6818 是一种全新的人类中性粒细胞弹性蛋白酶非肽类抑制剂[64]（图 4.37）。与以往方法显著不同的是，他们采用了更为安全的 Lossen 重排反应，成功取代了原本存在爆炸风险的酰基叠氮化合物的 Curtius 重排反应。在合成过程中，所需的羟肟酸首先由羧酸转化为异丁基氯甲酸酯的混合酸酐，随后加入羟胺进行制备。接着，用乙酸酐对羟肟酸进行乙酰化处理，得到 *O*- 乙酰羟肟酸。在水的存在下，将 *O*- 乙酰羟肟酸暴露于 1,8- 二氮杂二环［5.4.0］十一碳 -7- 烯（DBU）中，中间体异氰酸酯与水发生反应，最终生成了相应的胺和二氧化碳。

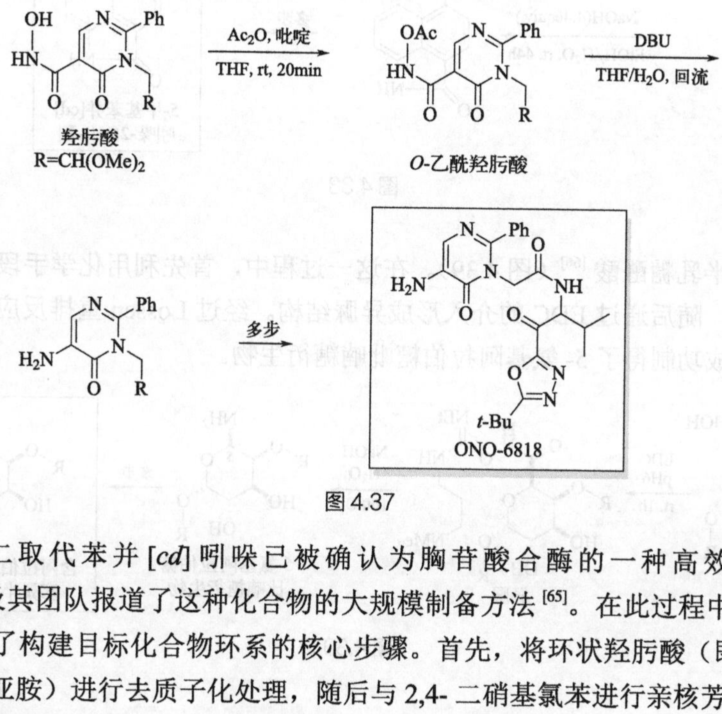

图 4.37

5,6- 二取代苯并 [*cd*] 吲哚已被确认为胸苷酸合酶的一种高效抑制剂。Marzoni 及其团队报道了这种化合物的大规模制备方法[65]。在此过程中，Lossen 重排成为了构建目标化合物环系的核心步骤。首先，将环状羟肟酸（即 *N*- 羟基萘二甲酰亚胺）进行去质子化处理，随后与 2,4- 二硝基氯苯进行亲核芳香取代反应，从而制得了 *N*-(2,4- 二硝基苯氧基) 萘二甲酰亚胺（图 4.38）。该重排反应在碱性条件下进行，并展现出了极高的区域选择性。随后，通过一系列反应最终得到了酰胺。

果胶在细胞壁构建过程中占据着举足轻重的地位，对其结构的深入探究无疑将为我们揭示结构与物理特性之间的紧密联系提供宝贵线索。化学降解作为一种有效的研究方法，已被广泛应用于果胶的研究中。Needs 团队成功实现了果胶中甲基酯化的半乳糖醛酸残基的特异性降解，将其转化为携带有阿拉伯糖醇残基的

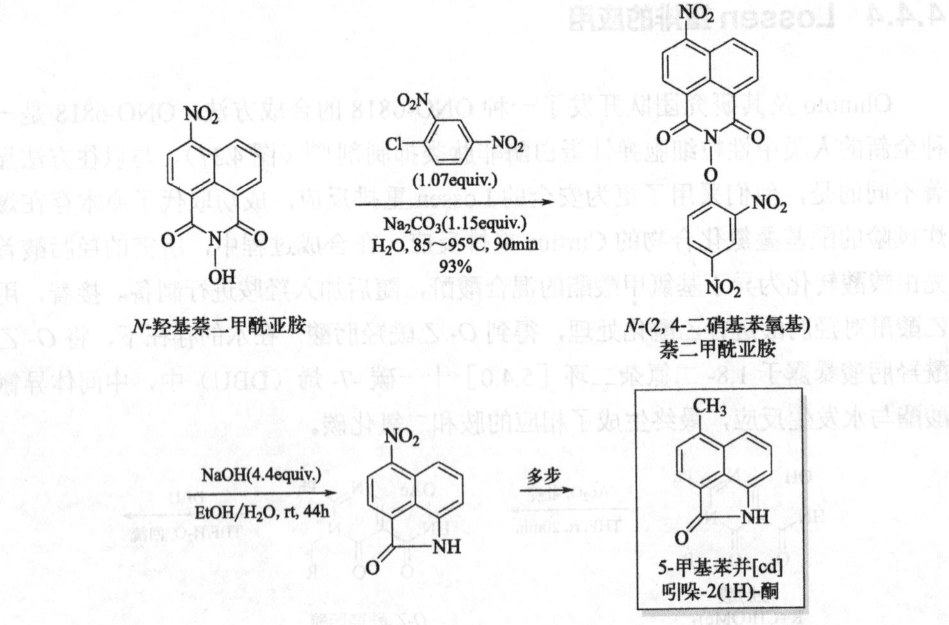

图 4.38

相应寡聚半乳糖醛酸[66]（图 4.39）。在这一过程中，首先利用化学手段将酯转化为羟肟酸，随后通过 EDC 的介入形成异脲结构。经过 Lossen 重排反应及水解步骤，最终成功制得了 5- 氨基阿拉伯糖吡喃糖衍生物。

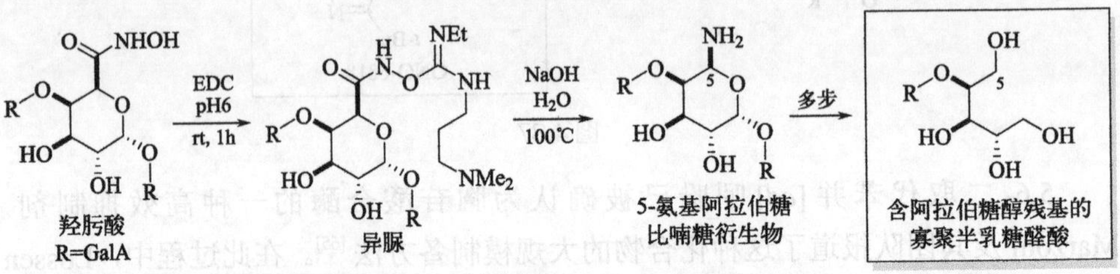

图 4.39

参考文献

[1] Arbuzov B A, Zobova N N. *Synthesis* **1974**, 461.

[2] Van L E. *Ind. Chim. Belge.* **1974**, *39*, 661.

[3] Noack R, Schwetlick K Z. *Chem.* **1986**, *26*, 117.

[4] Scriven E F V, Turnbull K. *Chem. Rev.* **1988**, *88*, 297.

[5] Smith P A S. *Org. React.* **1946**, *3*, 337.

[6] Lebel H, Leogane O. *Org. Lett.* **2005**, *7*, 4107.

[7] Leogane O, Lebel H. *Synthesis* **2009**, 1935.

[8] Lebel H, Leogane O. *Org. Lett.* **2006**, *8*, 5717.

[9] Lebel H, Leogane O, Huard K, et al. *Pure Appl. Chem.* **2006**, *78*, 363.

[10] Bianco A, Bonadies F, Napolitano R, et al. *Org. Prep. Proced. Int.* **2004**, *36*, 14.

[11] Augustine J K, Bombrun A, Mandal A B. *Synthesis* **2011**, 1477.

[12] Dai X, Nakai T, Romero J A C, et al. *Angew. Chem. Int. Ed.* **2007**, *119*, 4445.

[13] Leathen M L, Peterson E A. *Tetrahedron Lett.* **2010**, *51*, 2888.

[14] Padwa A, Wu T. *Arkivoc* **2000**, 193.

[15] Padwa A, Crawford K R, Rashatasakhon P, et al. *J. Org. Chem.* **2003**, *68*, 2609.

[16] Amarante G W, Cavallaro M, Coelho F J. *Braz. Chem. Soc.* **2011**, *22*, 1568.

[17] Yagupolskii L M, Shelyazhenko S V, Maletina I I. *Eur. J. Org. Chem.* **2001**, 1225.

[18] Carda M, Gonzalez F, Sanchez R, et al. *Tetrahedron: Asymmetry* **2002**, *13*, 1005.

[19] Boger D L, Cassidy K C, Nakahara S. *J. Am. Chem. Soc.* **1993**, *115*, 10733.

[20] Nagumo S, Nishida A, Yamazaki C, et al. *Tetrahedron* **2002**, *58*, 4917.

[21] Kim S, Ko H, Kim E, et al. *Org. Lett.* **2002**, *4*, 1343.

[22] Huang X, Keillor J W. *Tetrahedron Lett.* **1997**, *38*, 313.

[23] Huang X, Seid M, Keillor J W. *J. Org. Chem.* **1997**, *62*, 7495.

[24] Crane Z D, Nichols P J, Sammakia T, et al. *J. Org. Chem.* **2011**, *76*, 277.

[25] Miranda L S M, Rabello S T, Crespo L T. *Tetrahedron Lett.* **2011**, *52*, 1639.

[26] McDermott T S, Bhagavatula L, Borchardt T B. *Org. Process Res. Dev.* **2009**, *13*, 1145.

[27] Borah A J, Phukan P. *Tetrahedron Lett.* **2012**, *53*, 3035.

[28] Kajigaeshi S, Asano K, Fujisaki S, et al. *Chem. Lett.* **1989**, *18*, 463.

[29] Engstrom K, Henry R, Hollis L S. *J. Org. Chem.* **2006**, *71*, 5369.

[30] Gogoi P, Konwar D. *Tetrahedron Lett.* **2007**, *48*, 531.

[31] Loudon G M, Radhakrishna A S, Almond M R, et al. *J. Org. Chem.* **1984**, *49*, 4272.

[32] Hernandez E, Velez J M, Vlaar C P. *Tetrahedron Lett.* **2007**, *48*, 8972.

[33] Lau Y H, Spring D R. *Synlett* **2011**, 1917.

[34] Moriarty R M, Chany C J, Vaid R K, et al. *J. Org. Chem.* **1993**, *58*, 2478.

[35] Lazbin I M, Koser G F. *J. Org. Chem.* **1987**, *52*, 476.

[36] Yoshimura A, Luedtke M W, Zhdankin V V. *J. Org. Chem.* **2012**, *77*, 2087.

[37] Liu P, Wang Z, Hu X. *Eur. J. Org. Chem.* **2012**, 1994.

[38] Zagulyaeva A A, Banek C T, Yusubov M S, et al. *Org. Lett.* **2010**, *12*, 4644.
[39] Zhang L H, Kauffman G S, Pesti J A, et al. *J. Org. Chem.* **1997**, *62*, 6918.
[40] Ochiai M, Okada T, Tada N. *J. Am. Chem. Soc.* **2009**, *131*, 8392.
[41] Evans D A, Scheidt K A, Downey C W. *Org. Lett.* **2001**, *3*, 3009.
[42] Schultz A G, Wang A. *J. Am. Chem. Soc.* **1998**, *120*, 8259.
[43] Verma R, Ghosh S K. *Chem. Commun.* **1997**, 1601.
[44] DeMong D E, Williams R M. *J. Am. Chem. Soc.* **2003**, *125*, 8561.
[45] Satoh N, Akiba T, Yokoshima S, et al. *Angew. Chem. Int. Ed.* **2007**, *46*, 5734.
[46] Abrecht S, Adam J M, Bromberger U. *Org. Process Res. Dev.* **2011**, *15*, 503.
[47] Yale H L. *Chem. Rev.* **1943**, *33*, 209.
[48] Hurd C D, Bauer L. *J. Am. Chem. Soc.* **1954**, *76*, 2791.
[49] Steiglitz J. *Am. Chem. J.* **1896**, *18*, 751.
[50] Jones L W. *Am. Chem. J.* **1912**, *48*, 1.
[51] Bauer L, Exner O. *Angew. Chem. Int. Ed. Engl.* **1974**, *13*, 376.
[52] Wallis E S, Dripps R D. *J. Am. Chem. Soc.* **1933**, *55*, 1701.
[53] Imamoto T, Kim S G, Tsuno Y, et al. *Bull. Chem. Soc. Jpn.* **1971**, *44*, 2776.
[54] Imamoto T, Tsuno Y, Yukawa Y. *Bull. Chem. Soc. Jpn.* **1971**, *44*, 1632.
[55] Fry A, Wright J C. *Chem. Eng. News Archive* **1968**, *46*, 28.
[56] Stafford J A, Gonzales S S, Barrett D G, et al. *J. Org. Chem.* **1998**, *63*, 10040.
[57] Dube P, Nathel N F F, Vetelino M. *Org. Lett.* **2009**, *11*, 5622.
[58] Hamon F, Prie G, Lecornue F, et al. *Tetrahedron Lett.* **2009**, *50*, 6800.
[59] Yadav D K, Yadav A K, Srivastava V P, et al. *Tetrahedron Lett.* **2012**, *53*, 2890.
[60] Anilkumar R, Chandrasekhar S, Sridhar M. *Tetrahedron Lett.* **2000**, *41*, 5291.
[61] Harger M J P. *J. Chem. Soc. Perkin Trans.* **1983**, 2699.
[62] Harger M J P, Smith A. *J. Chem. Soc. Perkin Trans.* **1990**, 1447.
[63] Fawcett J, Harger M J P, Sreedharan-Menon R. *J. Chem. Soc. Chem. Commun.* **1992**, 227.
[64] Ohmoto K, Yamamoto T, Horiuchi T, et al. *Synlett* **2001**, 299.
[65] Marzoni G, Varney M D. *Org. Process Res. Dev.* **1997**, *1*, 81.
[66] Needs P W, Rigby N M, Ring S G, et al. *Carbohydr. Res.* **2001**, *333*, 47.

第 5 章

Fries 重排

5.1 Fries 重排概述

5.2 阳离子 Fries 重排

5.3 阴离子 Fries 重排

5.4 自由基 Fries 重排

5.1 Fries 重排概述

Fries 重排反应是酚酯在路易斯酸或布朗斯特酸催化下重排为邻位或对位酰基酚的反应（图 5.1）。该反应由德国化学家 Fries 于 1908 年首次报道[1]。反应常用的路易斯酸催化剂有三氯化铝、三氟化硼、氯化锌、氯化铁、四氯化钛、四氯化锡和三氟甲磺酸盐等。此外，质子酸如氟化氢或甲磺酸同样能够作为有效的催化剂。邻、对位产物的比例分布受到多种因素的共同影响，其中酚酯的分子结构、反应的具体条件以及所选的催化剂类型起着至关重要的作用[2]。通常而言，对位产物是动力学控制产物，邻位产物是热力学控制产物。在反应温度较低（不超过 100℃）的条件下，主要为对位产物，而在温度较高时一般得到邻位产物。值得注意的是，无论是脂肪族羧酸的酚酯还是芳香族羧酸的酚酯，均可参与这一重排反应。然而，由于取代基可能对反应产生干扰，底物分子中应避免存在体积庞大的位阻基团。此外，当酚组分的芳香环上有间位定位基存在时，重排反应一般不能发生。

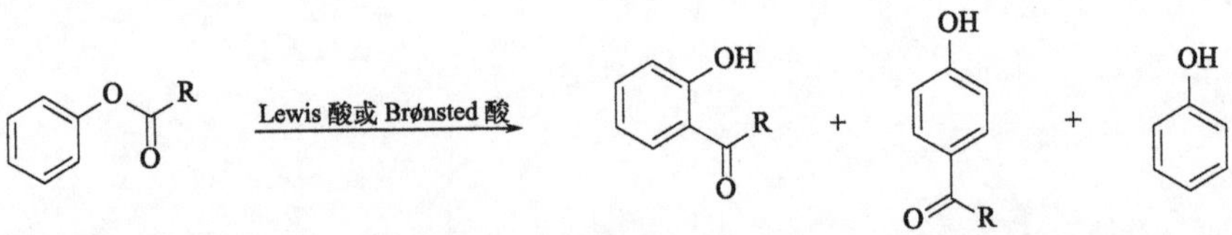

图 5.1

5.2 阳离子 Fries 重排

5.2.1 Lewis 酸或 Brønsted 酸催化的 Fries 重排

阳离子 Fries 重排反应常用的催化剂主要为金属卤化物，例如 $AlCl_3$、$SnCl_4$、$TiCl_4$、$ZnCl_2$ 和 $ZrCl_4$ 等，这些催化剂在相关研究中被广泛采用[3]［图 5.2 反应式（1）］，此外，也可采用对甲苯磺酸、多聚磷酸[4]［图 5.2 反应式（2）］、HF 以及 BF_3 等其他类型的催化剂。值得注意的是，在某些情况下，当 $AlCl_3$ 作为催化剂无法有效促进反应进行时，可考虑改用 $Sc(OTf)_3$ 或 $Bi(OTf)_3$ 等作为替代催化剂[5]［图 5.2 反应式（3）］。

在使用催化剂的条件下，反应温度通常在 80 ～ 100℃之间，常用的溶剂包括四氯化碳、硝基苯、二硫化碳或氯苯。邻位与对位产物的比例与反应温度、溶剂及催化剂的用量有关，低温有助于生成对位产物，而较高的温度则有利于邻位

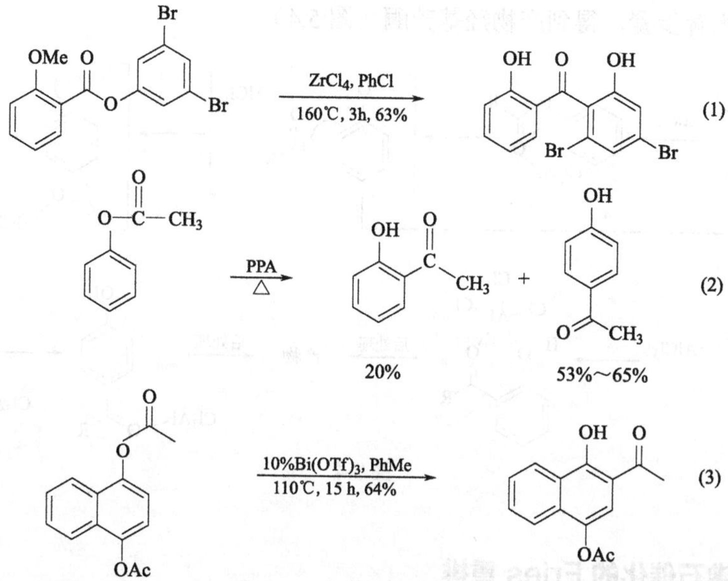

图 5.2

产物的形成（图 5.3），这一现象的机制在于，对位产物生成的速率较快，主要受动力学控制；相比之下，邻位产物能够形成分子内氢键，从而使其相较于对位产物更加稳定，这一过程主要受热力学控制[6]。

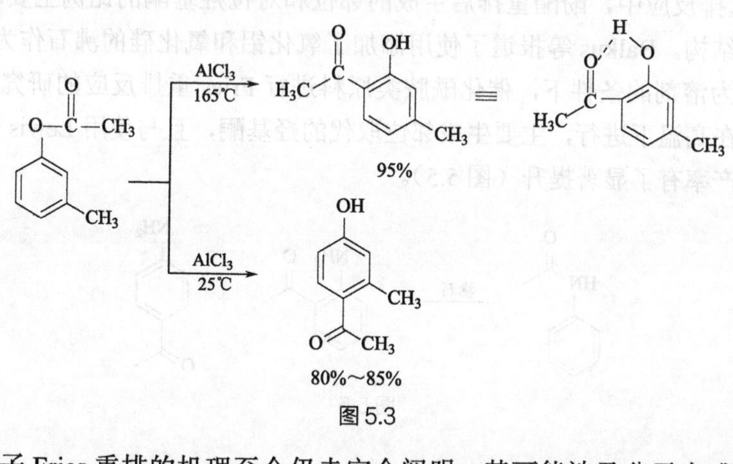

图 5.3

阳离子 Fries 重排的机理至今仍未完全阐明，其可能涉及分子内或分子间的反应过程，交叉实验结果证明了这一点。目前，一种广受认可的机理是基于碳正离子的机理[7]。首先，酚酯的羰基氧与路易斯酸性的铝原子发生配位作用。随后，铝基重排到酚氧原子上，导致 C—O 键断裂，进而生成酰基正离子。接着，酰基正离子作为亲电试剂，在苯环上酚基的邻位或对位发生亲电芳香取代，最终，经过水解步骤，得到产物羟基芳酮（图 5.4）。

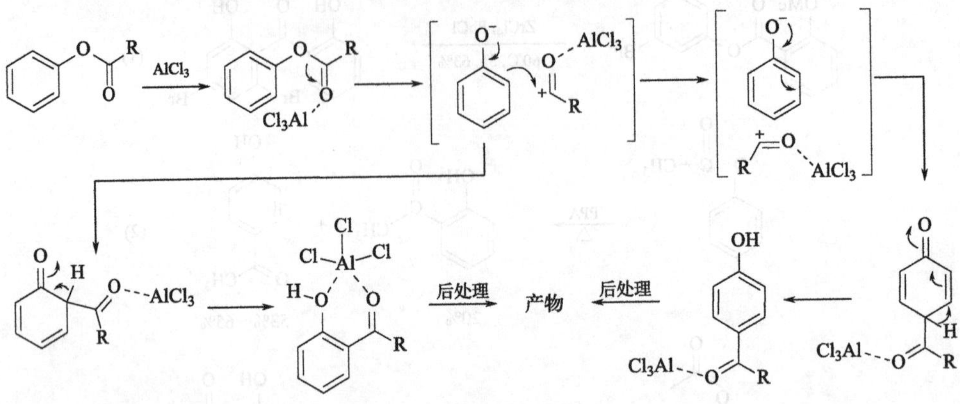

图 5.4

5.2.2 沸石催化的 Fries 重排

上述各类 Lewis 酸或 Brønsted 酸催化剂虽有诸多优点，但作为强酸类催化剂，它们普遍具有腐蚀性强、产物难分离等缺点。相比之下，沸石催化剂则有效弥补了这些不足。沸石的类型主要由其孔径大小决定。而在不同类型沸石催化的 Fries 重排反应中，酚酯重排后生成的邻位和对位羟基酮的比例主要取决于沸石的具体结构。Balkus 等报道了使用添加了氧化铝和氧化硅的沸石作为催化剂，在乙腈作为溶剂的条件下，催化酰胺类原料进行 Fries 重排反应的研究[8]。此类反应需要在高温下进行，主要生成邻位取代的羟基酮，且与使用 Lewis 催化剂相比，反应产率有了显著提升（图 5.5）。

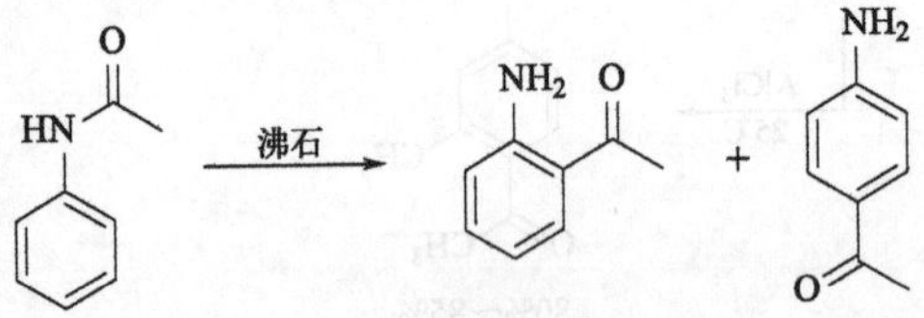

图 5.5

5.3 阴离子 Fries 重排

阴离子 Fries 重排通常借助强碱性金属有机试剂，如丁基锂、LDA（二异丙基氨基锂）和甲基溴化镁等，在低温条件下实现重排反应。该反应的一个显著特点是产物仅为邻位取代物。尽管其产率相较于阳离子 Fries 重排较低，但阴离子

Fries 重排的反应条件更为温和，避免了高温操作带来的安全隐患。此外，由于只生成邻位重排产物，大大简化了产物的分离与提纯过程。因此，阴离子 Fries 重排在现代合成化学领域得到了广泛应用。科学家们对于阴离子 Fries 重排进行了深入的探索，研究了各种底物以及不同迁移基团原子的种类。根据迁移基团原子的不同，可以将阴离子 Fries 重排细分为碳基、硅基、硫基和磷基的阴离子 Fries 重排[9]（图 5.6）。

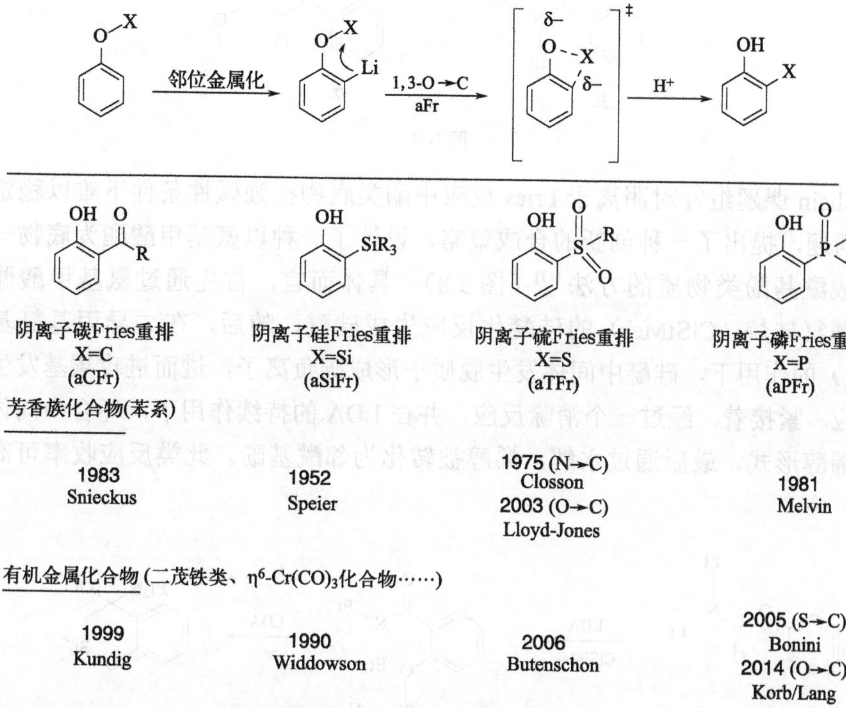

图 5.6

5.3.1 阴离子碳 Fries 重排

首例阴离子碳 Fries 重排反应是由 Victor Snieckus 在 1983 年报道的[10]。之后 Snieckus 进行了以氨基甲酸酯作为定位基团，使用金属有机物进行邻位亲电取代反应的研究。在 −78℃下，与丁基锂发生金属化反应后，生成了相应的碳负离子中间体，随后，在此温度下向反应体系加入亲电试剂，成功获得了预期的纯邻位取代产物。然而，值得注意的是，如果在加入亲电试剂之前，将反应温度升高到 0℃，则会导致反应路径发生变化，生成了邻位取代产物与酰胺重排产物的混合产物（图 5.7）。

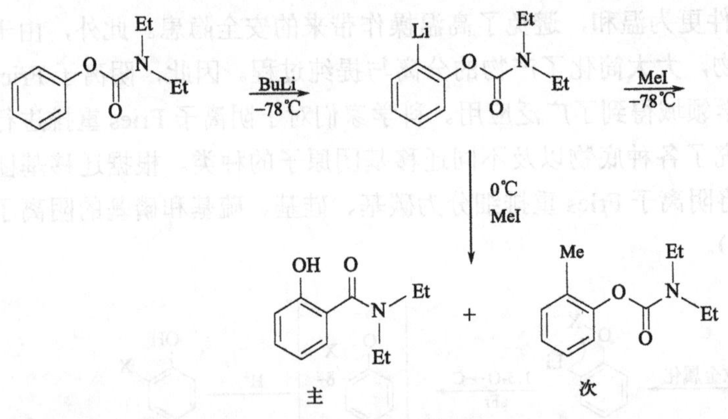

图 5.7

Chein 课题组针对阴离子 Fries 反应中酯类底物在强碱性条件下难以稳定存在的问题，提出了一种创新的合成策略，设计了一种以氨基甲酸酯为底物一锅法合成酰基酚类物质的方法 [11]（图 5.8）。具体而言，首先通过氨基甲酸酯与三甲基氯硅烷（$ClSiMe_3$）的硅醚化反应生成硅醚，随后，在二异丙基氨基锂（LDA）的作用下，硅醚中间体发生脱质子形成碳负离子，进而进攻羰基发生环合反应。紧接着，经过一个消除反应，并在 LDA 的持续作用下，环合中间体转化为烯醇形式。最后通过水解，烯醇被转化为邻酰基酚。此类反应收率可高达 80%。

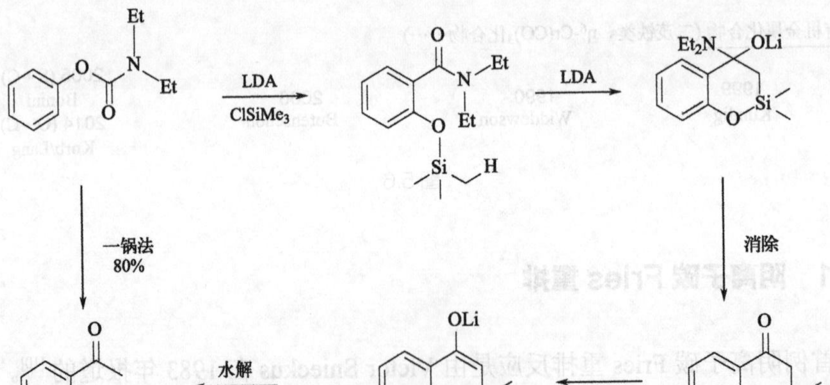

图 5.8

在阴离子碳 Fries 重排领域，η^6-$Cr(CO)_3$ 配合物作为首个成功引入的有机金属结构单元，展现出了独特的动力学特性。其邻位导向锂化和重排过程与已知的芳烃底物表现出相似性 [12]。尽管原本预期吸电子的 $Cr(CO)_3$ 片段能在低温下稳定酚氧阴离子，但在 −78℃下脱质子并加入亲电试剂后，却意外地获得了未发生重排的氨基甲酸酯。为了实现 1,3-O → C 重排，研究人员不得不将反应温度升至 −20℃。在这一温度下，通过采用手性、基于冰片基的双环碱 Li-B 进行对映选择性邻位锂化，最终获得了对映体过量（*ee*）为 54% 的重排产物（图 5.9）。重排产物的生成标志着在有机金属单元上首次实现了 Fries 重排的对映选择性过程。

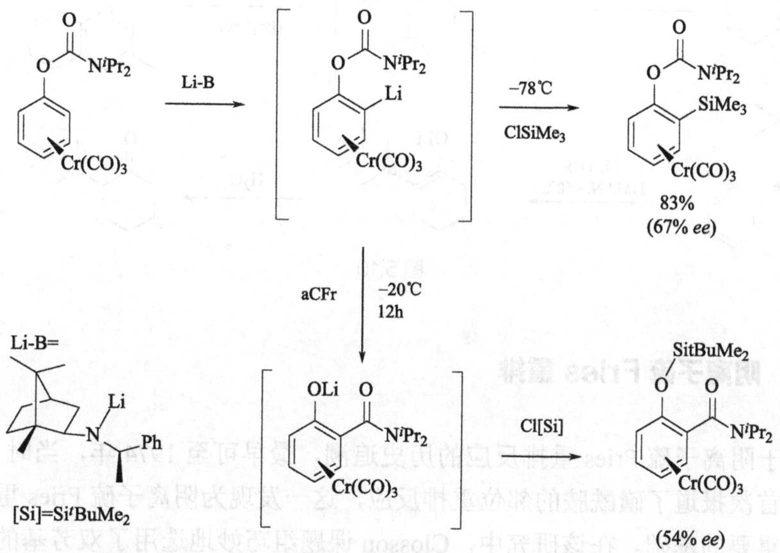

图 5.9

5.3.2 阴离子硅 Fries 重排

1952 年，Speier 首次报道了阴离子硅 Fries 重排这一重要反应。在他的研究中，采用了熔融钠处理氯苯氧基硅烷，并成功生成了邻位的硅重排产物[13]［图 5.10 反应式（1）］。尽管这一发现为阴离子硅 Fries 重排领域奠定了初步基础，但 Speier 并未对此反应进行更为深入的探索和研究。随后，Akai 课题组在阴离子硅 Fries 重排领域取得了新的突破。他们报道了一种新型的阴离子硅 Fries 重排反应。通过使用碳酸铯来活化萘酚的酚羟基，进而与硅原子形成五元环中间体，在钯的催化下，碳硅键与碘苯发生氧化加成而断裂，并最终生成迁移产物[14]［图 5.10 反应式（2）］。

Kuwajima 和 Takeda 等人深入探索了阴离子硅 Fries 重排在烯烃上的应用［图 5.10 反应式（3）］，锂单质作为高效的催化剂，成功介导了硅烷单元向烯烃另一端的迁移过程，实现了对苯硒基的取代，进而生成了重排产物。这一重排产物在后续的水解步骤中，稳定地转化为酮类化合物[15]。

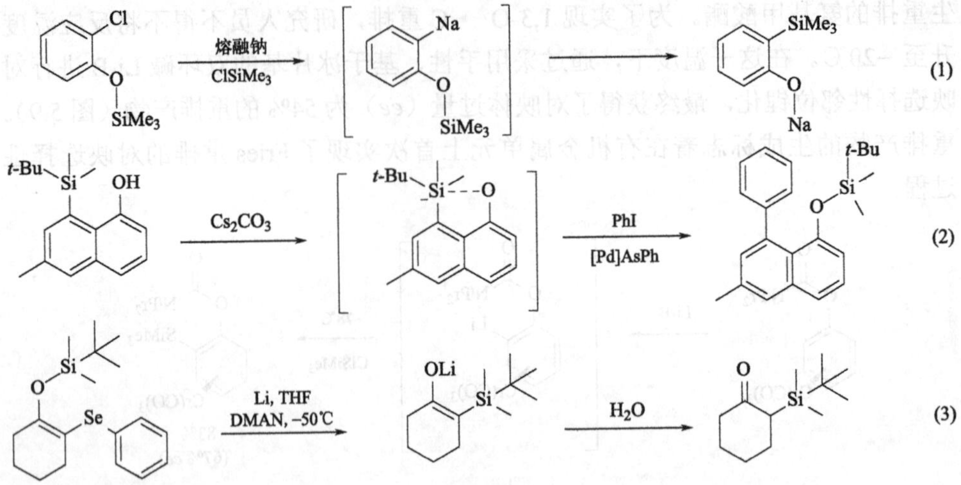

图 5.10

5.3.3 阴离子硫 Fries 重排

关于阴离子硫 Fries 重排反应的历史追溯，最早可至 1974 年，当时 Closson 课题组首次报道了磺酰胺的邻位重排反应，这一发现为阴离子硫 Fries 重排领域奠定了重要的基础。在该研究中，Closson 课题组巧妙地选用了双芳基的苯磺酰苯胺作为反应底物，并通过使用甲基锂，成功实现了磺酰胺的邻位重排反应[16]（图 5.11）。为进一步验证反应机理，Closson 课题组设计了一项关键实验：他们

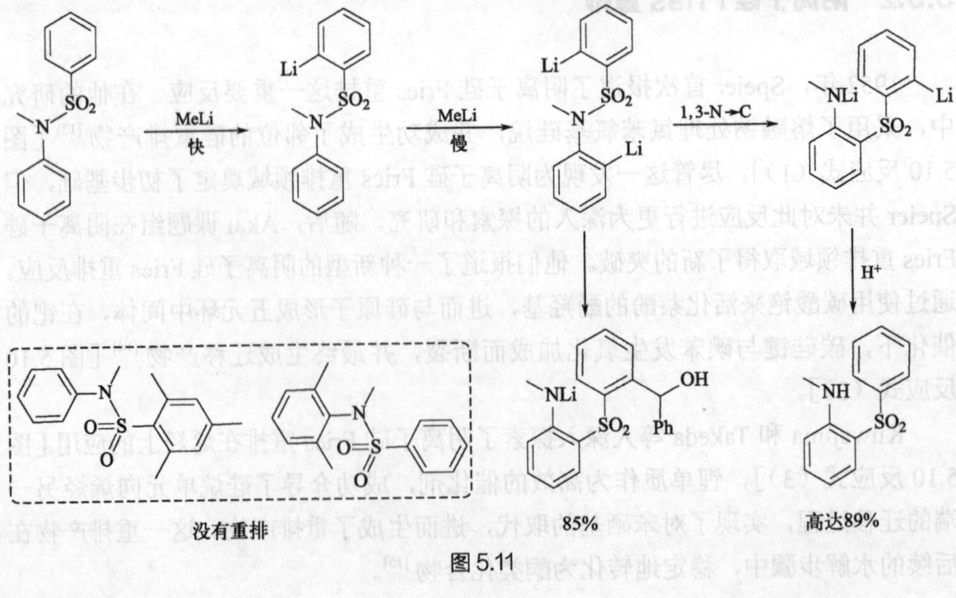

图 5.11

向体系中加入苯甲醛，并观察到了醇类产物的生成，这一实验结果不仅有力地支持了双锂化中间体的存在的假设，同时也间接证实了产物中锂化亚胺单元的生成。在此基础上，Closson 课题组认为脱除质子后双锂代中间体的形成是完成此类重排反应的关键步骤。为了验证这一猜想，课题组尝试使用了苯环上相应位置被取代的底物进行实验。令人信服的是，这些取代底物并未产生预期的重排产物，这一结果有力地支持了他们的机理假设，即双锂代中间体的形成对于重排反应的进行是不可或缺的。

Hellwinkel 等人对磺酰胺 Fries 重排反应的机理进行了更为深入的研究，他们通过氘代实验发现，双侧苯环的去质子锂化是一个两步过程，首先，磺酰基一侧苯环的邻位去质子锂化，随后通过 Li-H 交换步骤，胺一侧的苯环邻位也进行脱质子锂化[17]（图 5.12）。

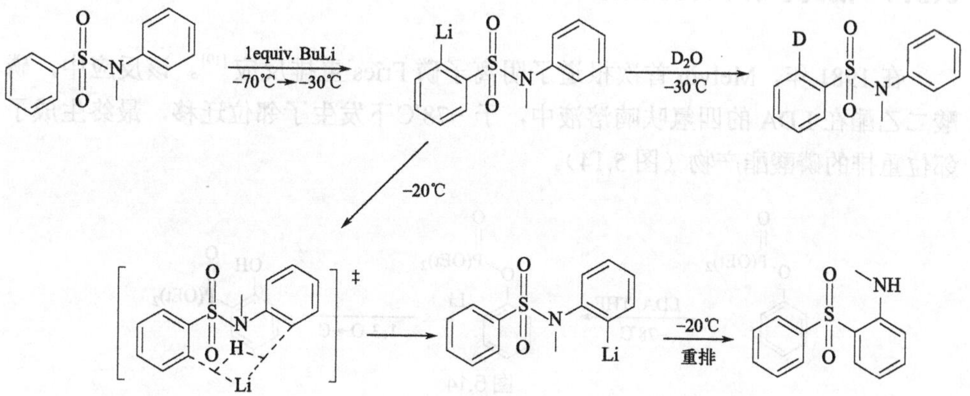

图 5.12

关于磺酸酯的 Fries 重排反应，直到 2000 年才被 Lloyd-Jones 等报道，Lloyd-Jones 等人在尝试联萘酚与吡啶偶联反应时并没有得到预期产物，却意外发现磺酸酯能在碱性条件下发生重排，生成邻位的重排产物[18]［图 5.13 反应式（1）］。在此基础上，Jones 等人进一步发现，磺酸酯的 Fries 重排与苯炔中间体的生成是一对竞争性反应。这一竞争性反应的走向与体系的碱性程度、所含有金属物质的种类以及碱性强弱有关［图 5.13 反应式（2）］。

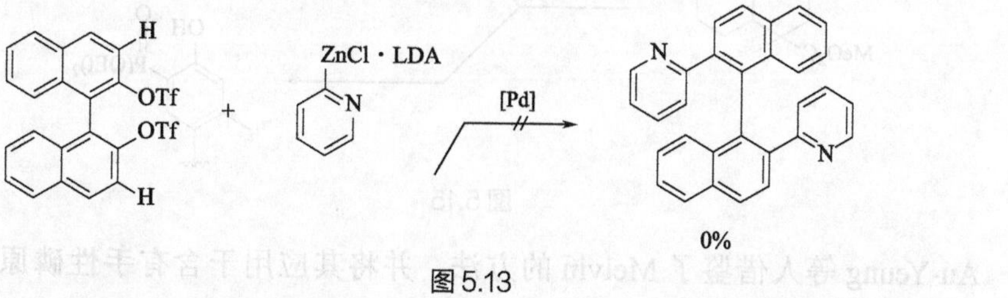

图 5.13

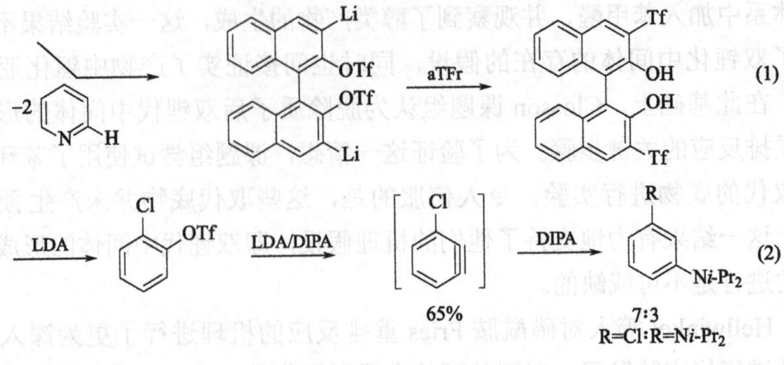

图 5.13

5.3.4 阴离子磷 Fries 重排

在 1981 年，Melvin 首次报道了阴离子磷 Fries 重排反应[19]。该反应中，磷酸二乙酯在 LDA 的四氢呋喃溶液中，于 −78℃下发生了邻位迁移，最终生成了邻位重排的磷酸酯产物（图 5.14）。

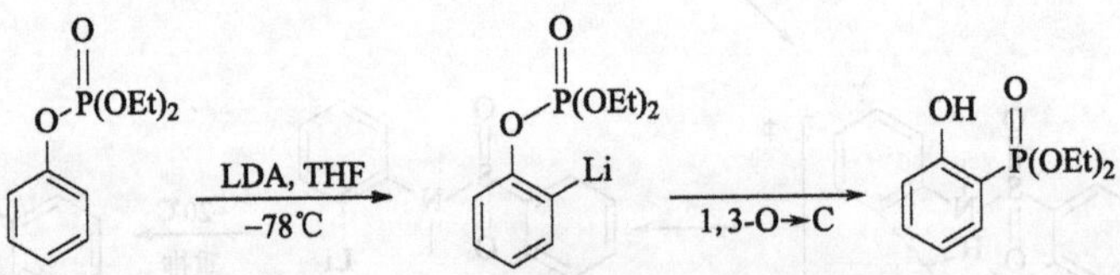

图 5.14

1982 年，Cambie 和 Palmer 等人同样报道了一类相似的反应[20]。他们在使用 *n*-BuLi 和氧气对羟基化苯基磷酸酯的邻位氢进行取代时，并未获得预期的产物，而是意外生成了邻位重排的磷酸酯类产物（图 5.15）。

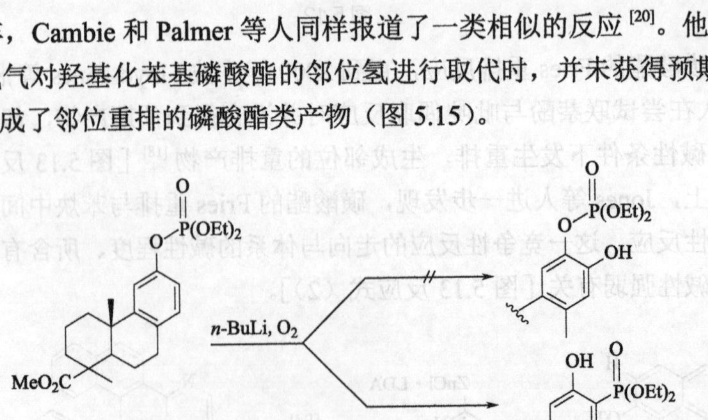

图 5.15

Au-Yeung 等人借鉴了 Melvin 的方法，并将其应用于含有手性磷原子的化合物上，发现同样可以发生阴离子磷 Fries 重排反应[21]［图 5.16 反应式（1)]。Modro 等则采用了相同的方法，将其应用于 *N*- 甲基氨基磷酸酯，也成功获得了预期的邻位重排产物，且产率可达 63%[22]［图 5.16 反应式（2)]。

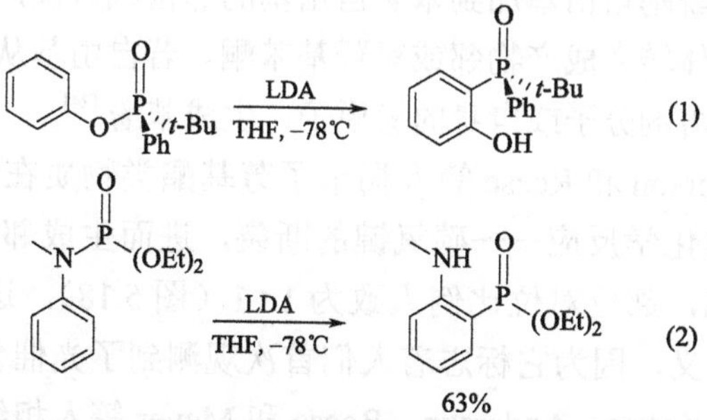

图 5.16

5.4 自由基 Fries 重排

自由基 Fries 重排反应通常是指在光催化条件下，通过产生自由基来完成的 Fries 重排反应。这类反应产物与阳离子 Fries 重排反应相似，包括邻位和对位两种产物，但两者的产率都不如阳离子 Fries 重排反应的高[23]。使用醇类等极性溶剂能够促进此类重排反应的进行。在自由基 Fries 重排反应中，还经常能观察到一些非预期的产物，如脱羰基产物以及成环产物（图 5.17)。

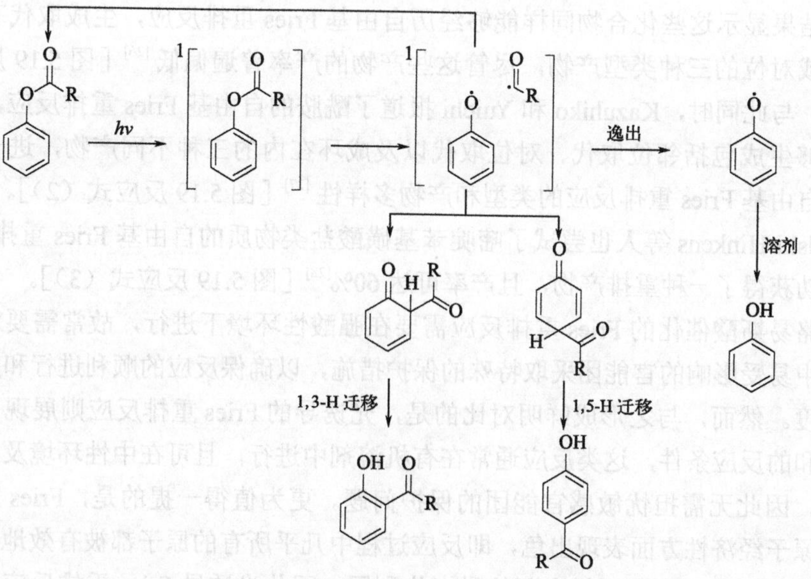

图 5.17

在光催化过程中，羧酸苯酯吸收光子后分子达到激发态，ArO—COR 键发生均裂，分解成一对自由基，这两个自由基在溶剂笼中长时间保持近距离，并经历无数次的碰撞。这些碰撞可能导致两种结果：一是发生分解反应的逆反应，重新生成反应物；二是酰基自由基加到苯氧自由基的邻位或对位，生成中间产物环己二烯酮，最终中间体转变成产物邻或对羟基苯酮。若自由基从溶剂笼中逸出，苯氧自由基则会争夺溶剂分子或自身的氢原子，生成苯酚[24]。

1960 年，Anderson 和 Reese 等人揭示了芳基酯类物质在紫外光照条件下能够经历一种特殊的化学反应——碳氧键的断裂，进而生成邻位和对位的重排产物，总产率为 49%，邻位对位比例大致为 1∶1（图 5.18）。这一发现不仅新颖，而且具有显著的意义，因为它标志着人们首次观测到了光催化的自由基 Fries 重排反应[25]。随后，Kobsa、Anderson、Reese 和 Meyer 等人相继对 Fries 重排光化反应的反应机理进行了深入的研究。此外，Syamala 和 Alicia 等人则将研究的焦点转向了反应介质或催化剂的选择，以及如何提高反应的产率和选择性。

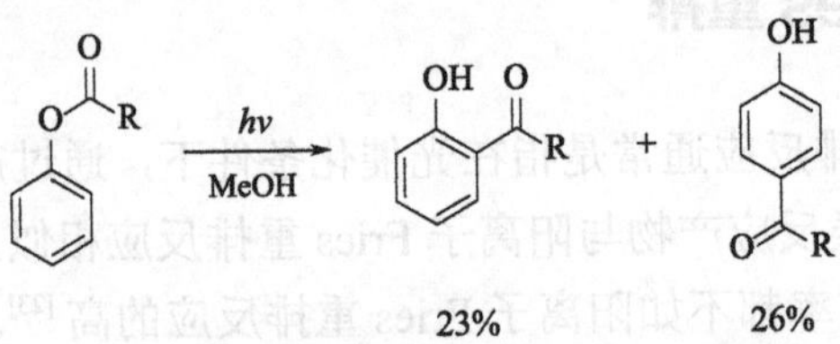

图 5.18

Beugelmans 等人对含有吡啶环的酯类化合物开展了一系列紫外光照射实验，结果显示这些化合物同样能够经历自由基 Fries 重排反应，生成取代基位于邻位或对位的三种类型产物，尽管这些产物的产率普遍偏低[26]［图 5.19 反应式（1)］。与此同时，Kazuhiko 和 Yuichi 报道了酰胺的自由基 Fries 重排反应，该反应能够生成包括邻位取代、对位取代以及成环在内的三种不同产物，进一步丰富了自由基 Fries 重排反应的类型和产物多样性[27]［图 5.19 反应式（2)］。此外，Nasielski-Hinkens 等人也尝试了嘧啶苯基磺酸盐类物质的自由基 Fries 重排反应，并成功获得了一种重排产物，且产率可达 60%[28]［图 5.19 反应式（3)］。

路易斯酸催化的 Fries 重排反应需要在强酸性环境下进行，故常需要对反应体系中易受影响的官能团采取特殊的保护措施，以确保反应的顺利进行和产物的高纯度。然而，与之形成鲜明对比的是，光诱导的 Fries 重排反应则展现出了更为温和的反应条件，这类反应通常在有机溶剂中进行，且可在中性环境及室温下发生，因此无需担忧敏感官能团的保护问题。更为值得一提的是，Fries 重排反应在原子经济性方面表现出色，即反应过程中几乎所有的原子都被有效地引入了目标产物中，实现了原料资源的最大化利用。因此光诱导 Fries 重排反应为研究

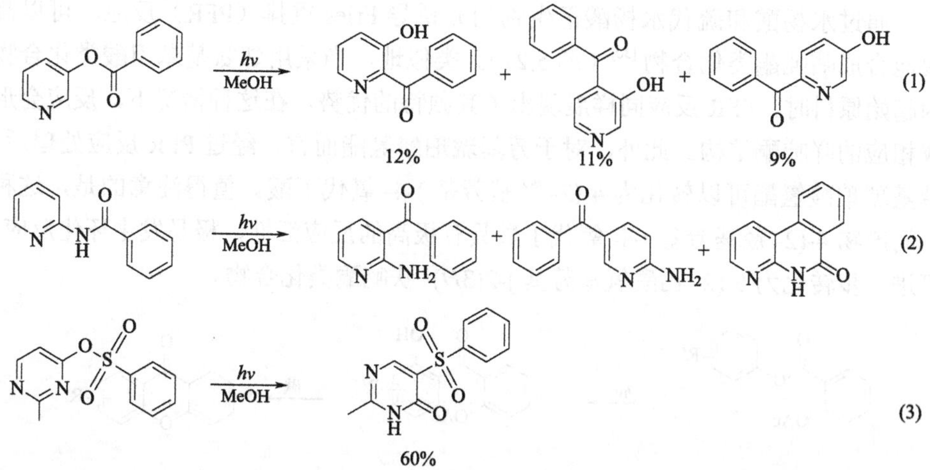

图 5.19

绿色化学提供了一个较为完美的模型反应。

在将光诱导的 Fries 重排反应（PFR）应用于规模制备时，一个潜在的关键挑战在于邻位重排产物可能引发的内部光过滤效应，该效应可能会对反应的整体效率产生不利影响。然而，在合成苯并吡喃酮的过程中，研究人员通过一种巧妙的策略成功地克服了这一难题。他们利用 PFR 生成的 α,β- 不饱和邻羟基苯乙酮，直接进行了原位环化反应，从而有效地规避了内部光过滤效应的影响。为了实现这一创新性的转化，他们设计了一种高效的两相体系方法：在苯与氢氧化钠水溶液中采用一锅法的光照射处理。基于这一创新策略，研究人员进一步开发了一种以 PFR 为核心的光化学合成方法，专门用于制备具有生物活性的苯并吡喃[29]（图 5.20），这类化合物可作为保幼激素的抑制剂。此外，PFR 还成功应用于芳基苯丙酸酯的转化，能够生成 2- 羟基芳基苯乙炔酮。根据反应中使用的碱和溶剂的不同，这些中间体可以进一步环化，分别形成黄酮或橙酮类化合物。同样地，PFR 反应在 β- 酮酸酯的转化中也展现出其独特的优势。在这个过程中，重排后得到的 β- 二酮通过后续的环化反应，可直接合成出苯并吡喃酮骨架，为相关化合物的合成提供了一条简便而高效的途径。

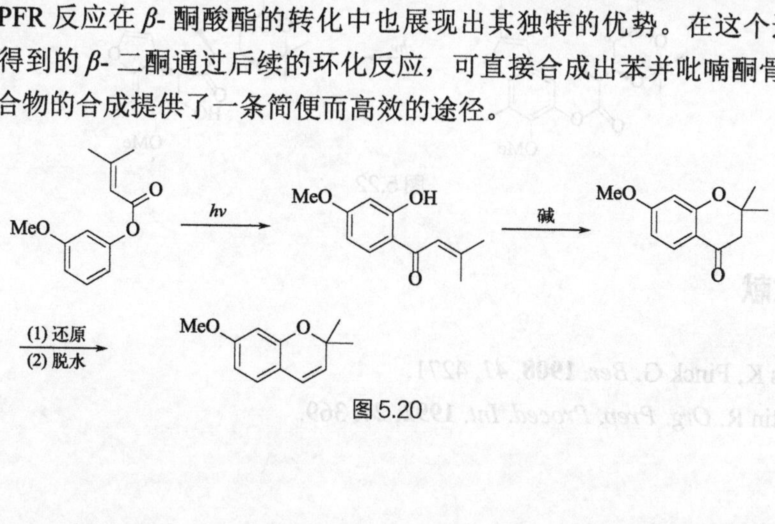

图 5.20

通过水杨酸和硫代水杨酸衍生物的光诱导 Fries 重排（PFR）反应，可以高效地合成呫吨酮类化合物[30]（图 5.21）。类似地，当采用邻氨基苯甲酸类化合物为起始原料时，PFR 反应同样展现出了其独特的优势。在这种情况下，反应会形成相应的吖啶酮结构。此外，对于芳基琥珀酸氢酯而言，经过 PFR 反应处理后，芳基琥珀酸氢酯可以转化为 4-(2- 羟基芳基)-4- 氧代丁酸。值得注意的是，这种中间产物 4-(2- 羟基芳基)-4- 氧代丁酸具有极高的反应活性，极易发生环化反应，可进一步转化为 5-(2- 乙酰氧基芳基)-2(3*H*)- 呋喃酮类化合物。

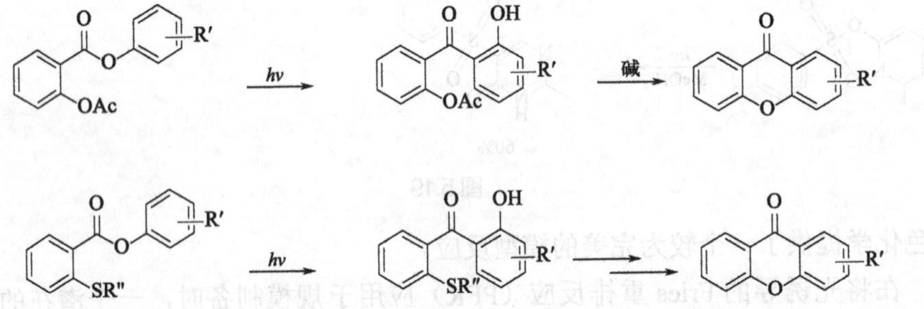

图 5.21

自由基 Fries 重排反应作为一种强大的合成工具，在构建复杂天然产物及生物活性化合物方面发挥着越来越重要的作用。这些化合物涵盖了多种具有重要生物活性的分子，如毛管花素、比卡菌素、阿霉素、甲基毛瑞亭醚、阿里佐宁、凯塞定、重氮酰胺，以及来源于马钱子属和夹竹桃科的多种生物碱等。在 (–)- 肯多霉素的合成中，自由基 Fries 重排反应更是扮演了关键角色[31]（图 5.22）。在这个合成过程中，PFR 作为关键步骤，巧妙地实现了大环内酯分子内的重排反应，为最终产物的构建奠定了重要基础。

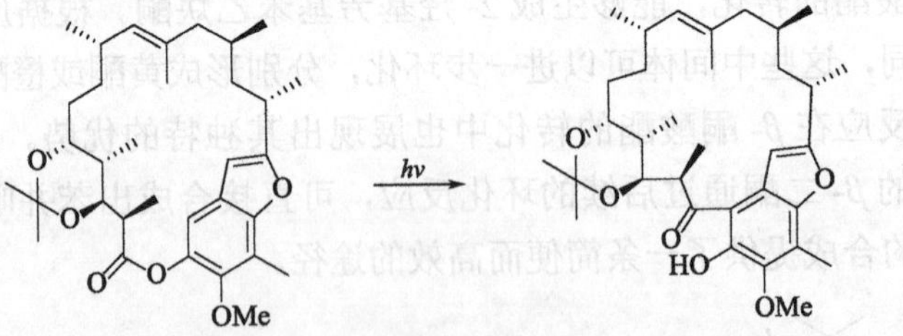

图 5.22

参考文献

[1] Fries K, Finck G. *Ber*. **1908**, *41*, 4271.

[2] Martin R. *Org. Prep. Proced. Int*. **1992**, *24*, 369.

[3] Tisserand S, Baati R, Nicolas M, et al. *J. Org. Chem.* **2004**, *69*, 8982.
[4] Kaboudin B. *Tetrahedron* **1999**, *55*, 12865.
[5] Ollevier T, Desyroy V, Asim M, et al. *Synlett* **2004**, 2794.
[6] Harrowven D C, Dainty R F. *Tetrahedron Lett.* **1996**, *37*, 7659.
[7] Jeon I, Mangion I K. *Synlett* **2012**, 1927.
[8] Balkus J K, Khanmamedova A K, Ryan W, et al. *J. Mol. Catal. A: Chem.* **1998**, *134*, 137.
[9] Korb M, Lang H. *Chem. Soc. Rev.* **2019**, *48*, 2829.
[10] Sibi M P, Snieckus V. *J. Org. Chem.* **1983**, *48*, 1935.
[11] Lin C Y, Chein R J. *Synlett* **2014**, 2827.
[12] Quattropani A, Bernardinelli G, Kündig E P, et al. *Helv. Chim. Acta*, **1999**, *82*, 90.
[13] Speier J L. *J. Am. Chem. Soc.* **1952**, *74*, 1003.
[14] Akai S, Ikawa T, Takayanagi S, et al. *Angew. Chem. Int. Ed.* **2008**, *47*, 7673.
[15] Kuwajima I, Takeda R. *Tetrahedron Lett.* **1981**, *22*, 2381.
[16] Shafer S J, Closson W D. *J. Org. Chem.* **1975**, *49*, 889.
[17] Hellwinkel D, Supp M. *Chem Ber.* **1976**, *109*, 3749.
[18] Charmant J P H, Fallis I A, Hunt N J, et al. *J. Chem. Soc., Dalton Trans.* **2000**, 1723.
[19] Melvin L S. *Tetrahedron Lett.* **1981**, *22*, 3375.
[20] Cambie R C, Palmer B D. *Aus. J. Chem.* **1982**, *35*, 827.
[21] Au-Yeung T L, Chan K Y, Haynes R K, et al. *Tetrahedron Lett.* **2001**, *42*, 457.
[22] Jardine A M, Vather S M, Modro T A. *J. Org. Chem.* **1988**, *53*, 3983.
[23] Fmegan R A, Knutson D. *J. Am. Chem. Soc.* **1967**, *89*, 1970.
[24] Loveridge E L. *Diss. Abstr. Int.* **1977**, *37*, 5087.
[25] Anderson J C, Reese C B. *Proc. Chem. Soc.* **1960**, 217.
[26] Goff M T, Beugelmans R. *Tetrahedron Lett.* **1970**, *16*, 1355.
[27] Kazuhiko I, Yuichi K. *Chem. Pharm.* **1974**, *22*, 1431.
[28] Nasielski-Hinkens I, Maeck J, Tenvoorde M. *Tetrahedron* **1972**, *28*, 5025.
[29] Bowers W S, Ohta T, Cleere J S, et al. *Science* **1976**, *193*, 542.
[30] (a) Diaz-Mondejar M R, Miranda M A. *Tetrahedron* **1982**, *38*, 1523. (b) Belled C, Miranda M A, Simon-Fuentes A. *An. Quim.* **1989**, *85*, 39.
[31] Magauer T, Martin H J, Mulzer J. *Angew. Chem. Int. Ed.* **2009**, *48*, 6032.

第 6 章

Mislow-Evans 重排

6.1 Mislow-Evans 重排概述

6.2 重排底物的制备

6.3 烯丙基次磺酸酯与烯丙醇之间经由 [2,3]-σ 重排的转化

6.4 影响重排反应立体选择性的因素

6.5 包含 Mislow-Evans 重排反应的序列及其在合成中的应用

6.1 Mislow-Evans 重排概述

烯丙基亚砜化合物经历 [2,3]-σ 重排过程，会转化为次磺酸酯化合物，随后，在亲硫试剂作用下，S—O 键被有效切断，最终生成烯丙醇化合物。这一系列反应被称为 Mislow-Evans 重排[1]［图 6.1 反应式（3）］。1966 年，Mislow 等在研究手性亚砜化合物时，首次观察到这些化合物会发生消旋化，且此重排过程具有可逆性，并倾向于生成烯丙基亚砜产物[2]［图 6.1 反应式（1）］。几年后，Harvard 大学的 Evans 教授在此基础上进行了创新，他引入了亲硫试剂［常用的有哌啶、$P(OMe)_3$、$P(NR_2)_3$、PhS^-、HNR_2 等］，这些试剂能够促使原本生成的烯丙基亚砜定量地转化为烯丙醇[3]［图 6.1 反应式（2）］，从而避免了经可逆步骤回到烯丙基亚砜。这一方法发展为一种构建烯丙醇结构片段的有效手段，并被广泛称为 Mislow-Evans 重排反应。

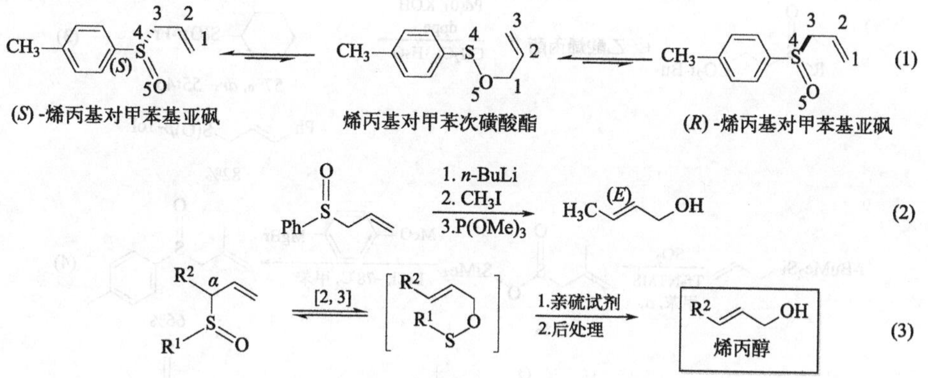

图 6.1

6.2 重排底物的制备

烯丙基亚砜的合成方法丰富多样，这些途径不仅涵盖了相应硫化物的氧化或亚磺酸酯的热重排等经典方法，而且能以对映纯的形式获得目标产物[4]［图 6.2 反应式（1）］。在合成过程中，烯丙基亚砜在 α 位会发生区域选择性的去质子化，进而形成由亚砜稳定的烯丙基碳负离子。该负离子随后在硫的 α 位进行区域选择性的烷基化反应。为了实现烯丙基碳负离子的形成，通常在低温条件下使用强碱（如 n-BuLi 或 LDA）。同时也在低温环境下，利用各类烷基卤化物、烯丙基卤化物和苄基卤化物对烯丙基碳负离子进行烷基化[5]［图 6.2 反应式（2）］。此外，β-亚砜基酯在碱作用下生成亚磺酸负离子，该离子在 Pd(0) 的催化下被乙酸烯丙酯捕获，从而生成含有不同取代基的烯丙基亚砜[6]［图 6.2 反应式（3）］。Vogel 和

Turks 课题组则基于烯丙基硅烷和烯丙基硼烷衍生物与 SO_2 的反应，开发了一种新的合成方法。他们首先合成烯丙基亚磺酸酯，然后利用格氏试剂在硫原子处发生选择性亲核取代反应，从而生成一系列烯丙基亚砜化合物[7-8][图 6.2 反应式（4）和（5）]。

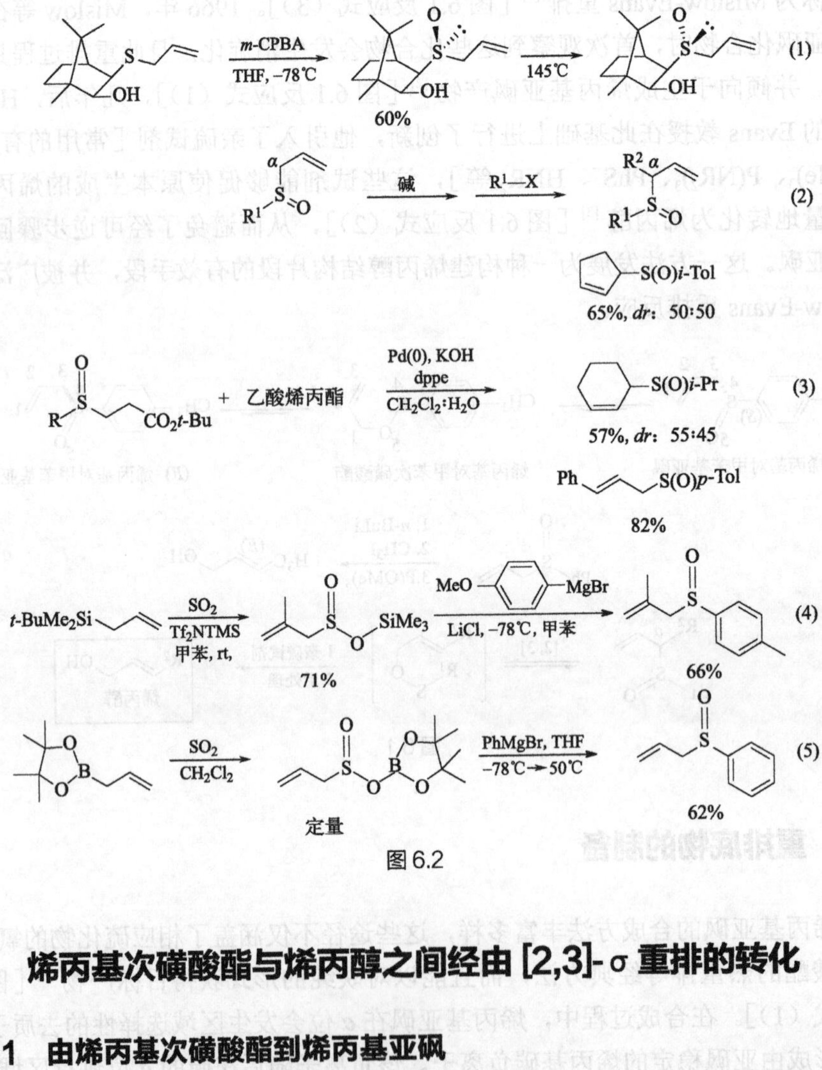

图 6.2

6.3 烯丙基次磺酸酯与烯丙醇之间经由 [2,3]-σ 重排的转化

6.3.1 由烯丙基次磺酸酯到烯丙基亚砜

Whitham 课题组的研究揭示了烯丙基次磺酸酯在 [2,3]-σ 重排反应中的独特行为，该过程能够生成单一的非对映体亚砜。相比之下，如果采用硫醚氧化的方法，则会得到 1∶1 混合的手性亚砜[9]［图 6.3 反应式（1）］，这表明 [2,3]-σ 重排在选择性地生成特定非对映体方面具有显著优势。在 −78℃ 条件下，烯丙基醇

与 4- 吗啉酰氯反应得到氨基次磺酸酯，随着反应体系逐渐升温至室温，可以高收率地获得烯丙基次磺酰胺。这一过程与标准的次磺酸酯 - 亚砜重排反应在机理上颇为相似[10]［图 6.3 反应式（2）］。此外，氟代烯丙基醇也能够通过 [2,3]-σ 重排转变为氟代烯丙基亚砜。在另一项研究中，烯丙醇与糖精衍生物发生亲电的三氟甲基亚砜化反应，生成次磺酸酯。次磺酸酯随后自发地重新排列成三氟甲亚砜[11]［图 6.3 反应式（3）］。

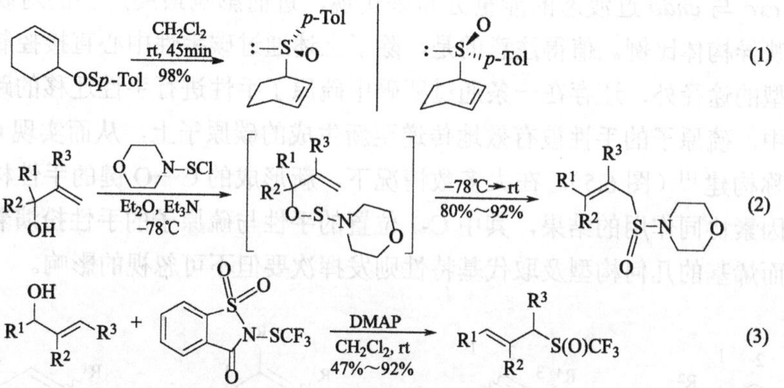

图6.3

6.3.2 由烯丙基亚砜到烯丙醇

Zwanenburg 等所介绍的亚砜诱导的 [2,3]-σ 重排是一个有趣且实用的反应过程。在这个反应中，起始底物含有一个硫取代基，当用 NaSPh（苯硫基钠）处理时，会引发异构化为烯丙基亚砜。随后，这个烯丙基亚砜会进行顺位重排和亲硫裂解，最终以较高的产率和选择性生成 γ- 羟基乙烯基硫[12]［图 6.4 反应式（1）］。另外，Warren 等则探索了烯丙基体系的苯硫基转移反应，并利用由此产生的烯丙基硫化物通过氧化和 [2,3]-σ 重排来制备烯丙基醇。在这个过程中，二硫化物前体经过选择性氧化可以制备出烯丙基亚砜，烯丙基亚砜随后可以重排为具有乙烯基硫官能团的烯丙基仲醇[13]［图 6.4 反应式（2）］。

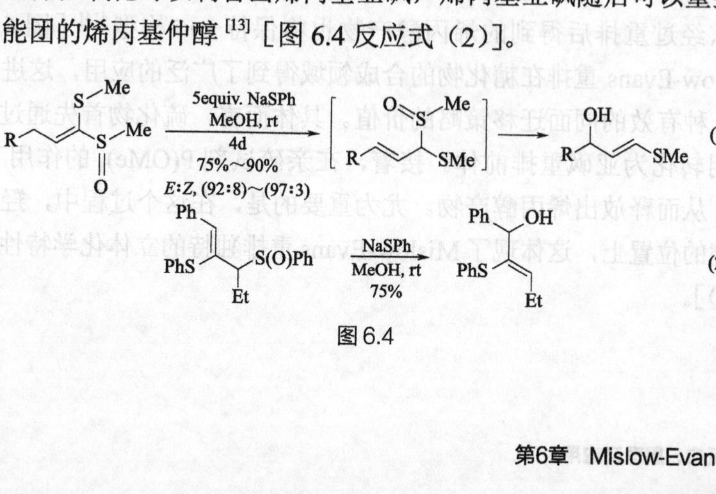

图6.4

6.4 影响重排反应立体选择性的因素

在 Mislow-Evans 不对称重排反应中，烯丙基亚砜向烯丙基次磺酸酯的转化过程受到多重因素的精细调控。关键在于与亚磺酰基直接相连的碳原子手性中心，它作为核心要素主导着重排产物的手性特征。此外，烯基末端的几何异构状态以及非末端烯基上的取代基亦对新生手性构型产生显著影响，这些效应主要通过调节 *exo* 与 *endo* 过渡态的能量分布来实现，进而影响最终产物的对映体比例或非对映异构体比例。值得注意的是，除了上述通过碳手性中心直接控制产物碳手性构型的途径外，还存在一条通过亚砜中硫原子手性进行手性迁移的路径。在此过程中，硫原子的手性被有效地传递至新生成的碳原子上，从而实现 C—O 键的不对称构建[1]（图 6.5）。在大多数情况下，新形成的 C—O 键的手性构型是上述多重因素协同作用的结果，其中 C-1 位置的手性与硫原子的手性扮演着决定性角色，而烯基的几何构型及取代基特性则发挥次要但不可忽视的影响。

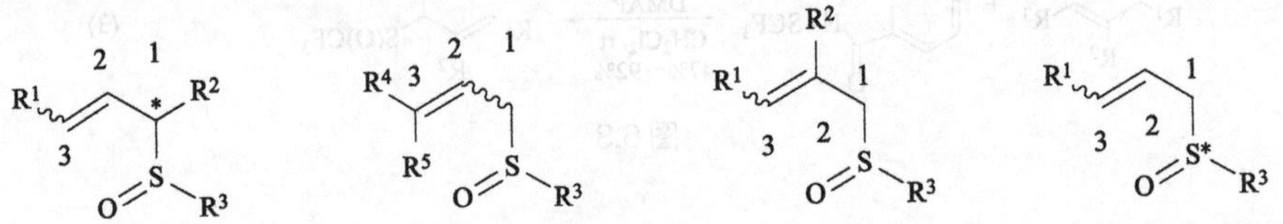

图 6.5

6.4.1 C-1 位置手性对产物立体化学的影响

C-1 位置具有手性的烯丙基硫化物，在经历高碘酸钠的氧化作用后，会生成一个非对映异构体比例为 1 : 1 的烯丙基亚砜中间体。这个中间体特征在于其亚砜硫原子位置形成了 1 : 1 的非对映异构体混合物。随后，在亲硫试剂——苯硫酚负离子的诱导下，该中间体发生 Mislow-Evans 重排反应，最终生成具有 1,4- 相对手性中心的烯丙醇化合物。值得注意的是，若重排前的硫化物前体呈现出 *anti* 构型，那么经过重排后得到的烯丙醇产物也将保持 *anti* 构型[14]［图 6.6 反应式（1）］。Mislow-Evans 重排在糖化物的合成领域得到了广泛的应用，这进一步证明了其作为一种有效的同面迁移策略的价值。具体而言，硫化物首先通过 *m*-CPBA 的氧化作用转化为亚砜重排前体。接着，在亲硫试剂 $P(OMe)_3$ 的作用下，S—O 键被切断，从而释放出烯丙醇产物。尤为重要的是，在这个过程中，羟基始终保持在直立键的位置上，这体现了 Mislow-Evans 重排独特的立体化学特性[15]［图 6.6 反应式（2）］。

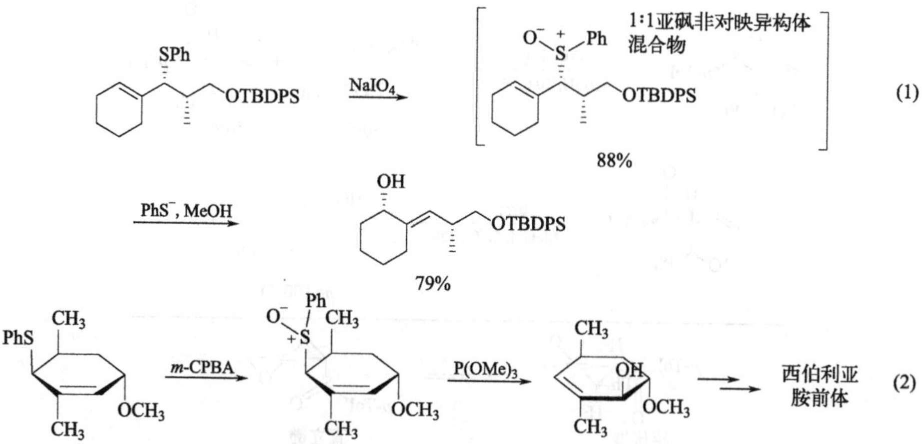

图 6.6

6.4.2 构象对 Mislow-Evans 重排的影响

Pradilla 教授等在探索基于二氢呋喃骨架结构的 Mislow-Evans 重排反应时，发现了一个有趣的现象：在一种二氢呋喃骨架结构的亚砜中，通过 Mislow-Evans 重排反应仅能获得 50% 的重排产物，同时伴随着 50% 的未反应原料；而另一种具有相似结构但略有差异的二氢呋喃骨架亚砜，却能通过同样的重排反应实现 100% 的转化[16]（图 6.7）。值得注意的是，这两种亚砜的硫原子手性中心均呈现 *S* 构型，它们之间的唯一区别在于硫手性中心构型与二氢呋喃骨架中其他两个手性中心构型的相对空间关系。Pradilla 教授等推测，这种反应性差异可能源于构象异构体的存在。具体而言，能够顺利进行 Mislow-Evans 重排的反应构象，要求亚砜基团处于伪直立键的位置。然而，在另一种构象的亚砜中，若要进行 Mislow-Evans 重排，则必须经历 C—S 键的旋转，以使氧原子更接近双键位置。但在这种构象中，对甲苯磺酰基靠近二氢吡喃环的空间位置，导致这种旋转在能量上不利，因此反应难以发生。

在四环素的全合成探索中，Myers 教授等发现了一个关键性的挑战：亚砜基团中的六手性中心需要与其他手性中心保持精确的空间匹配关系，才能确保 Mislow-Evans 重排反应高效进行[17]。Myers 教授等指出，在众多异构体中，仅有特定的一个能够在亚磷酸三甲酯的作用下顺利转化为烯丙醇产物。为了实现这一目标，研究者采用了手性氧化剂，以极高的非对应异构体比例（*dr* 值高达 99∶1）获得了光学纯的烯丙基亚砜中间体。最终以 76% 的收率成功构建了四环素分子中的烯丙醇结构单元（图 6.8）。

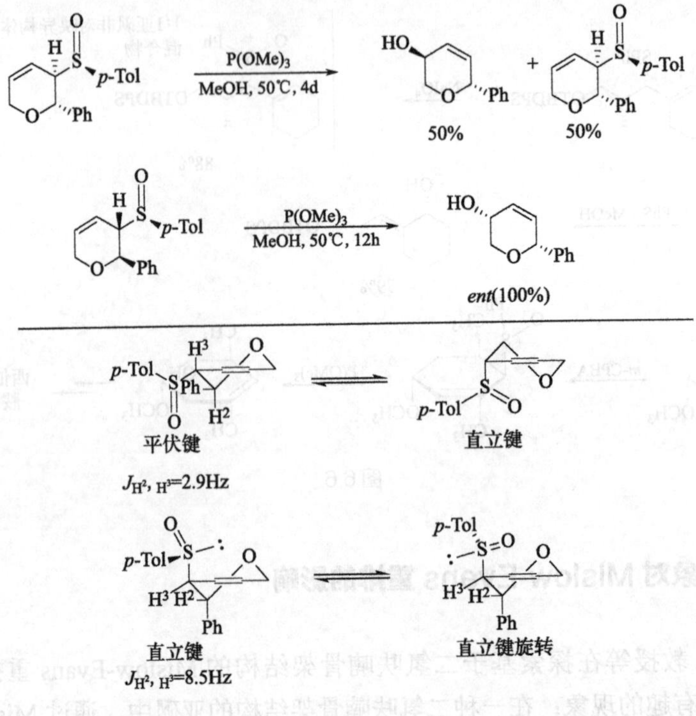

图6.7

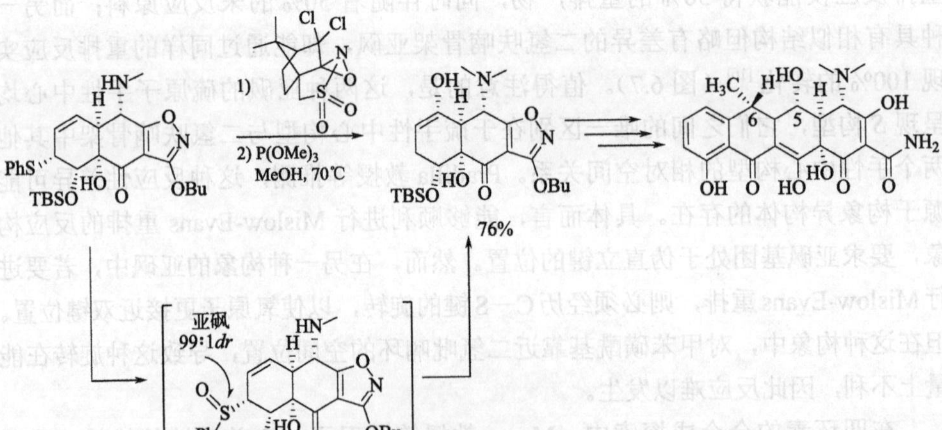

图6.8

6.4.3 硫手性对产物立体化学结果的影响

在非刚性环结构中，一个引人注目的现象是，即便C-1位置的手性中心呈现消旋状态，亚砜硫原子的手性中心仍能高保留度地迁移到新生成的碳手性中心上。

这一独特过程可以通过以下途径实现：首先，烯基亚砜在催化量的 DBU（1,8- 二氮杂二环 [5.4.0] 十一碳 -7- 烯）与等量的三苯基膦作用下，发生双键位置的异构化，生成中间体。随后，经过质子转移步骤，形成重排前体。紧接着，该前体经历 Mislow-Evans 重排反应。在此过程中，硫手性的存在起到了关键作用。氧负离子从双键的背面进行进攻，形成协同过渡态，这一过程具有高度的立体专一性，确保了重排产物的特定构型。最终，经过脱硫步骤，以高产率和高对映选择性获得了烯丙醇产物[18]（图 6.9）。

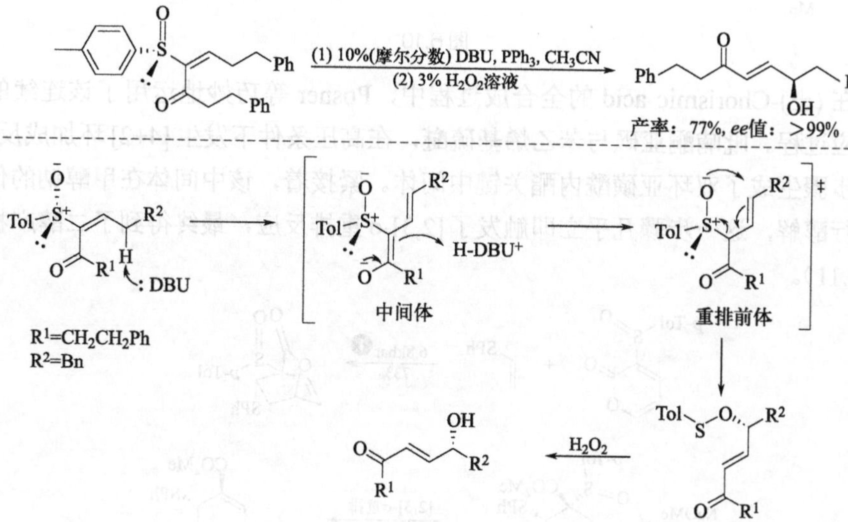

图6.9

6.5 包含 Mislow-Evans 重排反应的序列及其在合成中的应用

6.5.1 Diels-Alder/Mislow-Evans 重排反应

Evans 教授等在 1971 年对 Mislow-Evans 重排进行深入研究时，Evans 教授等敏锐地察觉到 [2,3]-σ 重排与其他反应串联或连续使用，能够开辟一条那些通常难以直接获得的产物的合成路径。具体来说，Evans 教授等发现，某些最终产物如果试图通过常规的 Diels-Alder（D-A）反应来合成，无论是从电子性质的角度还是空间构型的角度来看，都会面临极大的挑战。然而，通过先进行 [4+2] 环加成反应，随后再进行 Mislow-Evans 重排的策略可以绕过这些障碍，以相对高效和直接的方式获得目标产物[19]（图 6.10）。

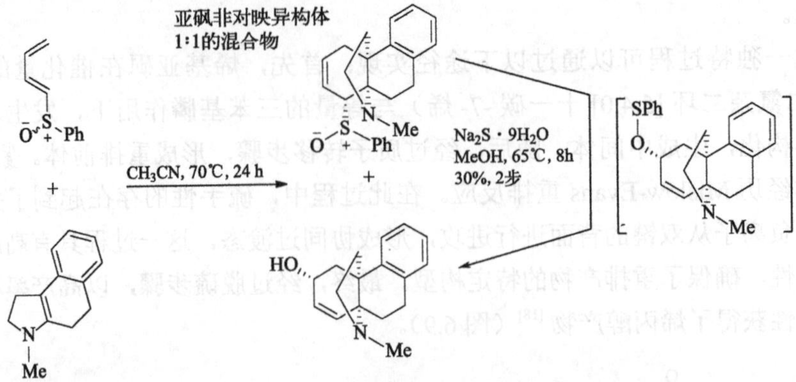

图 6.10

在 (±)-Chorismic acid 的全合成过程中，Posner 等巧妙地运用了该连续的化学反应过程。吡喃酮亚砜与苯乙烯基硫醚，在高压条件下发生 [4+2] 环加成反应，这一步骤生成了双环亚磺酰内酯关键中间体。紧接着，该中间体在甲醇钠的作用下进行醇解，这一步骤几乎立即触发了 [2,3]-σ 重排反应，最终得到了二醇产物[20]（图 6.11）。

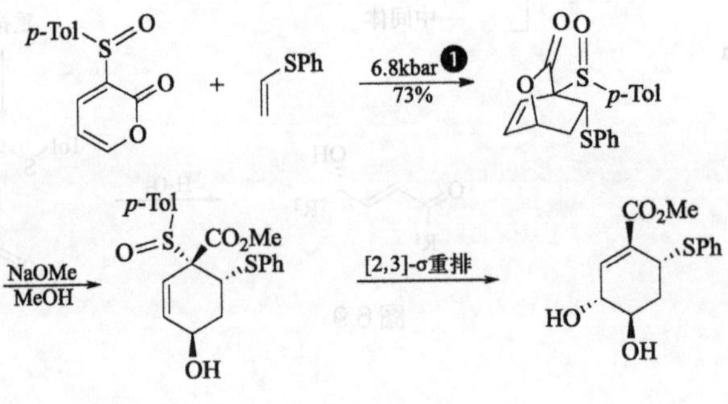

图 6.11

6.5.2 杂原子参与的 Mislow-Evans 重排反应

E 式烯丙基硫醚在胺化试剂氧杂吖丙啶（该试剂根据三元环上取代基的不同也可用作氧化试剂）的作用下，成功构建了 S═N 双键，进而转化为烯丙基硫酰亚胺。随后，该中间产物进一步经历 [2,3]-σ 重排，令人瞩目的是，此过程只得到 E 式的烯丙胺，且原料的手性完全转移至了新生成的氨基上[21]［图 6.12 反应式（1）］。另外，烯丙基硝基化合物，在 DABCO 的催化作用下，于 1,2- 二氯苯

❶ 1bar=10^5Pa。

溶剂中回流半小时，即可顺利转化为烯丙醇化合物[22]［图6.12反应式（2）］。此外，烯丙基碘化物在氧化剂*m*-CPBA的作用下，同样可以生成烯丙醇化合物。推测该反应历程首先涉及碘原子的氧化作用，随后发生[2,3]-σ重排反应，紧接着是第二次碘原子的氧化，最终通过水解步骤得到目标产物[23]［图6.12反应式（3）］。

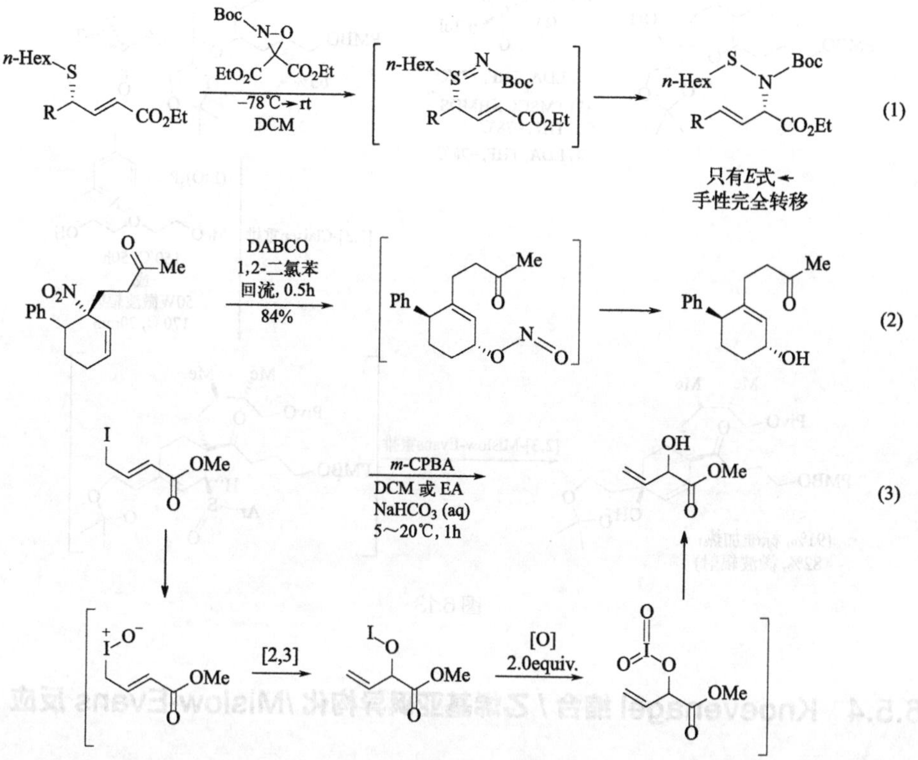

图6.12

6.5.3 Claisen/Mislow-Evans 重排

Zakarian教授等报道了一个引人注目的化学反应串联过程，即Claisen重排与Mislow-Evans重排连续发生[24]。该过程起始于烯基亚砜或其差向异构体（两者在硫手性上存在差异），在高温（150℃）条件下，这些起始物质首先触发Claisen重排，生成相应的产物。尤为关键的是，由于反应体系中存在亲硫试剂三乙氧基膦，在无需对中间产物进行分离的情况下，该中间产物能够直接进行下一步的Mislow-Evans重排。这一连串的反应最终导向了Claisen-Mislow-Evans重排产物，该产物恰好是pinnatoxins这一生物活性分子家族中的一个关键片段，如图 6.13 所示。后续的研究进一步揭示了这一串联反应的潜力。在微波辐射的条件下，整个 Claisen-Mislow-Evans 反应过程得以显著加速，仅需 20min 即可完成，相较于传统加热方法，这一发现极大地提升了反应效率。

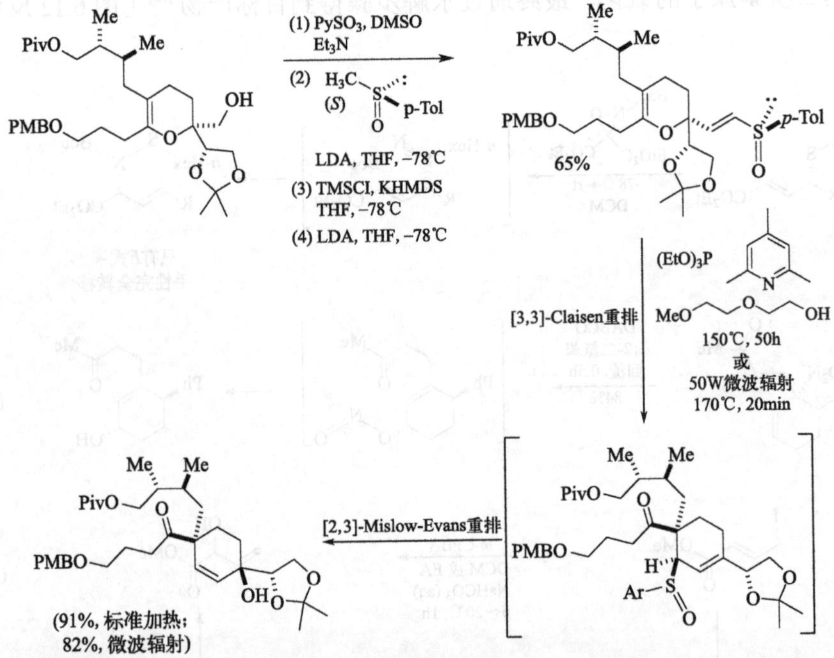

图 6.13

6.5.4 Knoevenagel 缩合 / 乙烯基亚砜异构化 /Mislow-Evans 反应

Knoevenagel 缩合 / 乙烯基亚砜异构化 /Mislow-Evans 反应，大多数文献称之为 SPAC 反应（一种结合亚砜、哌啶与羰基化合物的多功能有机转化方法），经常被用来构建 γ- 羟基 -α,β- 不饱和化合物，整个过程一步完成 [25]（图 6.14）。具有 α 位活泼氢的亚砜化合物（由于需要亚砜 α 位的氢具有足够强的酸性来发生 Knoevenagel 缩合，所以与亚砜 α 位的碳原子连接的基团必须是强吸电子基团，一般而言为氰基、酯基、羰基、亚磺酰基、磺酰基），与可烯醇化的醛（有时可以是酮）发生 Knoevenagel 缩合得到烯基亚砜，其 C-C 双键进一步异构化得到烯丙基亚砜，接着发生 [2,3]-σ 重排得到烯丙基次磺酸酯，最后被亲硫试剂捕获得到 γ- 羟基 -α,β- 不饱和化合物，双键多为 E 式构型。在这一连串的反应中，哌啶或二级胺等碱性试剂扮演着多重角色。它们不仅为 Knoevenagel 缩合反应提供了必要的碱性环境，还促进了质子转移，从而加速了双键位置的异构化过程。此外，这些碱性试剂还作为亲硫试剂，参与了切断 S—O 键。

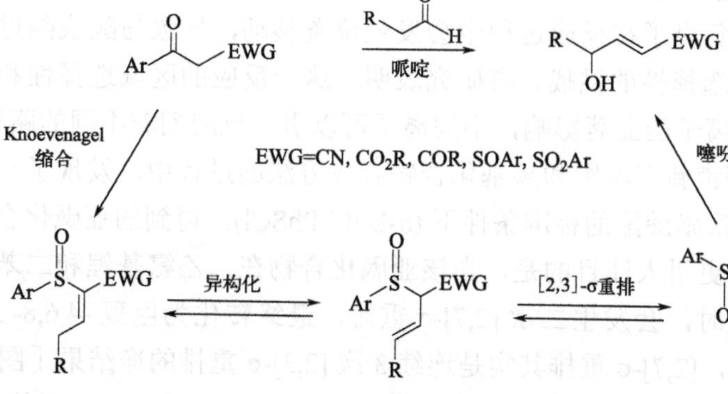

图 6.14

6.5.5 连续多次的 [2,3]- 重排反应

在 Corey 教授对 5- 脱氧白三烯 D 的全合成研究中，他巧妙地利用戊二烯基亚砜作为二烯醛基乙烯基负离子的等价物。这一策略的核心步骤包括戊二烯基亚砜的 α 位锂化，随后对醛进行加成反应。在此过程中，生成的中间体被苯甲酰氯迅速捕获，随着反应温度的升高，捕获后的中间体经历了两次连续的 [2,3]-σ 重排得到亚砜基团处于末端位置的戊二烯基亚砜，而后经过 Pummerer 重排，最后水解得到二烯醛基产物[26]（图 6.15）。

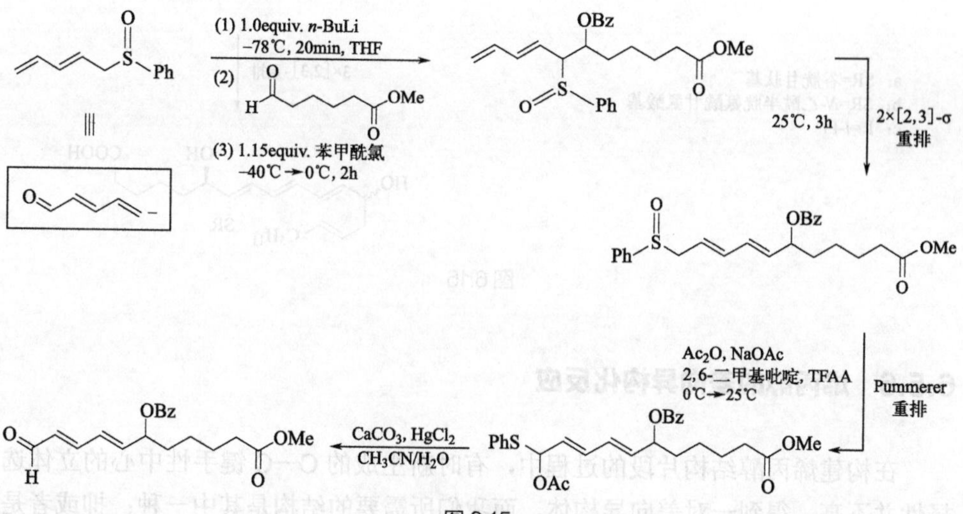

图 6.15

在利用戊二烯基亚砜作为二烯醛基乙烯基负离子等价物的合成策略中，与Evans教授等通过α-烷基化串联Mislow-Evans重排反应所遇到的问题相似，由于双键的存在，负离子在反应过程中会发生位置移动，导致与醛或酮进行加成反应时面临区域选择性的挑战。有研究表明，这一反应的区域选择性和最终产率受到金属抗衡离子的显著影响，不同离子可以引导反应朝着不同的路径进行。Trost教授等在探索新型不饱和羰基化合物合成方法的过程中，发现了一个有趣的现象。在制备次磺酸酯的标准条件下（*n*-BuLi/PhSCl），得到的亚砜化合物会发生[2,7]-σ重排。更引人注目的是，当该亚砜化合物在二乙氨基锂和二苯基二硫醚的存在下反应时，会发生二次[2,7]-σ重排，最终转化为巨豆-4,6,8-三烯-3-酮[27]。作者认为，[2,7]-σ重排其实是连续3次[2,3]-σ重排的净结果［图6.16反应式（1）］。另外，Corey教授等也报道了一类涉及连续三次[2,3]-σ重排的反应。在酸性缓冲溶液中，硫醚被过量的高碘酸钠氧化为亚砜，这一过程伴随着非对映异构体的生成（*dr*=4∶1）。随后，生成的亚砜发生了连续的三次[2,3]-σ重排，得到了具有特定结构的产物[28]［图6.16反应式（2）］。

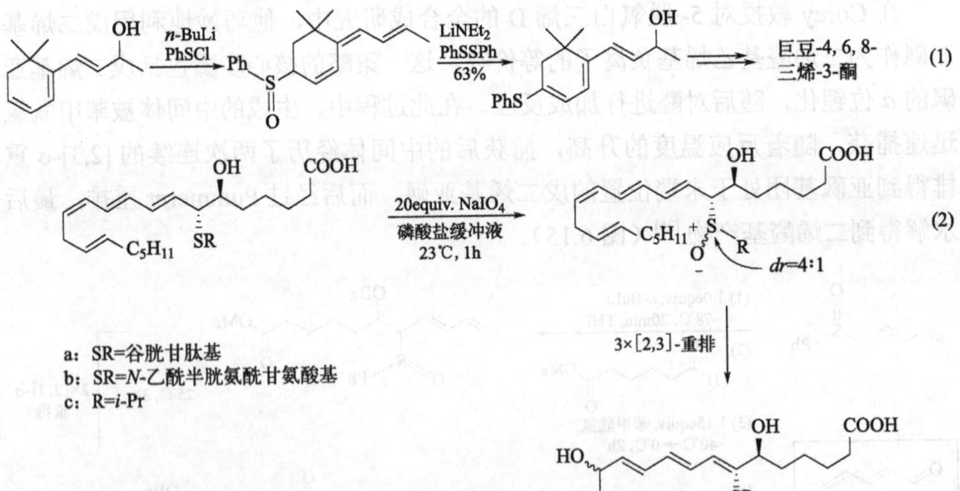

图6.16

6.5.6 烯丙醇的差向异构化反应

在构建烯丙醇结构片段的过程中，有时新生成的C—O键手性中心的立体选择性并不高，得到一对差向异构体，而我们所需要的结构是其中一种；抑或者是已知的C—O键手性构型并非是想要的构型，需要将其异构化为另一个构型。解决这些问题的办法之一是进行两次转化过程，即先将次磺酸酯转化为亚砜，再将亚砜转化为次磺酸酯，最后切断 S—O 键，重新构建烯丙醇结构片段。

在 Smith 教授合成 jatrophone 家族产物的过程中，他面临了一个挑战：通过 1,3- 二噻烷负离子对环戊烯酮的加成反应得到的烯丙醇化合物是一对差向异构体，其中 α-OH 与 β-OH 异构体的比例为 3 : 1，而需要的目标产物是 β-OH 异构体。因此，将混合物中的 α-OH 异构体转化为 β-OH 异构体成了首要解决的问题。Smith 教授等将混合物通过第一次 Mislow-Evans 重排（次磺酸酯转化为亚砜的方向），转化为烯丙基亚砜，这也是一对差向异构体的混合物。然后在有机碱 DBU 的作用下，一对差向异构体转化为热力学更加稳定的 β 构型异构体。此时进行第二次 Mislow-Evans 重排（亚砜转化为次磺酸酯的方向），得到唯一的 β 构型异构体，即所需的产物。最终，Smith 教授等通过两次 Mislow-Evans 重排反应，巧妙地将一对差向异构体的混合物转化为了 C—O 键手性构型为 β-OH 的所需产物，并成功合成了 jatrophone[29]（图 6.17）。

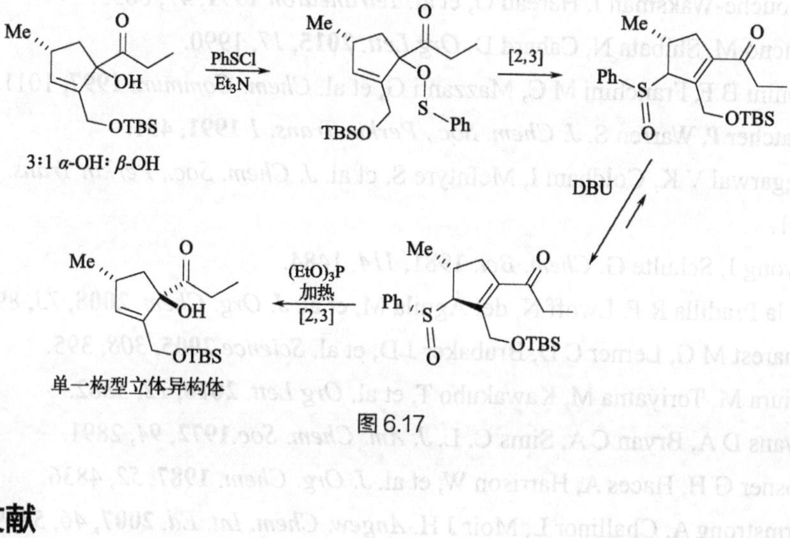

图 6.17

参考文献

[1] (a) Wang Z. *Comprehensive Organic Name Reactions and Reagents*, New Jersey: John Wiley & Sons, **2009**, 1991. (b) Colomer I, Velado M, de la Pradilla R F, et al. *Chem. Rev.* **2017**, *117*, 14201. (c) Rojas C M, *The Mislow-Evans Rearrangement, Chapter 18 in Molecular Rearrangement in Organic Synthesis*, John Wiley & Sons, **2016**, 569.

[2] (a) Rayner D R, Miller E G, Bickart P, et al. *Am. Chem. Soc.* **1966**, *88*, 3138. (b) Miller E G, Rayner D R, Mislow K. *J. Am. Chem. Soc.* **1966**, *88*, 3139.

(c)Bickart P, Carson F W, Jacobus J, et al. *J. Am. Chem. Soc.***1968**, *90*, 4869. (d) Tang R, Mislow K. *J. Am. Chem. Soc.***1970**, *92*, 2100.

[3] (a) Evans D A, Andrew G C, Sims C L. *J. Am. Chem. Soc.***1971**, *93*, 4956. (b) Evans D A, Andrew G C. *Acc. Chem. Res*. **1974**, *7*, 147.

[4] (a) Goodridge R J, Hambley T W, Haynes R K, et al. *J. Org. Chem*. **1988**, *53*, 2881. (b) Binns M R, Goodridge R J, Haynes R K, et al. *Tetrahedron Lett*. **1985**, *26*, 6381.

[5] Barluenga J, Fañanás-Mastral M, Aznar F. *Org Lett*. **2005**, *7*, 1235.

[6] (a) Maitro G, Prestat G, Madec D, et al. *J. Org. Chem*. **2006**, *71*, 7449. (b) Maitro G, Prestat G, Madec D, et al. *Tetrahedron: Asymmetry* **2010**, *21*, 1075.

[7] Turks M, Lawrence A K. *Tetrahedron Lett*. **2006**, *47*, 2783.

[8] Stikute A, Peipiņš V, Turks M. *Tetrahedron Lett*. **2015**, *56*, 4578.

[9] Knight D J, Lin P, Russell S T, et al. *J. Chem. Soc., Perkin Trans. 1* **1987**, 2701.

[10] (a) Baudin J B, Julia S A. *Tetrahedron Lett*. **1988**, *29*, 3251; (b) Baudin J B, Bkouche-Waksman I, Hareau G, et al. *Tetrahedron* **1991**, *47*, 6655.

[11] Maeno M, Shibata N, Cahard D. *Org Lett*. **2015**, *17*, 1990.

[12] Bonini B F, Franchini M C, Mazzanti G, et al. *Chem. Commun*. **1997**, 1011.

[13] Blatcher P, Warren S. *J. Chem. Soc., Perkin Trans. 1* **1991**, 451.

[14] Aggarwal V K, Coldham I, McIntyre S, et al. *J. Chem. Soc., Perkin Trans. 1* **1991**, 451.

[15] Dyong I, Schulte G. *Chem. Ber.* **1981**, *114*, 1484.

[16] de la Pradilla R F, Lwoff N, del Águila M, et al. *J. Org. Chem*. **2008**, *73*, 8929.

[17] Charest M G, Lerner C D, Brubaker J D, et al. *Science* **2005**, *308*, 395.

[18] Miura M, Toriyama M, Kawakubo T, et al. *Org Lett*. **2010**, *12*, 3882.

[19] Evans D A, Bryan C A, Sims C. L. *J. Am. Chem. Soc.***1972**, *94*, 2891.

[20] Posner G H, Haces A, Harrison W, et al. *J. Org. Chem*. **1987**, *52*, 4836.

[21] Armstrong A, Challinor L, Moir J H. *Angew. Chem. Int. Ed*. **2007**, *46*, 5369.

[22] Alameda-Angulo C, Quiclet-Sire B, Schmidt E, et al. *Org Lett*. **2005**, *7*, 3489.

[23] Yamamoto S, Itani H, Tsuji T, et al. *J. Am. Chem. Soc.***1983**, *105*, 2908.

[24] Pelc M J, Zakarian A. *Org Lett*. **2005**, *7*, 1629.

[25] Nokami J, Kataoka K, Shiraishi K, et al. *J. Org. Chem*. **2001**, *66*, 1228.

[26] Schreiber S L, Satake K. *J. Am. Chem. Soc.***1984**, *106*, 4186.

[27] Trost B M, Stanton J L. *J. Am. Chem. Soc.***1975**, *97*, 4018.

[28] Corey E J, Oh H, Barton A E. *Tetrahedron Lett*. **1982**, *23*, 3467.

[29] Smith A B Ⅲ, Adams C M. *Acc. Chem. Res*. **2004**, *37*, 365.

第 7 章

Neber 重排

7.1 Neber 重排概述

7.2 反应机理及特点

7.3 底物的合成

7.4 重排的范围

7.5 Neber 重排反应在合成中的应用

7.6 Neber 重排反应的局限性

7.1 Neber 重排概述

Neber 重排反应是由 Neber 和 Friedolsheim 于 1926 年首次报道的。该反应以苯磺酰基肟酸酯为起始原料，在碱性条件（吡啶或者碳酸钠）下，首先生成碳负离子中间体，随后分子内关环，形成最终的 2*H*- 吖丙啶产物[1]［图 7.1 反应式（1)］。目前，Neber 重排已成为合成 2*H*- 吖丙啶最为常用的方法之一。值得注意的是，此反应要求底物分子中必须含有活泼的反应位点，以便能够顺利形成碳负离子。此外，所得到的 2*H*- 吖丙啶产物还可以进一步通过水解反应，转化为相应的氨基酮化合物[2]［图 7.1 反应式（2)］。这一特性使得 Neber 重排反应成为合成以氨基酮为前体的各类杂环化合物的一个重要工具。

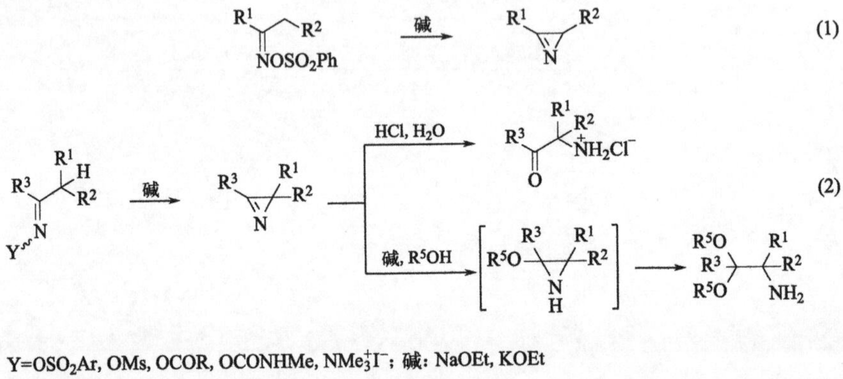

图 7.1

7.2 反应机理及特点

该反应机理的起始步骤涉及 *O*- 酰化酮肟在 α 位的去质子化过程，由此生成相应的 α- 碳负离子。随后，这个 α- 碳负离子可以通过以下两条路径进行反应：①共振阴离子路径，在此路径中，直接发生分子取代反应，从而生成孤立的 2*H*- 吖丙啶产物；②氮宾路径，此路径则通过氮宾的插入反应，同样可以得到相同的 2*H*- 吖丙啶中间体。值得注意的是，第二条路径（氮宾路径）目前尚未通过实验手段进行证伪。生成的 2*H*- 吖丙啶中间体，作为一种分子内含有亚胺结构的化合物，可以进一步发生水解反应，最终转化为氨基酮[3]（图 7.2）。

该重排反应展现出以下特点[4]：①无论是环型酮还是非环型酮都可作为酰化酮肟的底物；②反应中的肟可以由酮和羟胺在酸性条件下制得；③ *O*- 酰化酮肟可以由酰氯和酸酐在弱碱性条件下（如吡啶）制得；④重排反应通常在醇溶液

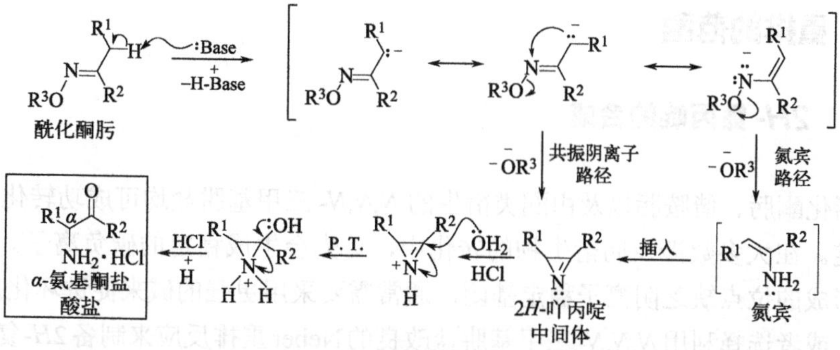

图 7.2

中，以等物质的量的醇碱作为催化剂进行；⑤当 α 及 α' 位的亚甲基均具备反应活性时，氨基会选择性地定位在电子亲和力更强的碳原子上；⑥此重排反应不受底物立体化学（顺式或反式）的影响，表现出非立体定向性，这与贝克曼重排中特有的反式重排形成鲜明对比；⑦生成的氨基酮易于发生二聚反应，因此，为保护产物，通常将其转化为稳定的盐酸盐形式或氨基缩酮形式。

7.3 底物的合成

Neber 重排反应通常选取苯磺酰基肟酸酯和碘代三甲基肼作为其核心反应底物。其中，苯磺酰肟的制备是首先将酮与羟胺在适当的条件下反应，生成相应的肟，随后该肟与 4- 甲苯磺酰氯在吡啶的催化下发生反应，从而构建出所需的苯磺酰基肟酸酯 [5]［图 7.3 反应式（1）］。值得注意的是，由于 Neber 重排反应本身不具有立体定向选择性，因此苯磺酰基肟酸酯的立体化学结构（无论是顺式还是反式）对反应的进程均不产生显著影响。而碘代三甲基肼的制备则主要通过二甲基腙与碘甲烷反应来制备 [6]［图 7.3 反应式（2）］。

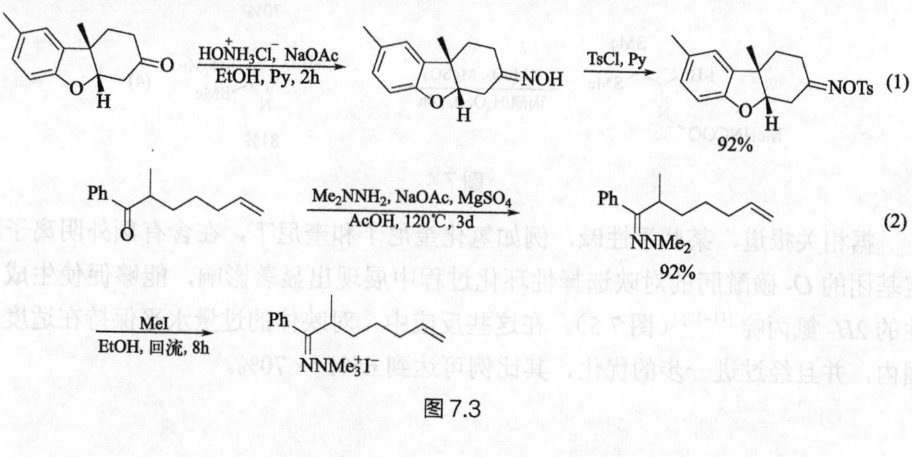

图 7.3

7.4 重排的范围

7.4.1 2*H*-氮丙啶的合成

活化酮肟、偕胺肟以及由酮类衍生的*N,N,N*-三甲基肼盐均可成功转化为2*H*-氮丙啶。在大多数涉及肟衍生物的转化中，首先会生成稳定的碳负离子。若碳-氮键形成的位点缺乏阴离子稳定基团，通常需要采用更强的碱来促进环化反应的进行，或者选择利用*N,N,N*-三甲基肼盐改良的Neber重排反应来制备2*H*-氮丙啶。采用特定的碱/溶剂组合，如异丙醇中的异丙醇钠和二甲基亚砜中的氢化钠，多数反应的产率可超过80%[7-8]［图7.4反应式（1）和（2）］。此外，在制备各种取代的2*H*-氮嗪时，若采用带有额外阴离子稳定基团的*O*-磺酰肟进行环化，即使使用相对较弱的碱，如脒类碱DBU，也能使这类底物发生环化反应[9]［图7.4反应式（3）］。特别地，当存在两个阴离子稳定取代基时，即使在接近中性的条件下，含有氨基甲酸酯离去基团的底物也能发生环化，生成2*H*-氮嗪[10]［图7.4反应式（4）］。

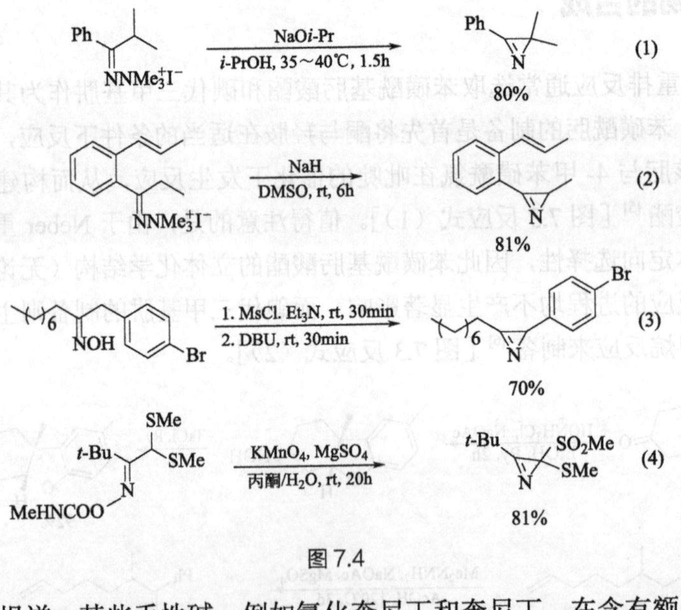

图7.4

据相关报道，某些手性碱，例如氢化奎尼丁和奎尼丁，在含有额外阴离子稳定基团的*O*-磺酰肟的对映选择性环化过程中展现出显著影响，能够促使生成手性的2*H*-氮丙啶[11-12]（图7.5）。在这些反应中，对映体的过量水平保持在适度范围内，并且经过进一步的优化，其比例可达到65%～70%。

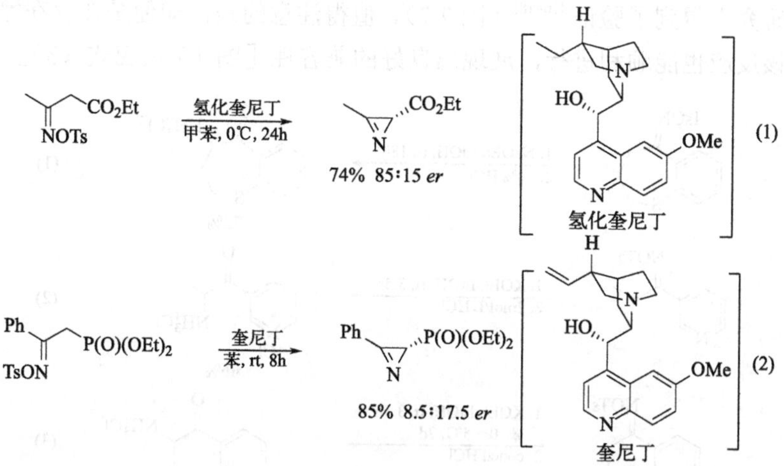

图 7.5

7.4.2 α-氨基酮的合成

Neber 重排反应在制备 α-氨基酮方面展现了其最具代表性的应用，其中磺酰基肟酸酯作为最常用的前体扮演着关键角色。该制备过程大多遵循一个标准化的路径：首先进行环化步骤，随后进行原位酸水解，最终通过直接结晶的方式分离出 α-氨基酮的盐。在多数制备 α-氨基酮盐的这两步反应流程中，重排步骤普遍采用相应醇（如甲醇、乙醇）中的甲醇钠、甲醇钾、乙醇钠或乙醇钾作为碱[13]（图 7.6）。多种磺酰基肟酸酯都经历了这一环化 / 酸性水解的转化过程。具体而言，这些实例涵盖了从最简单的酮肟［图 7.6 反应式（1）］[14] 到更为复杂的杂环体系［图 7.6 反应式（2）］[15]，其中甲基氢被氨基成功取代。这些反应不仅验证了 Neber 重排反应的广泛适用性，还展示了其在合成具有特定结构的 α-氨基酮方面的强大能力。

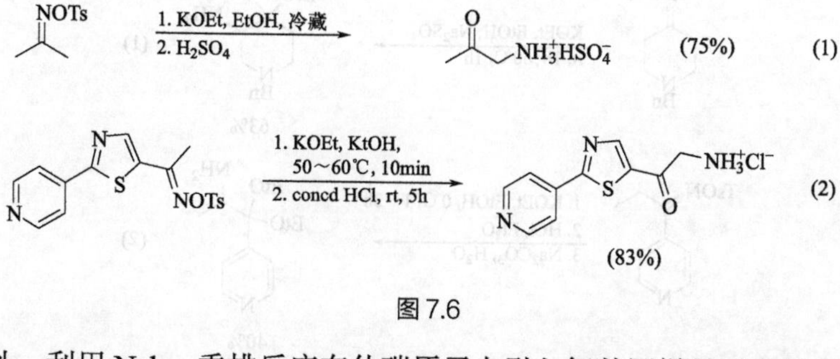

图 7.6

此外，利用 Neber 重排反应在仲碳原子上引入氨基同样易于实现，这一特性在多个研究中得到了验证[16-18]（图 7.7）。值得注意的是，即便是在存在氰基的情况下，该反应也能顺利进行，展现出良好的兼容性［图 7.7 反应式（3）］。

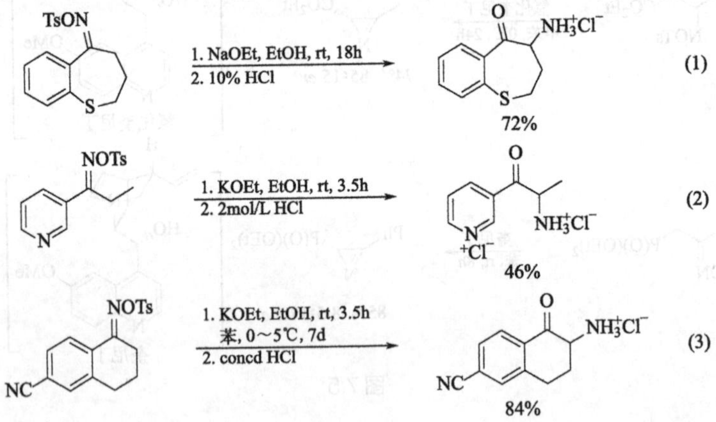

图 7.7

7.4.3 α- 氨基缩酮的合成

如前所述，2*H*- 氮丙啶能够进一步转化，生成相应的 α- 氨基缩酮（作为最终产物）。在某些合成路径中，会采用酸对中间体进行处理，随后对生成的 α- 氨基缩酮盐进行碱化处理或重结晶，以提纯目标产物。另外，已分离得到的 2*H*- 氮杂环丙烷同样可以转化为相应的氨基缩酮[19]。正如预期那样，α- 氨基缩酮的产率与 α- 氨基酮制备过程的产率相当，均保持在较高的水平[20-21]（图 7.8）。值得注意的是，目前所报道的缩酮主要限于甲醇或乙醇的缩酮形式。当在异丙醇中使用异丙醇钠作为碱时，虽然可以形成中间产物 2-(异丙氧基) 氮杂环丙烷，但该中间产物并不会进一步反应生成相应的缩酮[22]。

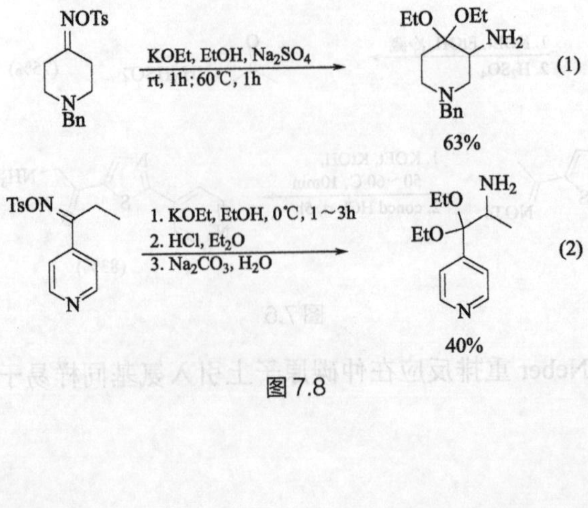

图 7.8

7.4.4 2*H*- 氮丙啶、*α*- 氨基酮和 *α*- 氨基缩酮形成的位点选择性和非对映选择性

在没有第二个阴离子稳定基团存在的情况下，位阻效应对于位点选择性的影响确实变得不那么明确。尽管在某些情况下，空间位阻较小的碳原子更倾向于成为碳 - 氮键形成的优选位点[23]（且在此过程中未观察到异构体产物的生成）[图 7.9 反应式（1）]，但在其他复杂的化学体系中，如类固醇体系中，情况却有所不同。在这些体系中，观察到的是与次甲基碳原子而非甲基碳原子形成的化学键[24][图 7.9 反应式（2）]。

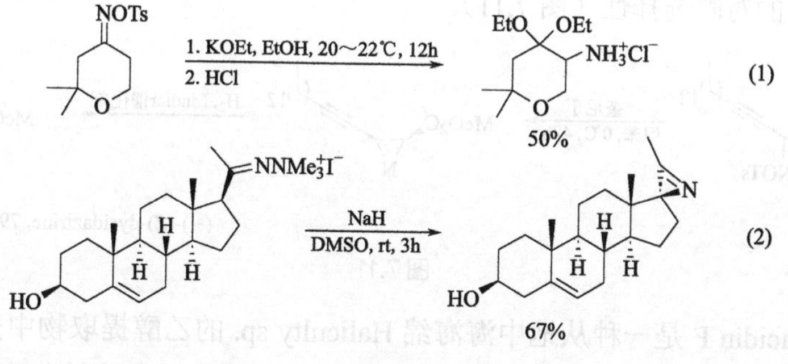

图 7.9

2- 苯基 -4- 哌啶酮衍生物在特定的反应条件下能够形成具有特定顺式构型的异构体[25]。在这一合成体系中，尽管起始的肟异构体会导致最终产物中存在不同比例的异构体，但这些异构体却展现出相同的相对构型。一个值得注意的现象是，新的碳 - 氮键的形成倾向于与原肟中的氮 - 氧键以反式构型相连［图 7.10 反应式（1）］。当 2- 位取代基为 1- 苯酰基吲哚 -2- 基时，情况同样有趣。尽管使用 (*Z*)- 肟作为起始原料会导致生成顺式和反式 5- 氨基缩酮的混合物，但肟的几何结构仍然对产物的形成具有类似的导向作用[26]［图 7.10 反应式（2）］。

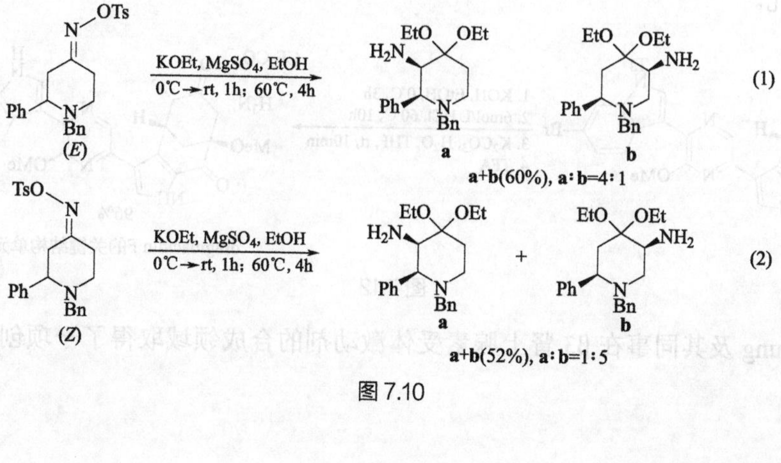

图 7.10

7.5 Neber 重排反应在合成中的应用

在众多含有 2*H*- 氮丙啶环的天然产物中，dysidazirine 作为一种罕见的 2*H*- 氮丙啶 -2- 羧酸衍生物，展现出了独特的化学结构和生物活性。这种氮杂环丙烯（2*H*-azirines）化合物于 1987 年从斐济采集的 Dysyidea 海绵中首次被分离出来，并对白念珠菌和酿酒酵母显示出强烈的抗真菌活性。Molinski 课题组在 2008 年成功报道了 dysidazirine 的全合成[27]，核心结构氮杂环丙烯的构建是以 Neber 重排反应作为关键步骤来实现的。他们以对甲苯磺酰基肟作为底物，在奎尼丁的作用下，进行立体选择性的环化反应，从而高效地合成了目标化合物的核心骨架，并呈现出高的对映选择性（图 7.11）。

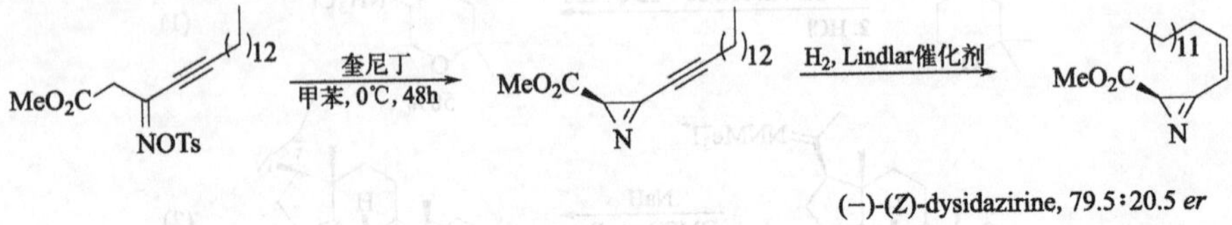

图 7.11

dragmacidin F 是一种从地中海海绵 Haliculty sp. 的乙醇提取物中分离得到的海洋天然产物，它在体外对单纯疱疹病毒（HSV-1）和人类免疫缺陷病毒（HIV-1）展现出抗病毒活性，这使得它成为药物化学和生物医学研究领域的关注点。在其合成路径中，关键核心结构 *α*- 氨基酮的构建巧妙地利用了 Neber 重排反应[28]（图 7.12），甲苯磺酰肟在乙醇和氢氧化钾（KOH）的存在下发生反应，形成 2*H*- 氮丙啶环中间体。接着，乙氧基负离子进攻氮丙啶环，生成乙氧基氮丙啶。随后，通过酸解步骤，乙氧基氮丙啶转化为 *α*- 氨基酮，同时部分 SEM[2-(三甲基硅基)乙氧基甲基] 保护基团被脱除。最后，使用碳酸钾（K_2CO_3）处理半氨基化合物，去除 SEM 基团的剩余部分，从而得到脱保护的氨基酮，即 dragmacidin F 的关键结构单元。

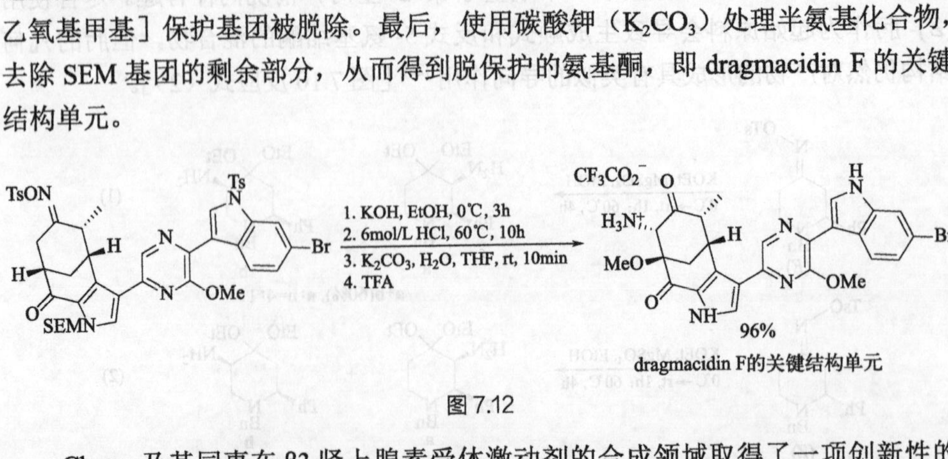

图 7.12

Chung 及其同事在 β3 肾上腺素受体激动剂的合成领域取得了一项创新性的

成果，他们开发了一种结合化学与酶促反应的合成方法。这一方法的核心在于制备关键的手性中间体 3- 吡啶乙醇胺，该中间体是通过 3- 乙酰基吡啶衍生的酮肟对甲苯磺酸盐的 Neber 重排反应来合成的 [29]（图 7.13）。在合成过程中，首先通过一锅法完成了肟的形成和对甲苯磺酰化。这一步骤选择吡啶作为溶剂，有效地促进了反应的进行。随后，将得到的酮肟对甲苯磺酸盐溶解于乙醇中，并将溶液冷却至 10℃。在低温条件下，加入乙醇钾作为碱，引发 Neber 重排反应，生成了含有 2*H*- 氮丙啶环的中间体。接下来，通过从反应混合物中除去生成的对甲苯磺酸钾盐，可以进一步纯化反应产物。随后，向溶液中通入氯化氢气体，这一步骤旨在将氮丙啶环开环，并生成相应的氨基缩酮。最终，通过适当的后处理步骤，以其二盐酸盐的形式分离出了目标产物 3- 吡啶氨基甲基缩酮。

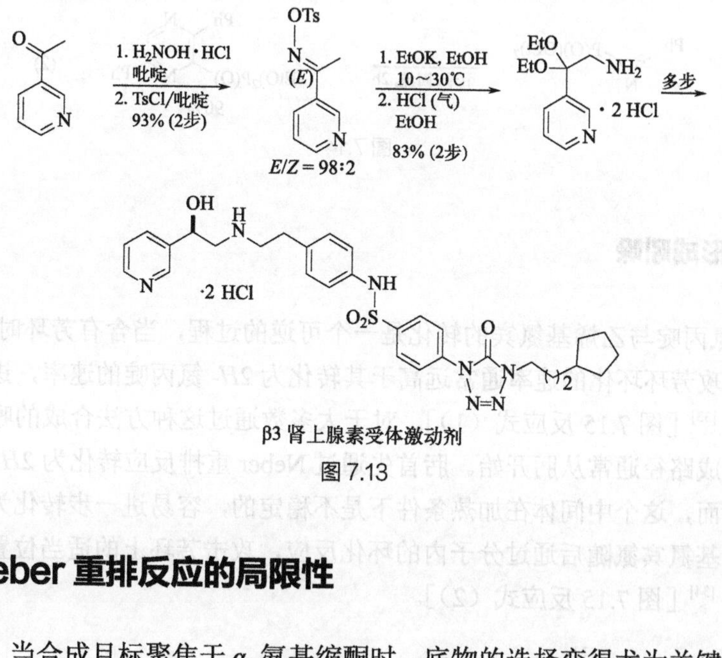

β3 肾上腺素受体激动剂

图 7.13

7.6 Neber 重排反应的局限性

确实，当合成目标聚焦于 *α*- 氨基缩酮时，底物的选择变得尤为关键，特别是需要避免使用那些含有对长时间暴露于碱金属甲醇盐或乙醇盐条件敏感的基团的底物。在 Neber 重排过程中，最初形成的 2*H*- 氮杂环丙烷中间体是一个活泼的中间体，它容易在碱性条件下发生进一步转化。同样地，当这个中间体经水解转化为 *α*- 氨基酮后，它也可能在碱性环境中继续发生反应，生成一些不期望的副产物 [30]。

7.6.1 形成二氢吡嗪和吡嗪

在 Neber 重排反应中，*α*- 氨基酮容易自缩合并进一步转化为吡嗪类化合物。

这一过程通常起始于二氢吡嗪的形成，随后在空气中被氧化为相应的吡嗪。这种转化除非受到空间位阻的限制，否则是较为常见的副反应路径，导致吡嗪常常作为 Neber 重排中的副产物出现[31]。吡嗪的形成不仅限于初始环化产物经酸性水解后的碱化步骤，对于具有特定取代模式的吡嗪，还可能存在其他已知的形成机制。例如，2- 膦酰基和 2- 磷酰基取代的 2*H*- 氮丙啶在简单热分解条件下就能产生吡嗪[32]；3- 烷基 -2*H*- 氮丙啶 -2- 膦酸酯形成四取代吡嗪［图 7.14 反应式（1）］，而相应的 3- 苯基化合物则形成三取代吡嗪［图 7.14 反应式（2）］。

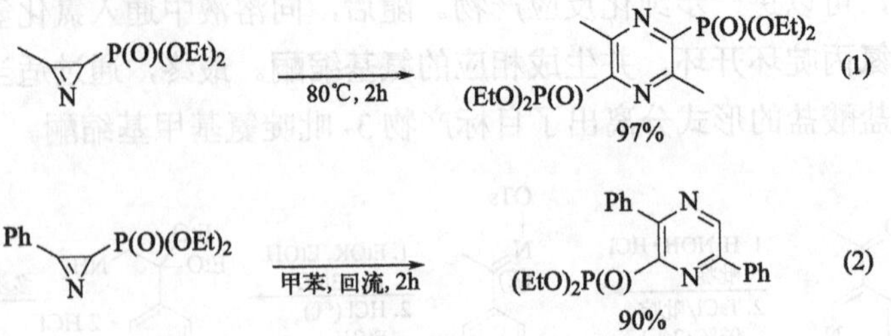

图 7.14

7.6.2 形成吲哚

2*H*-氮丙啶与乙烯基氮宾的转化是一个可逆的过程，当含有芳环时，乙烯基氮宾氮进攻芳环环化的速率通常远高于其转化为 2*H*- 氮丙啶的速率，进而易于转化为吲哚[33]［图 7.15 反应式（1）］。对于大多数通过这种方法合成的吲哚类化合物，其合成路径通常从肟开始。肟首先通过 Neber 重排反应转化为 2*H*- 氮丙啶中间体。然而，这个中间体在加热条件下是不稳定的，容易进一步转化为乙烯基氮宾。乙烯基氮宾氮随后通过分子内的环化反应，攻击芳环上的适当位置，从而形成吲哚环[34]［图 7.15 反应式（2）］。

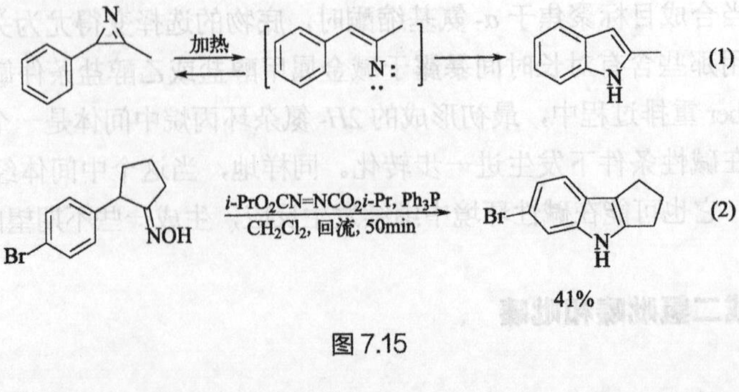

图 7.15

7.6.3 形成其他副产物

在典型的 Neber 反应条件下，一系列携带 C-3 碳取代基的 1- 四氢萘酮肟衍生物能够高效且选择性地转化为对应的 1- 氨基萘化合物[35][图 7.16 反应式（1）]。类似地，1- 肟 -3- 苯基四氢喹啉的 *N*,*O*- 二甲磺酸酯也能在相似条件下经历类似的转化历程，最终生成 3- 苯基 -4- 氨基喹啉衍生物[36][图 7.16 反应式（2）]。

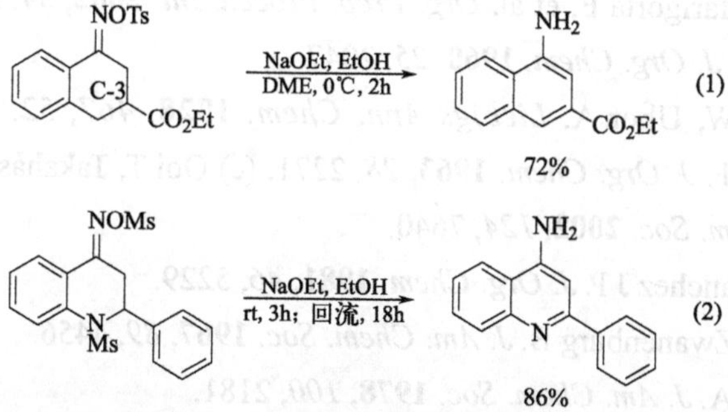

图 7.16

在采用碘代三甲基肼作为起始底物，并以 NaH 作为碱的条件下进行 Neber 重排反应时，一个有趣的现象是，反应体系中有时会观测到吡咯衍生物的生成（图 7.17）。碘代三甲基肼在 NaH 的作用下，首先会转化为 2*H*- 氮丙啶中间体。随后，反应体系内生成的亚胺盐会进攻这一 2*H*- 氮丙啶中间体，导致其开环，并进一步转化为吡咯衍生物[37]。然而，当采用相同的底物，但改用乙醇（EtOH）作为溶剂，并使用乙醇钠（NaOEt）作为碱进行处理时，反应则遵循典型的 Neber 重排路径进行，未观测到吡咯衍生物的生成。

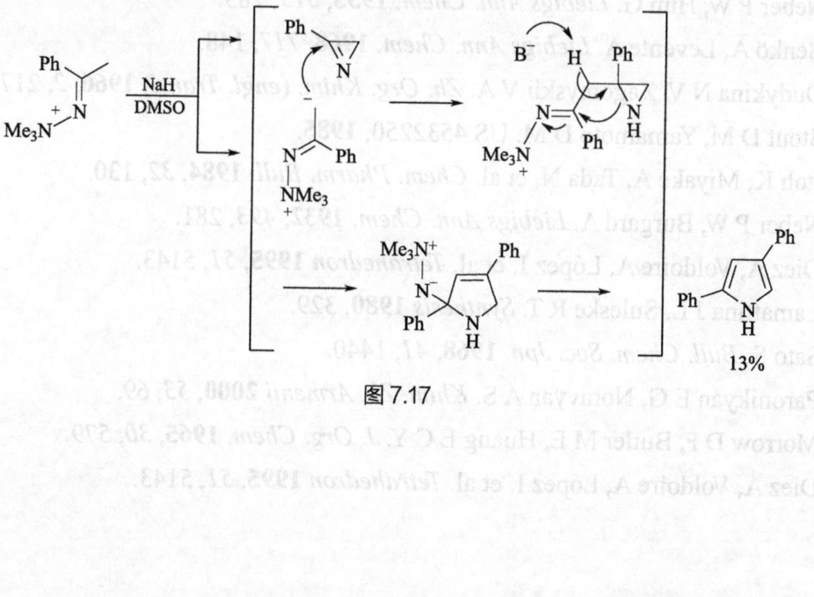

图 7.17

参考文献

[1] Neber P W, Friedolsheim A V. *Liebigs Ann. Chem.* **1926**, *449*, 109.

[2] Cram D J, Hatch M J. *J. Am. Chem. Soc.* **1953**, *75*, 33.

[3] Hatch M J, Cram D J. *J. Am. Chem. Soc.* **1953**, *75*, 38.

[4] (a) O'Brien C. *Chem. Rev.* **1964**, *64*, 81. (b) Palacios F, Ochoa de Retana A M, Martinez de Marigorta E, et al. *Org. Prep. Proced. Int.* **2002**, *34*, 219. (c) Alt G G, Knowles W S. *J. Org. Chem.* **1960**, *25*, 2047.

[5] (a) Neber P W, Uber A. *Liebigs Ann. Chem.* **1928**, *467*, 52. (b) House H O, Berkowitz W F. *J. Org. Chem.* **1963**, *28*, 2271. (c) Ooi T, Takahashi M, Doda K, et al. *J. Am. Chem. Soc.* **2002**, *124*, 7640.

[6] Parcell R F, Sanchez J P. *J. Org. Chem.* **1981**, *46*, 5229.

[7] Leonard N J, Zwanenburg B. *J. Am. Chem. Soc.* **1967**, *89*, 4456.

[8] Padwa A, Ku A. *J. Am. Chem. Soc.* **1978**, *100*, 2181.

[9] Taber D F, Tian W. *J. Am. Chem. Soc.* **2006**, *128*, 1058.

[10] Corkins H G, Storace L, Osgood E. *J. Org. Chem.* **1980**, *45*, 3156.

[11] Verstappen M M H, Ariaans G J A, Zwanenburg B J. *J. Am. Chem. Soc.* **1996**, *118*, 8491.

[12] (a) Palacios F, Ochoa de Retana A M, Gil J I. *Tetrahedron Lett.* **2000**, *41*, 5363. (b) Palacios F, Aparicio D, Ochoa de Retana A M, et al. *Tetrahedron: Asymmetry* **2003**, *14*, 689.

[13] Yamada S I, Terashima S. *Chem. Pharm. Bull.* **1968**, *16*, 1816.

[14] Neber P W, Huh G. *Liebigs Ann. Chem.* **1935**, *515*, 283.

[15] Benkö A, Levente A. *Liebigs Ann. Chem.* **1968**, *717*, 148.

[16] Dudykina N V, Zagorevskii V A. *Zh. Org. Khim.* (*engl. Transl*) **1966**, *2*, 2179.

[17] Stout D M, Yamamoto D M. US 4532250, **1985**.

[18] Itoh K, Miyake A, Tada N, et al. *Chem. Pharm. Bull.* **1984**, *32*, 130.

[19] Neber P W, Burgard A. *Liebigs Ann. Chem.* **1932**, *493*, 281.

[20] Diez A, Voldoire A, López I, et al. *Tetrahedron* **1995**, *51*, 5143.

[21] Lamattina J L, Suleske R T. *Synthesis* **1980**, 329.

[22] Sato S. *Bull. Chem. Soc. Jpn.* **1968**, *41*, 1440.

[23] Paronikyan E G, Noravyan A S. *Khim. Zh. Armenii* **2000**, *53*, 69.

[24] Morrow D F, Butler M E, Huang E C Y. *J. Org. Chem.* **1965**, *30*, 579.

[25] Diez A, Voldoire A, López I, et al. *Tetrahedron* **1995**, *51*, 5143.

[26] Krems I J, Spoerri P E. *Chem. Rev.* **1947**, *40*, 279.

[27] Skepper C K, Dalisay D S, Molinski T F. *Org. Lett.* **2008**, *10*, 5269.

[28] (a) Garg N K, Caspi D D, Stoltz B M. *J. Am. Chem. Soc.* **2004**, *126*, 9552. (b) Garg N K, Caspi D D, Stoltz B M. *J. Am. Chem. Soc.* **2005**, *127*, 5970.

[29] Chung J Y L, Ho G J, Chartrain M, et al. *Tetrahedron Lett.* **1999**, *40*, 6739.

[30] Berkowitz W F. *The Neber Rearrangement. Organic Reactions*; John Wiley & Sons, Inc: New York, **2012**, 321.

[31] (a) Krems I J, Spoerri P E. *Chem. Rev.* **1947**, *40*, 279. (b) Sato N. *Science of Synthesis* **2003**, *16*, 768.

[32] Palacious F, Ochoa de Retana A M, Gil J I, et al. *Org. Lett.* **2002**, *4*, 2405.

[33] Isomura K, Ayabe G I, Hatano S, et al. *J. Chem. Soc., Chem. Commun.* **1980**, 1252.

[34] Taber D F, Tian W. *J. Am. Chem. Soc.* **2006**, *128*, 1058.

[35] Garst M E, Cox D D, Harper R W, et al. *J. Org. Chem.* **1975**, *40*, 1169.

[36] Mphahlele M J, Gheevarghese O, Makhubela N F H. *Phosphorus, Sulfur Silicon Relat. Elem.* **2000**, *166*, 303.

[37] Laurent A, Mison P, Nafti A, et al. *Tetrahedron*.**1979**, *35*, 2285.

第 8 章

Payne 重排

8.1 Payne 重排概述

8.2 重排机理及立体化学研究

8.3 重排底物的制备

8.4 重排的范围

8.5 氮杂 -Payne 重排反应

8.6 硫杂 -Payne 重排反应

8.7 Payne 重排反应在天然产物合成中的应用

8.1 Payne 重排概述

1935 年，Kohler 与 Bickel 的研究揭示，在强碱（例如氢氧化物、氧化钡、甲醇镁等）的催化作用下，特定的 2,3- 环氧醇（即 β- 氧杂醇）会发生重排反应，进而生成异构化的 2,3- 环氧醇[1]［图 8.1 反应式（1）］。1962 年，Payne 在其报告中指出，仅需室温条件下的氢氧化钠水溶液，便足以促使 2,3- 环氧醇发生异构化。他进一步发现，这种转化现象具有普遍性，并将其命名为“环氧化物迁移”[2]［图 8.1 反应式（2）］。Payne 重排反应的一个显著特点是其立体专一性，即在 α- 位上发生构型转变。值得注意的是，该反应的逆反应同样可能发生，并且在有亲核试剂存在的情况下，还可能会引发原位开环反应［图 8.1 反应式（3）］。

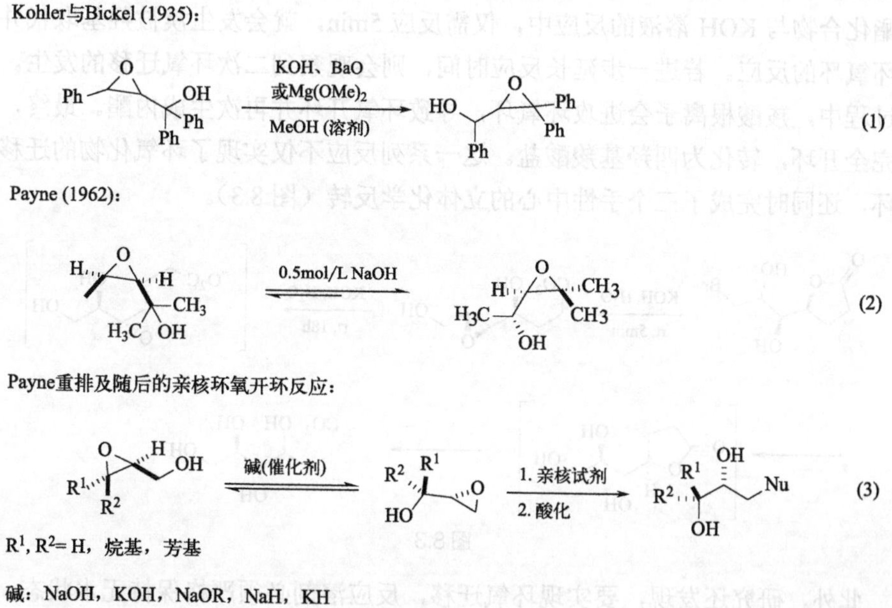

图 8.1

8.2 重排机理及立体化学研究

8.2.1 碱性条件下的环氧化物迁移

目前广泛接受的机理是由 Angyal 和 Gilham 于 1957 年首次提出的[3]。该机理描述的过程起始于 C-1 位置的羟基在强碱作用下发生去质子化，生成烷氧基负离子。随后，该烷氧基负离子经历一个 S_N1 反应，导致与 C-2 位置相邻的环氧化物环打开。这一步骤的结果是，在 C-1 和 C-2 之间形成了一个新的环氧化物环，且 C-2 位置的立体化学构型发生了反转。最后，C-3 位置的烷氧基阴离子被溶剂分子质子化，从而生成了最终产物（图 8.2）。

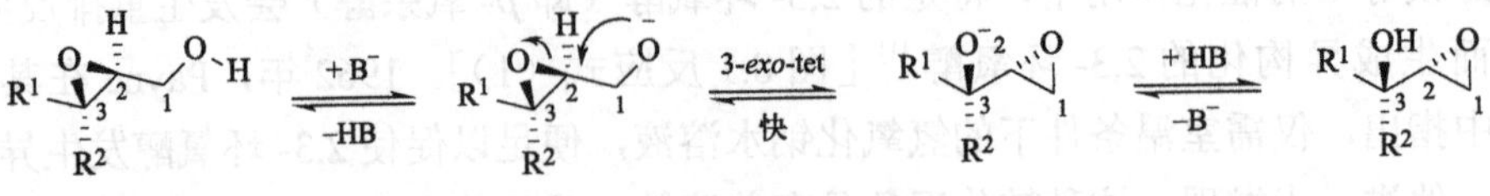

图 8.2

Payne 重排通常涉及环氧化物的迁移，这一过程中 C-2 位置的立体化学构型会发生反转。对糖类化合物的大量研究表明，当化合物含有一个以上的羟基时，可能会发生多次环氧化物迁移，从而导致多个立体化学构型的反转[4]。例如，在内酯化合物与 KOH 溶液的反应中，仅需反应 5min，就会发生溴被羟基取代并生成环氧环的反应。若进一步延长反应时间，则会观察到二次环氧迁移的发生。在此过程中，羧酸根离子会进攻环氧环，导致环氧开环并再次生成内酯。最终，内酯完全开环，转化为四羟基羧酸盐。这一系列反应不仅实现了环氧化物的迁移和开环，还同时完成了三个手性中心的立体化学反转（图 8.3）。

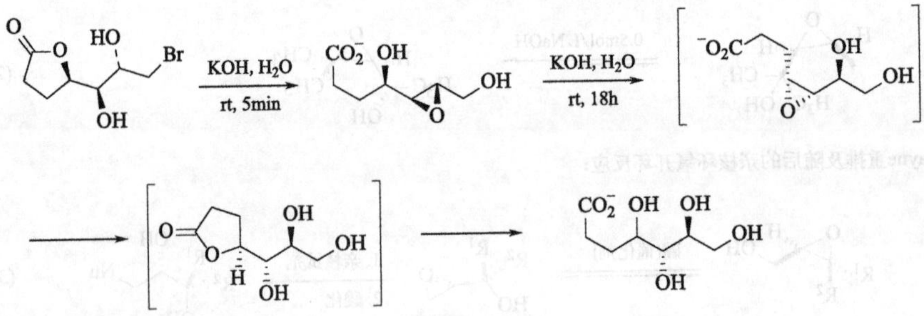

图 8.3

此外，研究还发现，要实现环氧迁移，反应溶剂必须严格保持无水状态。因为如果体系中存在水分，OH^- 离子会直接进攻首次形成的末端环氧，从而绕过手性中心反转的步骤[5]。这种情况会导致 Payne 重排的立体选择性降低（图 8.4）。

在 KOH 的 1,4- 二氧六环 / 水混合溶液里，2,3- 环氧醇进行反应后，得到了比例为 6 : 1 的对映异构体混合物。其中，主要产物是经过环氧迁移后开环的产物，而副产物则是 OH^- 直接进攻环氧导致的开环产物。然而，在醋酸 / 水体系中，环氧迁移基本上没有发生，仅观察到了直接环氧开环的产物[6]（图 8.5）。

研究表明，环氧形成的区域选择性在环氧迁移的立体化学中具有至关重要的作用[7]。例如，在 DBU 的催化作用下，二醇化合物会生成顺式二取代的 2,3- 环氧醇（图 8.6）。若该反应过程中是由伯羟基进攻并取代溴原子从而形成环氧，随后再发生环氧迁移的话，那么最终将会生成具有完全不同构型的产物[8]。

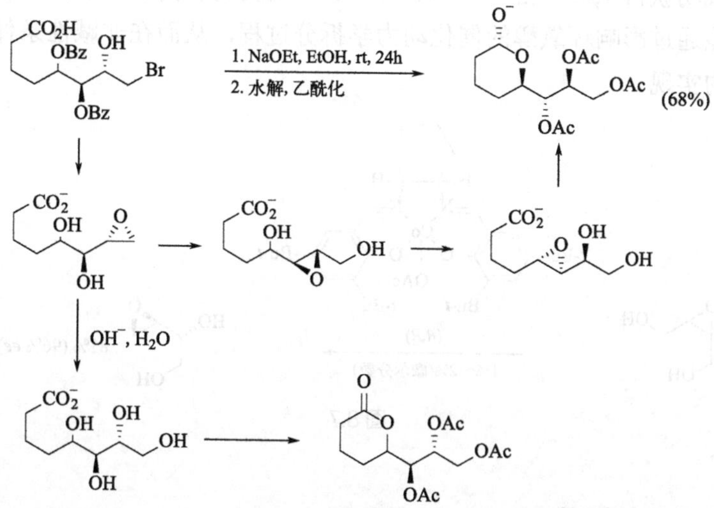

图 8.4

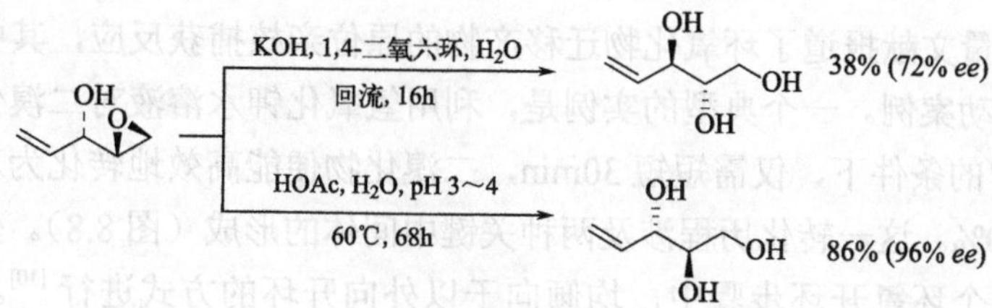

图 8.5

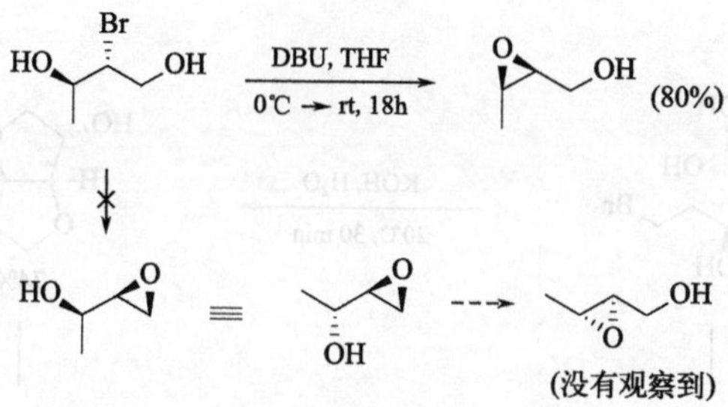

图 8.6

8.2.2 非碱性条件下的环氧化物迁移

通常而言，在酸性条件下，环氧化迁移现象并不常见[8]。然而，有报道指出，在非碱性条件下也观察到了环氧化物迁移的发生。具体而言，当使用 1% ～ 2%

（摩尔分数）的手性钴（Ⅲ）配合物来处理内消旋二醇时，能够以高产率和高对映选择性成功获得 1,2- 二醇[9]（图 8.7）。这一重要发现揭示了手性环氧化物迁移催化剂可能通过影响环氧醇的催化动力学拆分过程，从而在非碱性条件下促进环氧化迁移的实现。

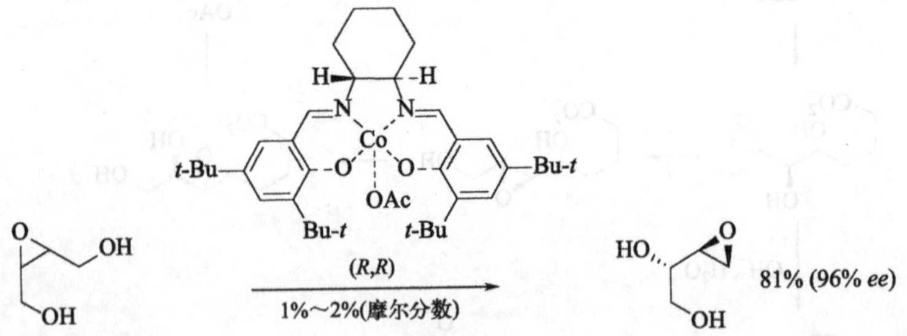

图 8.7

8.2.3 原位亲核捕获

已有大量文献报道了环氧化物迁移产物的原位亲核捕获反应，其中不乏分子内反应的生动案例。一个典型的实例是，利用氢氧化钾水溶液对二溴化物进行处理，在 20℃的条件下，仅需短短 30min，二溴化物便能高效地转化为双环醚，且产率超过 70%。这一转化历程涉及两种关键中间体的形成（图 8.8）。值得注意的是，在这两个环氧开环步骤中，均倾向于以外向开环的方式进行[10]。由于底物中的四个立体中心均参与了环氧化物迁移过程，因此它们的立体构型在最终产物中都发生了翻转。

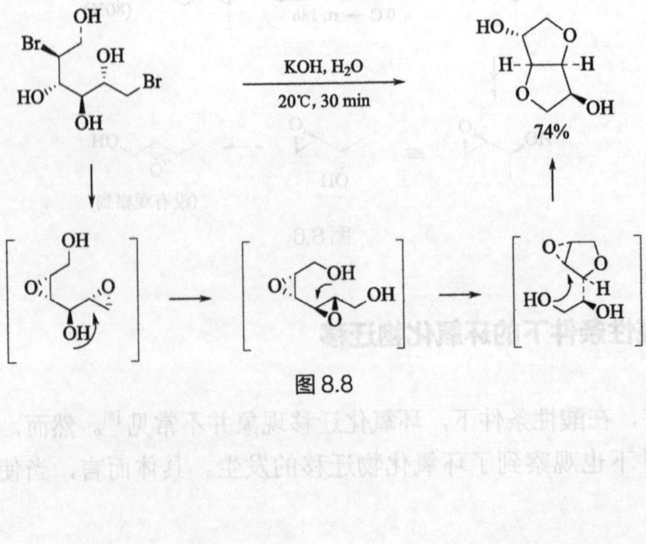

图 8.8

8.3 重排底物的制备

Sharpless 不对称环氧化是一种具有高度不对称选择性的化学反应，它能够从一级或二级烯丙醇有效地制备出 2,3-环氧醇 [11]。在这一反应中，环氧化产物的立体化学特性是由所使用的手性酒石酸酯的非对应异构体所决定的，而氧化剂则通常采用过氧叔丁醇［图 8.9 反应式（1)］。此外，另一种制备 2,3- 环氧醇的方法是通过使用水解酶对相应的外消旋酯进行动力学拆分 [12]［图 8.9 反应式（2)］。还有报道指出，可以利用聚亮氨酸作为催化剂，催化氧化 α，β- 不饱和酮，从而制备出手性环氧酮。随后，再利用 $ZnBH_4$ 对羰基进行还原，便可以得到手性 2,3-环氧醇 [13]［图 8.9 反应式（3)］。

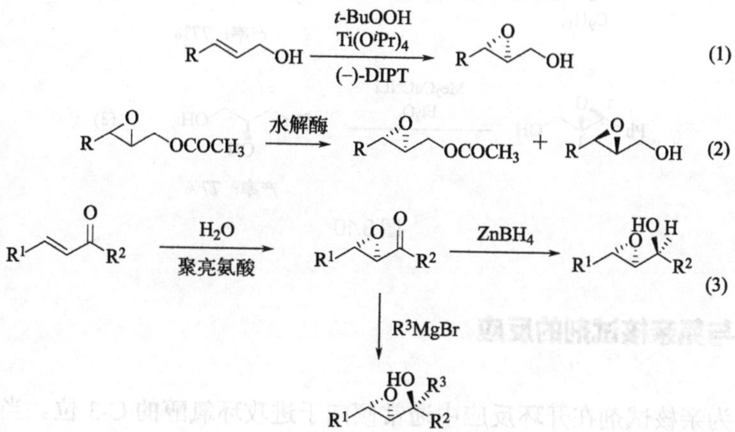

图 8.9

8.4 重排的范围

8.4.1 与碳亲核试剂的反应

图 8.10 展示了环氧醇与乙烯基溴化镁在 CuI 催化下发生的两个具有代表性的环氧开环反应。值得注意的是，尽管这两个反应采用了非常相似的条件，但亲核试剂的进攻位点却不同。在第一个反应 [14]［图 8.10 反应式（1)］中，亲核试剂更易进攻 C-2，这可能是由于反应条件或立体效应使得 C-2 位置相对更易于被亲核试剂接近。然而，在第二个反应 [15]［图 8.10 反应式（2)］中，由于 C-2 位置存在立体位阻，亲核试剂则更倾向于进攻 C-3，这一结果与之前的报道相吻合。另外，当底物分子中含有与环氧乙烷直接相连的苯基时，该苯基位点会表现

出更高的反应活性。在这种情况下，反应将仅在苄基位置进行[16]［图 8.10 反应式（3）］。

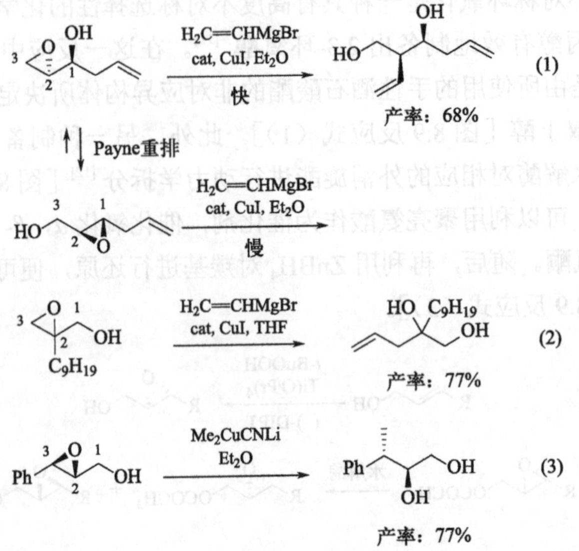

图 8.10

8.4.2 与氮亲核试剂的反应

胺作为亲核试剂在开环反应中通常倾向于进攻环氧醇的 C-3 位。当 1,2- 顺式结构的环氧醇与异丁胺反应时，能够以高产率和高区域选择性获得 3- 氨基 -1,2- 二醇［图 8.11 反应式（1）］。这一选择性主要由 C-2 和 C-3 位点之间的空间位阻决定[17]。其中 1,2- 顺式结构有助于形成能量较低的、含有反式取代基的环氧环，从而促进了 Payne 重排和随后的亲核进攻。在另一个例子中，脱除 Cbz（羰基苄氧基）保护基的氨基进攻环氧的开环反应同样表现出了良好的位置选择性［图 8.11 反应式（2）］[18]。对于 6- 溴 -2,3- 环氧醇，在 10% 的氨水溶液中，溴原子会被 NH_2 基团取代，随后导致内部环氧单元打开。值得注意的是，该反应以高产率得到了吡咯烷衍生物，其中氨基在 3 位进行 5- 外向型环化，而不是可能的 6- 内环化模式[19]［图 8.11 反应式（3）］。另外，当利用脱除 Cbz 保护基的 6- 氨基进攻环氧的 C-2 位时，可以高选择性得到哌啶衍生物［图 8.11 反应式（4）］。这种显著差异可能源于底物中含有的丙酮酸酯基，该结构限制了氨基进攻环化的构型，从而导致不同的产物分布[20]。

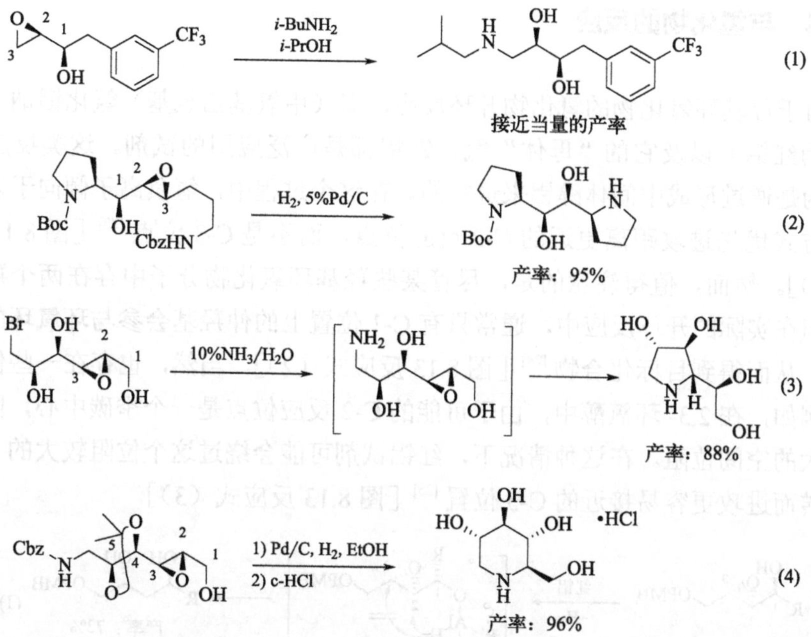

图 8.11

8.4.3 与氧亲核试剂的反应

报道指出，在氟离子的存在下，水（H_2O）能够作为亲核试剂进攻2,3-环氧醇的C-2位，通过S_N2取代开环反应形成1,2,3-三醇[21]［图8.12反应式（1）］。这一反应不仅具有良好的区域选择性，还展现出了优异的立体选择性。氟离子在这里可能起到了促进水分子亲核进攻并稳定过渡态的作用，从而有利于进攻C-2位。另外，Park等人以环氧醇为起始底物，分别采用了氢氧化钾（KOH）和硫酸（H_2SO_4）作为反应条件，通过不同的反应路径得到了两种非对映异构的三醇[22]［图8.12反应式（2）］。

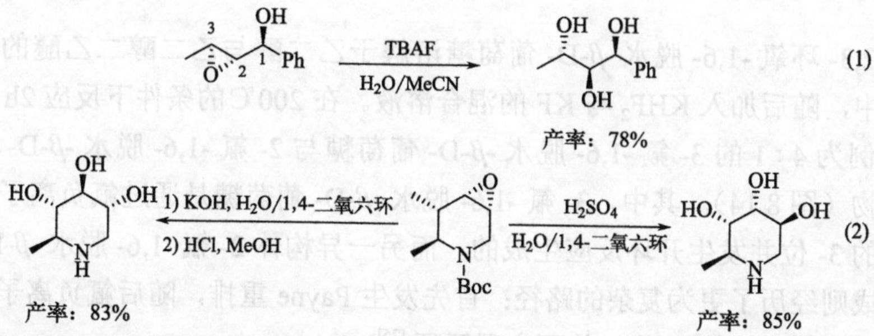

图 8.12

8.4.4 与氢化物的反应

对于羟基环氧化物的氢化物开环反应，双（甲氧基乙氧基）氢化铝钠（通常被称为红铝）以及它的“母体”氢化锂铝都是广泛应用的试剂。这类反应通常被认为是通过形成中间体醇铝来进行的。在这个过程中，氢负离子倾向于以分子内的方式优先进攻距离更近的 C-2 反应位点，而不是 C-3 位点[23]［图 8.13 反应式（1）］。然而，值得注意的是，尽管某些羟基环氧化物分子中存在两个羟基部分，但在实际的开环反应中，通常只有 C-1 位置上的仲羟基会参与环氧环的开环过程，从而得到目标化合物[24]［图 8.13 反应式（2）］。当然，也存在一些例外情况。例如，在 2,3- 环氧醇中，由于可能的 C-2 反应位点是一个季碳中心，因此具有较大的空间位阻。在这种情况下，红铝试剂可能会绕过这个位阻较大的 C-2 位置，转而进攻更容易接近的 C-3 位置[25]［图 8.13 反应式（3）］。

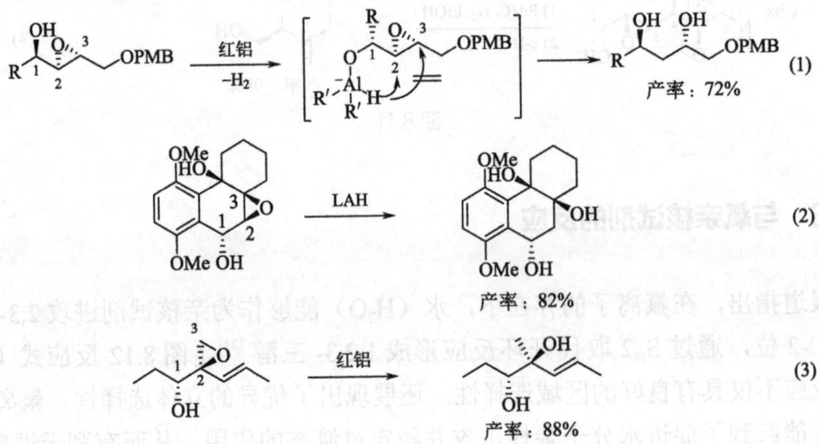

图 8.13

8.4.5 与氟化物的反应

将 2,3- 环氧 -1,6- 脱水 -*β*-D- 葡萄糖溶解于乙二醇与乙二醇二乙醚的混合溶剂体系中，随后加入 KHF_2 与 KF 的混合溶液。在 200℃的条件下反应 2h 后，可得到比例为 4∶1 的 3- 氟 -1,6- 脱水 -*β*-D- 葡萄糖与 2- 氟 -1,6- 脱水 -*β*-D- 葡萄糖的混合物（图 8.14）。其中，3- 氟 -1,6- 脱水 -*β*-D- 葡萄糖是通过氟负离子直接进攻环氧的 3- 位并发生开环反应生成的。而另一异构体 2- 氟 -1,6- 脱水 -*β*-D- 葡萄糖的形成则经历了更为复杂的路径：首先发生 Payne 重排，随后氟负离子再进攻经过重排后的环氧的 2- 位，从而实现开环[26]。

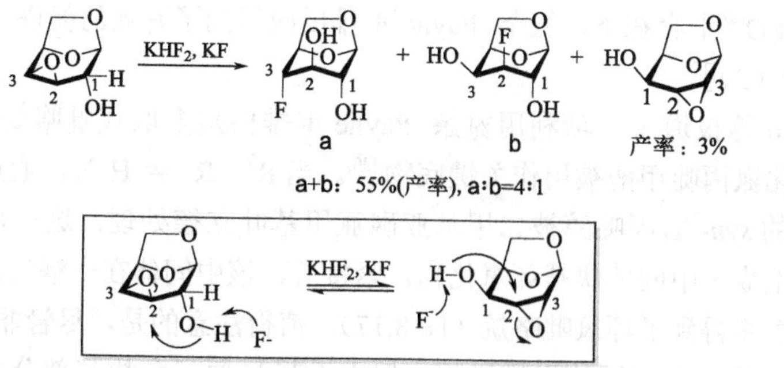

图 8.14

8.5 氮杂 -Payne 重排反应

在碱的催化作用下，2,3- 环氧丙胺能够发生异构化反应，转化为其对应的异构体氮丙啶甲醇（图 8.15）。值得注意的是，由于胺的 pK_a 值与常规 Payne 重排反应中涉及的羟基 pK_a 值存在差异，因此，通常需要采用比 NaOH 更强的碱才能顺利推动这一转化过程的进行。据相关报道，仲胺如 Et_2NH 的 pK_a 值约为 35，这意味着在强碱性条件下，如使用 *n*-BuLi/*t*-BuOK 或 *n*-BuLi/Me_3Al 等碱，氮杂 -Payne 重排反应更倾向于在没有任何特殊活化功能的情况下，从 2,3- 环氧丙胺生成氮丙啶甲醇[27]［图 8.16 反应式（1）］。此外，路易斯酸也被发现能够促进氮杂 -Payne 重排反应的进行。具体而言，在路易斯酸［TMSOTf、Ti(O*i*-Pr)$_4$[28]

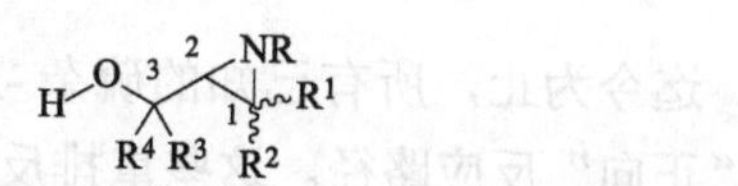

图 8.15

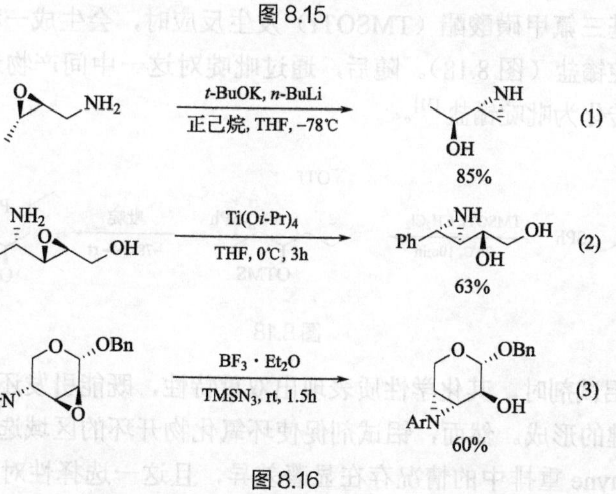

图 8.16

和 $BF_3 \cdot Et_2O$[29]］存在下，氮杂 -Payne 重排反应得到了有效的促进［图 8.16 反应式（2）和（3）］。

Borhan 等报道了一项利用氮杂 -Payne 重排构建多取代吡咯烷的创新方法，其中炔基化氮丙啶甲醇被用作关键底物[30]。当 R^2、$R^3 \neq H$ 时，通过立体特异性制备得到的 *syn*- 氮丙啶醇被二甲基亚砜亚甲基叶立德处理，这一步骤触发了结构转位，生成了中间体炔基环氧化物。紧接着，该中间体在一锅法的条件下进一步环化，最终得到了环氧吡咯烷（图 8.17）。值得注意的是，尽管非对映体 *trans*- 氮丙啶醇也经历了相同的重排过程，但由于其 N 原子和炔基部分之间呈现反式关系，这种特定的空间构型使得它无法进行后续的环化过程。

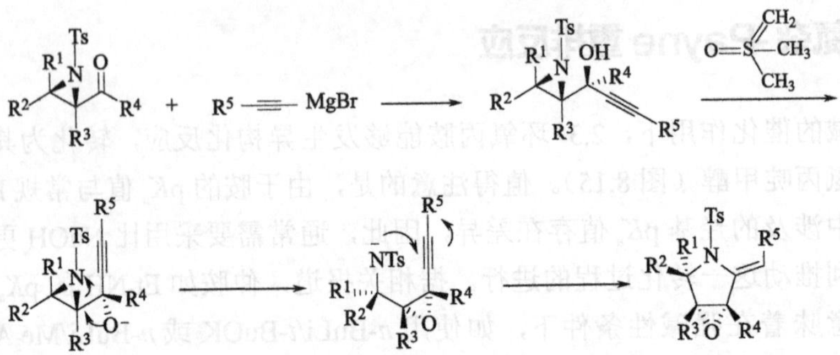

图 8.17

8.6 硫杂 -Payne 重排反应

迄今为止，所有已知的硫杂 -Payne 重排反应均起始于 2,3- 环氧硫醚，并遵循“正向”反应路径。这些重排反应普遍在路易斯酸性条件下进行。当环氧化物与三甲基硅基三氟甲磺酸酯（TMSOTf）发生反应时，会生成一种关键的中间产物——噻丙啶鎓盐（图 8.18）。随后，通过吡啶对这一中间产物进行处理，可以定量地将其转化为吡啶鎓盐[31]。

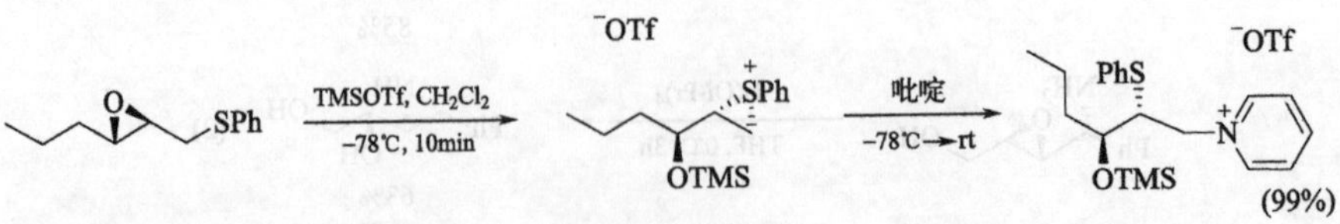

图 8.18

在使用铝试剂时，其化学性质表现出双重特性，既能引发还原反应，也可能促进碳 - 碳键的形成。然而，铝试剂促使环氧化物开环的区域选择性却与环氧迁移和氮杂 -Payne 重排中的情况存在显著差异，且这一选择性对反应底物的结构以及所使用的铝试剂类型都极为敏感。例如，当选用三甲基铝作为反应试剂时，单甲基取代的环氧化物倾向于在 C-2 位置发生开环反应。这一过程中伴随着构型的双反转，即原有的化学键断裂并重新形成时，碳原子的相对位置和方向发生了两次改变，最终生成了相应的醇产物[32]［图 8.19 反应式（1）］。另外，对于那些在 C-3 位置易于形成碳正离子的底物，如双甲基取代的环氧化物，其反应路径可能并不经过噻丙啶中间体［图 8.19 反应式（2）］。

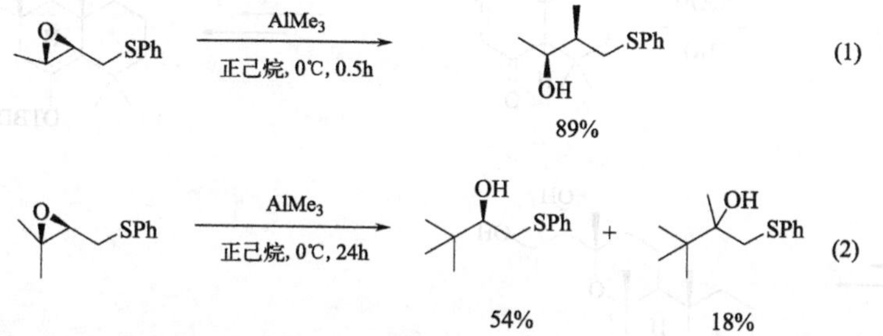

图 8.19

环氧硫醚与三甲基铝的反应历程可以大致划分为以下三个关键步骤：首先，铝试剂与环氧硫醚中的氧原子发生络合，形成一个暂时的配合物；接着，这一配合物进一步转化为硫鎓离子，这是一个重要的中间态；最后，通过内部已经络合的铝物种或者加入第二当量的试剂，硫鎓离子发生开环反应，生成最终的产物。值得注意的是，这种独特的反应性似乎是三甲基铝所特有的化学性质。相比之下，当使用更为活泼的铝试剂时，如 1- 己烯基（二异丁基）铝、二乙基（1- 己炔基）铝以及二异丁基氢化铝（DIBAL）等，它们的反应行为则有所不同。这些更活泼的铝试剂更倾向于在取代基较少的末端位置对硫鎓离子进行开环（图 8.20）。

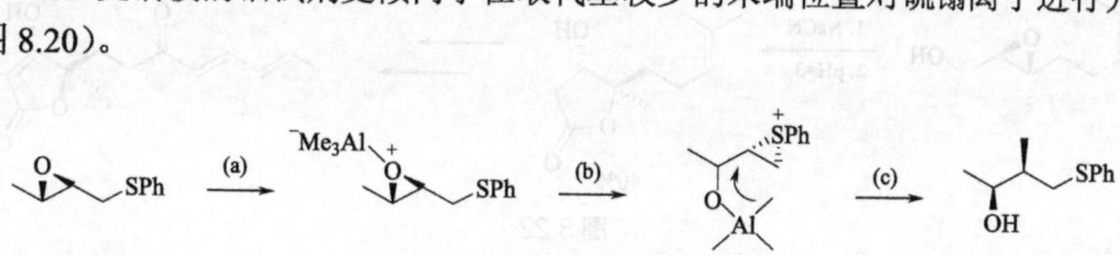

图 8.20

8.7 Payne 重排反应在天然产物合成中的应用

在天然产物合成的广阔领域中，能够成功分离环氧迁移产物的案例并不多见，而（−）-borjatriol 的合成无疑是一个引人注目的亮点[33]（图 8.21）。在这一合成路径中，最为核心的步骤是环氧醇混合物经历的一次至关重要的 Payne 重排反应。尤为值得一提的是，该反应体系的设计极为巧妙，它绕过了中间产物的单独分离这一烦琐步骤，使得反应混合物能够直接、连续地转化为酮类化合物。随后，这些酮类化合物又经过了一系列的转化，最终顺利地制备出了目标化合物（−）-borjatriol。

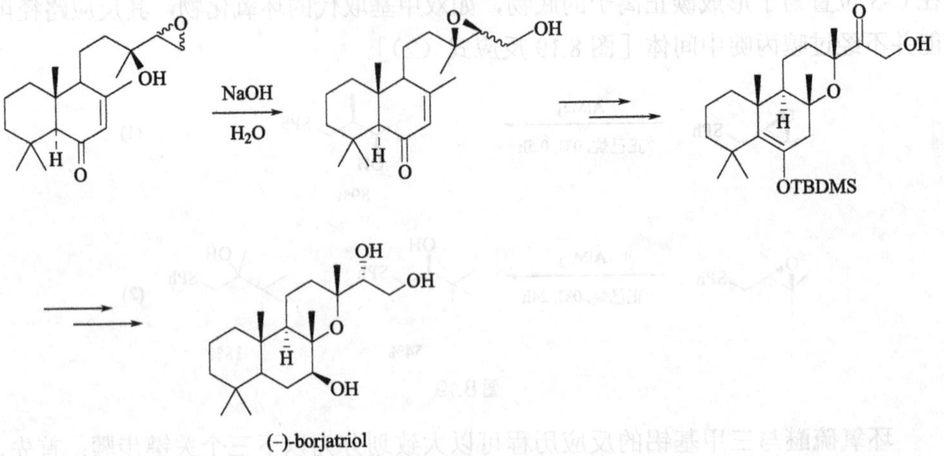

图 8.21

Ganem 等于 1983 年报道了一种创新方法，该方法旨在从非手性烯丙醇出发合成手性四烯酸和丁烯醇[34]。该过程首先通过不对称环氧化反应生成 2,3- 环氧醇，随后在 NaCN 存在且加热的条件下，该环氧醇经历了一步环氧化物异构化与开环的串联反应。最后，经过酸处理，成功获得了（−）-vertinolide 合成的关键中间体——β- 羟基丁内酯（图 8.22）。

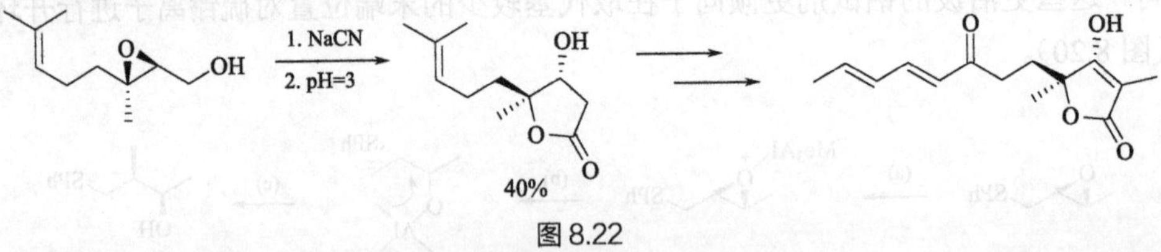

图 8.22

LTA$_4$（白三烯 A$_4$ 甲酯）的合成起始于酯三醇。合成过程首先涉及对伯羟基的选择性磺酰酯化，随后进行酯的水解步骤。在 NaOEt/EtOH 体系中，水解产物发生环化反应，生成环氧醇的羧酸盐。这一中间产物随后经历 Payne 重排，伴随着分子内酯化过程，形成了含有两个手性中心且构型均已反转的关键中间体内酯。对此关键中间体进行进一步的化学修饰，最终可以制得目标化合物 LTA$_4$（白三烯 A$_4$ 甲酯）[35]（图 8.23）。

2,3- 环氧硫代乙酸酯在 NH_3/MeOH 体系中，通过经历硫杂 -Payne 重排过程，能够高效转化为C-2位置构型发生反转的硫杂环丙烷，该步骤的产率高达89%。随后，对这一硫杂环丙烷中间体进行进一步的化学转化，成功合成了一种新型的核苷化合物。对该核苷进行活性测试，结果显示它展现出了对HIV-1病毒良好的抑制活性[36]（图8.24）。

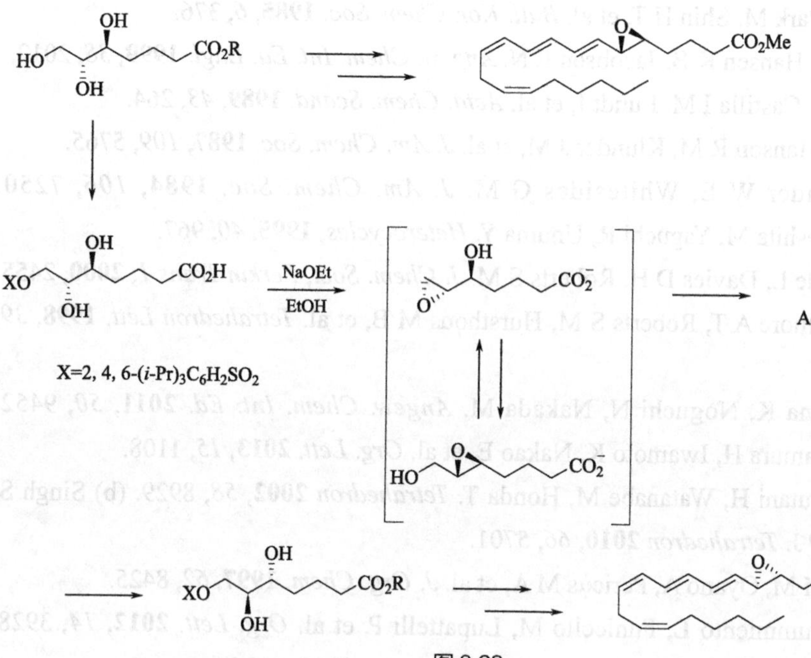

图8.23

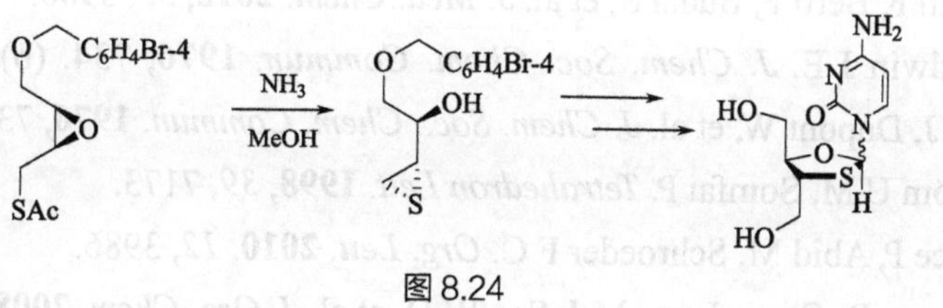

图8.24

参考文献

[1] Kohler E P, Bickel C L. *J. Am. Chem. Soc.* **1935**,*57*, 1099.

[2] Payne G B. *J. Org. Chem*. **1962**, *27*, 3819.

[3] Angyal S J, Gilham P T. *J. Chem. Soc*. **1957**, 3691.

[4] Bock K, Lundt J, Pederson C. *Carbohydr. Res*. **1988**, *179*, 87.

[5] (a) Prasit P, Robertson G, Rokach J. *Carbohydr. Res*. **1990**, *202*, 93. (b) Prasit P,

Rpkach J. *J. Org. Chem.* **1988**, *53*, 4421.
[6] (a) Häfele B, Schoröter D, Jäger V. *Angew. Chem. Int. Ed. Engl.* **1986**, *25*, 87. (b) Jäger V, Schoröter D, Koppenhöfer B. *Tetrahedron* **1991**, *47*, 2195.
[7] Limberg G, Lundt I, Zavilla J. *Synthesis* **1999**, 178.
[8] Kang J, Park M, Shin H T, et al. *Bull. Kor. Chem. Soc.* **1985**, *6*, 376.
[9] Wu M H, Hansen K B, Jacobsen E N. *Angew. Chem. Int. Ed. Engl.* **1999**, *38*, 2012.
[10] Bock K, Castilla I M, Lundt I, et al. *Acta. Chem. Scand.* **1989**, *43*, 264.
[11] Gao Y, Hanson R M, Klunder J M, et al. *J. Am. Chem. Soc.* **1987**, *109*, 5765.
[12] (a) Lander W E, Whitesides G M. *J. Am. Chem. Soc.* **1984**, *106*, 7250. (b) Takeshita M, Yaguchi R, Unuma Y. *Heterocycles*, **1995**, *40*, 967.
[13] (a) Carde L, Davies D H, Roberts S M. *J. Chem. Soc., Perkin Trans 1*, **2000**, 2455. (b) Gillmore A T, Roberts S M, Hursthous M B, et al. *Tetrahedron Lett.* **1998**, *39*, 3315.
[14] (a) Tsuna K, Noguchi N, Nakada M. *Angew. Chem. Int. Ed.* **2011**, *50*, 9452. (b) Takamura H, Iwamoto K, Nakao E, et al. *Org. Lett.* **2013**, *15*, 1108.
[15] (a) Mizutani H, Watanabe M, Honda T. *Tetrahedron* **2002**, *58*, 8929. (b) Singh S, Guiry P J. *Tetrahedron* **2010**, *66*, 5701.
[16] Pastó M M, Oyano A, Pericàs M A, et al. *J. Org. Chem.* **1997**, *62*, 8425.
[17] (a) Chiummiento L, Funicello M, Lupattelli P, et al. *Org. Lett.* **2012**, *14*, 3928. (b) Ohnliya H, Yoshida M, Sawamura M. *Synlett* **2010**, 2136.
[18] Benedetti F, Berti F, Budal S, et al. *J. Med. Chem.* **2012**, *55*, 3900.
[19] (a) Baldwin J E. *J. Chem. Soc. Chem. Commun.* **1976**, 734. (b) Baldwin J E, Cutting J, Dupont W, et al. *J. Chem. Soc., Chem. Commun.* **1976**, 736.
[20] Lindström U M, Somfai P. *Tetrahedron Lett.* **1998**, *39*, 7173.
[21] Mukerjee P, Abid M, Schroeder F C. *Org. Lett.* **2010**, *12*, 3986.
[22] Rengasamy R, Curtis Long M J, Seo W D, et al. *J. Org. Chem.* **2008**, *73*, 2898.
[23] Reddy P R, Sudhakar C, Kumar J N, et al. *Helv. Chim. Acta.* **2013**, *96*, 289.
[24] Vila-Gisbert S, Urbano A, Carreño M C. *Chem. Commun.* **2013**, *49*, 3561.
[25] (a) Kim H C, Kang S H. *Angew. Chem. Int. Ed.* **2011**, *50*, 1827. (b)Dehn R, Katsuyama Y, Weber A, et al. *Angew. Chem. Int. Ed.* **2011**, *50*, 3882. (c) Li J Y, Fu N K, Zhang L, et al. *Eur. J. Org. Chem.* **2011**, 6840.
[26] Bernet B, Vasella A. *Helv. Chim. Acta.* **2**007, *90*, 1874.
[27] Lochmann L, Pospisil J, Lim D. *Tetrahedron Lett.* **1966**, *7*, 257.
[28] Urabe H, Aoyama Y, Sato F. *Tetrahedron* **1992**, *48*, 5639.

[29] Latif F, Malik A, Völker W. *Libigs Ann. Chem.* **1987**, 717.
[30] Schomaker J M, Geiser A R, Huang R, et al. *J. Am. Chem. Soc.* **2007**, *129*, 3794.
[31] Gill D M, Pegg N A, Payner C M. *Tetrahedron* **1996**, *52*, 3609.
[32] Liu C Q, Hashimoto Y, Kudo K, et al. *Bull. Chem. Soc. Jpn.* **1996**, *69*, 2095.
[33] Herlem D K, Huonghuu F. *Tetrahedron* **1997**, *53*, 673.
[34] Wrobel J E, Ganem B. *J. Org. Chem.* **1983**, *48*, 3761.
[35] Rokach J, Lau C K, Zamboni R, et al. *Tetrahedron Lett.* **1981**, *22*, 2763.
[36] Branalt J K, varnstrom I, Classon B, et al. *J. Org. Chem.* **1996**, *61*, 3604.

第9章

频哪醇重排

9.1 频哪醇重排概述

9.2 重排中的基团迁移特点

9.3 半频哪醇重排

9.4 氮杂-频哪醇重排反应

9.5 不对称频哪醇重排反应

9.6 催化对映选择性频哪醇重排反应

9.7 在天然产物全合成中的应用

9.1 频哪醇重排概述

Fittig 首次报道了利用硫酸处理 2,3- 二甲基 -2,3- 二丁醇（也被称为频哪醇）的方法，成功制得了 3,3- 二甲基 -2- 丁酮（即频哪酮）[1-2]。这一方法不仅适用于频哪醇这一特定化合物，还被证明对环状或非环体系的邻二醇同样有效。在酸性条件下，邻二醇会发生脱水反应，并伴随 [1,2]- 烷基、[1,2]- 芳基或 [1,2]- 氢迁移，从而转化为醛或酮。这类反应被统称为频哪醇（pinacol）重排反应。值得注意的是，在 Brønsted 酸或 Lewis 酸的催化下，邻二醇更倾向于选择性地重排为醛或酮，而非通过其他竞争途径如脱水生成烯丙醇或 1,3- 二烯等。关于重排的具体机理，目前普遍接受的观点如下：首先，邻二醇中的一个醇羟基在酸的催化下发生质子化，随后脱去一分子水，形成一个关键的碳正离子中间体。紧接着，与该碳正离子相邻的一个甲基取代基（或其他可能的取代基，如烷基、芳基等）以阴离子迁移的形式发生 [1,2] 迁移。这一过程通常伴随着一个热力学上有利的质子脱去步骤，最终形成了稳定的羰基化合物 [3-4]（图 9.1）。

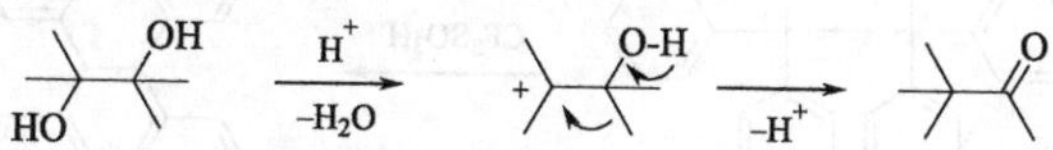

图 9.1

9.2 重排中的基团迁移特点

在复杂的分子转化过程中，碳骨架的重排无疑扮演着举足轻重的角色。在这一背景下，频哪醇重排作为 Wagner-Meerwein 重排中的一个独特分支，展现出了其独特的魅力 [5]。尤为引人注目的是，频哪醇重排能够以一种高度选择性的方式构建季碳中心，这为合成在特定位置含有不同取代基的分子，并获取季碳立体中心提供了一条极为便捷的路径。对于不对称取代的二醇而言，频哪醇重排的反应历程往往倾向于通过形成最为稳定的碳正离子来推进。这通常意味着，在底物分子中，反应性更强的羟基会优先发生质子化，从而引导整个反应朝着生成最稳定中间体的方向进行 [6-8]。在这一过程中，稳定的苄基碳正离子常常作为关键性中间体出现，它不仅稳定了反应体系，还促进了后续的重排步骤 [7]（图 9.2）。

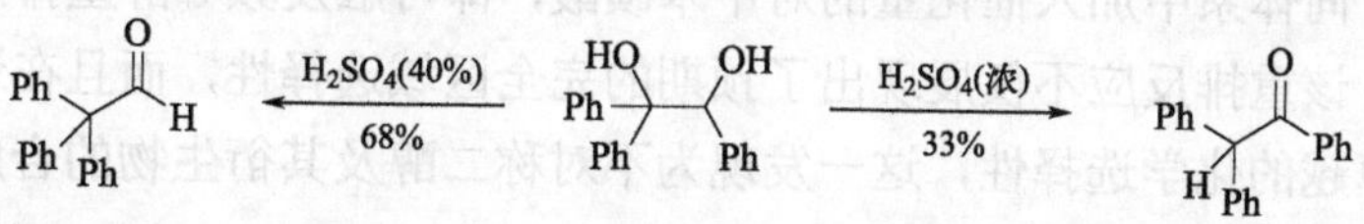

图 9.2

关于随后的迁移步骤，它通常倾向于选择那些能有效稳定正电荷的基团进行。与 Wagner-Meerwein 重排相类似，这一步骤的复杂性有时使得难以确立一套普遍适用的规则。在此过程中，构象因素、空间位阻效应以及立体化学特性均可能与特定的反应条件同等重要，共同影响着迁移的方向和效率。以 1,1,2- 三苯乙烷二醇的重排反应为例 [7]（图 9.2），在酸性条件下，该化合物会预期地形成二苯碳正离子。然而，值得注意的是，酸的强度对观察到的迁移模式有着显著的影响。在 40% 硫酸的条件下，反应倾向于发生苯基的迁移，最终生成醛类产物；而在浓硫酸环境中，则更倾向于发生形式上的氢负离子迁移，从而生成酮类产物。此外，情况可能进一步复杂化，因为在强酸性介质中，不能排除氢负离子向酮的异构化过程发生的可能性。

一个特别值得关注的现象是，当苯频哪醇在三氟甲磺酸作为催化剂的条件下进行反应时，它并不会按照常规预期发生苯基的迁移，而是会生成一种特殊的产物—9,10- 二苯基菲 [9]（图 9.3）。

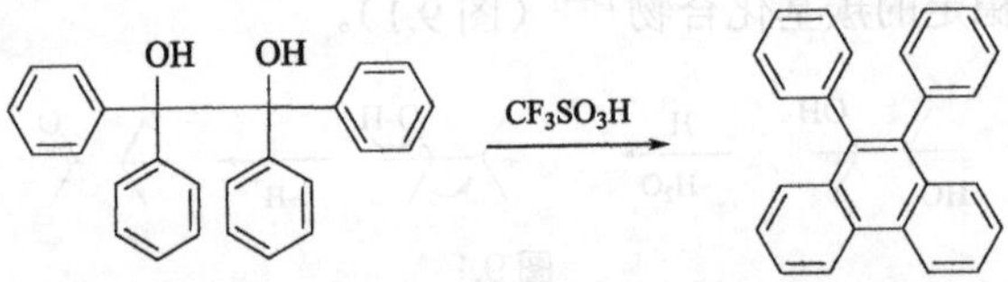

图 9.3

通常而言，在频哪醇重排反应体系中，芳基和氢原子是动力学上最为偏好的两类迁移基团。相较于结构简单的烷基（如乙基或甲基），叔丁基及其相关联的叔碳原子表现出更为显著的迁移倾向。此外，值得注意的是，环丙基相较于常规的仲烷基和伯烷基，其迁移更为迅速，且在迁移进程中能够保持环结构的完整性，不发生开环反应。鉴于此，当设计针对不对称二醇或其衍生物的频哪醇重排策略时，这些迁移倾向性应被纳入考量范畴，以确保反应路径的预测与控制更为精确。

近期，Mahrwald 和 Scheffler 报道了一项关于在不对称取代二醇中高效实现 Wagner-Meerwein 迁移的重要研究进展 [10]（图 9.4）。他们发现，在苯频哪醇体系中引入酮或醛，并辅以催化量的四叔丁基钛酸酯进行处理，可以诱发一种高效的逆频哪醇 / 频哪醇偶联反应，进而以极高的选择性生成混合二醇。当这一偶联反应完成后，向体系中加入催化量的对甲苯磺酸，即可触发频哪醇重排过程。值得注意的是，该重排反应不仅展现出了预期的完全区域选择性，而且在迁移步骤中表现出了卓越的化学选择性，这一发现为不对称二醇及其衍生物的合成提供了新的策略与途径。

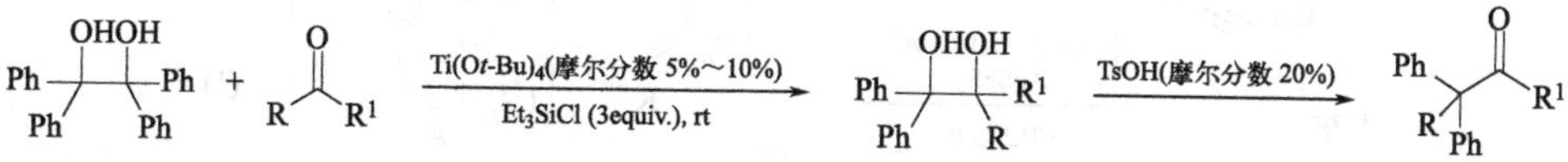

图 9.4

9.3 半频哪醇重排

除了二醇之外，频哪醇重排反应还可以从一系列 1,2- 双官能团化的分子结构起始进行，这类反应通常被归入半频哪醇重排的范畴（图 9.5）。这类重排的底物范围广泛，包括但不限于环氧化物、2- 羟基环氧化物、2- 羟基硫化物、2- 羟基硒化物、卤代醇、2-卤代缩醛、氨基醇以及 2- 羟基酮和 2- 氨基酮等 [6,11]。

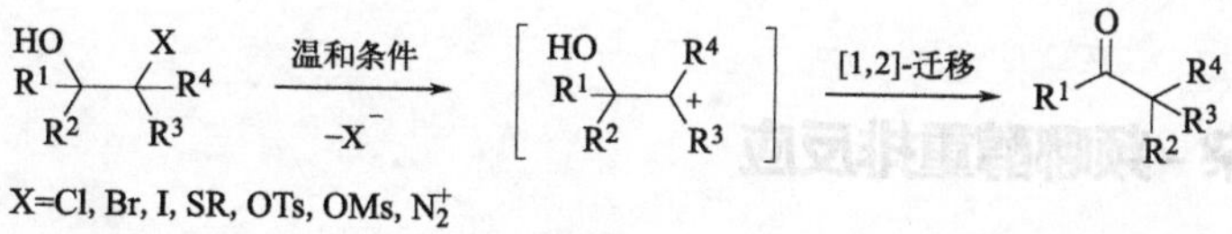

图 9.5

频哪醇重排不仅作为一个独立的化学反应具有深远的意义，而且在级联反应的终止步骤中也发挥着至关重要的作用。特别是与 Prins 环化反应的组合，这一系列连锁反应在天然产物合成领域中展现出了极高的应用价值和潜力 [12]。近年来，频哪醇重排在金属介导的级联反应终止步骤中的应用，特别是在铂和金催化方面 [13]，已经成为研究的一个热点方向。这类反应的特点在于，它们通常起始于 π- 体系的初步活化，随后通过碳环化步骤进一步推进。Toste 等提出的原始概念为这一领域的研究提供了重要的思路。他报道了金催化下炔基环丙醇和炔基环丁醇分别能够扩环为相应的环丁酮和环戊酮的反应 [14][图 9.6 反应式（1）和（2）]。在这一反应中，金介导的炔基部分活化形成中间体 **A** 是关键步骤，它触发了后续的频哪醇重排过程。值得注意的是，迁移扩环过程具有高度的立体专一性，例如，两个非对映异构的环丙基底物在迁移碳构型保持不变的情况下，顺利完成了环丁酮的形成。Kirsch 及其同事开发了一系列金催化的烯炔环化反应，随后进行频哪醇（pinacol）重排 [15]。这一系列反应首先以内切选择性的碳环化为起点，该步骤中，烯炔化合物在金催化剂的作用下精准地形成环状中间体。随后，这一中间体经历 Wagner-Meerwein 迁移［图 9.6 反应式（3）］。

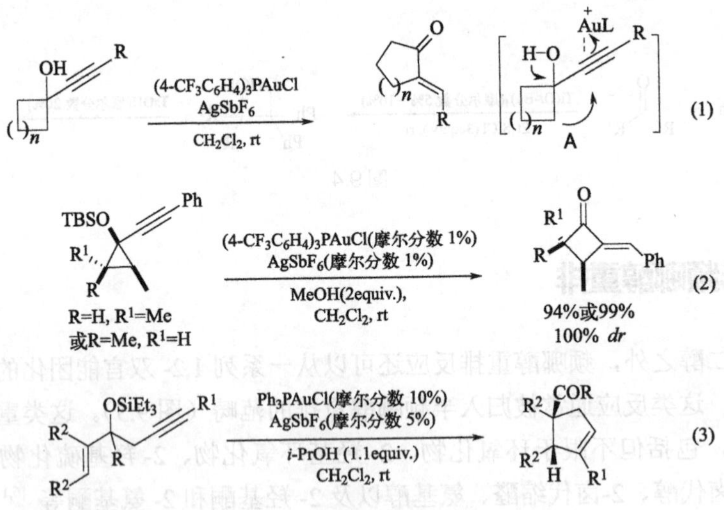

图 9.6

9.4 氮杂-频哪醇重排反应

关于氨基醇的频哪醇型重排反应，蒂芬欧-捷姆扬诺夫（Tiffeneau-Demjanow）反应无疑是一个经典的案例[16-17]［图 9.7 反应式（1）］。这一反应历程始于含有伯氨基的氨基醇，该化合物在适当的条件下通过重氮化过程转化为中间体 **A**。紧接着，中间体 **A** 经历伯碳正离子的重排步骤，从而导向一系列结构独特的产物。

相较于经典的频哪醇重排反应，涉氮的频哪醇重排变体作为替代路径，其出现时间相对较晚，为有机合成领域带来了新的视角。Nakayama 等的研究工作便是一个典型的例子，他揭示了在催化量的三氟化硼乙醚存在下，*N*-对甲苯磺酰基氮丙啶能够经历一个高效的重排过程，最终转化为相应的亚胺[18]。这一反应的具体历程起始于三氟化硼对氮丙啶的活化步骤，该步骤促进了碳正离子中间体 B 的生成。值得注意的是，这一碳正离子中间体通过与路易斯酸（即三氟化硼乙醚）的一个氟原子发生可逆的螯合作用，获得了暂时的稳定性，形成了中间体 **C**。随后，这一稳定的碳正离子中间体参与到了 Wagner-Meerwein 类型的重排过程中，并伴随着亚胺官能团的形成［图 9.7 反应式（2）］。然而，需要指出的是，由于该转化过程是在酸性条件下进行的，因此在某些情况下，会不可避免地观察到水解副反应的发生，导致生成相应的酮（作为产物之一）。

涂永强课题组开发了一种从烯丙基醇的 *N*-对甲苯磺酰基氮丙啶出发的非对映选择性频哪醇重排方法[19]。在该方法中，溴化锌作为高效的路易斯酸促进剂，极大地促进了反应的顺利进行。通过形成螯合过渡态 **D**，这一策略为合成具有 β-

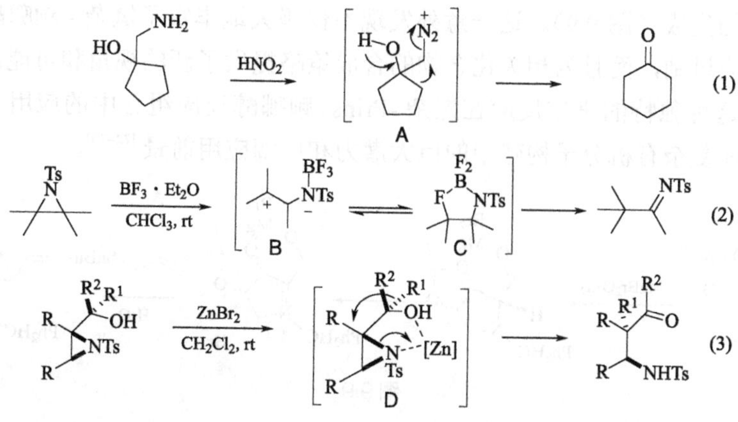

图 9.7

氨基化 α- 季碳酮结构的化合物提供了一条既便捷又高效的途径。值得注意的是，该方法不仅对于源自环烯烃的氮丙啶展现出了极高的反应效率，而且对于源自无环烯烃的氮丙啶同样表现出良好的适用性。在反应机理方面，迁移过程被确认为遵循反式共平面的 Wagner-Meerwein 迁移机制。这一特性确保了迁移基团在重排过程中的立体构型保持不变，从而实现了对产物立体化学的有效控制［图 9.7 反应式（3）］。

通过设计巧妙的串联反应策略，即将氮丙啶化步骤与频哪醇重排序列相结合，该化学反应路径得到了进一步的拓展与优化[20]。这一创新方法以烯丙醇为起始物，由 N- 氨基邻苯二甲酰亚胺和二醋酸碘苯在硅胶的催化作用下来完成氮丙啶化反应。在如此优化的反应条件下，能够以一种高度非对映选择性的方式高效地生成目标产物，即相应的 β- 氨基化 α- 季碳酮（图 9.8）。

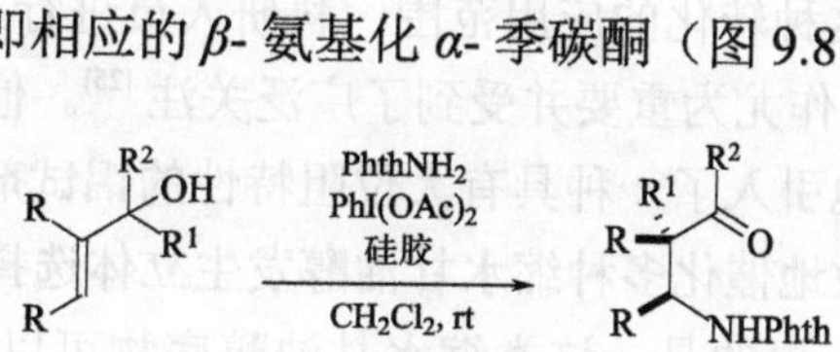

图 9.8

在合成苦马豆素异构体的深入探索中，科学家们意外地发现了一种前所未见的氮杂 - 频哪醇重排现象[21]。具体而言，当采用溴化镁作为路易斯酸催化剂，并以三丁基烯丙基锡处理醛类化合物时，并未遵循传统路径生成预期的高烯丙基醇，而是观察到了一种新颖的反应历程。在此过程中，溴化镁首先与醛羰基形成了稳定的螯合物，这一中间体的形成为后续反应奠定了基础。随后，在氢负离子的迁移作用下，诱导了氮杂 - 频哪醇重排的发生，生成了关键的中间亚胺离子。这一亚胺离子随后被锡试剂以高度的非对映选择性进行了烯丙基化，最终导向了伯醇产物的生成（图 9.9）。这一意外发现不仅极大地丰富了氮杂 - 频哪醇重排的类型和反应机制，而且为相关化合物的合成策略提供了新的视角和可能。尤为重要的是，这种独特的重排反应在氮杂 -Prins- 频哪醇反应组合中的应用，进一步彰显了其在复杂有机分子构建中的巨大潜力和广阔应用前景[22-23]。

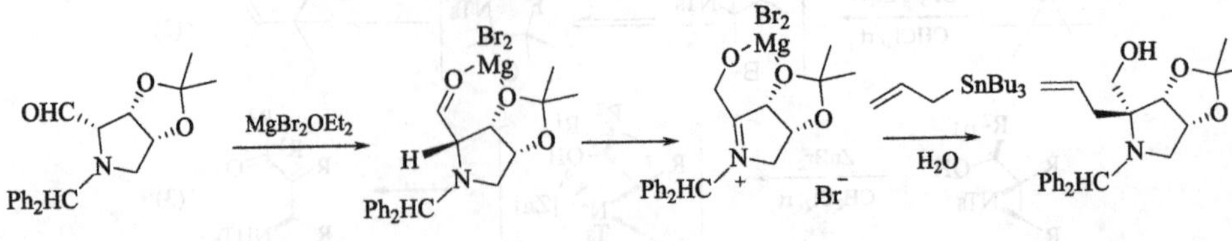

图 9.9

9.5 不对称频哪醇重排反应

不对称频哪醇重排反应在构建具有精确构型的三级和四级立体中心方面，其价值无可估量。涂永强课题组在这一研究领域取得了令人瞩目的成就，他们成功开发了一系列非对映选择性的频哪醇重排反应，这些反应专为构建四级立体中心而设计，并已成为合成化学领域中不可或缺的重要工具[24]。

在频哪醇重排反应体系中，采用手性二醇及其衍生物作为反应物，是制备 α-手性酮的一种有效策略。该策略的成功实施，在很大程度上依赖于对底物的精细设计，即底物结构中需预先引入恰当的手性元素，以确保在重排过程中能够保持或诱导出所需的手性构型。

为了进一步扩大这种转化的应用范围，科研人员进行了深入的探索与研究，其中 Yamamoto 等的工作尤为重要并受到了广泛关注[25]。他在设计新型路易斯酸的过程中，独具匠心地引入了一种具有大位阻特性的铝试剂。这种试剂展现出了卓越的性能，能够高效地催化多种缩水甘油醇发生立体选择性频哪醇重排反应[26]（图 9.10）。特别值得一提的是，这类缩水甘油醇底物可以通过 Sharpless 不对称环氧化反应以极高的对映体纯度便捷地制备得到。这一特性为后续的频哪醇重排反应提供了高质量的起始材料。在针对一系列开链缩水甘油的实验中，频哪醇重排反应展现出了完全的立体专一性，即能够生成一种特定立体构型的目标产物。

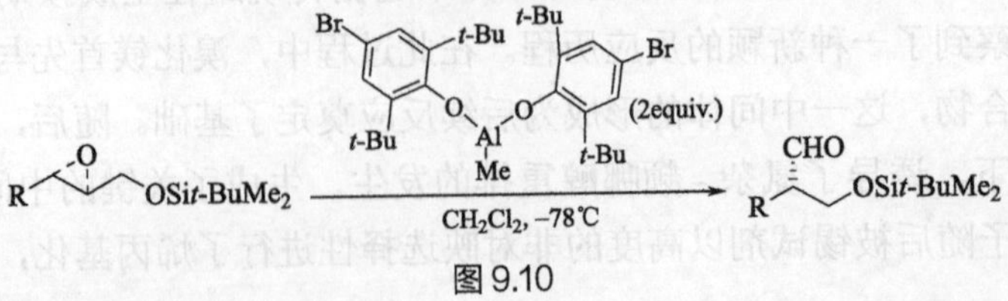

图 9.10

在另一项相关研究中，Suda 等成功利用铬 - 卟啉配合物催化了缩水甘油醇衍生物的不对称频哪醇重排反应[27]。Pericás 团队报道了一种由三氟化硼诱导的苄基化缩水甘油醇的立体专一性重排反应[28]（图 9.11）。在这一反应中，首先通过路易斯酸（三氟化硼）对环氧化物进行活化，随后发生醚单元的芳基进攻。紧接着的碎片化步骤以一种立体专一的方式构建了手性二芳基化中心。这一重排过程得益于芳基骨架上的吸电子取代基与苄基醚芳基上的给电子取代基的协同作用，它们共同促进了反应的顺利进行。值得注意的是，在给电子作用的调控上需要极为精细。当使用 3,5- 二甲氧基苄基醚作为底物时，反应并未按照预期的重排路径进行，而是导致了苯并环化产物的生成。

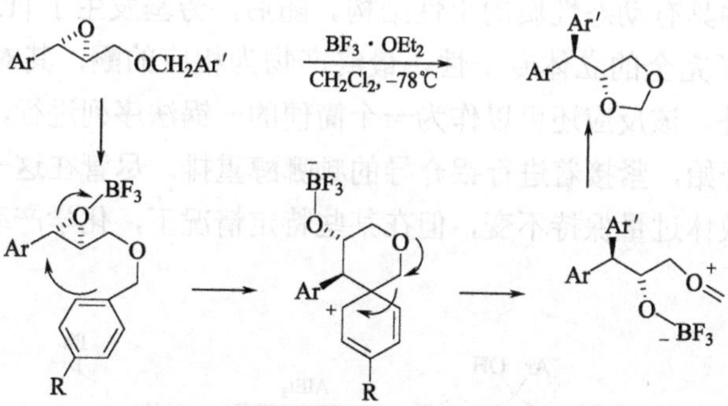

图 9.11

Schreiner 提出了一种新颖的概念性替代方法，他巧妙地结合了四氯化硅与硫脲，通过原位反应生成了一种高效的路易斯酸催化剂。该催化剂被用于催化由苯乙烯衍生物衍生的手性环氧化物的重排反应[29]（图 9.12）。值得注意的是，这些手性环氧化物是 Shi 不对称环氧化反应的理想底物，能够产生对映体富集的起始原料。经过深入的探究，研究者发现活性催化剂是在硫脲的平面四元环排列中形成的四面体配位的硅催化剂 **E**。进一步使用自然键轨道（NBO）做电荷分析显示，在催化剂中，双电荷硫脲酸根和硅二价阳离子占据了主导地位。

在硅路易斯酸催化剂 **E** 的催化作用下，重排反应能够高效且顺利地进行，同时伴随着极小的对映体纯度损失。特别值得一提的是，该催化剂对顺式和反式异构体的环氧化物均表现出相同的反应速率和出色的对映体过量保持度。此外，该体系还具备另一项关键特性：当 R 或 R^1 为氢原子时，氢负离子的迁移会受到显著抑制，从而更有利于其他取代基的迁移过程。

值得注意的是，在将醇转化为酮的化学转化过程中，所连接的碳原子中心并不需要预先具备明确的立体化学构型。在某些情况下，仅仅依赖于相邻位置的立体化学特征便足以实现预期的转化目标。

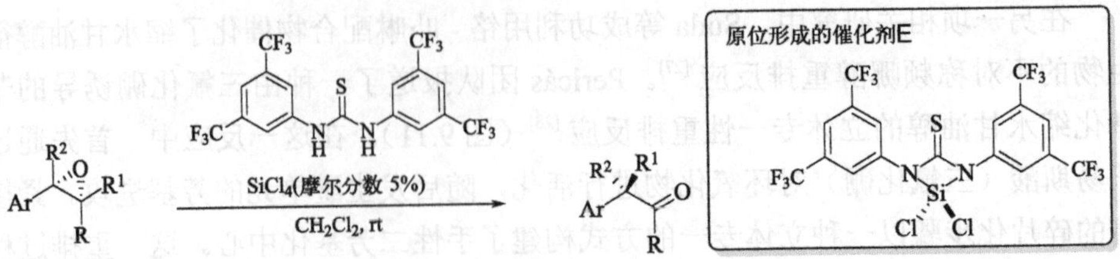

图 9.12

Suzuki 课题组报道了一项重要发现：当单甲磺酸酯二醇与三乙基铝反应时，能够高效促进芳基的迁移过程[30]（图 9.13）。在此反应历程中，路易斯酸起到了辅助作用，帮助去除了甲磺酸酯基团，进而生成了相应的阳离子中间体，该中间体可被视为一种具有动态性质的手性结构。随后，芳基发生了 [1,2]- 迁移，且这一过程展现出了完全的立体专一性，最终产物为相应的酮，其对映体过量高达 98% 以上。此外，该反应还可以作为一个简便的一锅法序列进行，从游离二醇的甲磺酰化步骤开始，紧接着进行铝介导的频哪醇重排。尽管在这一连续反应序列中，产物的对映体过量保持不变，但在某些特定情况下，化学产率可能会出现一定程度的降低。

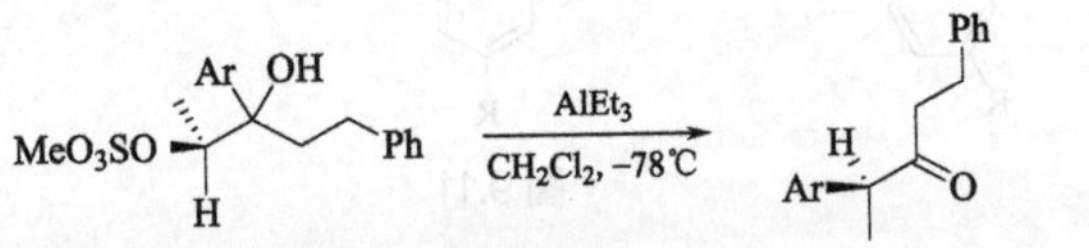

图 9.13

这种方法的应用领域得到了进一步的拓展，成功应用于角型立体化合物的合成中[31]（图 9.14）。在此合成路径中，起始原料为相应的对映纯顺式二醇。值得注意的是，这种二醇也可以通过相应酮的 1,2- 加成反应原位制备得到。随后，采用三氟化硼乙醚配合物对起始原料进行处理，以触发频哪醇重排反应。在这一特定反应条件下，异噁唑基团扮演了至关重要的角色，它确保了仅有一个有效的碳

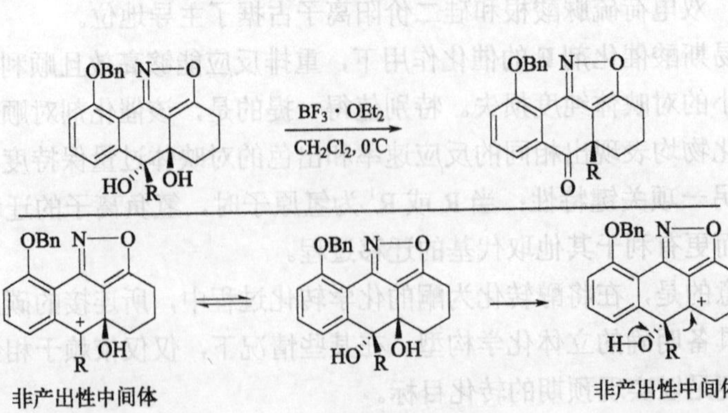

图 9.14

正离子能够作为频哪醇重排所需的反应前驱体，而另一个碳正离子则能够恢复到初始的二醇状态。接下来的同面 Wagner-Meerwein 重排步骤则确保了初始对映体过量的有效保持。尤为关键的是，这种迁移过程以极高的速率进行，从而有效地防止了外消旋化的发生。

在反应过程中，Selectfluor 会释放出强酸，但研究者们发现，通过添加碳酸钾进行中和，可以有效地维持高对映选择性。特别值得注意的是，当奎宁与 Selectfluor 以 1 : 1 的比例结合使用时，它们展现出了作为烯丙基醇对映选择性频哪醇重排的强大手性催化剂的潜力[32]。在这一反应过程中，奎宁分子中的氟化奎宁环基团被认为是活性中心，它能够在氟化过程中有效地区分烯丙基醇的前手性烯烃部分。最终产物为 α- 季碳 β- 氟代醛，以唯一的非对映异构体形式获得，且其对映体过量（*ee* 值）范围在 54% ～ 82%（图 9.15）。这一发现不仅丰富了手性催化剂控制的方法学体系，还为合成具有特定立体构型的含氟化合物开辟了新的合成途径。

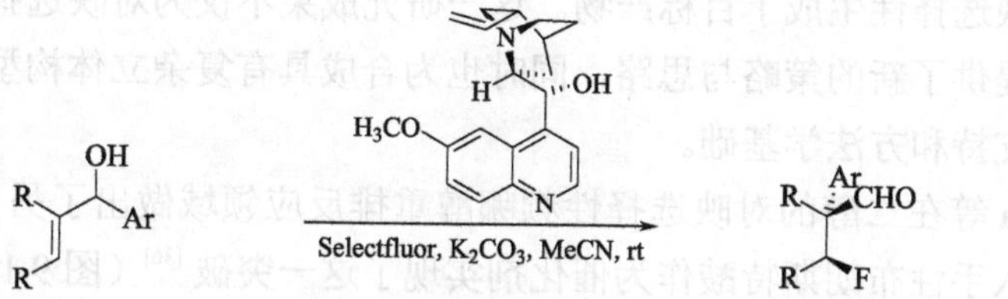

图 9.15

9.6 催化对映选择性频哪醇重排反应

手性酸促进剂在推动对映选择性频哪醇重排反应的发展上扮演着至关重要的角色，因为它为通过试剂控制实现对映选择性合成提供了全新的可能性。随着手性布朗斯特酸催化剂概念的引入，该研究领域已经取得了显著的进展和突破[33-34]。

涂永强及其同事报道了一种具有开创性的方法[35]（图 9.16）。他们设计并采用了具有较大空间位阻的联萘酚（BINOL）骨架或其相应银盐作为手性磷酸催化剂。在这些催化剂的作用下，手性烯丙基醇能够高效地通过频哪醇重排反应转化为相应的螺衍生物。尤为值得注意的是，该反应体系对烯丙基醇的分子结构有着特定的要求，即必须含有烯醚官能团，这一官能团在形成醇基相邻阳离子中间体的初始步骤中发挥着至关重要的作用。

当采用磷酸银盐作为催化剂时，通过银辅助的螯合作用形成中间体 **F**，此过程涉及催化剂与烯丙基醇之间的质子与银的交换。随后，烯醚部分发生质子化，生成了中间体 **G**，其中的碳正离子被磷酸酯基团在形式上进行了有效的屏蔽与稳

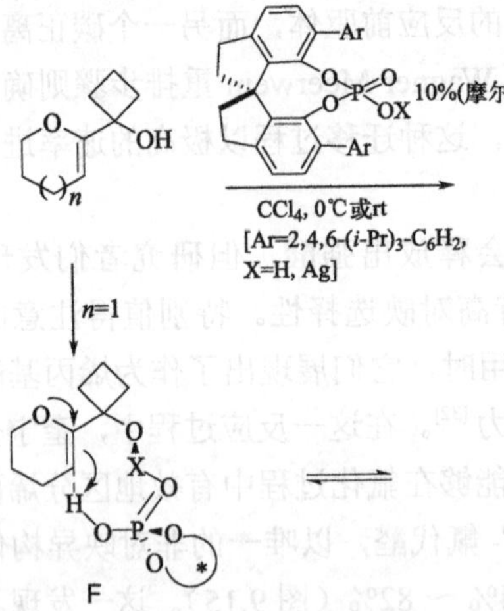

图 9.16

定。紧接着，频哪醇重排反应在手性催化剂的立体控制作用下顺利发生，从而以出色的对映选择性生成了目标产物。这一研究成果不仅为对映选择性频哪醇重排反应领域提供了新的策略与思路，同时也为合成具有复杂立体构型的分子提供了强有力的支持和方法学基础。

Antilla 等在二醇的对映选择性频哪醇重排反应领域做出了另一项杰出贡献，他通过引入手性布朗斯特酸作为催化剂实现了这一突破[36]（图 9.17）。具体而言，采用 2.5%（摩尔分数）的手性磷酸盐催化剂，能够高效且高选择性地将一系列外消旋吲哚基二醇转化为相应的 α- 吲哚基酮。该反应体系展现出了对多种芳基迁移的广泛适用性，并且所得产物的对映选择性均超过了 90%，表现出了极高的立体控制效果。该反应机制被认为起始于手性磷酸盐催化剂与二醇底物之间的氢键络合。随后，内部的醇部分发生质子化，导致一个水分子的脱除，这一步骤得益于苗基取代基的共振稳定效应，进而形成了正式的阳离子中间体。此阳离子中间体仍然通过氢键与手性磷酸盐催化剂紧密结合，这样的结合方式使得随后的芳基迁移能够在手性催化剂所营造的微环境中进行，从而确保了高立体选择性。最后，通过一个氢质子转移过程，不仅再生了原始的手性磷酸盐催化剂，同时也生成了频哪醇重排的产物，完成了整个催化循环。

杜海峰课题组提出了一种新颖且互补的方法，他们成功报道了利用手性磷酰亚胺布朗斯特酸催化外消旋 1,1- 二取代环氧化物的频哪醇重排反应[37]（图 9.18）。这一创新方法能够在典型的频哪醇重排过程中，有效地生成具有手性且非外消旋的醛类化合物。值得注意的是，当前这一方法主要聚焦于偕二取代环氧化物，因为对于三取代环氧化物而言，会发生烯丙基醇的形成这一副反应，从而干扰并阻碍频哪醇重排的正常进行。尽管所报道的对映选择性尚未达到完美水平，但这项

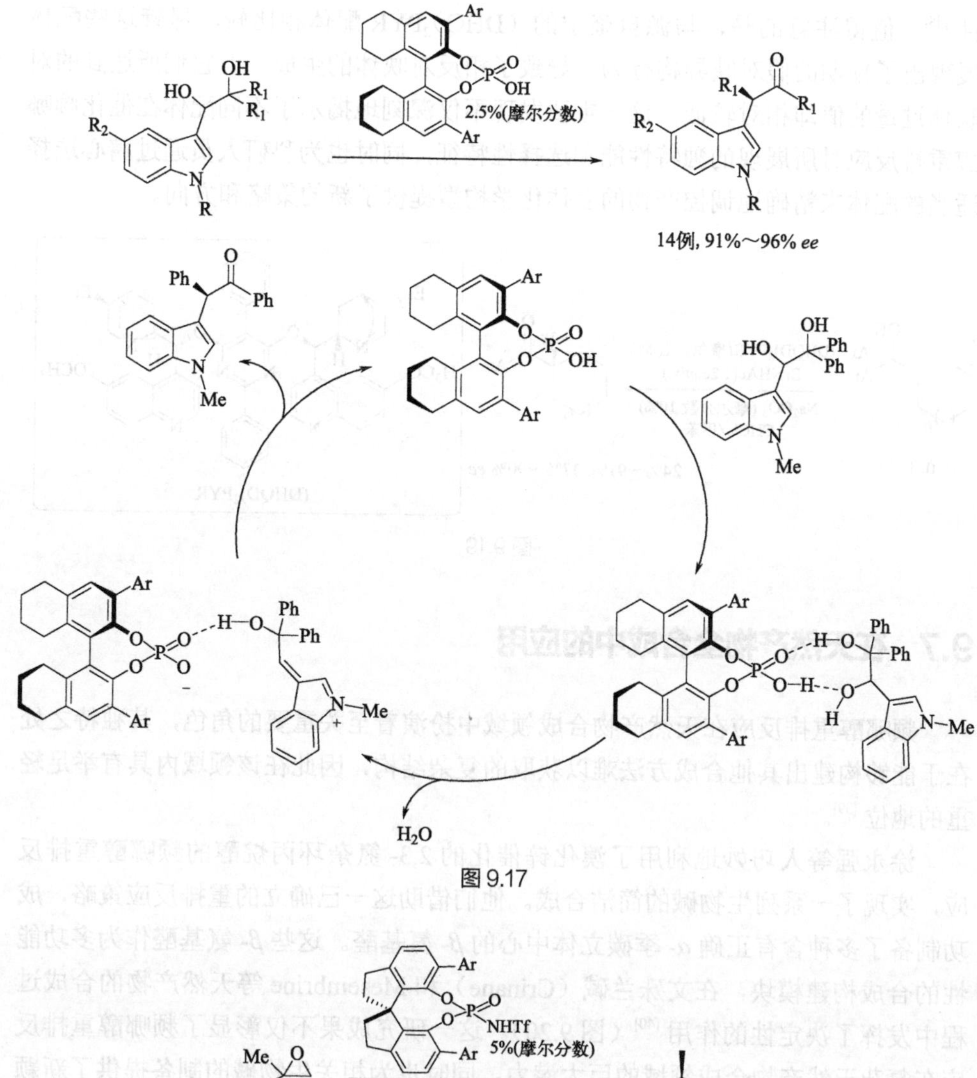

图 9.17

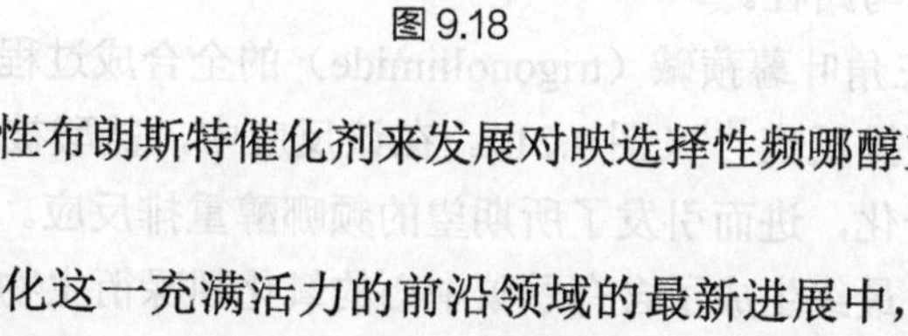

图 9.18

工作无疑为使用手性布朗斯特催化剂来发展对映选择性频哪醇重排反应做出了重要的贡献。

在探索有机催化这一充满活力的前沿领域的最新进展中，研究者们发现了一种替代性的有效方法。Hennecke 等的研究揭示了，与奎宁 /Selectfluor 的组合不同，当采用 *N*- 溴代琥珀酰亚胺（NBS）作为卤素源时，Sharpless 配体，例如 $(DHQD)_2PYR$，能够以催化量被有效地利用（图 9.19）。在这种经过优化的反应条件下，烯丙基醇的频哪醇重排反应展现出了令人瞩目的高达 90% 的对映选择性[38]。值得注意的是，与源自奎宁的（DHQ）$_2$PYR 配体相比较，尽管这些配体展现出了预期的假对映异构行为，导致了相反对映体的生成，但它们所达到的对映体过量的值却相对较低。这一重要发现不仅深刻地揭示了不同配体在催化频哪醇重排反应时所展现的独特性能和选择性特征，同时也为科研人员通过精心选择适当的配体来精确地调控产物的立体化学构型提供了新的策略和方向。

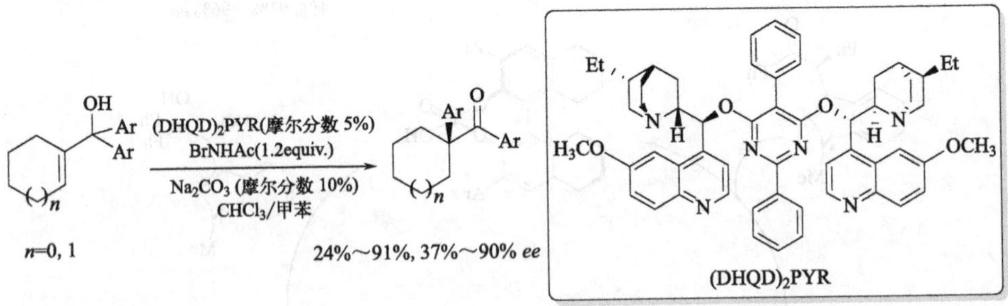

图 9.19

9.7 在天然产物全合成中的应用

频哪醇重排反应在天然产物合成领域中扮演着至关重要的角色，其独特之处在于能够构建出其他合成方法难以获取的复杂结构，因此在该领域内具有举足轻重的地位[39]。

涂永强等人巧妙地利用了溴化锌催化的 2,3- 氮杂环丙烷醇的频哪醇重排反应，实现了一系列生物碱的简洁合成。他们借助这一已确立的重排反应策略，成功制备了多种含有正确 α- 季碳立体中心的 β- 氨基醛。这些 β- 氨基醛作为多功能性的合成构建模块，在文殊兰碱（Crinane）和 Mesembrine 等天然产物的合成过程中发挥了决定性的作用[40]（图 9.20）。这一研究成果不仅彰显了频哪醇重排反应在复杂天然产物合成领域的巨大潜力，同时也为相关生物碱的制备提供了新颖且高效的合成策略与路径。

Tambar 等在三角叶薯蓣碱（trigonoliimide）的全合成过程中报道了一个有趣的氮杂 - 频哪醇重排反应[41]（图 9.21）。在该反应中，盐酸被用作促进剂，促使亚胺部分发生质子化，进而引发了所期望的频哪醇重排反应。这一转化过程表现出高度的选择性，最终生成了含有季碳中心的氧化吲哚衍生物。

在合成 hopanol 和 hopeahainol A 这一复杂而精细的过程中，Snyder 等巧妙地引入了基于 2,2′- 二苯基 -（4- 联菲酚）骨架的手性磷酸作为催化剂，来催化频哪醇重排反应，这一步骤构成了全合成路径中的核心环节[42]（图 9.22）。具体而言，当采用（R）- 构型的催化剂时，反应能够以 56% 的产率和 18.4：1 的高非对映

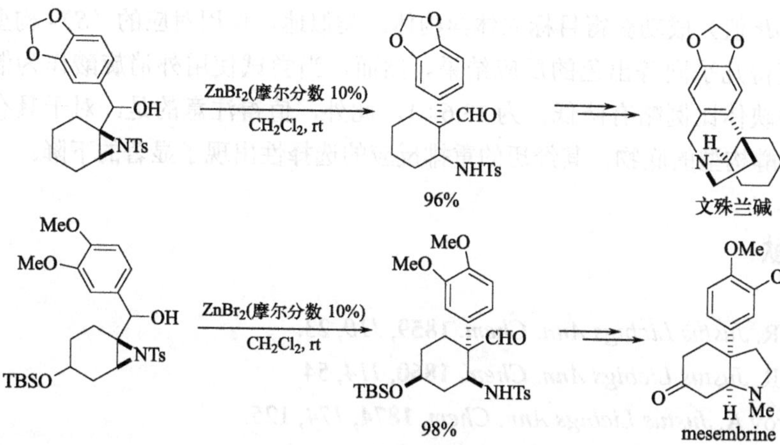

图 9.20

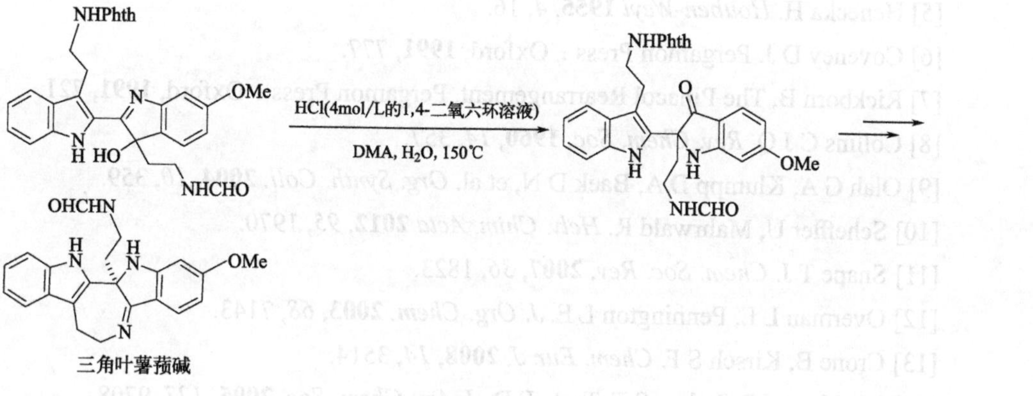

图 9.21

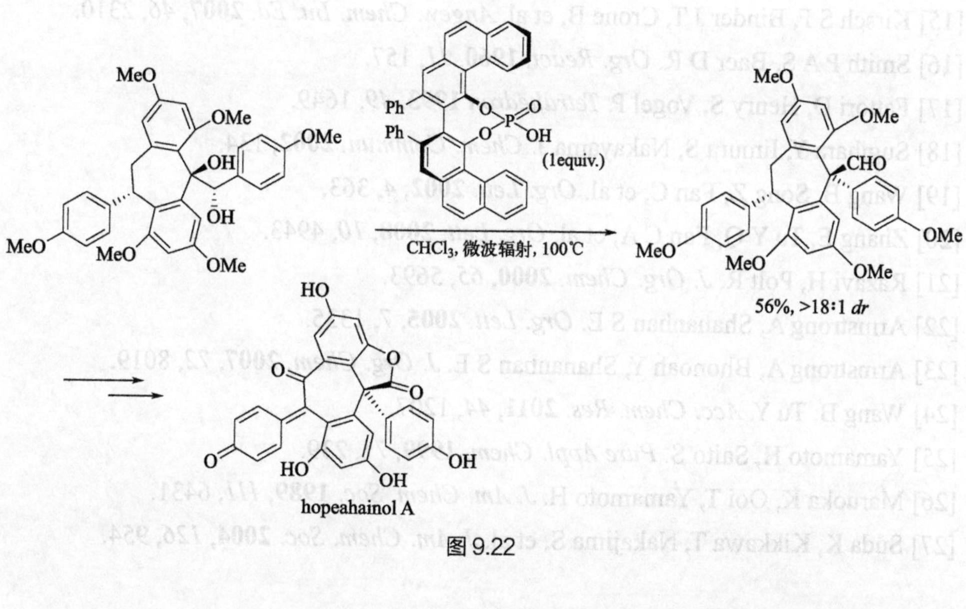

图 9.22

体比例（*dr* 值）成功获得目标立体异构体。类似地，使用对应的（*S*）- 构型催化剂也能获得几乎同等出色的反应结果。然而，当尝试使用外消旋酸作为催化剂时，非对映体比例略有降低，为 13.6∶1。此外，值得注意的是，对于具有非对映异构二醇构型的底物，其经历的重排反应的选择性出现了显著的下降。

参考文献

[1] Fittig R. *Justus Liebigs Ann. Chem*. **1859**, *110*, 23.

[2] Fittig R. *Justus Liebigs Ann. Chem*. **1860**, *114*, 54.

[3] Butlerov A. *Justus Liebigs Ann. Chem*. **1874**, *174*, 125.

[4] Berson J A. *Angew. Chem. Int. Ed*. **2002**, *41*, 4655.

[5] Henecka H. *Houben-Weyl* **1955**, *4*, 16.

[6] Coveney D J. Pergamon Press：Oxford, **1991**, 777.

[7] Rickborn B, The Pinacol Rearrangement. Pergamon Press：Oxford, **1991**, 721.

[8] Collins C J Q. *Rev. Chem. Soc*. **1960**, *14*, 357.

[9] Olah G A, Klumpp D A, Baek D N, et al. *Org. Synth. Coll*. **2004**, *10*, 359.

[10] Scheffler U, Mahrwald R. *Helv. Chim. Acta* **2012**, *95*, 1970.

[11] Snape T J. *Chem. Soc. Rev*. **2007**, *36*, 1823.

[12] Overman L E, Pennington L E. *J. Org. Chem*. **2003**, *68*, 7143.

[13] Crone B, Kirsch S F. *Chem. Eur. J*. **2008**, *14*, 3514.

[14] Markham J P, Staben S T, Toste F D. *J. Am. Chem. Soc*. **2005**, *127*, 9708.

[15] Kirsch S F, Binder J T, Crone B, et al. *Angew. Chem. Int. Ed*. **2007**, *46*, 2310.

[16] Smith P A S, Baer D R. *Org. React*. **1960**, *11*, 157.

[17] Fattori D, Henry S, Vogel P. *Tetrahedron* **1993**, *49*, 1649.

[18] Sugihara Y, Iimura S, Nakayama J. *Chem. Commun*. **2002**, 134.

[19] Wang B, Song Z, Fan C, et al. *Org. Lett*. **2002**, *4*, 363.

[20] Zhang E, Tu Y Q, Fan C A, et al. *Org. Lett*. **2008**, *10*, 4943.

[21] Razavi H, Polt R. *J. Org. Chem*. **2000**, *65*, 5693.

[22] Armstrong A, Shananhan S E. *Org. Lett*. **2005**, *7*, 1335.

[23] Armstrong A, Bhonoah Y, Shananhan S E. *J. Org. Chem*. **2007**, *72*, 8019.

[24] Wang B, Tu Y. *Acc. Chem. Res*. **2011**, *44*, 1207.

[25] Yamamoto H, Saito S. *Pure Appl. Chem*. **1999**, *71*, 239.

[26] Maruoka K, Ooi T, Yamamoto H. *J. Am. Chem. Soc*. **1989**, *111*, 6431.

[27] Suda K, Kikkawa T, Nakajima S, et al. *J. Am. Chem. Soc*. **2004**, *126*, 954.

[28] Islas-González G, Benet-Buchholz J, Maestro M A, et al. *J. Org. Chem*. **2006**, *71*, 1537.
[29] Hrdina R, Müller C E, Wende R C. *J. Am. Chem. Soc.* **2011**, *133*, 7624.
[30] Shionhara T, Zuzuki K. *Synthesis* **2002**, 141.
[31] Suzuki K, Takikawa H, Hachisu Y, et al. *Angew. Chem. Int. Ed*. **2007**, *47*, 3252.
[32] Wang M, Wang B M, Shi L, et al. *Chem. Commun.* **2005**, 5580.
[33] Kampen D, Reisinger C M, List B. *Top. Curr. Chem.* **2009**, *291*, 395.
[34] Akiyama T. *Chem. Rev.* **2007**, *107*, 5744.
[35] Zhang Q W, Fan C A, Zhang H J, et al. *Angew. Chem. Int. Ed.* **2009**, *48*, 8572.
[36] Liang T, Zhang Z, Antilla J C. *Angew. Chem. Int. Ed.* **2010**, *49*, 9734.
[37] Zhuang M, Du H. *Org. Biomol. Chem.* **2013**, *11*, 1460.
[38] Müller C H, Wilking M, Rühlmann A, et al. *Synlett* **2011**, 2043.
[39] Song Z L, Fan C A, Tu Y Q. *Chem. Rev*. **2011**, *111*, 7523.
[40] Song Z L, Wang B M, Tu Y Q, et al. *Org. Lett*. **2003**, *5*, 2319.
[41] Qi X, Bao H, Tambar U K. *J. Am. Chem. Soc.* **2011**, *133*, 10050.
[42] Snyder S A, Thomas S B, Mayer A C, et al. *Angew. Chem. Int. Ed.* **2012**, *51*, 4080.

第10章

Smiles 重排

10.1 Smiles 重排反应概述

10.2 反应机理

10.3 离子型 Smiles 重排

10.4 自由基型 Smiles 重排反应

10.5 Smiles 重排反应的应用

10.1 Smiles 重排反应概述

Smiles 重排是有机化学中的分子内芳香亲核取代反应，通常在碱性条件下进行。该反应涉及的底物通常是硫醚、砜等化合物，其中硫原子作为亲核试剂，对芳香环上的原位（*ipso*）碳原子进行亲核进攻，形成螺环中间体，随后发生重排，生成新的芳香化合物。Smiles 重排反应具有特定的反应条件和机理，要求芳环的离去基团邻位或对位有强吸电子取代基，且离去基团在碱性条件下稳定。该反应在有机合成领域具有较高的应用价值，可用于合成具有特定结构和功能的有机化合物。

Smiles 重排作为一种经典的芳香环重排反应，自其被发现以来，便因其独特的反应机制与广泛的应用而备受关注。1894 年，Henriques[1] 首先报道了该反应，随后 Hinsberg 也对该反应进行了研究[2–4]，20 世纪 30 年代 Smiles 对该反应进行了系统而深入的研究[5–6]。它是一种分子内亲核取代反应，芳香环上杂原子连接的反应中心受到亲核试剂的进攻，随后芳环发生迁移，从原杂原子跃迁至亲核性更强的杂原子上。芳香环上杂原子的邻位或对位带有吸电子基团可以活化芳香环，加速重排进行。这种类型的反应通常被称为 Smiles 重排[7–8]（图 10.1）。20 世纪 50 年代，Truce 等又发展了基于碳亲核试剂的重排反应，被称为 Truce-Smiles 重排[9]。20 世纪 70 年代，光催化的引入又催生了光催化的 Smiles 重排（或称光化学 Smiles 重排）[10]，为这一经典反应注入了新的活力，拓展了其反应条件和应用范围。

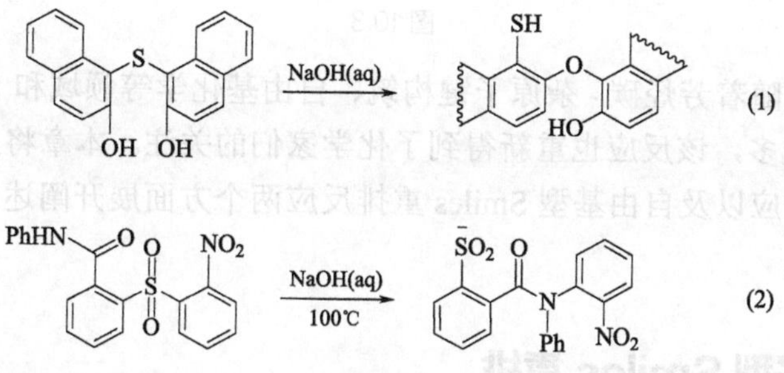

图 10.1

10.2 反应机理

该反应具有一系列显著特征[11–14]（图 10.2）：①芳香环需要在邻位或对位引入吸电子基团（例如 NO_2、SO_2R）进行活化；②若存在一个以上的活化基团（当 R^2 = EWG 时），重排反应的速率会增加；③间位的吸电子基团通常不足以活化芳香环；④在缺乏活化基团或当 R^1 和 R^2 为供电子基团时，重排反应进行缓慢或不发生；⑤除取代苯环外，芳香环也可以是杂芳香环，如吡啶或嘧啶；⑥在强碱存在下，当 $Y = SO_2$ 且 $XH = CH_3$ 时，无需活化基团，此过程称为Truce-Smiles 重排；⑦ XH 基团的亲核性和 Y 基团良好的离去能力是两个相互关联的因素，它们的综合效应对重排反应的速率有显著影响；⑧当 $XH = NH_2$ 时，通常不需要碱，即使 Y 是较弱的离去基团也可使反应发生；⑨ Y 上负电荷的稳定性越高，反应进行得越快（例如 $Y = SO_2 > SO > S$）；⑩当 Z 基团是芳香环的一部分时（例如联芳基体系），第二个环上的吸电子取代基往往会加速反应的进行。

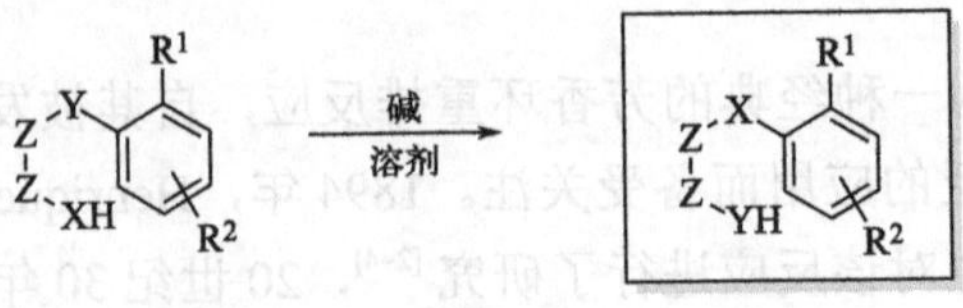

图10.2

反应的第一步是去质子化形成亲核试剂，底物进行旋转形成优势反应构象，其中迁移环的平面与 Z-Z 键垂直，亲核试剂以邻位进攻的方式进攻苯环，形成一个五元环过渡态，从而生成最终的重排产物 [15–17]（图 10.3）。

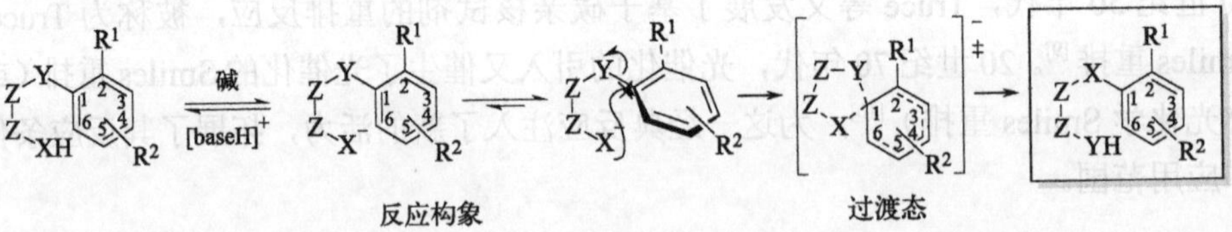

图10.3

近年来，随着芳烃碳 - 杂原子键构筑、自由基化学等领域和 Smiles 重排反应交集越来越多，该反应也重新得到了化学家们的关注。本章将主要从离子型 Smiles 重排反应以及自由基型 Smiles 重排反应两个方面展开阐述这些领域的相关研究进展。

10.3 离子型 Smiles 重排

10.3.1 碳 - 碳键的构建

离子型 Smiles 重排操作简便，通常只需简单的碱处理即可，无需复杂的过渡金属催化体系，常用于合成难以合成的、含有三级或四级碳的苄基手性中心，进而构建出碳 - 碳键。

Clayden 小组报道了芳基脲和芳基酰胺作为底物的 Smiles 重排[18]，可以在基本条件下发生。Clayden 重排的特点包括迁移环的范围广泛，与传统的 Smiles 重排化学相比通常需要电子取代基或杂芳香环来促进 S_NAr 反应的进行。Clayden 小组发展的这类重排反应通常不需要吸电子取代基对苯环进行活化。此外，该方法已经实现了多个不对称的重排反应，例如使用手性有机锂方法来控制芳基的对映选择性构建。Clayden 研究小组报道了苄基的芳酰化反应[19]［图 10.4 反应式（1）］，以苯甲酰胺为原料在强碱的作用下进行去质子化，随后发生芳香亲核取代反应，反应时间较短而且以较高的收率得到了三芳基甲烷产物。吡啶环和取代苯环等杂环都可以高效地进行迁移。此外，通过将氮取代基链接在迁移的芳烃上，反应的产物则是中环内酰胺［图 10.4 反应式（2）］，从而可以避免传统的熵不利的环化反应，起始原料的优势构象是导致反应效率较高的主要原因，酰胺倾向于采用 *E* 式构象，即 *N*- 芳基取代基位于羰基的对面，在空间上更接近苯环上的亲核位点。

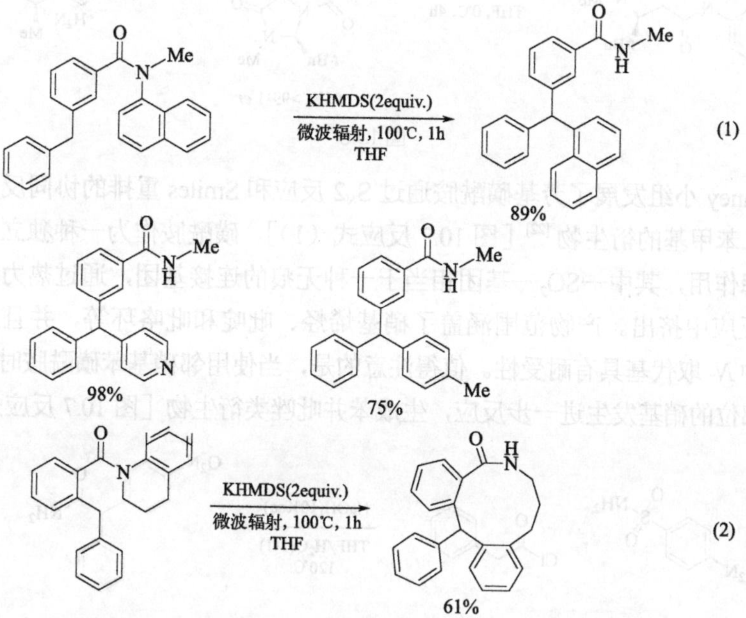

图10.4

Clayden 研究小组通过芳基迁移实现扩环反应，与尿素连接的氰基化合物可以发生 Smiles 重排，生成中环化合物[20]（图 10.5）。在强碱的去质子化作用下，形成的 *α*- 氰基碳负离子会发生邻位芳香环上的原位取代反应，实现扩环反应，氮负离子随后对氰基进行亲核加成，形成特殊的桥环骨架结构，同时该反应也可以兼容芳杂环化合物，展示出 Smiles 重排反应在扩环反应中的应用潜力。

Clayden 研究小组早期研究了通过不对称的方式将 Truce-Smiles 重排应用于

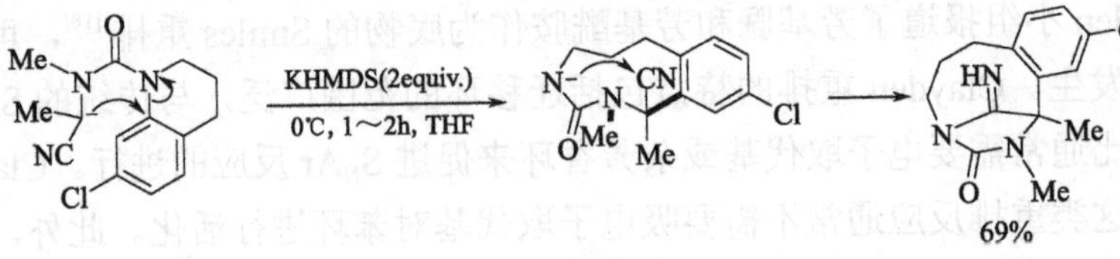

图10.5

制备 α- 芳基氨基酸[21]。N- 芳基脲衍生的咪唑啉酮在碱性条件下脱质子引发重排，生成高对映选择性的芳基产物（图 10.6）。该反应可以兼容具有各种取代基的芳环或杂环化合物，可应用于合成 R 或 S 两种构型的多种氨基酸。尽管已发展多种构建 α- 芳基氨基酸的方法，但手性 α- 芳基氨基酸的构建一直很有挑战性。这种方法为在无过渡金属催化的条件下制备手性 α- 芳基氨基酸提供了解决方案。

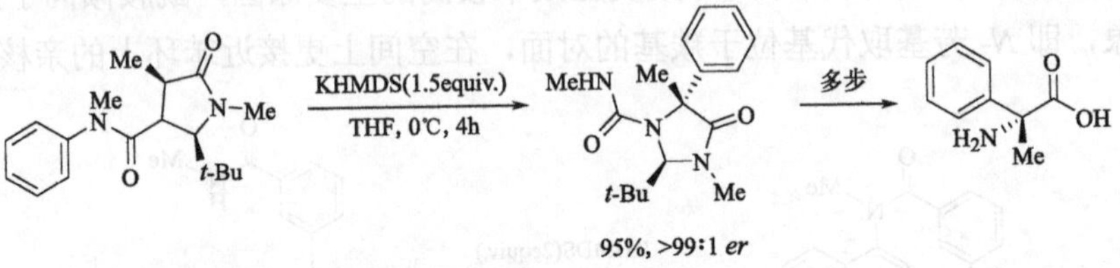

图10.6

Greaney 小组发展了芳基磺酰胺通过 S_N2 反应和 Smiles 重排的协同反应生成有价值的二苯甲基的衍生物[22]［图 10.7 反应式（1）］。磺酰胺作为一种独立的芳基化试剂发挥作用，其中—SO_2—基团相当于一种无痕的连接基团，通过热力学驱动力将其从反应中挤出。产物范围涵盖了硝基烯烃、吡啶和吡咯环等，并且对磺酰胺上的多种 N- 取代基具有耐受性。值得注意的是，当使用邻硝基苯磺酰胺时，产物可以通过邻位的硝基发生进一步反应，生成苯并吡唑类衍生物［图 10.7 反应式（2）］。

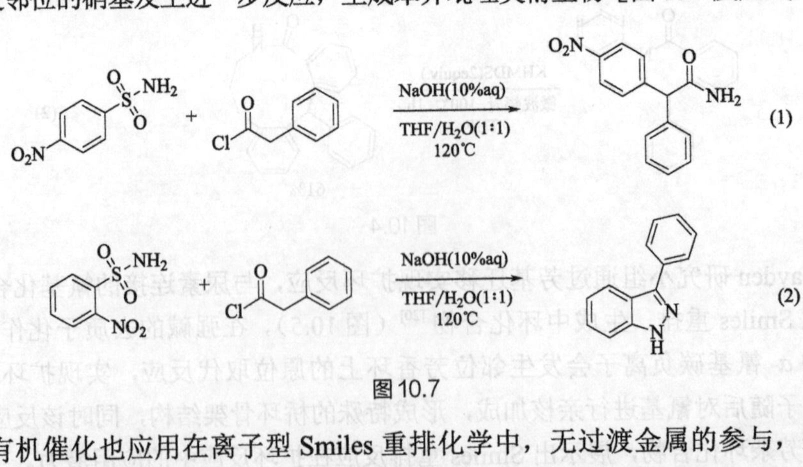

图10.7

有机催化也应用在离子型 Smiles 重排化学中，无过渡金属的参与，生成具有高价值的芳基化合物[23]。氮杂环卡宾（NHC）是一类重要的有机催化剂，通常可以实现具有亲电性底物的极性翻转。Glorius 研究小组报道了通过 NHC 催化实现了水杨醛衍生物的 Smiles 重排（图 10.8）。使用高亲核的三氮唑类型的 NHC 作为催化剂，以高产率和良好的底物范围获得二苯甲酮的衍生物。该反应还可以进一步扩展到硫醚和苯胺类底物，通过密度泛函理论（DFT）证明了预期的 Breslow 中间体的形成和分子内 S_NAr 反应机制。

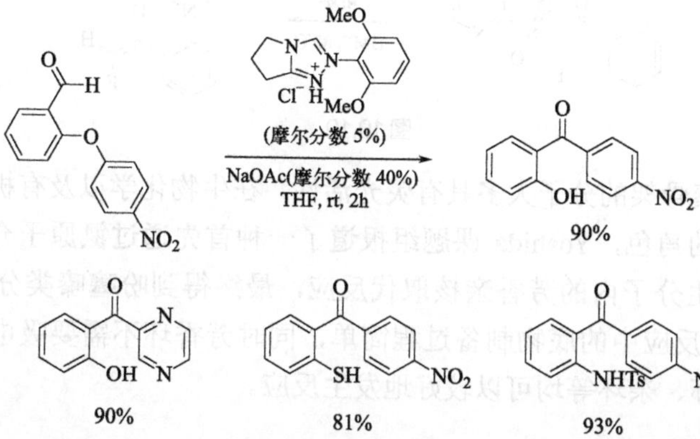

图 10.8

Tobisu 课题组研究了如何利用 NHC 催化剂实现以 *N*- 烷基丙烯酰胺作为起始物的 Smiles 重排[24]（图 10.9）。首先 NHC 催化剂通过 Michael 加成形成去氧的 Breslow 中间体，起始物的末端烯基碳原子与芳香环的原位点之间形成 Meisenheimer 复合物，促进重排进行并生成产物。随后 NHC 催化剂消除最终完成整个的催化循环，重新形成活性 NHC 催化剂。反应的底物范围广泛，涵盖了各种芳基和杂芳基化合物，包括苯酚和卤代芳烃等。

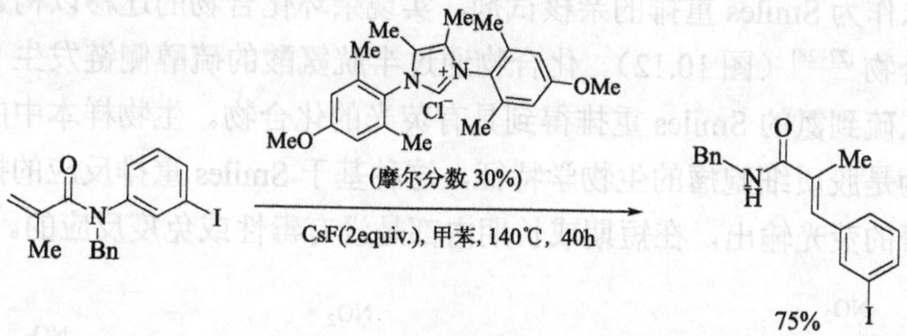

图 10.9

10.3.2 碳 - 杂键的构筑

烯醇式异构体是醛酮化合物的活泼中间体，是一类重要的反应中间体。蒋高喜课题组发展了将烯醇化学应用到 Smiles 重排反应中的方法[25]（图 10.10）：设

计了一种 α- 位氟代的酮类化合物，在加热以及吡啶存在的情况下，底物能够顺利进行脱硫的 Smiles 重排反应，以较高产率得到单氟烯醇醚类化合物。该过程能使嘧啶和苯并噻唑类杂芳环有效发生迁移，同时产物也可以应用到 Heck 反应中，得到大位阻的四取代烯醇醚类产物。

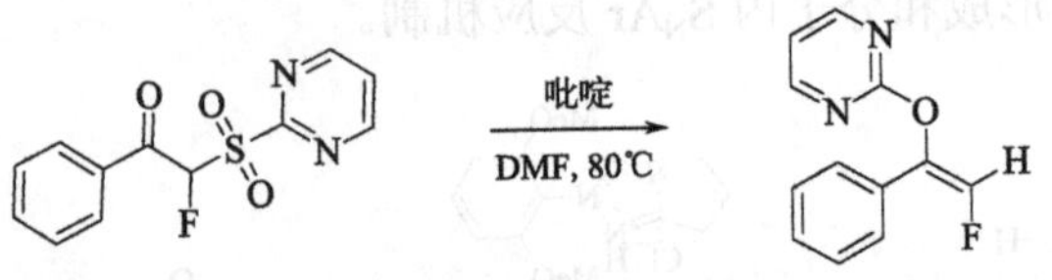

图 10.10

具有吩噻嗪骨架的分子大多具有荧光活性，在生物化学以及有机光化学中扮演着至关重要的角色，Yoshida 课题组报道了一种首先通过氮原子介导的 Smiles 重排，之后发生分子内的芳香亲核取代反应，最终得到吩噻嗪类分子的方法[26]（图 10.11）。该反应中的底物制备过程简单，同时芳香环不需要吸电子取代基进行预活化，稠环、杂环等均可以较好地发生反应。

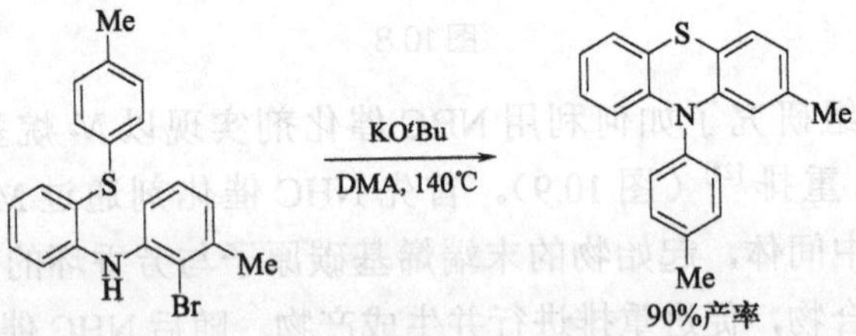

图 10.11

离子型 Smiles 重排也在化学生物学中得到了应用。Kim 等研究小组报道了半胱氨酸可以作为 Smiles 重排的亲核试剂，实现杂环化合物的迁移以构建具有荧光特性的化合物[27–28]（图 10.12）。化合物通过半胱氨酸的硫醇侧链发生 S_NAr 反应，然后进行从硫到氮的 Smiles 重排得到具有荧光的化合物。生物样本中的半胱氨酸水平被认为是胶质细胞瘤的生物学特征，这种基于 Smiles 重排反应的探针实验可以提供显著的荧光输出，在短期或长期内都是没有毒性或免疫反应的。

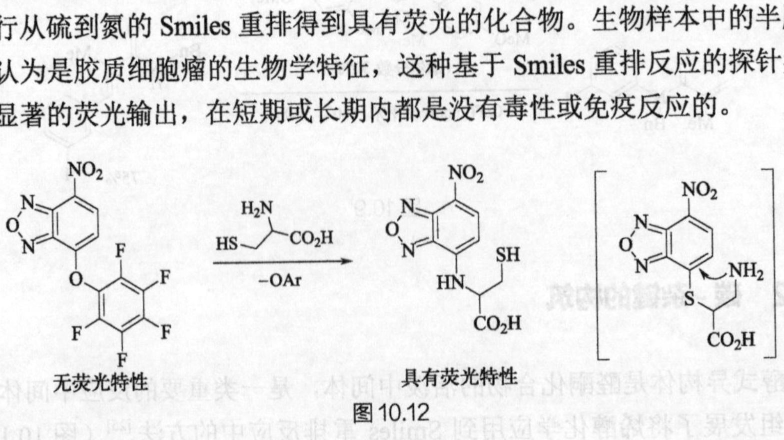

图 10.12

10.4 自由基型 Smiles 重排反应

10.4.1 传统自由基型 Smiles 重排反应

芳烃向杂原子（特别是氮原子）的 Smiles 迁移，并伴随 C—C 键的断裂，在化学领域中确实是不多见的现象。然而，施章杰课题组的一项开创性的研究工作打破了这一常规，他们报道了一种利用芳基酰胺作为底物，AgOAc 作为催化剂和化学计量的 $PhI(OCOCF_3)_2$ 作为氧化剂的反应，成功生成了氮自由基。在这一过程中，氮自由基的生成是关键步骤，它引发了芳基从原本连接的碳原子上转移到氮原子上，从而实现迁移。该迁移之后，形成的苯基自由基具有高度的反应活性，迅速被进一步氧化为更加稳定的苯基阳离子。随后，苯基阳离子被体系中的三氟乙酸酯（TFAO）阴离子淬灭，形成了稳定的产物，从而完成整个反应[29]（图 10.13）。值得注意的是，该反应体系中，电子云密度最高的芳烃由于其较高的反应活性而优先发生迁移，这一发现为选择性地控制芳烃迁移的位点提供了新思路。

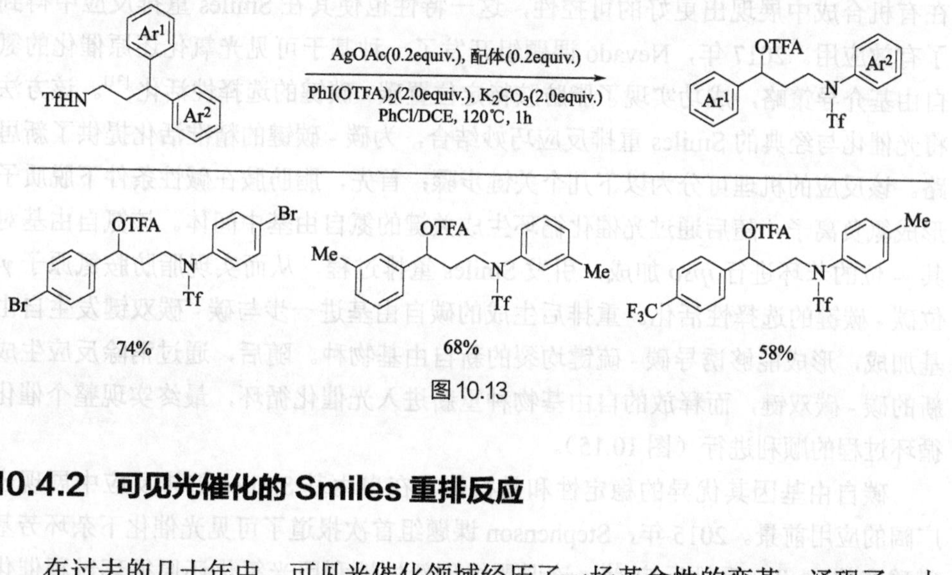

图 10.13

10.4.2 可见光催化的 Smiles 重排反应

在过去的几十年中，可见光催化领域经历了一场革命性的变革，涌现了一大批具有突破性的研究成果。这一领域的蓬勃发展不仅为化学家们开辟了合成化合物的新途径，更重要的是实现了在温和条件下进行高效化学转化的目标。通过巧妙利用金属配合物、光催化剂以及有机染料等，这些创新方法展现出巨大的应用潜力，为未来有机合成的发展指明了方向。光催化技术能够高效构建多种化学键，包括但不限于 C—C、C—N 和 C—P 键等重要化学键。可见光催化与过渡金属催化的协同作用，使得在室温下实现高效的交叉偶联反应成为可能，这一突破极大地拓展了合成化学的研究边界。因此，可见光催化是开发新反应或改进现有方法的一种有效策略。

氧自由基由于其高能量和强反应活性，在化学反应中往往难以精确调控，加之其生成条件通常较为苛刻，导致氧自由基介导的 Smiles 重排反应的研究进展相对缓慢。2017 年，李毅等人开发了一种创新的可见光催化策略，成功实现了芳基醚类化合物氧自由基诱导的 Smiles 重排反应[30]。该反应采用 PDI 作为光催化剂，K_2HPO_4 作为碱，在乙腈溶剂中通过蓝光照射室温条件下即可高效进行，最终以较高的产率获得了 Smiles 重排产物。研究团队通过系统的机理研究，提出了可能的反应机理：首先，PDI 光催化剂在可见光激发下形成具有强氧化能力的激发态；随后，激发态 PDI 与羧酸负离子发生单电子转移（SET），生成 PDI 自由基负离子和关键的氧自由基中间体。该氧自由基随后对邻近的苯环进行分子内自由基加成，触发芳香重排过程。最后，新生成的自由基中间体被 PDI 自由基负离子还原，并经过质子化过程，得到最终产物，完成整个光催化循环（图 10.14）。

与高活性的氧自由基相比，氮自由基因其相对较低的能量和较高的稳定性，在有机合成中展现出更好的可控性，这一特性也使其在 Smiles 重排反应中得到了有效应用。2017 年，Nevado 课题组开发了一种基于可见光氧化还原催化的氮自由基介导策略，成功实现了脂肪胺特定位置碳 - 碳键的选择性活化[31]。该方法将光催化与经典的 Smiles 重排反应巧妙结合，为碳 - 碳键的精准活化提供了新思路。该反应的机理可分为以下几个关键步骤：首先，脂肪胺在碱性条件下脱质子形成氮负离子，随后通过光催化循环生成关键的氮自由基中间体。该氮自由基对其 γ- 位的苯环进行 *ipso* 加成，引发 Smiles 重排过程，从而实现脂肪胺氮原子 γ-位碳 - 碳键的选择性活化。重排后生成的碳自由基进一步与碳 - 碳双键发生自由基加成，形成能够诱导碳 - 硫键均裂的新自由基物种。随后，通过消除反应生成新的碳 - 碳双键，而释放的自由基物种重新进入光催化循环，最终实现整个催化循环过程的顺利进行（图 10.15）。

碳自由基因其优异的稳定性和易得性，在自由基 Smiles 重排反应中展现出广阔的应用前景。2015 年，Stephenson 课题组首次报道了可见光催化下杂环芳基磺酸酯的 Smiles 重排反应[32]。该课题组创新性地利用光氧化还原循环过程催化生成碳自由基，这些活性中间体随后参与 Smiles 重排过程，最终通过脱除一分子 SO_2 高效构建目标产物（图 10.16）。与传统方法相比，该策略具有显著优势，即反应条件温和，底物适用范围广，为 Smiles 重排反应提供了新的思路。在此基础上，该课题组进一步拓展了可见光催化策略，成功实现了杂环芳胺的 Smiles 重排反应[33]。作者设计了一类末端溴代的杂环芳胺类底物，通过向反应体系中引入碘化钠，原位生成末端碘代化合物中间体。该中间体随后参与光催化循环，

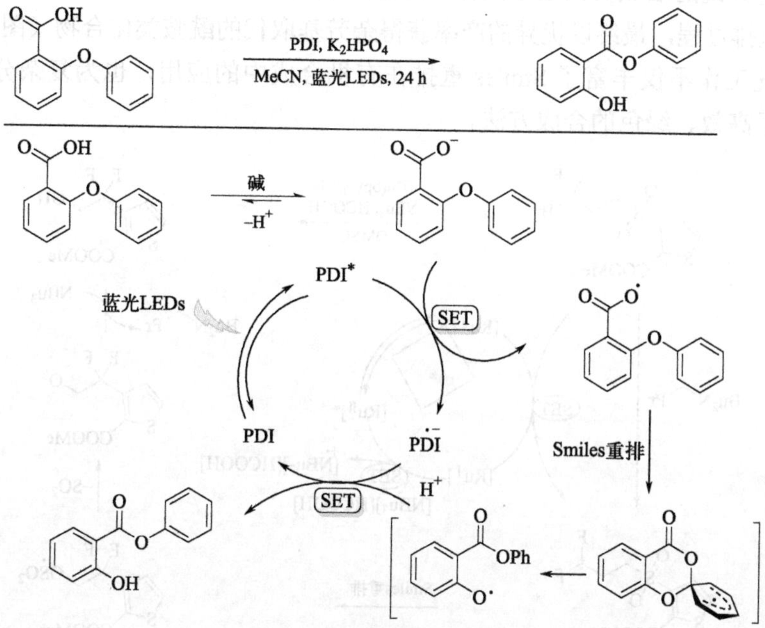
PDI, K2HPO4
MeCN, 蓝光LEDs, 24 h
碱
–H+
PDI*
蓝光LEDs
SET
PDI
Smiles重排
H+
SET
OPh

图 10.14

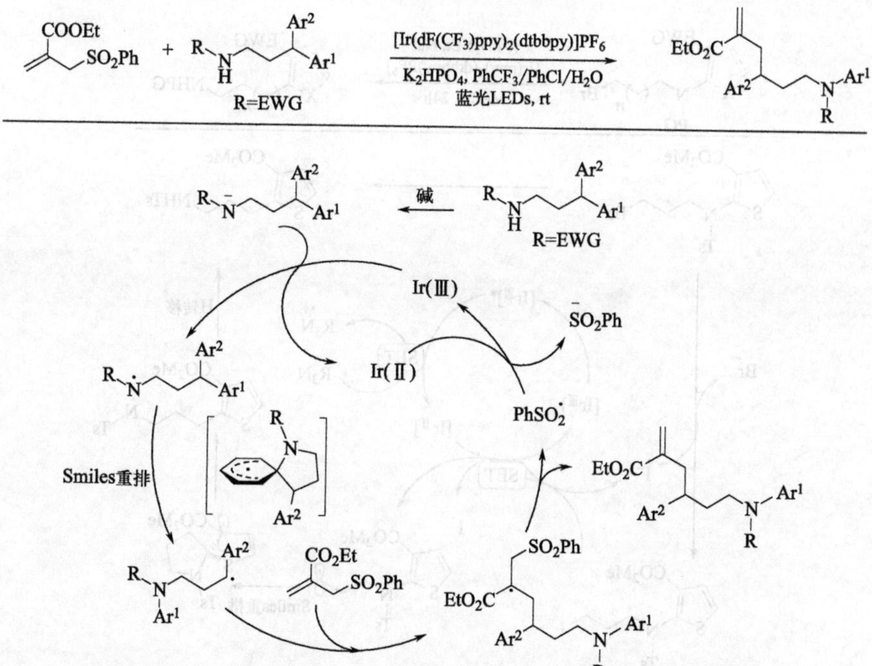
R=EWG
[Ir(dF(CF3)ppy)2(dtbbpy)]PF6
K2HPO4, PhCF3/PhCl/H2O
蓝光LEDs, rt
碱
R=EWG
Ir(Ⅲ)
Ir(Ⅱ)
SO2Ph
PhSO2
Smiles重排

图 10.15

被还原为关键的伯碳自由基中间体，进而对缺电子杂环芳烃进行亲核进攻，完成Smiles重排过程，最终以优异的产率获得杂芳基取代的酰胺类化合物（图10.17）。这些研究工作不仅丰富了Smiles重排在有机合成中的应用，也为复杂分子的构建提供了高效、绿色的合成方法。

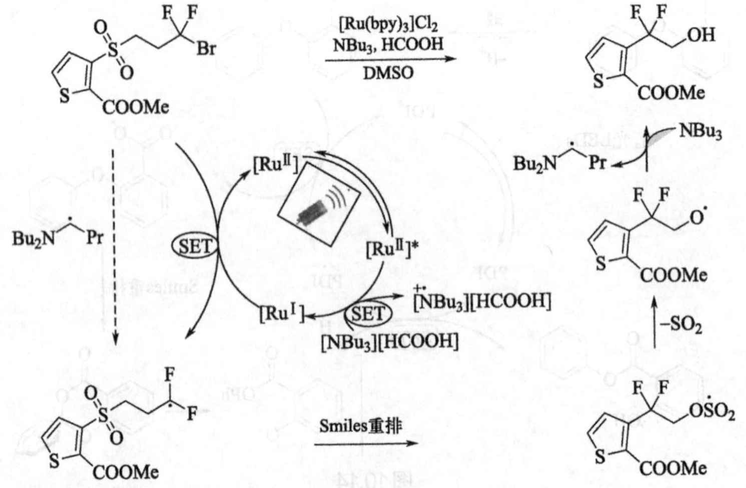

图10.16

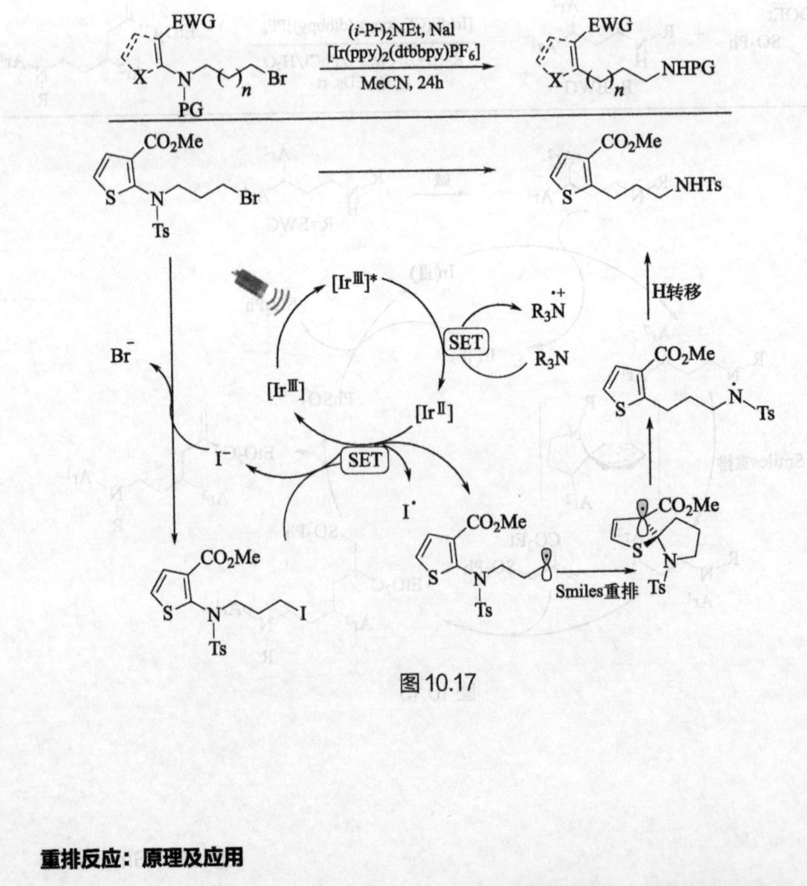

图10.17

10.5 Smiles 重排反应的应用

1990 年，Southcott 研究小组利用 Smiles 重排反应作为关键的步骤，采用一锅法制备了芳香胺[34]，如图 10.18 所示，起始原料在碱性条件下，生成芳基醚类化合物，随后在碱性条件下，DMF 和 DMPU 作为混合溶剂加热到 125 ℃，进行 Smiles 重排反应得到 *N*- 芳基 -2- 羟基丙酰胺，重排产物在盐酸乙醇溶液中进行水解，得到芳基胺的盐酸盐。

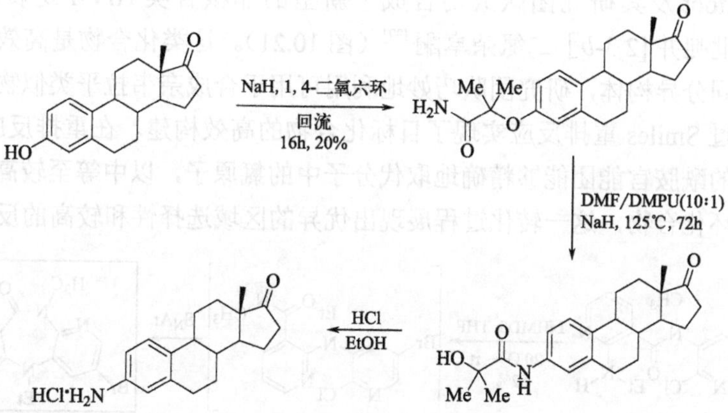

图 10.18

一般情况下，如果芳香环上存在亲电性官能团，Smiles 重排产生的阴离子产物可以进一步反应。Hirota 课题组利用这种方法制备了一系列结构复杂的稠合 *N*- 杂环化合物[35]，如苯并噻吩并呋喃并吡啶骨架（图 10.19）。具体实验是以氰基丙氧基取代的苯并噻吩为底物，在二氧六环溶剂中回流，通过碱 NaH 的作用诱导发生 Smiles 重排，生成的烷氧负离子单元进攻氰基，转化为亚胺盐单元，该亚胺盐单元随后被氰基捕获，得到最终的产物。

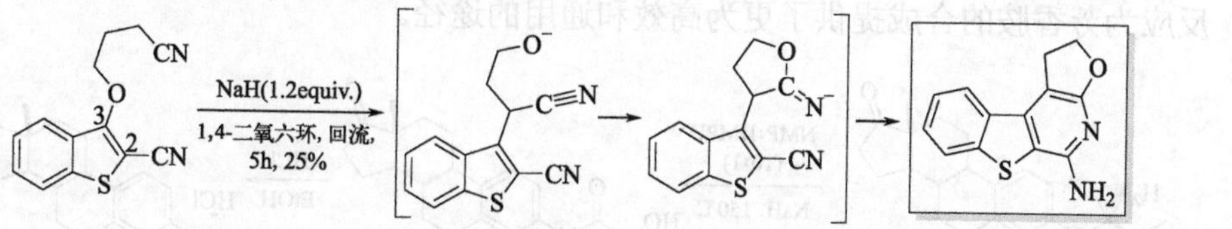

图 10.19

Elix 课题组将 Smiles 重排精妙地设定为合成路径中的核心环节，由此实现了苔藓二苯醚类化合物——表苔酸的成功制备[36]（图 10.20）。将二芳基酚酯底物和碳酸钾在干燥的二甲基亚砜中加热，进而引发 Smiles 重排反应。随后，利用重氮甲烷将所得的羧酸转化为甲酯，并进一步在催化氢化条件下完成脱苄基处理，最终完成整个产物的合成过程。

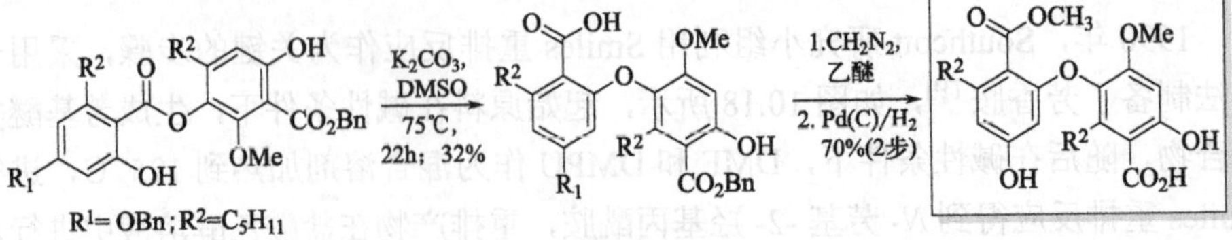

图 10.20

Proudfoot 及其研究团队成功合成了新型的非核苷类 HIV-1 逆转录酶抑制剂——二吡啶并 [2,3-*b*] 二氮杂卓酮 [37]（图 10.21）。这类化合物是高效抑制剂奈韦拉平的同分异构体，研究团队巧妙地利用可用于合成奈韦拉平类似物的中间体底物，通过 Smiles 重排反应实现了目标化合物的高效构建。在重排反应过程中，去质子化的酰胺官能团能够精确地取代分子中的氯原子，以中等至较高的产率获得目标杂环化合物，这一转化过程展现出优异的区域选择性和较高的反应效率。

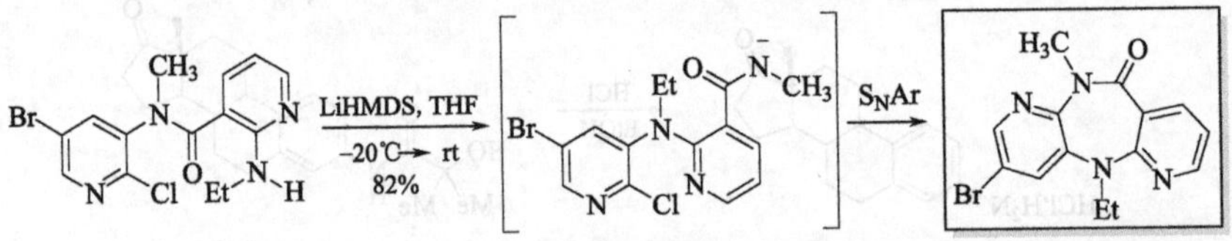

图 10.21

此外，Peet 课题组创新性地开发了一锅法将酚类化合物经过 Smiles 重排直接转化为芳香胺的方法 [38]（图 10.22）。这种新方法不仅简化了合成步骤，同时克服了传统 Bucherer 反应的局限性，传统 Bucherer 反应仅限于萘环衍生物，且当对位含有取代基时产率较低。在当前的方法中，酚与 2- 溴 -2- 甲基丙酰胺反应，首先生成 2- 芳氧基 -2- 甲基丙酰胺中间体，随后酰胺在碱性条件下发生 Smiles 重排。最后通过水解 *N*- 芳基 -2- 羟基丙酰胺被顺利转化为目标产物芳香胺，该反应为芳香胺的合成提供了更为高效和通用的途径。

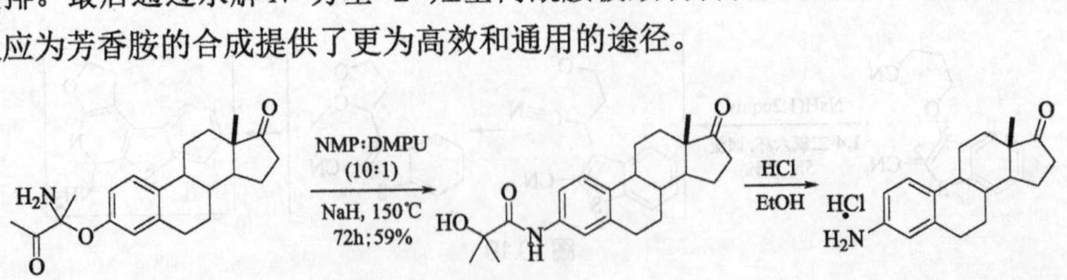

图 10.22

参考文献

[1] Henriques R. *Ber*. **1894**, *27*, 2993.

[2] Hinsberg O. *J. Prakt. Chem.* **1914**, *90*, 345.

[3] Hinsberg O. *II* . *J. Prakt. Chem.* **1915**, *91*, 307.

[4] Hinsberg O. *III* . *J. Prakt. Chem.* **1916**, *93*, 277.

[5] Warren L A, Smiles S. *J. Chem. Soc. Abstracts*. **1930**, 1327.

[6] Levy A A, Rains H C, Smiles S. *J. Chem. Soc.* **1931**, 3264.

[7] Evans W J, Smiles S. *J. Chem. Soc.* **1935**, 181.

[8] Evans W J, Smiles S. *J. Chem. Soc.* **1936**, 329.

[9] Truce W E, Ray W J, Norman O L, et al. *J. Am. Chem. Soc.* **1958**, *80*, 3625.

[10] Loven R, Speckamp W N. *Tetrahedron Lett.* **1972**, *13*, 1567.

[11] Okada K, Sekiguchi S. *J. Org. Chem.* **1978**, *43*, 441.

[12] Wubbels G G, Sevetson B R, Kaganove S N. *Tetrahedron Lett.* **1986**, *27*, 3103.

[13] Eichinger P C H, Bowie J H, Hayes R N. *J. Am. Chem. Soc.* **1989**, *111*, 4224.

[14] Knyazev V N, Drozd V N. *Tetrahedron Lett.* **1989**, *30*, 2273.

[15] Wubbels G G, Sevetson B R, Sanders H. *J. Am. Chem. Soc.* **1989**, *111*, 1018.

[16] Wubbels G G, Cotter W D, Sanders H, et al. *Org. Chem.* **1995**, *60*, 2960.

[17] Izod K, O'Shaughnessy P, Clegg W. *Organometallics* **2002**, *21*, 641.

[18] Abrams R, Jesani M H, Browning A, et al. *Angew. Chem.Int. Ed.* **2021**, *60*, 11272.

[19] Costil R, Lefebvre Q, Clayden J. *Angew. Chem. Int. Ed.* **2017**, *56*, 14602.

[20] Millward M J, Ellis E, Ward J W, et al. *Chem. Sci.* **2021**, *12*, 2091.

[21] Leonard D J, Ward J W, Clayden J. *Nature* **2018**, *562*, 105.

[22] Barlow H L, Rabet P T G, Durie A, et al. *Org. Lett.* **2019**, *21*, 9033.

[23] Janssen-Müller D, Singha S, Lied F, et al. *Angew. Chem. Int. Ed.* **2017**, *56*, 6276.

[24] Yasui K, Kamitani M, Tobisu M, et al. *Org. Lett.* **2021**, *23*, 1572.

[25] Kang L, Wang F, Zhang J. *Org. Lett.* **2021**, *23*. 1669.

[26] Matsuzawa T, Hosoya T, Yoshida S. *Org. Lett.* **2021**, *23*, 2347.

[27] An J M, Kang S R, Huh E, et al. *Chem. Sci.* **2020**, *11*, 5658.

[28] Weller M, Wick W, Aldape K, et al. *Nat. Rev. Dis. Prim.* **2015**, *1*, 15017.

[29] Zhou T, Luo F X, Shi Z J, et al. *J. Am. Chem. Soc.* **2015**, *137*, 14586.

[30] Huang H, Li Y. *J. Org. Chem.* **2017**, *82*, 4449.

[31] Shu W, Genoux A, Nevado C, et al. *Angew. Chem. Int. Ed.* **2017**, *56*, 10521.

[32] Douglas J J, Albright H, Stephenson C R J, et al. *Angew. Chem. Int. Ed.* **2015**, *54*,

14898.

[33] Alpers D, Cole K P, Stephenson C R J, et al. *Angew. Chem. Int. Ed.* **2018**, *57*, 12167.

[34] Coutts I G C, Southcott M R. *J. Chem. Soc., Perkin Trans. 1* **1990**, 767.

[35] Hirota T, Tomita K I, Sasaki K, et al. *Heterocycles.* **2001**, *55*, 741.

[36] Elix J A, Jenie U A. *Aust. J. Chem.* **1989**, *42*, 987.

[37] Hargrave K D, Proudfoot J R, Grozinger K G, et al. *J. Med. Chem.* **1991**, *34*, 2231.

[38] Weidner J J, Peet N P *J. Heterocycl. Chem.* **1997**, *34*, 1857.

第 11 章

Sommelet-Hauser 重排、Stevens 重排

11.1 反应概况

11.2 反应的机理

11.3 氮叶立德重排前体的构建

11.4 其他类型的 S-H 重排

11.5 不对称的 S-H 重排

11.6 Sommelet-Hauser 重排反应的应用

11.7 氮叶立德重排中间体的构建方式

11.8 不对称类型的 Stevens 重排

11.9 Stevens 重排反应的应用

11.1 反应概况

1937 年，Sommelet 等[1] 报道了把二苯甲基三甲基氢氧化铵置于含有五氧化二磷的干燥器中并暴露于阳光下时，发生反应生成邻苄基苄基二甲基胺［图 11.1 反应式（1）］。当底物加热至 145℃时，得到相同的结果。Hauser 等人对该重排反应进行了广泛的研究，在液氨中用 $NaNH_2$ 处理苄基三甲基碘化铵，以较高的产率分离出唯一产物——二甲基 -（2- 甲基）- 苄基胺[2]。同时还指出，彻底甲基化产物在 $NaNH_2/NH_3$ 的条件下，甲基可以依次被引入到芳香环中。这种在强碱存在下，苄基季铵盐的[2,3]-σ- 迁移重排被称为 Sommelet-Hauser 重排（S-H 重排）[3-4]［图 11.1 反应式（2）］。

Stevens 等人在 1928 年首次报道了在强碱的作用下，烷基基团能够从叶立德的杂原子位置发生分子内的 [1,2]-σ 迁移重排，形成硫醚类或三级胺类中性分子化合物[5]。这一发现随后被广泛应用并命名为 Stevens 重排，通常也被称为 Stevens 反应、Stevens-[1,2]- 位移、Stevens-[1,2]- 重排或 [1,2]-Stevens 重排[6-7]［图 11.1 反应式（3）和（4）］。

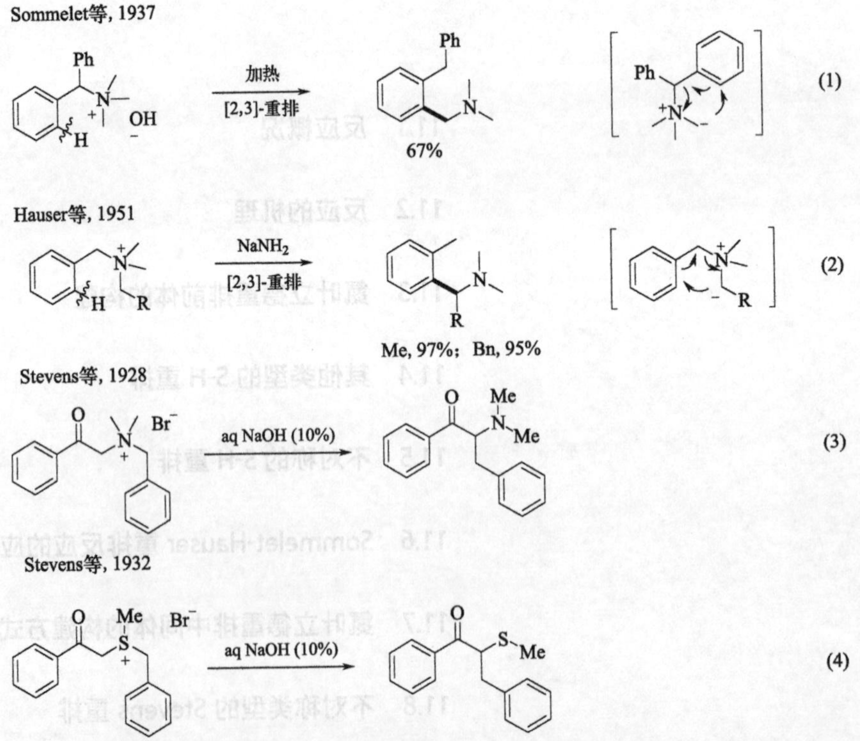

图 11.1

11.2 反应的机理

反应底物季铵盐 **A** 在碱的作用下形成氮叶立德 **B**，随后发生 [2,3]-S-H 重排[8]，生成邻位甲基的去芳构化中间体 **C**，最后恢复芳香性得到最终的重排产物 **D**。与 [1,2]-Stevens 重排反应不同的是，S-H 重排底物中含有芳环，反应过程中会产生独特的去芳香化中间体，进而恢复芳香性得到氨基邻位芳基化的产物。在 S-H 重排反应中存在着与之竞争的副反应即 [1,2]-Stevens 重排[9]。造成上述副反应的主要原因是季铵盐中间体存在多个脱质子位点，如图 11.2 所示，反应过程中，碱既可以脱除 1 号位的质子形成 [1,2]-Stevens 重排前体，也可以拔除 2 号位质子得到 S-H 重排前体。

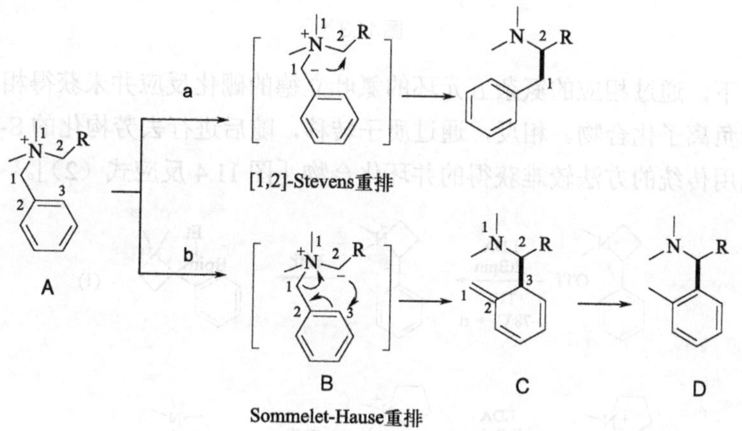

图 11.2

11.3 氮叶立德重排前体的构建

11.3.1 碱诱导的 S-H 重排

2016 年，Tayama 小组报道了羧酸酯衍生的氮杂四元环季铵盐在碱性条件下诱导的 S-H 重排[10]。该反应中，[2,3]-S-H 重排前体是比较稳定的氮叶立德的形式，但是 [1,2]-Stevens 重排前体是其环张力较大而不稳定的共振结构式，因此，[2,3]-S-H 重排反应可以顺利进行，可以避免 [1,2]-Stevens 重排副产物的形成（图 11.3）。

Aggarwal 课题组在对 *N*- 杂环硼酸盐的合成进行研究时，意外通过 [2,3]-S-H 重排的去芳构化反应分离得到了一种并环化合物[11]。如图 11.4 反应式（1）所示，氮杂四元环的季铵盐在 LDA 的作用下得到相应的氮叶立德化合物，氮杂四元环氮叶立德进行相应的硼化反应可以得到氮杂四元环硼负离子化合物。然而，在相

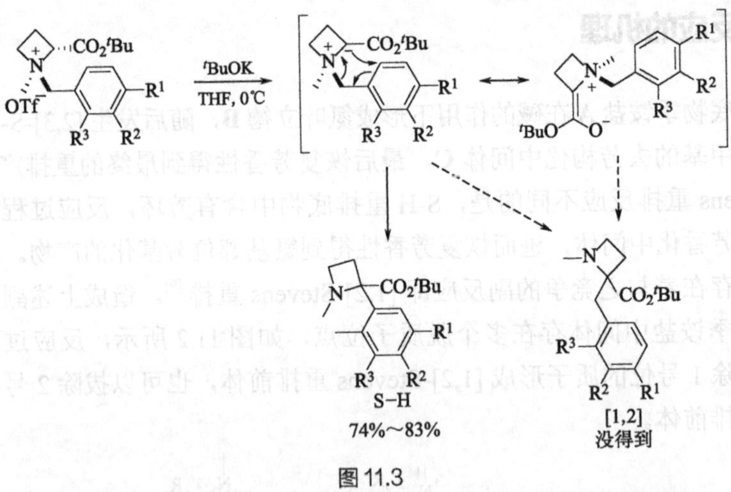

图 11.3

同的条件下，通过相应的氮杂五元环的氮叶立德的硼化反应并未获得相应的氮杂五元环硼负离子化合物。相反，通过质子转移，随后进行去芳构化的 S-H 重排得到一种利用传统的方法较难获得的并环化合物［图 11.4 反应式（2）］。

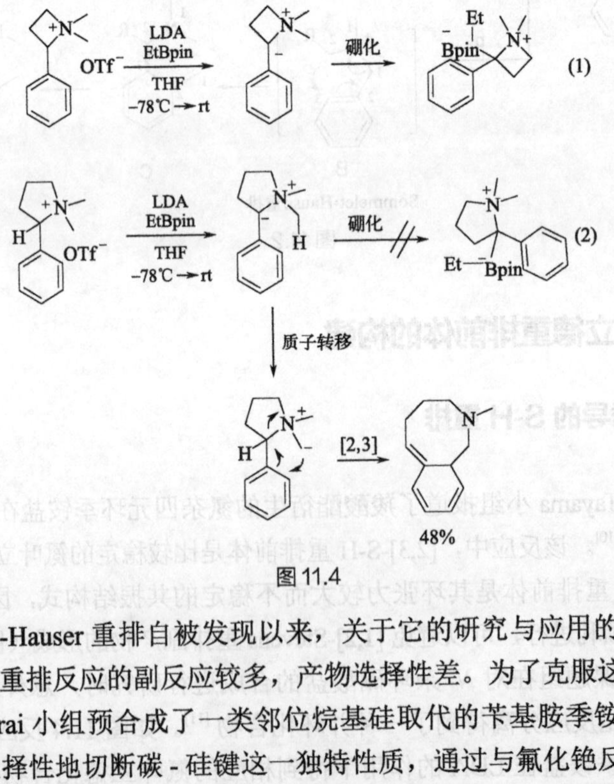

图 11.4

Sommelet-Hauser 重排自被发现以来，关于它的研究与应用的报道较少，主要是因为这类重排反应的副反应较多，产物选择性差。为了克服这些弊端，1985 年 Sato 和 Shirai 小组预合成了一类邻位烷基硅取代的苄基胺季铵盐底物，利用氟负离子能选择性地切断碳 - 硅键这一独特性质，通过与氟化铯反应，从而得到相应的重排前体，然后再经由 S-H 重排得到目标产物。与传统的脱质子策略相比，该方法不需要加碱就可以形成重排前体，因此有效地规避了脱质子的选择性问题，使得副反应 [1,2]-Stevens 重排得以抑制（图 11.5）。该反应的底物官能团兼容性好，能够兼容卤素、氰基、酰氧基等官能团[12]。

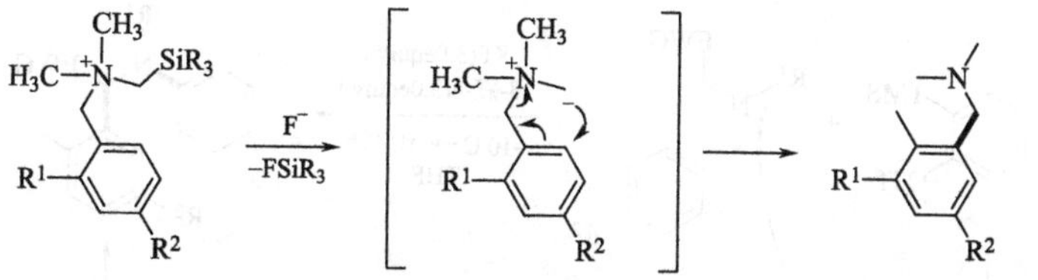

图 11.5

Sato 课题组随后进一步将该脱硅重排策略应用到了脱芳构化反应[13a]［图 11.6 反应式（1）］，以及杂芳烃的 [2,3]-S-H 重排中[13b]［图 11.6 反应式（2）］。与此同时，该课题组还开发了脱锡氮叶立德类型的 S-H 重排[13c]［图 11.6 反应式（3）］，通过在胺 α- 位引入锡原子，使之与正丁基锂作用，也能以较高的收率得到相应的重排产物。

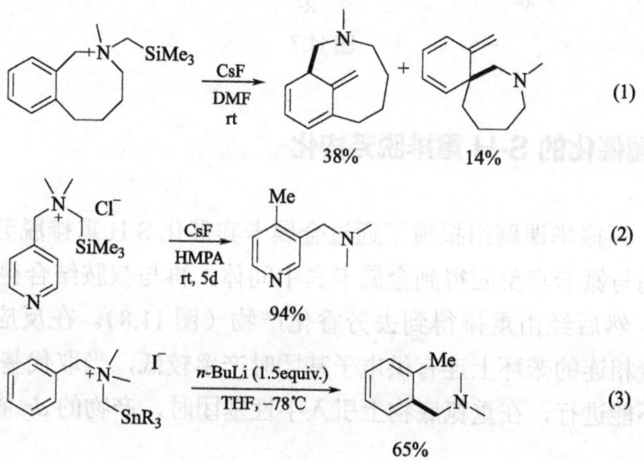

图 11.6

11.3.2 苯炔参与的 S-H 重排

2019 年，Biju 课题组报道了苯炔参与的 S-H 重排反应[14]。该反应以叔胺作为底物，通过与苯炔反应得到苯基负离子，产生的苯基负离子单元拔除季铵盐单元邻位碳上的氢，得到 [2,3]-S-H 重排所需的氮叶立德中间体，再经过重排得到产物。该反应与传统的 [2,3]-S-H 重排相比不需要加碱拔质子，而是通过分子内质子转移形成重排中间体，避免了外添加的碱对反应体系的影响，在吸电子取代基的影响下，促使反应向着 [2,3]-S-H 重排方向进行。苯炔底物上连有供电子取代基时，能够获得较高的产率，而连有吸电子取代基时的产率较低，吡啶芳杂环与反应体系也能够兼容（图 11.7）。

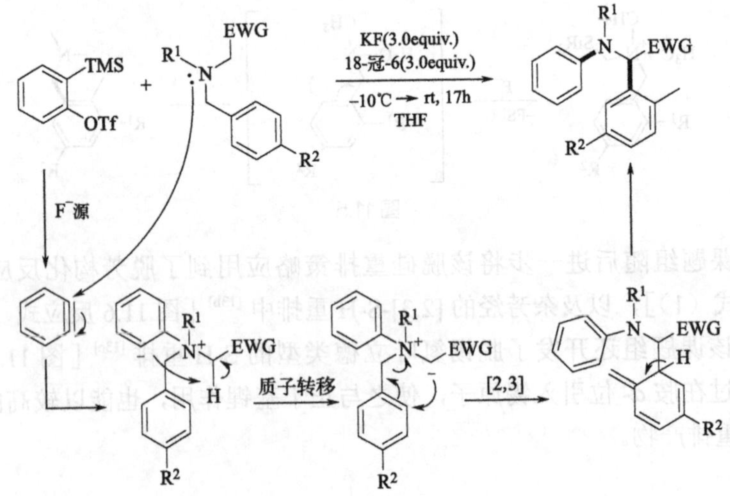

图 11.7

11.3.3 金属催化的 S-H 重排脱芳构化

2018 年，顾振华课题组报道了通过金属卡宾催化 S-H 重排脱芳构化反应[15]。通过铜催化剂与氮卡宾反应得到金属卡宾中间体，再与叔胺结合得到季铵盐 S-H 重排中间体，然后经由重排得到去芳香化产物（图 11.8）。在反应底物范围上，与氮原子直接相连的苯环上连有供电子基团时产率较低，当取代基在氮原子的邻位时，反应不能进行，在重氮底物上引入手性基团时，产物的 *dr* 值为 1 : 1。

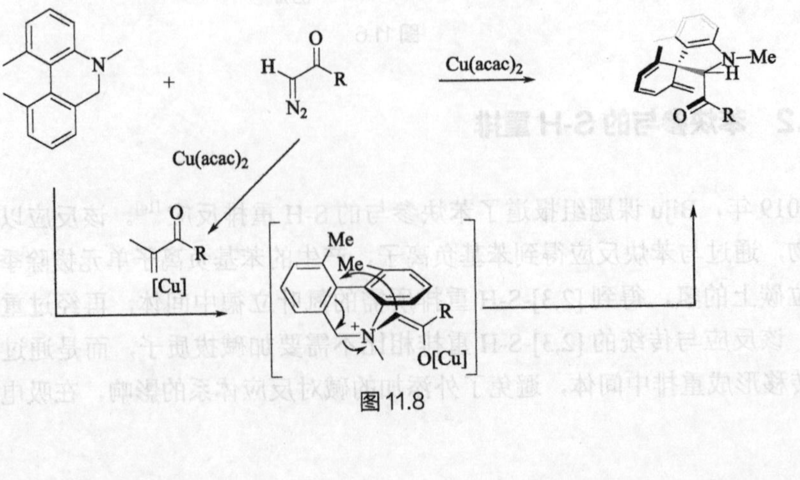

图 11.8

11.4 其他类型的 S-H 重排

11.4.1 硫叶立德作为重排中间体的 S-H 重排

经典的硫叶立德类型 S-H 重排反应与传统的氮叶立德重排反应类似，均存在反应步骤多、选择性差的问题。1991 年，Masazumi 课题组首次报道了硫叶立德类型的 S-H 重排反应 [16]。该反应首先通过傅 - 克烷基化反应在芳环上引入硫醚官能团，随后在 $AgBF_4$ 作用下与碘甲烷反应生成硫鎓盐中间体，最后在碱的作用下脱质子并重排，得到目标产物（图 11.9）。整个反应共经历四步，且需要加入碱，因此不可避免地存在 [1,2]-Stevens 重排的竞争反应，导致反应选择性较差。

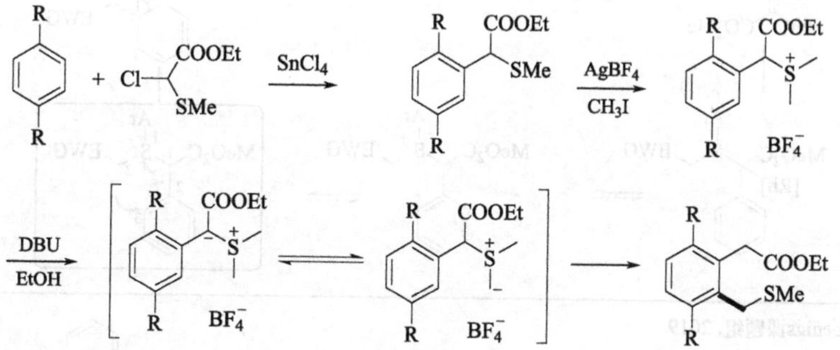

图 11.9

早期的硫叶立德类型 [2,3]-S-H 重排反应需要预先合成硫鎓盐，导致反应步骤多、反应通道复杂以及产物选择性较差，这与氮叶立德类型 [2,3]-S-H 重排面临的问题相似。2000 年，Aggarwal 课题组 [17] 在研究金属催化缺电子烯烃的环丙烷化反应时，意外观察到 [2,3]-S-H 重排副产物的生成，但未对其进行深入研究［图 11.10 反应式（1）］。直到 2008 年，汪剑波课题组 [18] 受此启发，开创性地发展了金属卡宾与硫醚组装的新反应模式，开启了金属催化 S-H 重排的新篇章［图 11.10 反应式（2）］。该反应通过氮卡宾与金属催化剂结合形成金属卡宾，随后与硫醚组装构建重排前体锍鎓盐，再经过 [2,3]-S-H 重排生成去芳香化中间体，最终恢复芳香性得到目标产物。这一方法一步构建重排前体，显著简化了反应步骤，产物收率在 38% ～ 97% 之间，展现了较高的实用性。2019 年，Koenigs 课题组 [19] 进一步拓展了这一反应的应用范围，将杂环芳烃引入到氮卡宾金属催化的 [2,3]-S-H 重排中［图 11.10 反应式（3）］。通过对反应底物的改造，在硫醚的一端引入杂环芳烃结构，使得该反应的底物适应性和合成潜力得到了显著提升。这一系列研究为硫叶立德类型 [2,3]-S-H 重排反应的发展提供了新的思路和方法。

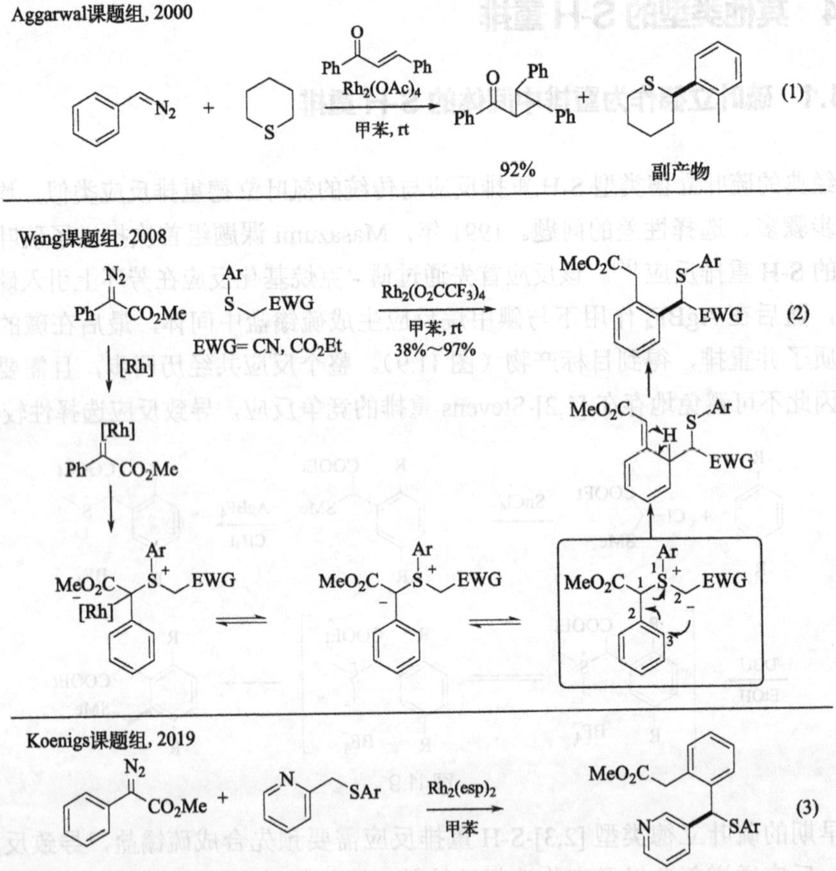

图 11.10

11.4.2 有机硒类型的 S-H 重排

2019 年，Koenigs 课题组进一步提出了金属氮卡宾催化的有机硒型 [2,3]-S-H 重排[20]。该反应将硫原子替换为硒原子，再与金属卡宾（由氮卡宾与金属催化剂反应）组装构建重排前体，然后经 [2,3]-S-H 重排得到去芳香化的产物，再恢复芳香性得到最终产物。该反应适用范围广，苯环上连有吸电子取代基或供电子取代基时均能有较高的收率，且反应可以通过控制 Se 的 α- 位碳上连接的官能团电性的强弱，控制反应的模式，即 [2,3]-S-H 重排或者 [1,2]-Stevens 重排（图 11.11）。

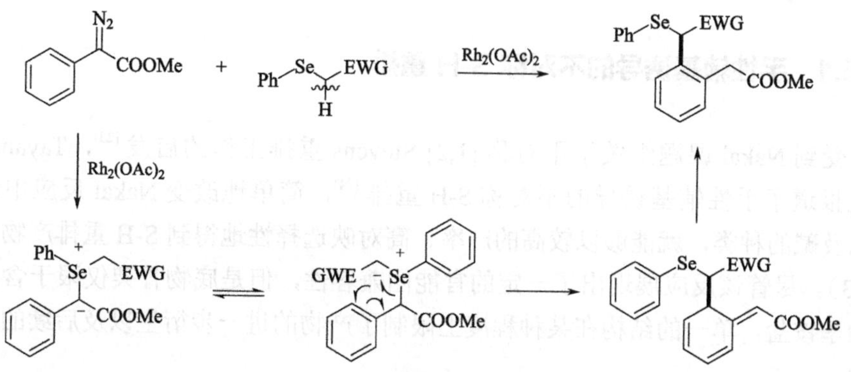

图 11.11

11.4.3 光引发 S-H 重排

光催化的反应是一种绿色的引发模式，具有反应条件温和、操作简便等优点，近些年来引起了化学家的广泛关注。2019 年，Koenigs 研究小组报道了一种可见光介导的 S-H 重排反应[21]，以苯硫基乙酸乙酯和 2- 重氮基 -2- 苯基羧酸酯作为底物（图 11.12）。该重排反应在蓝光照射（470nm）下进行，通过形成硫叶立德中间体，再进行质子转移，最后进行 S-H 重排反应以中等至较高的收率获得重排产物。这种重排反应过渡金属催化的版本虽然 2008 年已被报道[22]，但值得注意的是，这种光引发的重排反应无需金属催化剂，唯一的副产物是氮气，相对于过渡金属催化的反应，该类反应在合成中更具有优势。

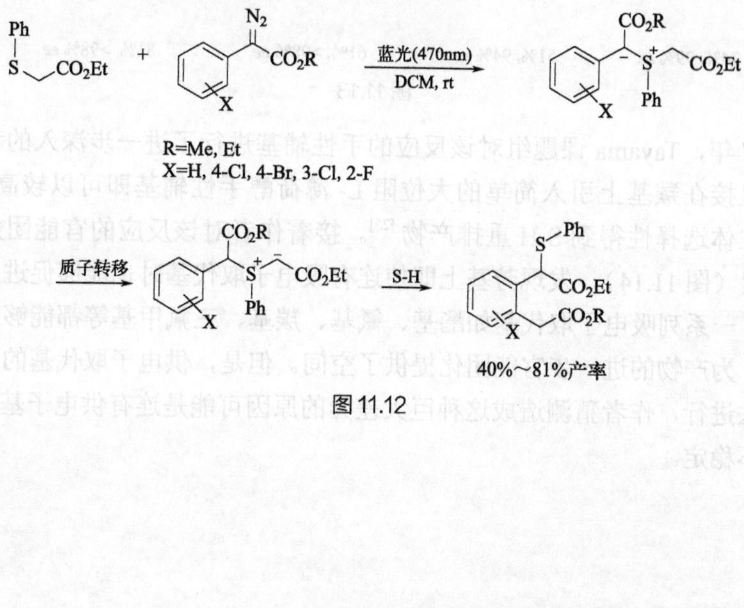

图 11.12

11.5 不对称的 S-H 重排

11.5.1 手性辅基诱导的不对称 S-H 重排

受到 Nakai 课题组关于不对称 [1,2]-Stevens 重排工作的启发[23]，Tayama 课题组报道了手性辅基诱导的不对称 S-H 重排[24]，简单地改变 Nakai 反应中的温度以及碱的种类，就能够以较高的产率、高对映选择性地得到 S-H 重排产物（图 11.13）。尽管该反应展现出了一定的官能团兼容性，但是底物骨架仅限于含脯氨酸的季铵盐，单一的结构在某种程度上限制了产物的进一步衍生以及后续的转化应用。

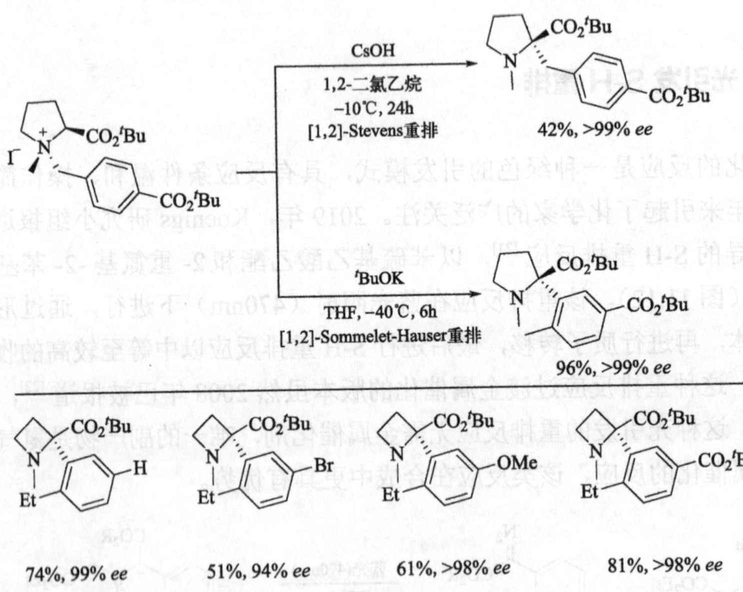

图 11.13

2007 年，Tayama 课题组对该反应的手性辅基进行了进一步深入的考察。作者发现直接在羰基上引入简单的大位阻 L- 薄荷醇手性辅基即可以较高的产率、优异的立体选择性得到 S-H 重排产物[25]。接着作者对该反应的官能团兼容性进行了探索（图 11.14），发现芳基上即使连有吸电子取代基时也能够促进重排反应的进行，一系列吸电子取代基如酯基、氰基、羰基、三氟甲基等都能够与反应体系兼容，为产物的进一步官能团化提供了空间。但是，供电子取代基的引入则使反应无法进行，作者猜测造成这种巨大差异的原因可能是连有供电子基的硫𬭩盐中间体不稳定。

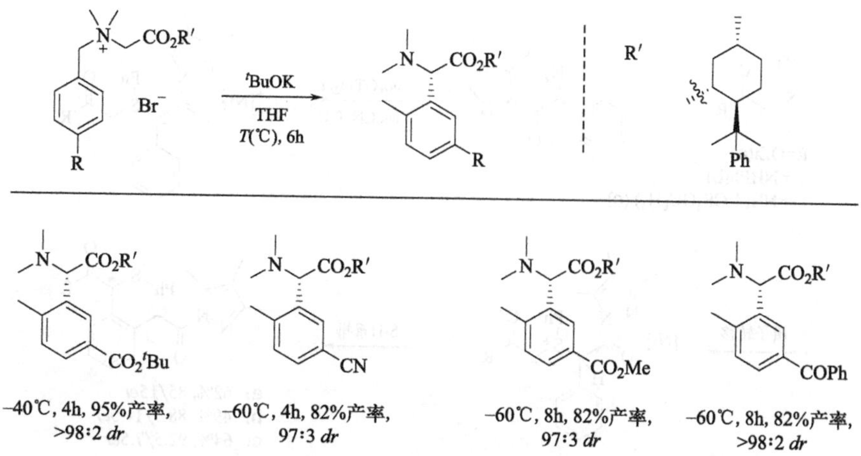

图 11.14

11.5.2 过渡金属催化的不对称 S-H 重排

传统的硫叶立德类型 S-H 重排反应中，重排过程没有立体选择性，导致产物都是消旋的，使得这类反应在实际应用中存在局限性。2019 年，冯小明老师课题组基于前期在金属不对称催化反应方面的工作，开发了重氮吡唑酰胺这一具有广泛底物适用性的手性金属催化剂，该催化剂具有 *N,N′*- 二氧化物手性亲核口袋结构，可以立体选择性地与底物结合，使得亲核进攻指向 Ni(Ⅱ)- 卡宾中间体，生成 *S*- 立体异构中心。将该催化剂引入到硫叶立德类型 S-H 重排反应，将底物改造为带有吡唑环底物，使得氮杂环导向基能够与手性路易斯酸键合得到叶立德，从而控制了 1,3- 质子转移和 S-H 重排，得到所需的立体选择性产物。他们也对反应的适用性做了深入的研究，苯环各种官能化化合物和各种大位阻硫醚都具有很高的产率及优异的对映选择性 [26]（图 11.15），尽管反应有较高的产率及对映选择性，但反应的底物受限于吡唑类化合物，这使得反应的应用受到了很大限制。

王剑波课题组于 2020 年报道了手性噁唑啉衍生的催化剂 [27]（图 11.16），该催化剂不需要氮杂环作为导向基即可选择性得到所需立体专一产物。在催化剂与金属铜共同作用下，以较高的产率及手性选择性得到 S-H 重排产物。当苯环上带有供电子或者吸电子取代基时反应均能以较高的收率得到重排产物。

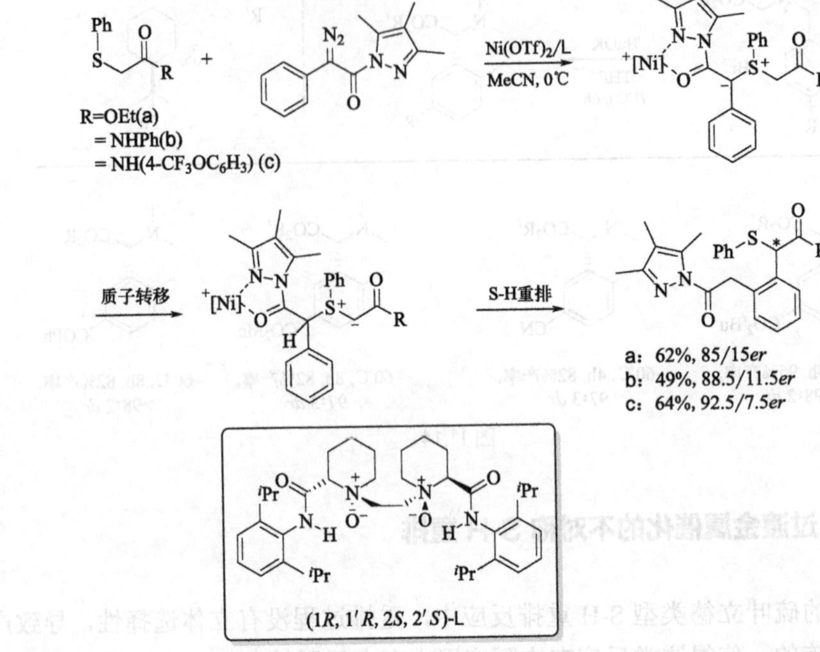
R=OEt(a)
= NHPh(b)
= NH(4-CF3OC6H3) (c)
Ni(OTf)2/L
MeCN, 0℃
质子转移
S-H重排
a：62%, 85/15er
b：49%, 88.5/11.5er
c：64%, 92.5/7.5er
(1R, 1′R, 2S, 2′S)-L

图11.15

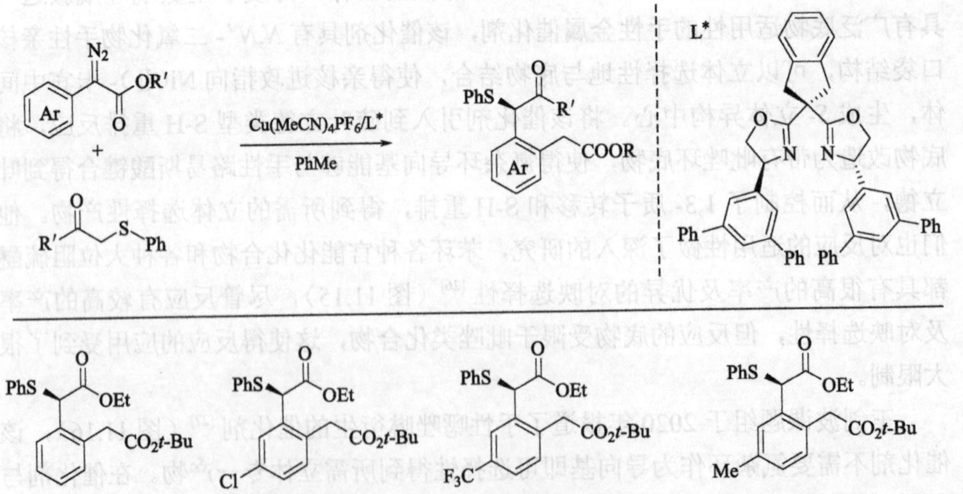
Cu(MeCN)4PF6/L*
PhMe
L*
75%,95∶5 er
68%, 91∶9 er
74%, 87∶13 er
74%, 90∶10 er

图11.16

11.6 Sommelet-Hauser 重排反应的应用

Weinreb 课题组，1982 年完成了天然产物强效抗生素链霉素的全合成（图 11.17），其中就采用了改进的 Sommelet-Hauser 重排反应，在温和的条件下得到全取代的吡啶衍生物。首先以 *N*-（氰乙基）- 吡咯烷为原料制备了季铵盐，该季铵盐利用 KO*t*-Bu 有效地去质子化，在去质子化过程完成之后，随后进行预期的 [2,3]-S-H 重排反应，生成的重排产物则水解生成相应的醛[28]。

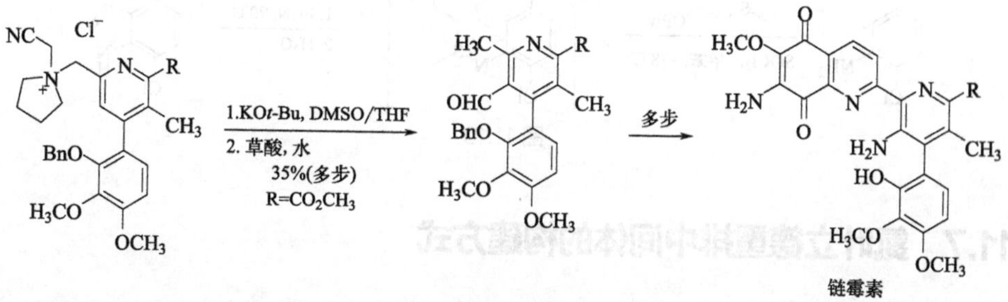

图 11.17

在传统的强碱促进的 S-H 重排反应中，底物季铵盐的区域选择性去质子化过程通常存在其他的竞争反应。通过氟离子诱导的脱硅烷化反应可以实现非碱性条件下的去质子化，以此来减少竞争反应的发生。如图 11.18 所示，Sato 课题组利用这种策略实现了环状铵盐的扩环反应，实验结果表明，底物的立体构型对反应过程有显著影响。*cis*- 立体异构体底物主要生成 [2,3]-S-H 重排产物，而 *trans*- 立体异构体则仅生成 Stevens 重排产物[29]。

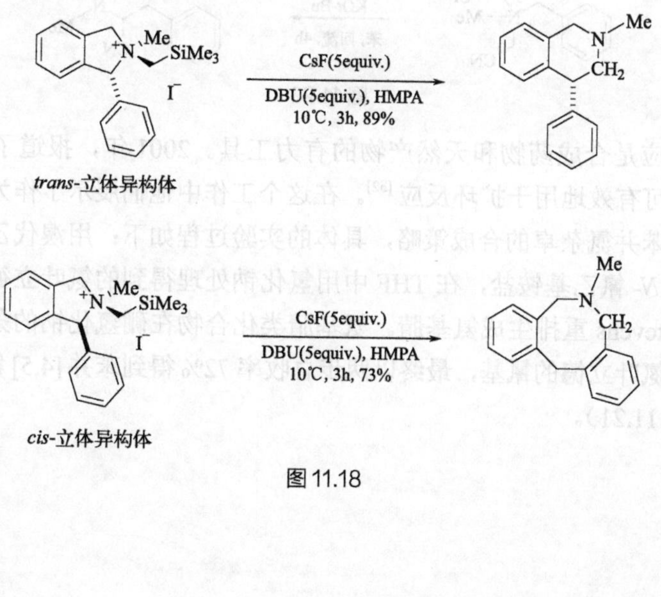

图 11.18

Alper 课题组开发了一种基于芳基硫亚胺的 S-H 重排反应，为合成 4,7- 二取代吲哚提供了一种实用且高效的方法[30]。该方法通过芳基硫亚胺作为关键中间体，在温和条件下发生 S-H 重排反应，直接构建吲哚骨架，合成过程从活化硫化物前体开始，用 $SOCl_2$ 将其活化，然后与 3- 氨基 -4- 氯苯甲酸酯偶联生成芳基硫亚胺。将该硫亚胺在过量的三乙胺中加热使其发生重排，得到 4- 甲酸酯 -7- 氯吲哚化合物（图 11.19）。

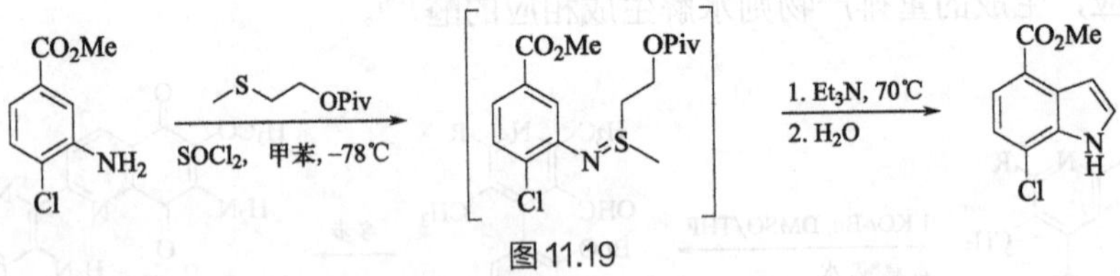

图 11.19

11.7 氮叶立德重排中间体的构建方式

11.7.1 碱诱导叶立德重排中间体的形成

Stevens 等在 1969 年报道了苄基取代的氰基稳定碱诱导氮叶立德的 [1,2]-Stevens 重排反应的第一个例子。在叔丁醇钾的作用下对苄基季铵盐进行去质子化，以中等收率得到 2-（二甲基氨基）-3- 苯基丙腈，但收率的具体数值并未给出[31]（图 11.20）。

图 11.20

扩环反应是合成药物和天然产物的有力工具。2001 年，报道了氰基稳定的氮叶立德，可有效地用于扩环反应[32]。在这个工作中他们展示了作为潜在生物碱前体的稠合苯并氮杂卓的合成策略，具体的实验过程如下：用溴代乙腈处理叔胺化合物得到 *N*- 氰乙基铵盐，在 THF 中用氢化钠处理得到的氮叶立德，氮叶立德经过 [1,2]-Stevens 重排生成氨基腈。氨基腈类化合物在硼氢化钠的条件下进行还原脱除稳定氮叶立德的氰基，最终以两步总收率 72% 得到苯并 [4,5] 氮杂卓 [2,1-*a*] 异吲哚（图 11.21）。

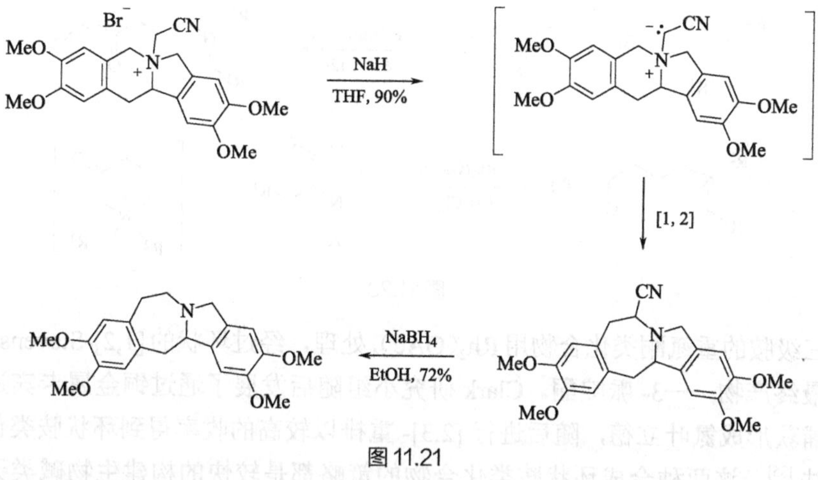

图 11.21

11.7.2 通过卡宾形成叶立德重排中间体

Stevens 等于 1952 年首次提出了利用卡宾替代碱来形成重排前体——氮叶立德（图 11.22），*N,N*- 二甲基苄基胺和重氮芴化合物在 100℃的条件下，经过 [1,2]-Stevens 重排以 30% 的收率生成三级胺类产物。在这之后，卡宾的使用迅速成了替代碱促进氮叶立德形成的重要方法[33]。

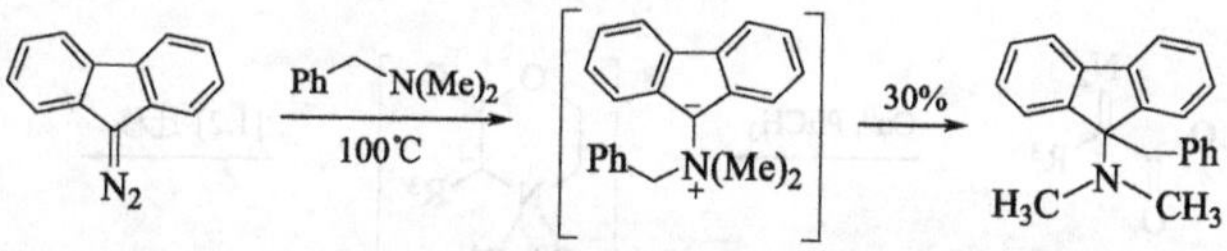

图 11.22

取代的哌啶 -3- 酮作为生物碱类天然产物的关键结构单元，其合成方法一直备受关注。West 研究小组开发了一种新颖的多米诺式串联反应策略，实现了这类化合物的高效构建[34]。该方法利用重氮酮与长链烷基取代的三级胺反应生成关键的金属卡宾中间体。含有长链的三级胺的重氮酮类化合物可以通过简洁的一步法制备，如图 11.23 所示，各种二级胺与溴代重氮酮类化合物在三乙胺的促进下，能够以较高的收率转化为相应的三级胺重氮酮类化合物，随后烷基胺对金属卡宾进行分子内亲核进攻，形成环状的氮叶立德中间体。该中间体经历氮原子上取代基的 [1,2]- 迁移重排，完成关键的环化步骤。这一方法不仅简化了合成路线，而且为结构多样性的引入提供了便利，为生物碱类天然产物的合成研究开辟了新途径。

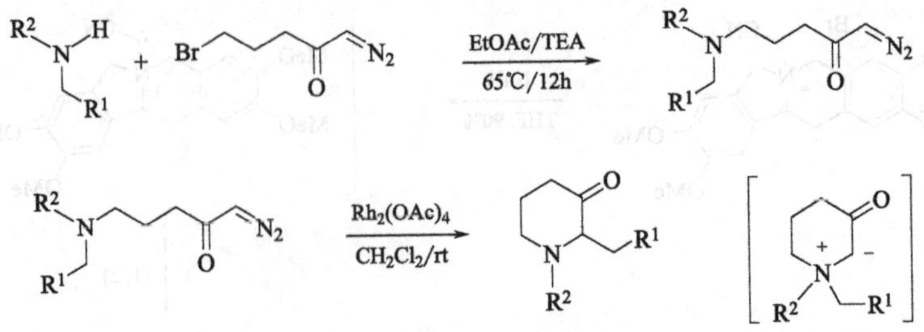

图 11.23

三级胺的重氮酮类化合物用 $Rh_2(OAc)_4$ 处理，经过环状的 [1,2]-Stevens 重排，得到最终产物——3- 哌啶酮。Clark 研究小组随后发展了通过铜金属卡宾进行分子内捕获形成氮叶立德，随后进行 [2,3]- 重排以较高的收率得到环状胺类化合物的方法[35]。这两种合成环状胺类化合物的策略都是较快的构建生物碱类天然产物结构单元的方法。

1994 年，West 课题组报道了一种分子内反应策略（图 11.24），该方法利用酯化反应将卡宾前体结构与亲核性胺结构进行分子内连接，这一设计使得环状铵叶立德能够直接参与反应[36]。与之前的方法相比，这一新策略具有显著优势，它不仅避免了过量胺的使用，而且通过分子内卡宾 - 胺加成原位生成环状铵叶立德，确保了后续 [1,2]-Steven 重排的高效进行。这种分子内反应模式不仅提高了反应效率，还为复杂分子的构建提供了更加精准的控制手段。

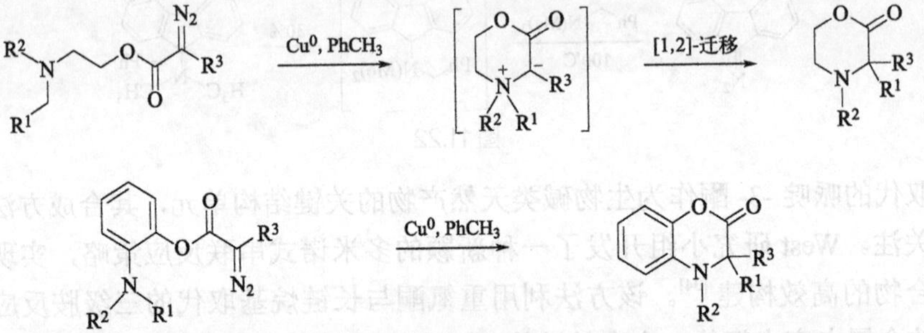

图 11.24

Tomioka 研究小组报道了一种基于光催化生成卡宾的新型反应体系[37]。在光照的条件下重氮酯产生的卡宾能够与三级胺发生反应，生成关键的氮叶立德中间体，随后进行 [1,2]-Stevens 重排过程。值得注意的是，当使用氨基腈作为反应物时，由于分子中存在两个强吸电子基团，使得亚甲基质子更容易发生 [1,3]-H 迁移，从而促进叶立德的形成。在苄基取代基迁移的情况下，该 [1,2]-Stevens 重排过程能够以 68% 的收率生成 C—H 插入产物（图 11.25）。

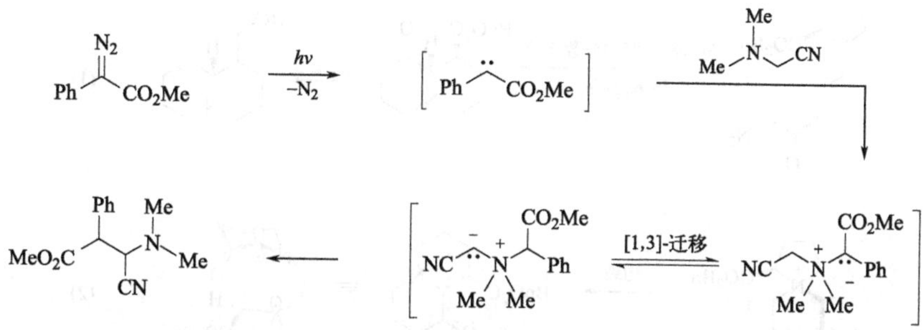

图 11.25

11.8 不对称类型的 Stevens 重排

11.8.1 底物诱导的不对称 Stevens 重排

金属卡宾诱导的 [1,2]-Stevens 重排反应在手性底物中的应用得到了广泛的研究，特别是在立体化学保留方面，为合成对映体富集的产物提供了有效途径。1994 年，West 小组报道了一种季铵盐类型的 [1,2]-Stevens 重排反应[38]。该反应在 Cu(acac)$_2$ 催化下，将重氮基团和手性胺基团进行转化，以较高的产率、优异的非对映选择性和中等对映选择性得到了重排产物六氢喹诺酮衍生物［图 11.26 反应式（1）和（2）］。这一方法也被成功应用于生物碱（–）-epilupinine 的合成中。作者推测，产物的部分对映体纯度和高立体选择性可能来源于非手性双自由基中间体在重组步骤中表现出的固有选择性。为进一步优化反应体系，West 小组在 2002 年进行了深入探索，他们将底物中的酯基替换为硅烷导向基团[39]（SiPhMe$_2$）［图 11.26 反应式（3）］。这一改进不仅拓展了底物的适用范围，也为研究导向基团对反应选择性的影响提供了新的视角。

在上述研究的基础上，Saba 课题组报道了一种高效的 Rh$_2$(OAc)$_4$ 催化体系，通过巧妙的串联反应策略——卡宾化合物的形成 / 氨基化合物的生成 /[1,2]-Stevens 重排反应，成功构建了含有季碳手性中心的六氢吲哚嗪结构骨架单元[40]。由于体系中存在显著的立体相互作用，该反应表现出优异的对映选择性。值得注意的是，作者从催化体系中分离出 *dr* 值是 70 : 30 的氮叶立德中间体。通过对单一对映异构体中间体进行加热处理，能够以较高的产率获得目标产物。作者认为 [1,2]-Stevens 重排过程是通过溶剂笼中的自由基对形成以及随后的快速自由基重组来实现的（图 11.27）。

氧鎓盐化合物被广泛应用于消旋类型的 [1,2]-Stevens 重排之中。然而，氧鎓

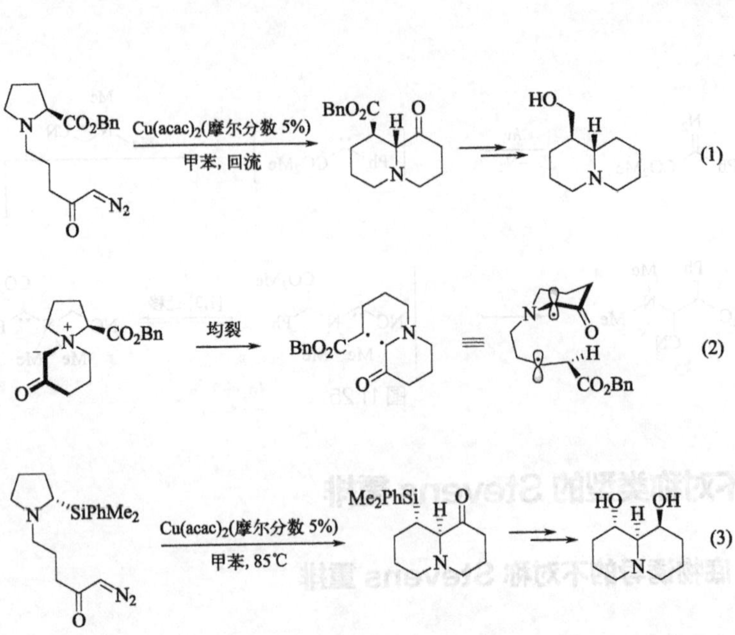

图 11.26

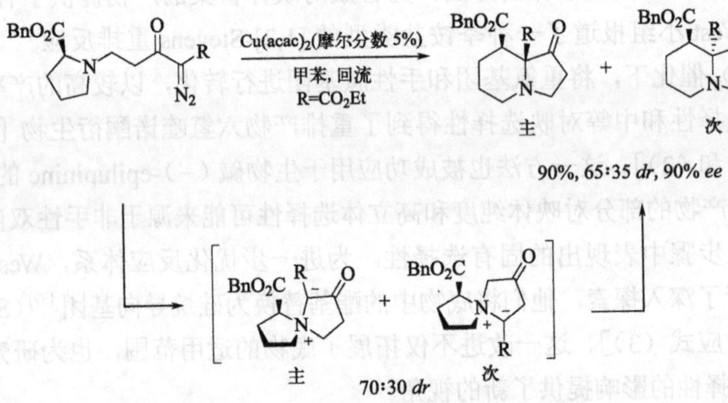

图 11.27

化合物却很少应用于底物诱导的不对称 [1,2]-Stevens 重排。2013 年，Deska 课题组利用手性重氮酮实现了铑催化的不对称 [1,2]-Stevens 重排，利用手性氧鎓化物作为手性转移试剂制备了多种对映体富集的四氢呋喃酮的衍生物[41]。然而，四氢呋喃酮产物的收率和非对映选择性相对较低（图 11.28）。在对催化剂进行系统考察之后，作者发现该重排反应的结果依赖于催化剂的种类。在不同的催化体系中，通过使用［$Cu(MeCN)_4$］PF_6 或 $Rh_2(oct)_4$ 作为催化剂，可选择性地实现 [1,2]- 或者 [2,3]- 重排反应。

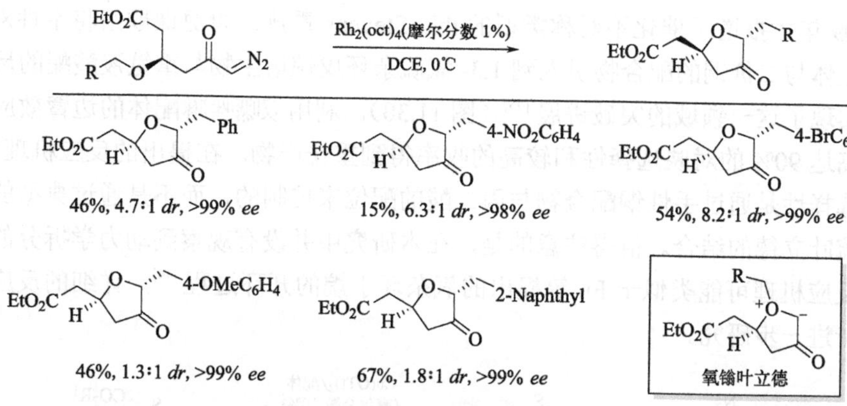

图 11.28

11.8.2 催化剂控制的不对称 Stevens 重排

2020 年，徐新芳课题组报道了铑催化的烯烃 - 硫代氨酯氮烯 - 亚胺交换 / C—N 键插入级联反应，用于制备 3- 氨基吲哚啉化合物[42]。该反应机理涉及铑卡宾生成、氮叶立德形成以及 [1,2]-Stevens 重排。温和的反应条件使得底物适用范围广泛，并且发现酰基比苯基、丙烯基和丙炔基更易迁移。在使用 Rh_2(S-TCPTTL)$_4$ 作为手性催化剂进行催化不对称转化的初步研究中，合成了具有中等到优秀对映选择性的三环类吲哚化合物，收率在 59% ～ 64% 之间。与前述的底物诱导法中使用的游离叶立德中间体不同，金属铑结合的氮叶立德被认为是催化循环中的关键中间体（图 11.29）。然而，游离的氮叶立德中间体不能完全排除，因为 [1,2]-Stevens 重排可能对氮叶立德具有空间选择性。

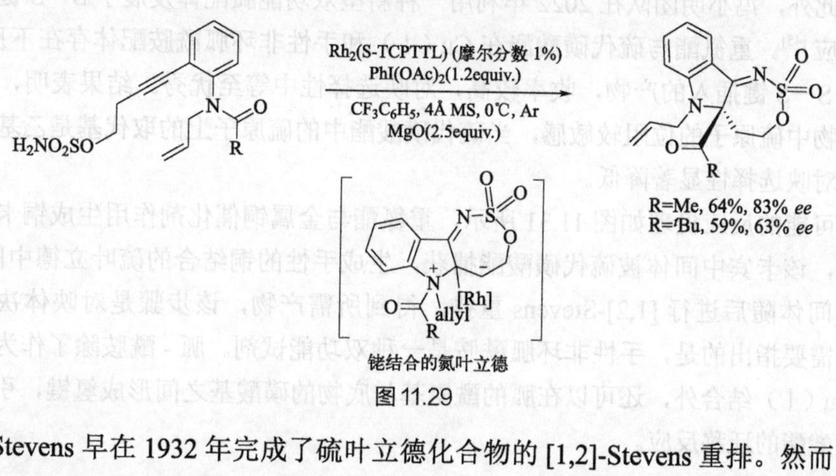

图 11.29

Stevens 早在 1932 年完成了硫叶立德化合物的 [1,2]-Stevens 重排。然而，直到 2009 年才报道了催化不对称类型的 thia-Stevens 重排。唐勇课题组将手性双噁唑啉配体与二价铜的配合物引入到 1,3- 氧硫杂环戊烷衍生物与重氮羧酸酯的反应中，实现了这一领域的突破进展[43]（图 11.30）。利用双噁唑啉配体的边臂效应使得以高达 90% 的对映选择性和较高的收率得到重排产物。在提出的反应机理中，对映选择性是通过手性铜配合物与丙二酸的配位来控制的，而不是通过典型的金属与硫叶立德的结合。值得注意的是，在本研究中并没有观察到动力学拆分的产物，反应机理可能类似于 Fu 等提出的氧杂环丁烷的开环过程[44]，详细的反应机理有待进一步研究。

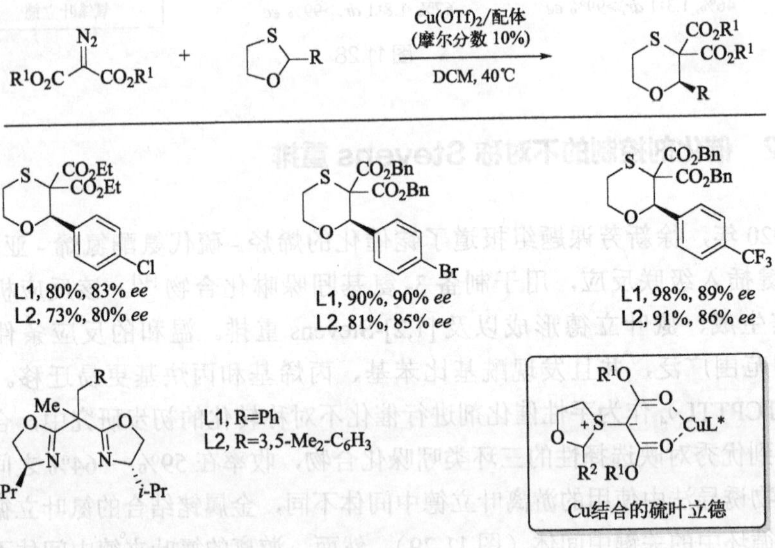

图 11.30

此外，冯小明团队在 2022 年利用一种新型双功能胍配体发展了 S—S 键的插入反应[45]。重氮酯与硫代磺酸酯在 Cu（Ⅰ）和手性非环胍酰胺配体存在下反应，生成 S—S 键插入的产物，收率较高，对映选择性中等至优秀。结果表明，反应对底物中硫原子的位阻较敏感，当硫代磺酸酯中的硫原子上的取代基是乙基和丙基，对映选择性显著降低。

可能的反应机理如图 11.31 所示，重氮酯与金属铜催化剂作用生成铜卡宾中间体，该卡宾中间体被硫代磺酸酯捕获，生成手性的铜结合的硫叶立德中间体。该中间体随后进行 [1,2]-Stevens 重排，得到所需产物，该步骤是对映体决速步骤。需要指出的是，手性非环胍酰胺是一种双功能试剂。胍 - 酰胺除了作为配体与 Cu（Ⅰ）结合外，还可以在胍的酰氨基与底物的磺酸基之间形成氢键，引导硫代磺酸酯的迁移反应。

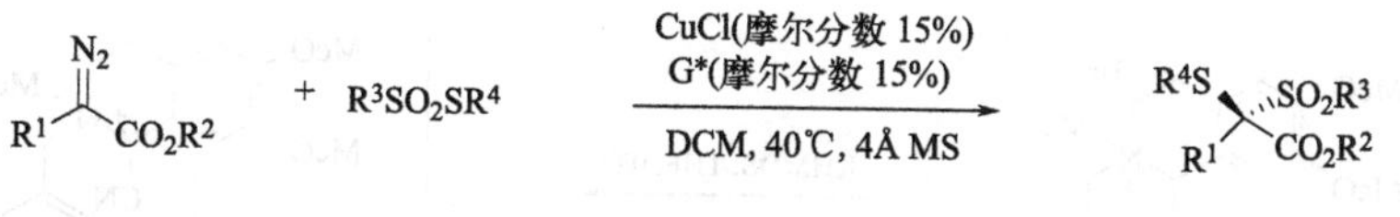

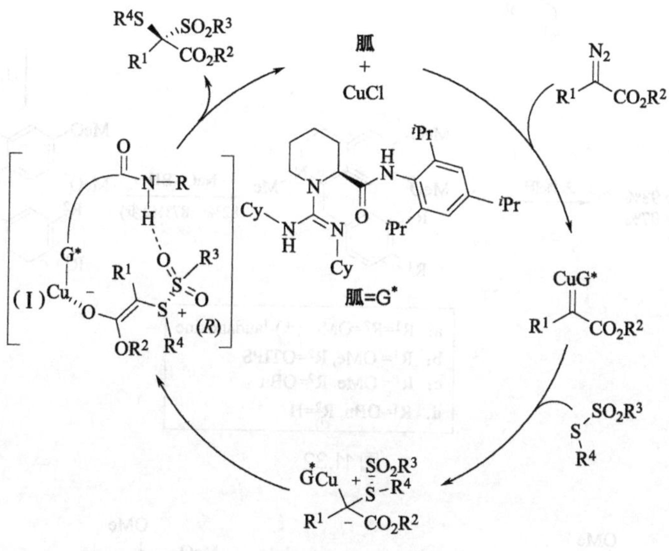

Cu结合的硫叶立德

图 11.31

11.9 Stevens 重排反应的应用

2013 年，Orejarena Pacheco 等人利用 [1,2]-Stevens 重排反应，高效合成了（±)-laudanosine、(±)-laudanidine 和（±)-armepavine 三种苄基异喹啉类生物碱。该方法利用季铵盐作为重排前体，通过去质子化作用促使 *N*- 苄基四氢异喹啉盐进行快速的 [1,2]-Stevens 重排。随后，通过原位还原脱氰基和去保护基团等一系列操作，以高收率获得了目标产物[46]（图 11.32）。

Opatz 研究小组报道了利用螺环氮叶立德盐的 [1,2]-Steven 重排反应，高效实现了氮杂环化合物的合成。利用这一方法，该小组以较高的产率制备了具有重要生物活性的菲并吲哚嗪类生物碱[47]（图 11.33）。该研究小组以 2,3,6,7- 四甲氧基菲衍生物和 2- 氰基吡咯为起始原料，通过两步反应高效构建了关键前体，将菲并吲哚嗪类生物碱的合成精简至仅需五步线性步骤。这一简洁的合成路线不仅操作简便，还实现了目标化合物的克级规模制备，为相关生物碱的进一步研究和应用提供了重要基础。

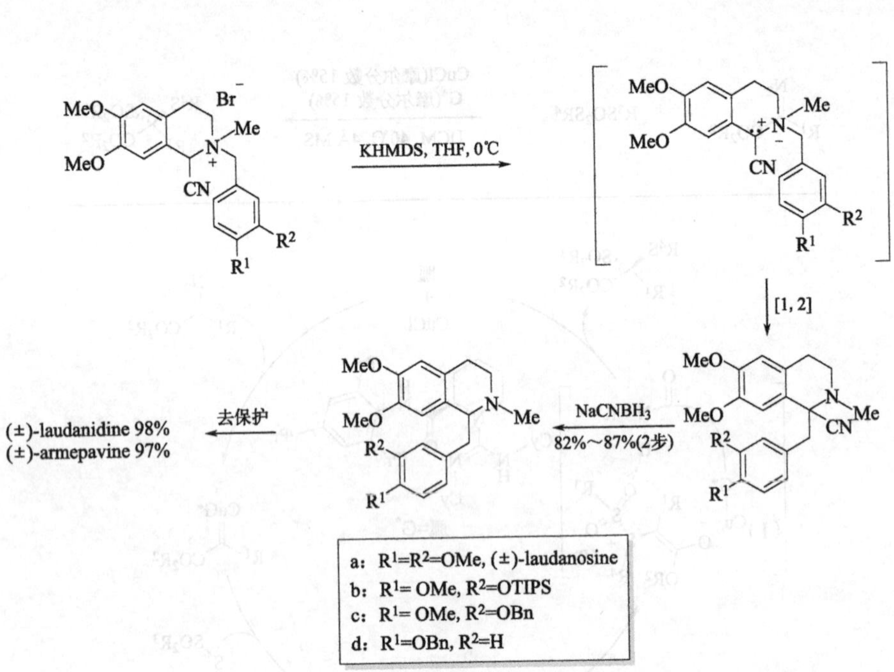

图 11.32

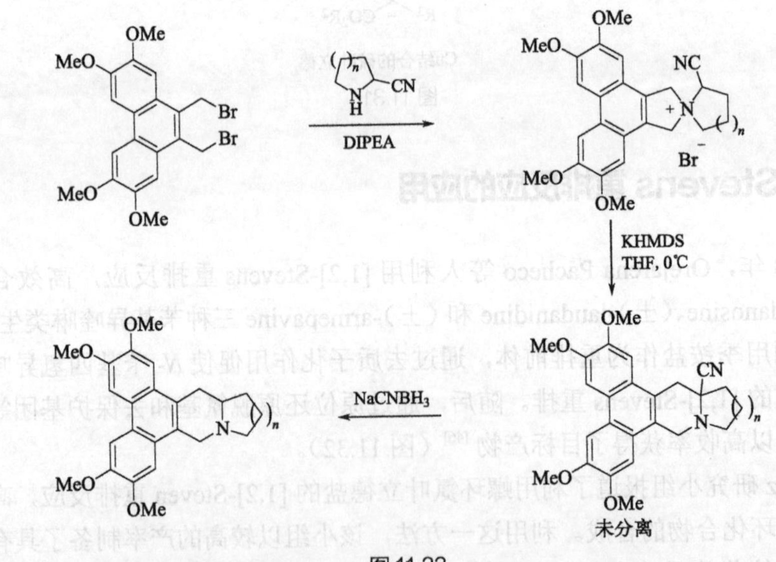

图 11.33

2013 年，该小组利用同样的策略合成了一类天然产物生物碱——xylopinine[46]（图 11.34），通过氰基稳定的氮叶立德进行 [1,2]-Stevens 重排，只需要五步的线性步骤，并且最终的产物不需要柱色谱法分离即可以较高的收率得到目标产物，展现出 [1,2]-Steven 重排在天然产物合成中的较大潜力和优势。

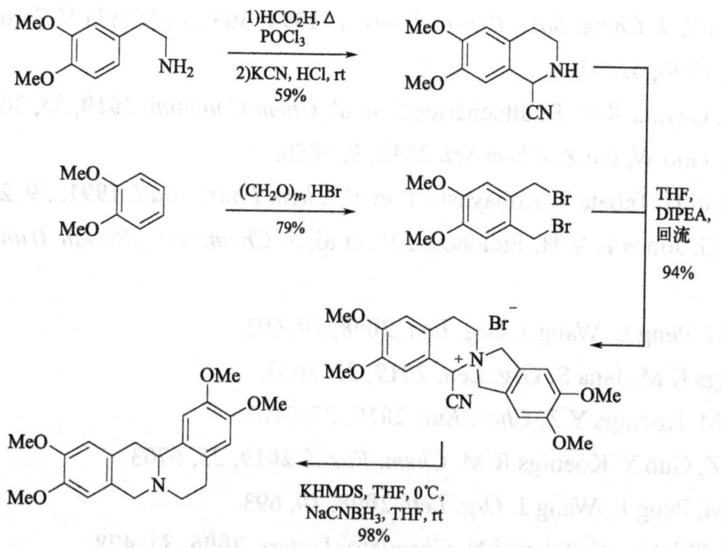

图11.34

参考文献

[1] Sommelet M, Hebd C R. *Seances Acad. Sci* **1937**, *205*, 56.

[2] Kantor S W, Hauser C R. *J. Am. Chem. Soc.* **1951**, *73*, 4122.

[3] Tayama E. *Chem. Rec.* **2015**, *15*, 789.

[4] Tayama E. *Heterocycles*, **2016**, *92*, 793.

[5] Stevens T S, Creigton E M, Gordon A B, et al. *I. J. Chem. Soc., Abstracts.* **1928**, 3193.

[6] Thomson T, Stevens T S. *J. Chem. Soc.* **1932**, 69.

[7] (a) Baidilov D. *Synthesis* **2019**, *52*, 21. (b) Sweeney J B. *Chem. Soc. Rev.* **2009**, *38*, 1027. (c) Spangler C W. *Chem. Rev.* **1976,** *76*, 187. (d) Laconsay C J, Tantillo D J. *ACS Catal.* **2021**, *11*, 829. (e) Hock K J, Koenigs R M. *Angew. Chem. Int. Ed.* **2017**, *56*, 13566.

[8] Brasen W R, Hauser C R. *Org. Synth*, **1954**, *34*, 61.

[9] Lednicbr D, Hauser C R. *J. Am. Chem. Soc.* **1957**, *75*, 4449.

[10] Tayama E, Watanabe K, Matano Y. *Eur. J. Org. Chem.* **2016**, 3631.

[11] Casoni G, Myers E L, Aggarwal V K. *Synthesis* **2016**, *48*, 3241.

[12] Nakano M, Sato Y. *Chem. Commun.* **1985**, 1684.

[13] (a) Narita K, Shirai N, Sato Y. *J. Org. Chem.* **1997**, *62*, 2544. (b) Maeda Y, Shirai

N, Sato Y. *J. Chem. Soc., Perkin Trans. 1*, **1994**, 393. (c) Maeda Y, Sato Y. *J. Org. Chem*, **1996**, *61*, 5188.
[14] Roy T, Gaykar R N, Bhattacharjee S, et al. *Chem Commun.* **2019**, *55*, 3004.
[15] Pan C, Guo W, Gu Z. *Chem Sci.* **2018**, *9*, 5850.
[16] Ishibashi H, Tabata T, Kobayashi T, et al. *Chem Pharm Bull.* **1991**, *39*, 2878.
[17] Hynd G, Jones R V H, Fieldhouse R, et al. *J. Chem. Soc., Perkin Trans. 1*, **2000**, 3267.
[18] Liao M, Peng L, Wang J. *Org. Lett.* **2008**, *10*, 693.
[19] Koenigs R M, Jana S. *Org. Lett.* **2019**, *21*, 3653.
[20] Rene M, Koenigs Y Z. *Chem Eur*. **2019**, *27*, 6703.
[21] Yang Z, Guo Y, Koenigs R M. *Chem. Eur. J.* **2019**, *25*, 6703.
[22] Liao M, Peng L, Wang J. *Org. Lett.* **2008**, *10*, 693.
[23] Eiji T, Shintaro N, Takeshi N. *Chemistry Letters*, **2006**, *35*, 478.
[24] Eiji T, Kazutoshi W, Yoshihiro M. *Eur. J. Org. Chem*. **2016**, *21*, 3631.
[25] Tayama E, Kimura H. *Angew Chem Int Ed*. **2007**, *46*, 8869.
[26] Lin X B, Yang W, Yang W K, et al. *Angew Chem Int Ed*. **2019**, *58*, 13492.
[27] Wang J B. *J. Am. Chem. Soc.* **2020**, *85*, 12343.
[28] Weinreb S M, Basha F Z, Hibino S, et al. *J. Am. Chem. Soc.* **1982**, *104*, 536.
[29] Sakuragi A, Shirai N, Sato Y, et al. *J. Org. Chem.* **1994**, *59*, 148.
[30] Alper P B, Nguyen K T. *J. Org. Chem.* **2003**, *68*, 2051.
[31] Paton J M, Pauson P L, Stevens T S. *J. Chem. Soc. C.* **1969**, 2130.
[32] Liu Y X, Liang X T. *Chin. Chem. Lett.* **2001**, *12*, 7.
[33] Stevens T S, Bamford W R. *J. Chem. Soc.* **1952**, 4675.
[34] West F G, Naidu B N. *J. Am. Chem. Soc.* **1993**, *115*, 1177.
[35] (a) Clark J S, Hodgson P B. *J. Chem. Soc., Chem. Commun.* **1994**, 2701. (b) Clark J S, Hodgson P B, Goldsmith M D, et al. *J. Chem. Soc., Perkin Trans. 1* **2001**, *24*, 3312.
[36] West F G, Naidu B N. *J. Org. Chem.* **1994**, *59*, 6051.
[37] Tomioka H, Suzuki K. *Tetrahedron Lett.* **1989**, *30*, 6353.
[38] West F G, Naidu B N. *J. Am. Chem. Soc.* **1994**, *116*, 8420.
[39] Vanecko J A, West F G. *Org. Lett.* **2002**, *4*, 2813.
[40] Muroni D, Saba A, Culeddu N. *Tetrahedron：Asymmetry* **2004**, *15*, 2609.
[41] Skrobo B, Deska J. *Org. Lett.* **2013**, *15*, 5998.
[42] Hong K, Zhou S, Hu W, et al. *Org. Chem. Front.* **2020**, *7*, 1327.

[43] Qu J P, Xu Z H, Zhou J, et al. *Adv. Synth. Catal.* **2009**, *351*, 308.

[44] (a) Ito K, Yoshitake M, Katsuki T. *Tetrahedron* **1996**, *52*, 3905. (b) Lo M C, Fu G C. *Tetrahedron* **2001**, *57*, 2621. (c) Doyle M P, Ene D G, Forbes D C, et al. *Tetrahedron Lett.* **1997**, *38*, 4367.

[45] Hu L, Li J, Zhang Y, et al. *Chem. Sci.* **2022**, *13*, 4103.

[46] Orejarena Pacheco J C, Lahm G, Opatz T. *J. Org. Chem.* **2013**, *78*, 4985.

[47] Lahm G, Stoye A, Opatz T. *J. Org. Chem.* **2012**, *77*, 6620.

第12章 Wittig 重排

12.1 Wittig 重排反应概述

12.2 1,2-Wittig 重排

12.3 2,3-Wittig 重排

12.1 Wittig 重排反应概述

Wittig 重排反应，特指金属化烯丙基或苄醚衍生物经历的一种 σ 重排过程，该过程导致醚 C—O 键的断裂，并随后形成新的 C—C 键[1]。为了更系统地研究和描述这些反应，通过引入数字前缀分类法，准确地标识了新生成键的位置与起始材料中原子位置的相对关系。在醚的分子结构中，氧原子被指定为编号“1”，并且与氧原子相连、在后续反应中断裂的 C—O 键中的碳原子，同样被赋予编号“1”。编号系统沿着碳链向两侧延伸，确保每个原子都有其独特的位置标识。因此，Wittig 重排反应的具体名称直接反映了在新形成的 σ 键中连接的两个编号原子的位置关系（图 12.1）。以 1,2-Wittig 重排为例，该反应特指 C-1—O-1 键的断裂，以及随后在断裂的 C-1 原子与原先发生金属化的 C-2 原子之间建立的新 C—C 键。

1,4-Wittig 重排与 3,4-Wittig 重排作为较为罕见的反应类型，通常在其他 Wittig 重排过程中以次要的竞争路径形式出现。相较之下，2,3-Wittig 重排与 1,2-Wittig 重排因其广泛性和在制备取代醇方面展现出的显著实用性而备受关注。因此，本部分内容主要聚焦于 1,2-Wittig 重排与 2,3-Wittig 重排。

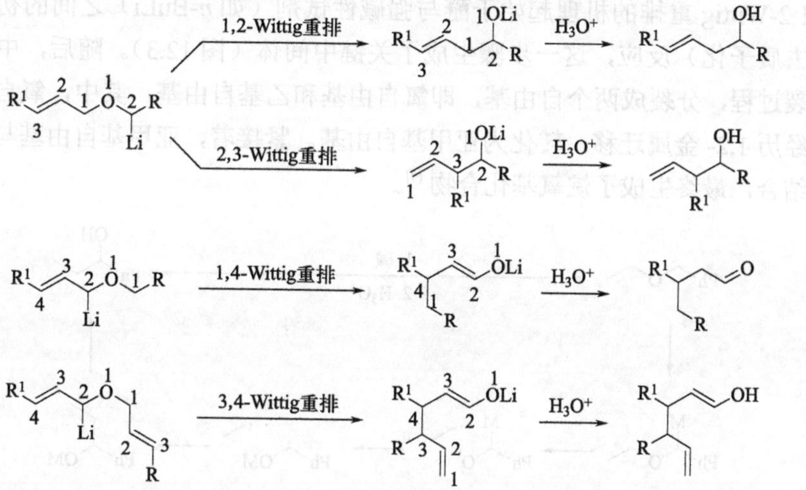

图 12.1

12.2 1,2-Wittig 重排

12.2.1 1,2-Wittig 重排概述

1924 年，Schorigin 在探究钠与乙基苄醚反应的过程中[2]，首次揭示了在高

温条件下，苄基乙基醚经钠处理，促使乙基基团发生 1,2- 迁移转移至苄基碳上，以 13% 的产率合成了 1- 苯基丙醇（图 12.2）。随后，Wittig 于 1942 年的深入研究揭示了这一过程，确认其通过 α- 烷氧基碳负离子中间体进行，并基于此发现优化了反应条件[1,3–4]。尽管 1,2-Wittig 重排在有机合成中展现出潜力，但其实际应用常受限于对强烈碱性反应条件的依赖。由于存在复杂的分子内消除竞争反应，即使使用简单底物，化学产率也往往不尽如人意。尽管如此，近年来，特定类别的醚所参与的 1,2-Wittig 重排在立体选择性构建复杂分子方面展现出了较高价值，并已成为合成多种天然产物的关键步骤。

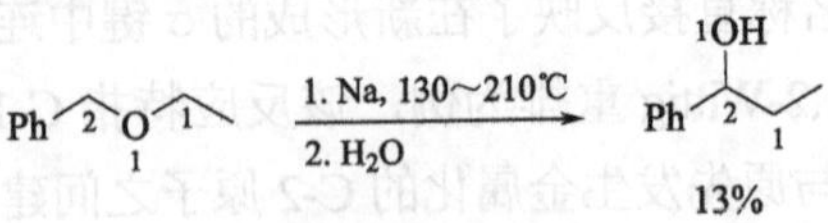

图 12.2

12.2.2 1,2-Wittig 重排反应机理

1,2-Wittig 重排的机理起始于醚与强碱性试剂（如 *n*-BuLi）之间的初步金属化（去质子化）反应，这一步骤生成了关键中间体（图 12.3）。随后，中间体经历均裂过程，分裂成两个自由基，即氧自由基和乙基自由基。其中，氧自由基进一步经历 1,2- 金属迁移，转化为亚甲基自由基。紧接着，亚甲基自由基与乙基自由基结合，最终生成了烷氧基化合物[4]。

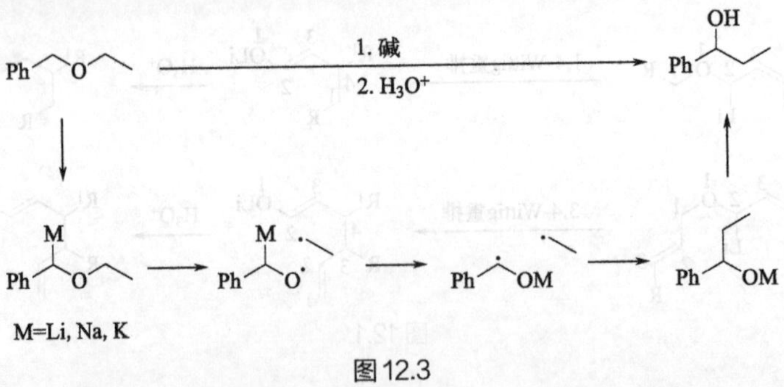

图 12.3

众多简单的烷基醚在进行 1,2-Wittig 重排时，往往因为竞争性的分子内 E2 消除反应而导致目标产物的产率不尽如人意。以烷基醚化合物为例，当尝试对其进行 1,2-Wittig 重排时，主要产物是烯烃[5]（图 12.4）。这种分子内 E2 消除反应在多种 1,2-Wittig 重排过程中频繁出现，成了该反应体系中最常见的副反应之一。

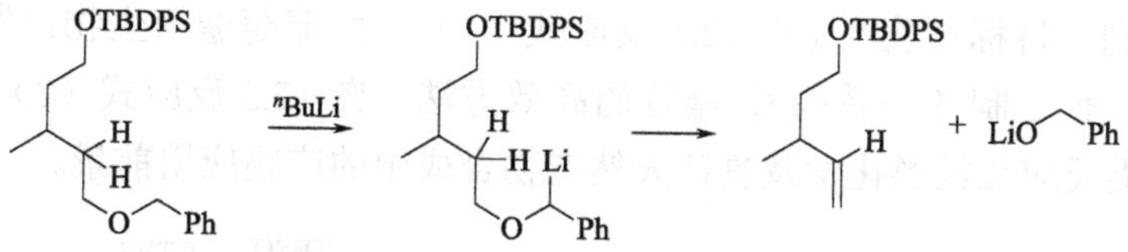

图 12.4

12.2.3 1,2-Wittig 重排立体选择性

2- 烷氧基呋喃缩醛的 1,2-Wittig 重排反应[6]（表 12.1），展现出卓越的非对映选择性，且底物中迁移碳立体中心（即金属化位点）的立体化学特性对产物的立体化学结构无显著影响。此外，相较于传统醚类底物的 Wittig 重排，此类转化通常能够实现更高的产率，这很可能归因于锂化缩醛均裂后生成的两个 α- 烷氧自由基具有较高的稳定性[7]。鉴于上述稳定性优势，四氢呋喃环化合物的键均裂及随后的 Wittig 重排反应能够迅速进行，其速率远超竞争性的副反应，如分子内 E2 消除。然而，底物的具体结构以及反应条件亦会对重排与消除反应的相对速率产生显著影响。因此，在四氢呋喃环的 2 位上引入烷氧基，对于有效抑制竞争性 E2 过程、提升反应效率而言，显得尤为重要。尽管存在上述结构上的限制，但此类转化反应在复杂分子及天然产物合成领域的应用价值已得到充分展现。例如，在萨拉哥酸（zaragozic acid）的立体选择性全合成中，相对复杂的缩醛底物的 1,2-Wittig 重排反应被巧妙地用作关键步骤，以中等产率和良好的非对映选择

表 12.1

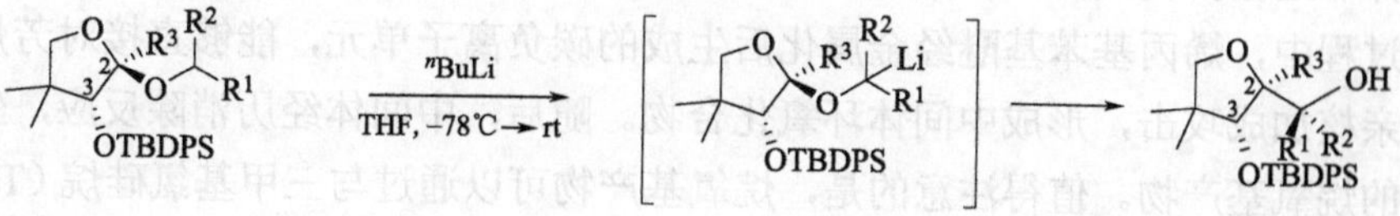

条目	R^1	R^2	R^3	产率/%	*dr*值
1	Ph	H	H	77	>98:2
2	CH=CH–TMS	H	H	60	>98:2
3	C≡C–TMS	CH=CH$_2$	C≡C–H	78	>98:2
4	C≡C–TMS	CH=CH$_2$	C≡C–H	65	>98:2

性顺利得到了目标产物[8]［图 12.5 反应式（1）］。由葡萄糖衍生物出发的 Wittig 重排反应，也是制备一系列 C- 糖苷的高效方法［图 12.5 反应式（2）］，进一步凸显了此类反应在糖类化学及复杂天然产物合成中的广阔应用前景。

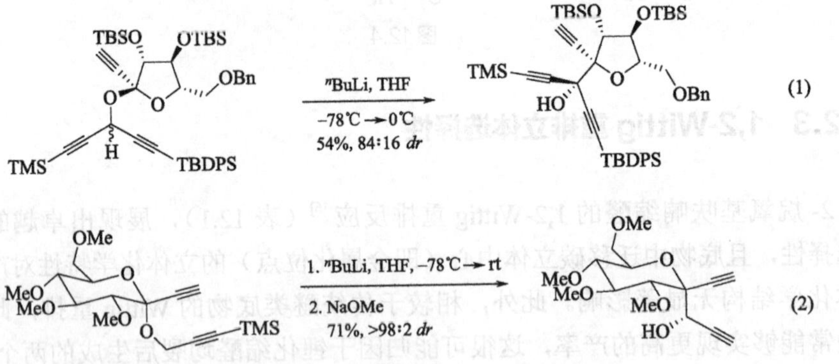

图 12.5

12.2.4 芳香族的 1,2-Wittig 重排

尽管 1,2-Wittig 重排的传统研究焦点主要集中于二烷基醚底物，但近年来，该重排反应在芳基烷基醚及烷基烯醇醚体系中的适用性也得到了广泛验证。对于金属化烷基烯醇醚而言，其重排过程遵循一种类似于上述图 12.2 所描述的均裂 / 自由基重排[9]，这一机理为理解该类重排提供了坚实的理论基础。Schlosser 等揭示了另一种独特的路径，即在特定情况下，如烯丙基芳基醚的 1,2-Wittig 重排，并非遵循传统的自由基机理，而是通过亲核芳香取代机理进行[10]（图 12.6）。在此过程中，烯丙基苯基醚经金属化后生成的碳负离子单元，能够直接对芳烃环发起亲核加成攻击，形成中间体环氧化合物。随后，中间体经历消除反应，生成稳定的烷氧基产物。值得注意的是，烷氧基产物可以通过与三甲基氯硅烷（TMS-Cl）的反应被捕获为硅醚，便于后续的结构表征与纯化；而若以水淬灭，则可直接获得相应的醇类化合物。

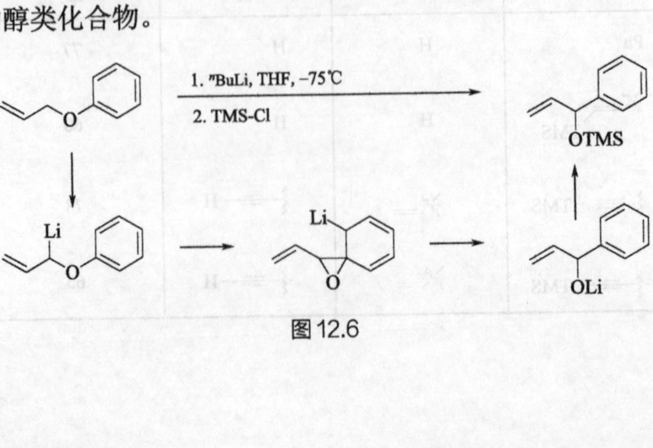

图 12.6

Z- 二烯醇的立体选择性合成可以通过一种高效的一锅两步法得以实现。该路径融合了烯丙基醚衍生物的 1,4- 消除反应与随后的 1,2-Wittig 重排。此方法始于环氧化物在过量 LDA（二异丙基氨基锂）作用下的去质子化。在此过程中，首先观察到的是环氧化物的开环消除与苄基碳的金属化，这两个连续步骤协同作用生成了关键中间体。随后，该二阴离子中间体发生 1,2-Wittig 重排反应，在水解处理下转化为目标产物 1,6- 二醇[11]［图 12.7 反应式（1）］。此外，与烯丙基砜相关的类似转化同样取得了令人瞩目的成果，以良好的立体选择性和较高的化学产率制备了二烯醇[12]［图 12.7 反应式（2）］。

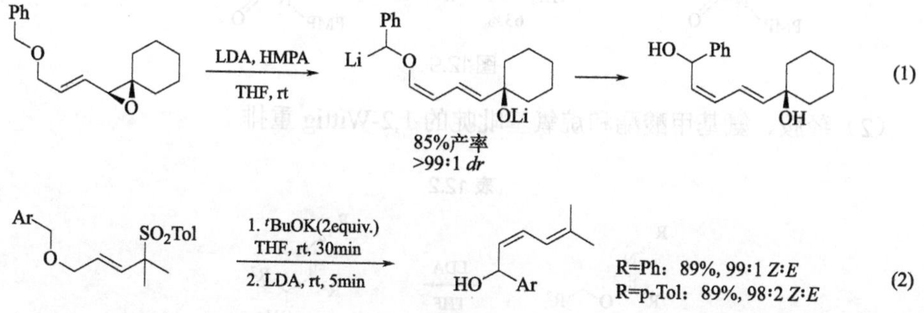

图 12.7

12.2.5 脂肪族的 1,2-Wittig 重排

（1）α- 烷氧基酮、酯和酰胺的 1,2-Wittig 重排

鉴于与羰基官能团直接相邻的质子所展现出的显著酸性特征，α- 烷氧基酮的 1,2-Wittig 重排反应能够在相对温和且易于控制的条件下顺利进行。以甲基 -O-苄基乙酸酯为例，当该底物在 Bu_2BOTf（二丁基氧化三氟化硼）与 Et_3N（三乙胺）的协同作用下进行反应时，能够以高达 81% 的产率高效地转化为产物[13]（图 12.8）。这一转化过程涉及到了中间体烯醇盐的生成。

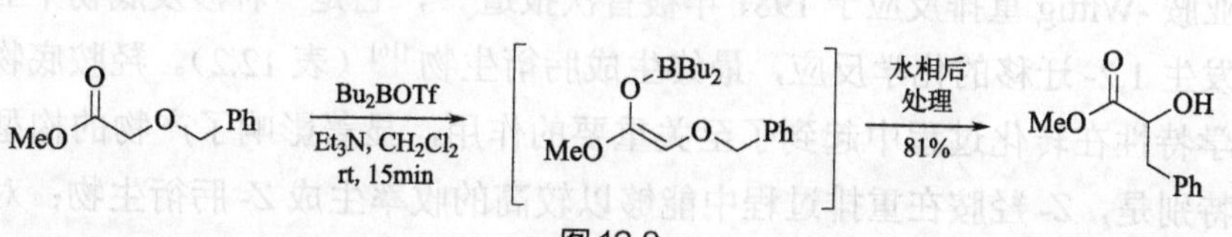

图 12.8

通过 α- 烷氧基酰胺的去质子化过程所生成的烯醇盐中间体的 1,2-Wittig 重排表现出了较好的反应性，高效地构建了 α- 羟基酰胺衍生物。该反应展现出中等至良好的非对映选择性［通常在（2∶1）～（6∶1）的范围内］，顺式立体异构体为主要产物［图 12.9 反应式（1）］。此外，在类似条件下，α- 苄氧基内酰胺也

经历了高效的 1,2-Wittig 重排反应，该反应具有高度的立体控制性，高产率地合成了高度取代的 α- 羟基 -β- 内酰胺 [14]［图 12.9 反应式（2）］。

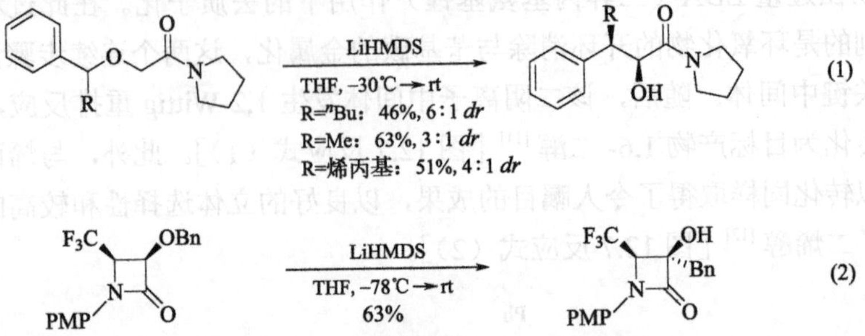

图 12.9

（2）羟胺、氨基甲酸酯和烷氧基吡啶的 1,2-Wittig 重排

表 12.2

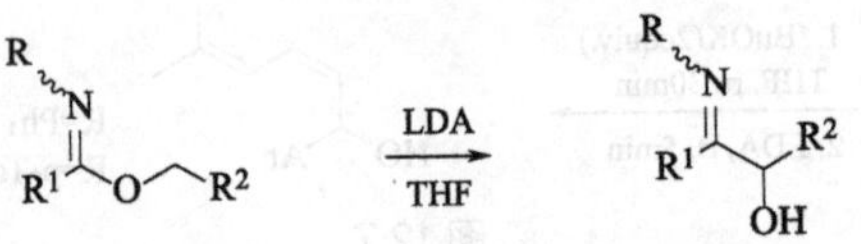

Entry	R	R^1	R^2	产率/%	E:Z
1	Z-OMe	Ph	Ph	89	Z
2	E-OMe	Ph	Ph	41	3:1
3	Z-OMe	Et	Ph	64	Z
4	OMe	2-呋喃基	CH═CH$_2$	95	—
5	Z- (Ph)CH-CH$_2$OH	p-MeOC$_6$H$_4$	CH═CH$_2$	63[a]	Z
6	p-MeOC$_6$H$_4$	CF_3	CO_2Me	81	—

[a]生成了R-立体异构体，非对映体比例为9∶1。

亚胺 -Wittig 重排反应于 1981 年被首次报道 [15]，它是一种涉及底物中亚胺官能团发生 1,2- 迁移的化学反应，最终生成肟衍生物 [16]（表 12.2）。羟胺底物的立体化学特性在转化过程中起到了至关重要的作用，显著影响了产物的构型和收率。特别是，Z- 羟胺在重排过程中能够以较高的收率生成 Z- 肟衍生物；对于结构类似的 E- 羟胺底物，其重排产物则往往是 E- 和 Z- 肟立体异构体的混合物，且收率中等。另外，当底物携带手性肟醚基团时，经过重排反应能够生成具有中等至较高比例的立体异构产物 [17]（非对映异构体比例 9∶1）。酯衍生物通过烯醇盐中间体进行的亚胺 1,2-Wittig 重排反应同样能够顺利进行 [18]（表 12.2 条目 6）。在亚氨基参与的 1,2-Wittig重排反应过程中产生的化合物，可以进一步被还原成具有显著合成应用价值的氨基醇，已被成功应用于诸如环孢苷[16]和二氢海贝烷[19]等天然产物的制备过程中。

氨基甲酸酯，以及 2- 吡啶醚，均经历了机理上紧密相关的 1,2-Wittig 重排反应，分别转化为具有较高合成价值的 α- 羟基酰胺[20]，以及羟甲基吡啶衍生物[21]（图 12.10）。在这些转化过程中，有机锂中间体的生成可采取两种途径：一是通过直接对苄基醚和 2- 吡啶醚进行去质子化处理，可以分别生成相应的中间体［图 12.10 反应式（1）～（3）］。随后，这些中间体经历 1,2- 重排反应，顺利转化为所需的仲醇产物。二是采用加成策略［图 12.10 反应式（4）］，生成高取代度的有机锂中间体[20–21]。这些高度活化的中间体进一步转化为叔醇产物。

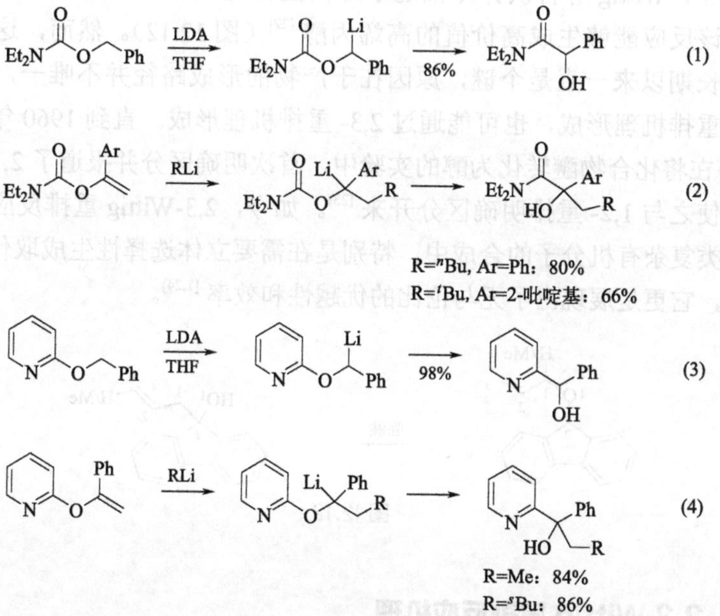

图 12.10

羟胺、氨基甲酸酯以及羟基吡啶所发生的 1,2-Wittig 重排反应，其内在机理与烯丙基（芳基）醚的反应路径颇为相似[20–21]。在此过程中，底物在锂化作用下首先生成高活性的中间体。随后，这一中间体通过分子内的 C═X（X 为杂原子或类杂原子基团）π 键的加成，从而构建出新的化学键，并生成关键中间体（图 12.11）。紧接着，产物经历进一步的消除反应，释放出不稳定的离去基团，并促进结构的重排与稳定化。最后，对所得产物进行水解处理，去除可能存在的保护基团或调整官能团，最终转化为我们所观察到的醇类产物。

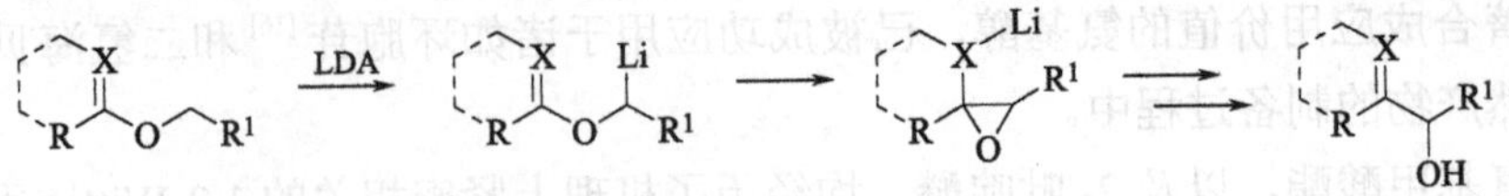

图 12.11

12.3 2,3-Wittig 重排

12.3.1 2,3-Wittig 重排概述

1949 年，Wittig 等首次详尽描述了烯丙基芴醚在碱性条件下发生的独特重排反应，该反应能够生成高价值的高烯丙醇 [22]（图 12.12）。然而，这一反应的具体机理长期以来一直是个谜，原因在于产物的形成路径并不唯一，它既可能通过 1,2- 重排机理形成，也可能通过 2,3- 重排机理形成。直到 1960 年，Cast 和 Stevens 等在将化合物醚转化为醇的实验中，首次明确区分并报道了 2,3-Wittig 重排现象，使之与 1,2- 重排明确区分开来 [23]。如今，2,3-Wittig 重排反应已被广泛应用于各类复杂有机分子的合成中，特别是在需要立体选择性生成取代高烯丙醇的场合下，它更是展现出了无与伦比的优越性和效率 [1,24]。

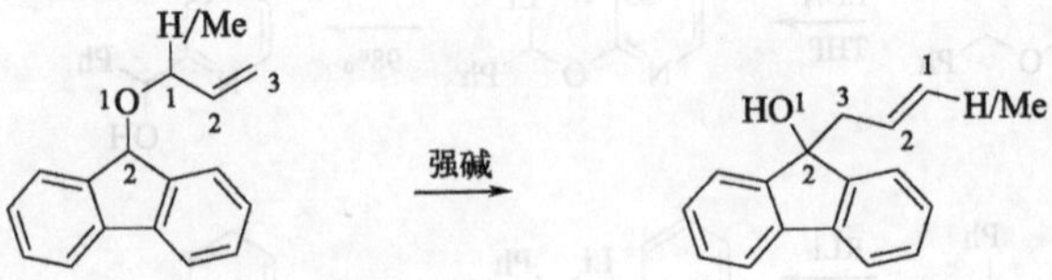

图 12.12

12.3.2 2,3-Wittig 重排反应机理

在 2,3-Wittig 重排反应中，广泛采用的是富含碳负离子稳定基团的烯丙基醚底物，这些基团多样且有效，包括芳基、烯基、炔基，以及诸如酯类或酰胺类等吸电子基团。该重排反应的机理起始于醚的初步金属化步骤，这一步骤旨在生成一个稳定的碳负离子中间体（图 12.13）。随后，这一中间体发生一个高度协同的 σ- 迁移重排过程，该过程通过一个独特的五元信封状过渡态进行，最终生成了高烯丙醇盐。紧接着，发生水解反应，从而得到了目标产物——高烯丙醇。这一过程不仅完成了从烯丙基醚到高烯丙醇的转化，还保留了原有的立体化学信息，为后续的合成应用提供了宝贵的化学结构基础。

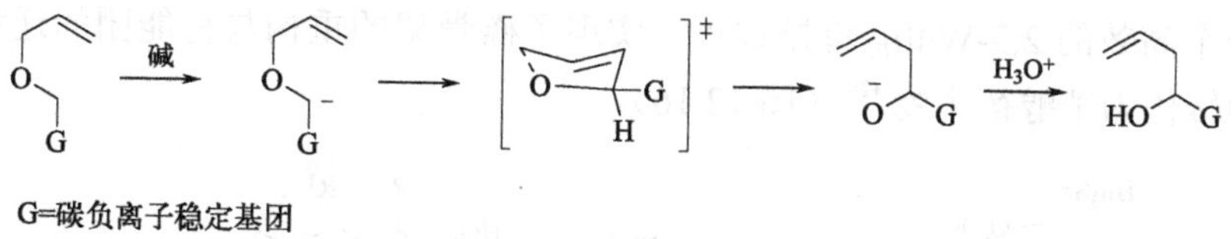

图 12.13

12.3.3 脂肪族的 2,3-Wittig 重排

（1）烯丙基锂甲基醚的 2,3-Wittig 重排

烯丙基锂甲基醚的 2,3-Wittig 重排（亦称 Still-Wittig 重排），作为有机化学领域的一种经典反应，其首次发现可追溯到 Still 等在 1978 年的开创性工作[1,25]。该反应巧妙地运用了转金属化策略，实现了锂化醚的高效生成。在此反应中，锡甲基醚底物在强碱如正丁基锂（*n*-BuLi）的作用下，会发生金属交换反应，生成高度活泼的锂化醚中间体。随后，这一中间体发生一个快速的 σ- 迁移重排过程，最终在水解条件下转化为目标产物——高烯丙醇（图 12.14）。

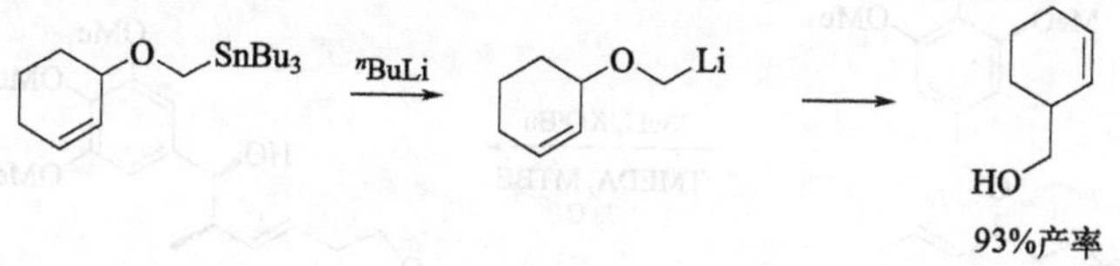

图 12.14

在过去的三十年间，烯丙基锂甲基醚的 2,3-Wittig 重排已在有机合成领域中具有较高的应用价值。例如，通过 2,3-Wittig 重排反应，能够精确地控制反应路径，从而高效地合成出具有特定立体构型的四取代烯烃[26]［图 12.15 反应式（1）］。此外，2,3-Still-Wittig 重排在处理具有立体位阻的体系时，展现出了其独特的优势，它能够有效促进四级碳立体中心的形成[27]［图 12.15 反应式（2）和（3）］。尽管 2,3-Wittig 重排反应具有诸多优点，但在某些情况下，其产率可能会受到竞争性副反应的影响而有所降低。这些副反应可能包括 1,2-Wittig 重排或底物的去锡化等，它们会消耗部分反应物或生成副产物，从而降低目标产物的产率。因此，在设计和发展这类反应时，需要仔细考虑反应条件、底物结构以及可能的副反应路径，以优化反应效率。

（2）烯丙基苄醚的 2,3-Wittig 重排

烯丙基苄醚衍生物同样适用于 2,3-Wittig 重排。实验表明，当烯丙基苄醚衍生物在 *t*-BuLi（叔丁基锂）与 *t*-BuOK（叔丁醇钾）这一双碱体系的共同作用下，苄基部分会优先发生金属化反应，生成相应的金属化中间体。随后，这一中间体

通过一个高效的2,3-Wittig重排过程，实现了碳骨架的重构与官能团的迁移，最终顺利转化为苄醇衍生物[28]（图12.16）。

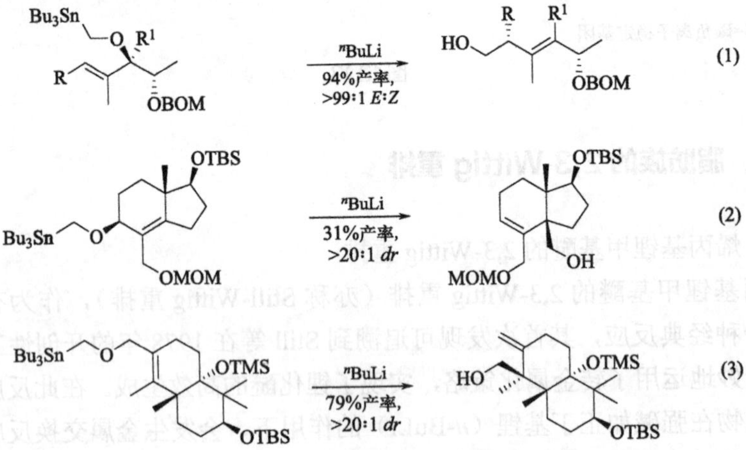

图12.15

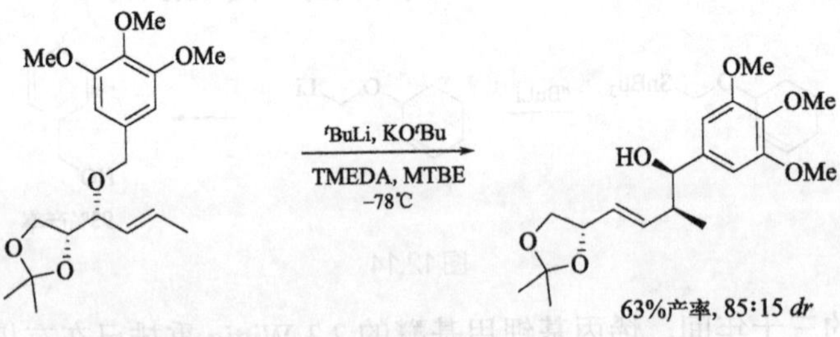

图12.16

在探讨2,3-Wittig重排反应的应用与挑战时，一个不可忽视的限制因素便是其对强碱条件的高度依赖，如烷基锂试剂或LDA的使用，这在一定程度上限制了反应体系中官能团的多样性和耐受性。然而，Reetz等[29]和Maleczka等[30]发现在苄基位置引入三甲基硅基团的烯丙基苄醚能够在极为温和的条件下进行2,3-Wittig重排，通过采用氟化物阴离子源（如CsF）作为催化剂，对硅烷化底物进行处理，能够高效且高产率地生成产物（图12.17）。这一发现不仅拓宽了2,3-Wittig重排反应的适用范围，还为在敏感官能团存在下实现高效转化提供了可能。

值得注意的是，对于在烯丙基位置（$R \neq H$）或内烯烃碳原子（$R^1 \neq H$）上含有取代基的底物展现出了尤为显著的效果，但当底物为*E*-烯烃（$R^2 \neq H$）时，其非对映选择性显著下降，远低于传统锂化烯丙基苄醚在2,3-Wittig重排中通常所能达到的水平。这一发现提示我们，硅烷化底物的重排机理可能与传统的有机碱金属中间体路径有所不同，可能涉及到了更为复杂的五价有机硅酸盐中间体的形成与转化过程。

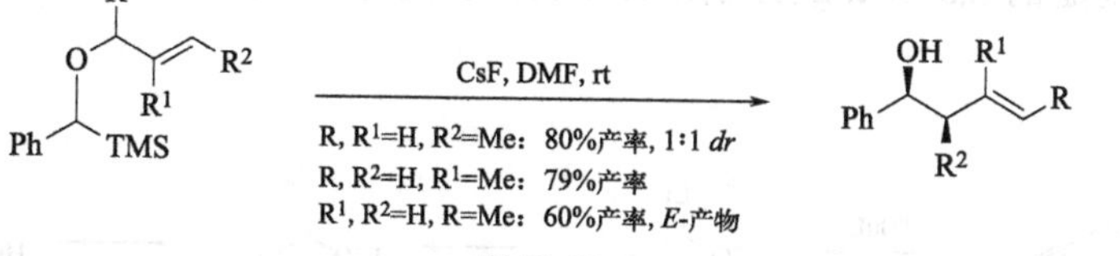

图 12.17

（3）二烯丙基醚的 2,3-Wittig 重排

二烯丙基醚的 2,3-Wittig 重排作为一种高效策略，在构建 1,5- 二烯 -3- 醇这一有机合成中的关键中间体方面展现出了显著优势 [1]（图 12.18）。此类产物不仅自身具有重要价值，还能进一步诱导发生 [3,3]-σ 重排反应，从而生成一系列化合物，进一步拓宽了其在复杂分子合成中的应用范围。然而，这一方法的广泛应用也面临着一项重要挑战，即如何实现一个烯丙基位置相对于另一个位置的高度选择性去质子化。这一难题若无法解决，将不可避免地导致在反应过程中生成区域异构体的混合物，从而降低了产物的纯度和收率。以具体实例说明，当使用 *n*-BuLi（正丁基锂）对底物进行处理时，由于烯丙基位置的化学环境相似，难以实现预期的选择性去质子化，因此通常会得到锂化醚的混合物，且两者比例接近 1∶1。这两种锂化中间体在随后的反应过程中均会发生 2,3-Wittig 重排，但由于它们的起始结构不同，最终生成的是高烯丙醇的混合物 [31]。

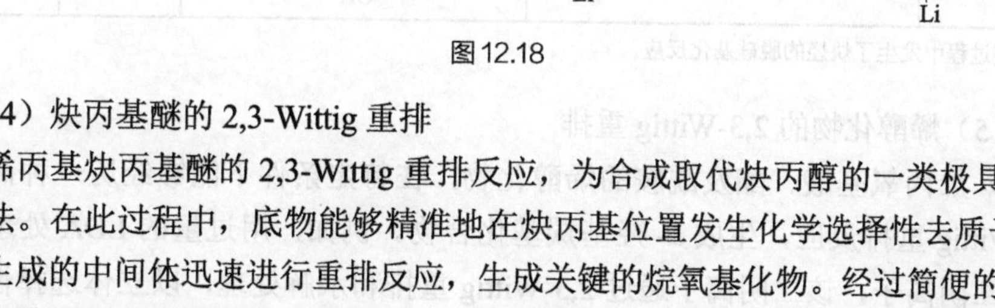

图 12.18

（4）炔丙基醚的 2,3-Wittig 重排

烯丙基炔丙基醚的 2,3-Wittig 重排反应，为合成取代炔丙醇的一类极具价值的方法。在此过程中，底物能够精准地在炔丙基位置发生化学选择性去质子化，随后生成的中间体迅速进行重排反应，生成关键的烷氧基化物。经过简便的水解处理步骤，即可顺利获得目标产物——炔丙醇衍生物（图 12.19）。值得注意的是，该反应体系在处理非环状烯烃衍生物时，展现出了令人满意的非对映选择性，确保了手性信息的高效传递（表 12.3）。这种高度的立体特异性不仅体现在能够将

E- 烯烃衍生物精准地转化为反式双取代产物（表 12.3 条目1），还能够在处理 *Z*- 烯烃底物时，生成具有特定构型的顺式立体异构体产物[32]（表 12.3 条目 2）。烯丙基炔丙基醚的 2,3-Wittig 重排反应为取代炔丙醇的合成提供了一条高效、可控的路径。

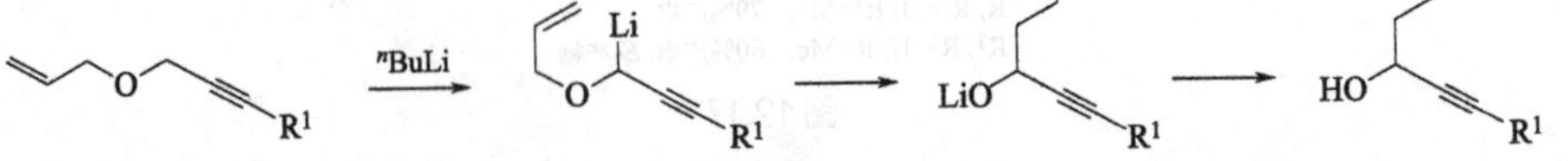

图 12.19

表 12.3

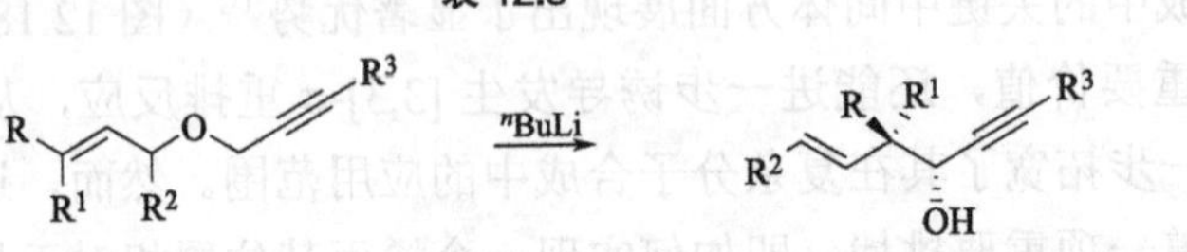

条目	底物	产物	*dr*	产率/%
1	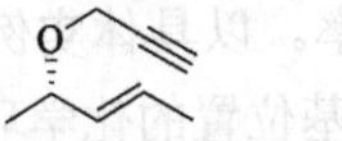	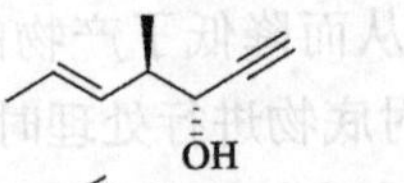	9∶1	71
2	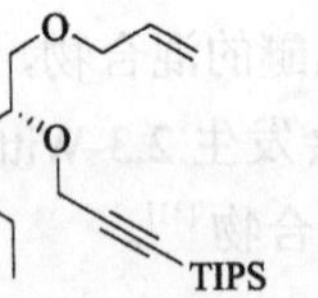	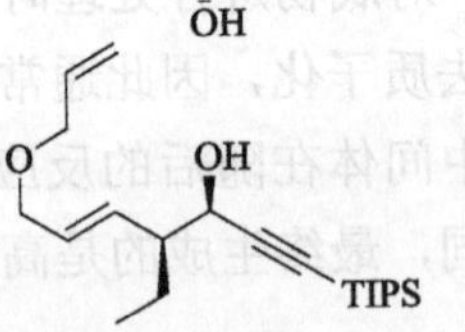	>98∶2	99
3	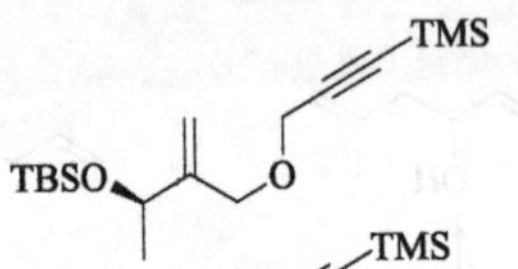	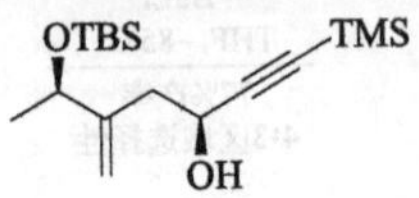	81∶19	92
4[a]	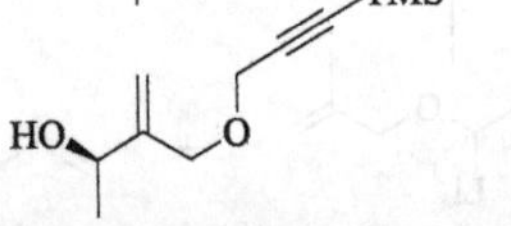	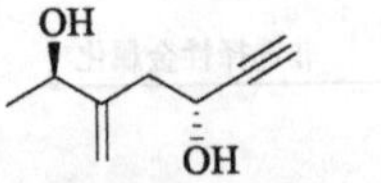	89∶11	86

[a]反应过程中发生了炔烃的脱硅基化反应。

（5）烯醇化物的 2,3-Wittig 重排

α- 烯丙氧基酸、酯及酰胺的烯醇化物，在特定条件下能够经历一种高效的 2,3-Wittig 重排反应，生成 *α*- 羟基羰基化合物。例如，用过量的 LDA 处理酯会生成二阴离子，该二阴离子通过 2,3-Wittig 重排和水解处理，以立体选择性的方式转化为目标产物[33]（图 12.20）。在重排过渡态结构中，烯醇盐与烯烃 π 体系形成内型关系（这在烯醇盐的 2,3-Wittig 重排中通常可以观察到）。这种关系在烯醇化物的 2,3-Wittig 重排反应中尤为常见，它不仅稳定了反应过程中的中间体，还

促进了重排反应的顺利进行，确保了产物的高立体选择性。

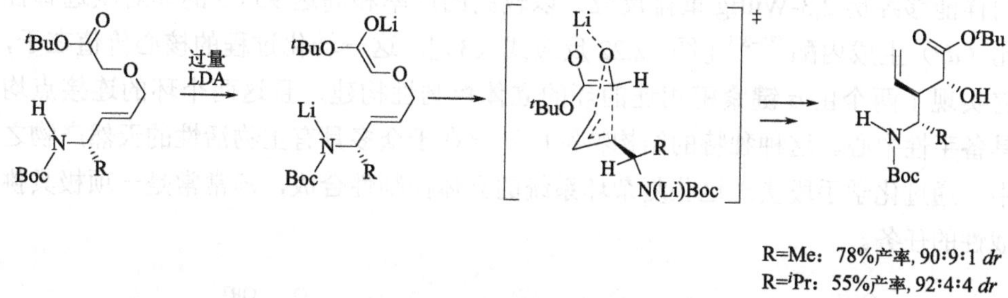

图12.20

（6）二烯醇酯的2,3-Wittig重排

1999年，Hiersemann等报道了首例酯二烯醇盐的2,3-Wittig重排反应。在这一过程中，关键步骤包括α,β-不饱和酯的γ位去质子化，以及γ,δ-不饱和酯的α位去质子化，两者均旨在生成核心中间体——二烯醇盐[34–35]。尽管实际操作中底物常以混合物的形式存在，但这种混合物状态并不妨碍它们直接参与后续反应，高效地转化为二烯醇盐。一旦二烯醇酯成功形成，它便成为进行2,3-Wittig重排的理想前体。在这一关键步骤中，经历结构重排，通过简单的水解处理，即可获得目标产物（图12.21）。

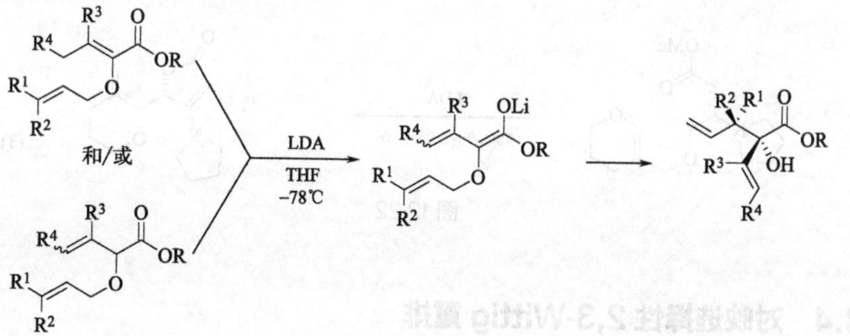

图12.21

（7）烯醚和烯胺的2,3-Wittig重排

烯烃部分携带有烷氧基或氨基的烯丙醚所经历的2,3-Wittig重排反应，在化学领域中相对较为罕见。例如，对于含有α-烷氧基酯的简单烯醚而言，其2,3-Wittig重排反应能够以令人满意的化学产率进行，生成α-羟基-β-烷氧基酯，但其非对映选择性处于中等水平［图12.22反应式（1）］。然而，当采用更为复杂的底物时，该重排反应展现出了卓越的立体选择性，高效且专一地生成了单一产物，这一重排产物随后在合成雪卡毒素的EF环系统的研究中发挥了关键作

用[36]［图 12.22 反应式（2）］。此外，β-酮酸酯衍生的烯胺（其前体为二烯醇盐）同样能够经历 2,3-Wittig 重排反应，以较高的产率和高达 95 : 5 的非对映选择性比（*dr*）生成内酯[36–37]［图 12.22 反应式（3）］。这一转化过程的核心价值在于，它实现了两个由 σ 键紧密相连的环的立体控制性构建，且这两个环的连接点均具备手性中心。这种独特的结构特征广泛存在于众多具有生物活性的天然产物之中，通过化学手段实现这些复杂环系统的立体控制性合成，却常常是一项极具挑战性的任务。

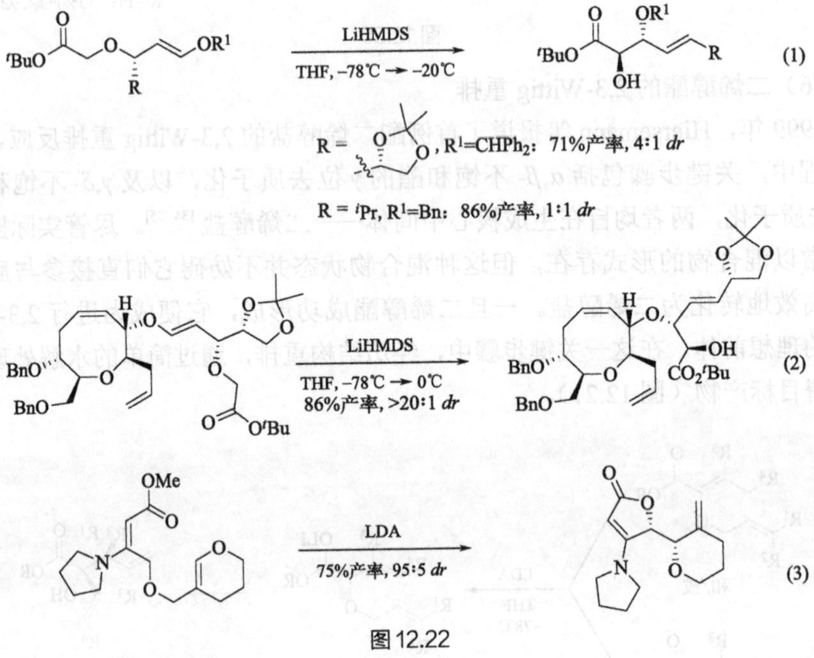

图 12.22

12.3.4 对映选择性 2,3-Wittig 重排

（1）手性辅基诱导的不对称 2,3-Wittig 重排

许多烯丙醚衍生物在经历 2,3-Wittig 重排后，会生成含有 1 ～ 2 个手性中心的高烯丙醇产物。正如之前所述，这些反应往往展现出高度的非对映选择性。但遗憾的是，在常规反应条件下，产物通常以外消旋体的形式存在。鉴于这些产物在化学合成中的重要性，科研人员已不遗余力地致力于开发对映选择性 2,3-Wittig 重排变体[1,38]。在该领域的早期探索中，研究重点聚焦于利用手性辅助剂来调控不对称诱导效应。一系列手性酯、酰胺和噁唑啉被深入研究[1]。然而，许多方法仅能实现中等程度的不对称诱导，或是生成顺反异构体的混合物，限制

了其实际应用。不过随着研究的深入，该领域取得了令人瞩目的进展。

由（1*S*,2*R*）-1- 氨基 -2- 茚醇酰胺衍生的锂烯醇盐，在经历 2,3-Wittig 重排后，能够以优异的立体选择性生成二取代的 *α*- 羟基酰胺 [39]（表 12.4）。在所有情况下，均观察到 *R* 构型的单一产物。特别是当使用末端烯烃作为底物时，选择性高达 >98%（表 12.4 条目 1）。对于带有 *E*- 烯烃单元的底物，其转化过程同样展现出高度的顺反及非对映选择性（表 12.4 条目 2 ～ 4），但类似 *Z*- 烯烃底物在转化过程中选择性却较低（表 12.4 条目 5）。同时，烯胺（R^1 = NTs）的重排反应在选择性方面也能与其他烯烃底物相媲美 [40]（表 12.4 条目 6）。

表 12.4

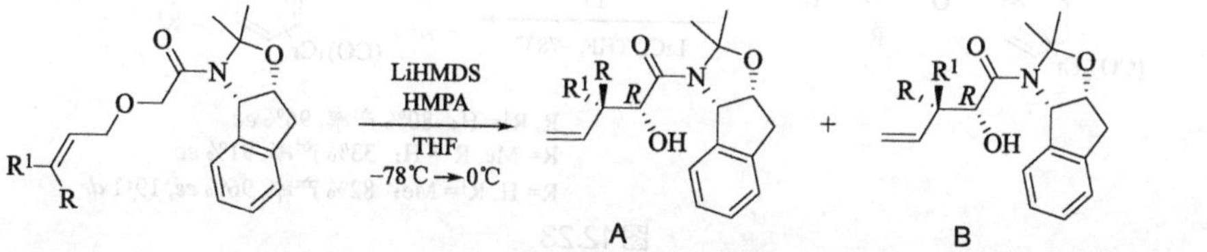

条目	R	R^1	产率/%	A∶B
1	H	H	95	>98% 2*R*
2	H	Me	97	90∶10
3	H	Et	96	87∶13
4	H	Ph	87	91∶9
5	Et	H	93	32∶68
6[a]	H	TsN(烯丙基)	80	94∶6

a 1*R*, 2*S*底物，产物A转化为产物B。

（2）手性碱诱导的不对称 2,3-Wittig 重排

尽管手性辅助剂在促进 2,3-Wittig 重排反应的对映选择性方面展现出了较高的价值，但这种策略的应用范围却受到一定限制。对于含有羰基的底物而言，引入手性辅基的过程相对直接且高效，可通过简单的酰基转移反应轻松制备手性酯或酰胺，同时酮和醛也能方便地转化为手性腙。然而，面对缺乏羰基官能团的烯丙醚衍生物，直接在起始材料中引入手性辅基变得既复杂又不切实际。为了克服这一局限性，科研人员开创性地发展了另一种策略，旨在直接实现对映选择性的 2,3-Wittig 重排反应。这一新策略的核心在于利用手性碱来介导烯丙基醚的立体选择性锂化过程。在此领域的初步探索中，锂二烷基酰胺试剂作为关键的手性碱，成功地对一系列底物进行了立体选择性的金属化 [1,41]（图 12.23）。尽管在多个案例中，不对称诱导效率和 / 或化学产率中等，但在某些特定体系中，该方法却展现出了优异结果。

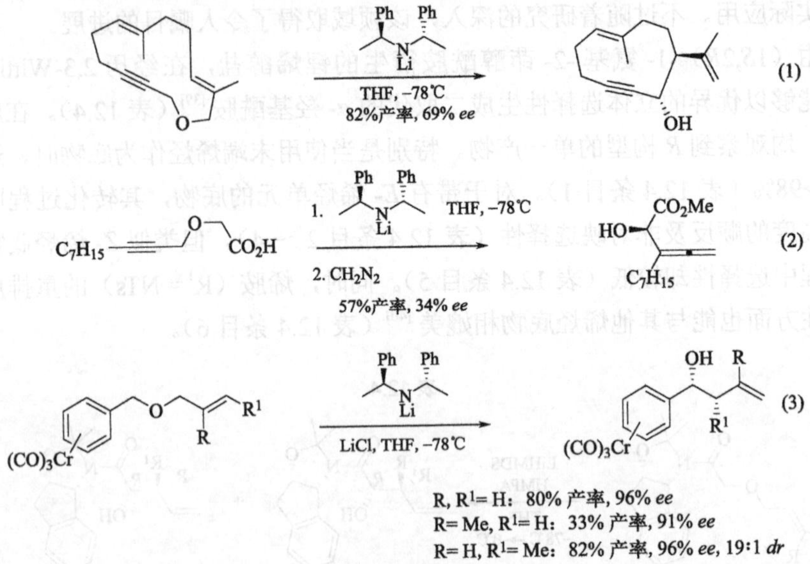

图12.23

（3）有机催化的不对称 2,3-Wittig 重排

以手性吡咯烷作为有机催化剂，针对含有羰基的烯丙基醚底物进行催化不对称 2,3-Wittig 重排也取得了一定的进展。值得注意的是，该反应体系面临着反应速率偏缓以及产物生成时的对映选择性仅为中等等问题（图 12.24）。为了实现实用且有效的转化，催化剂的结构有待进一步的改造。

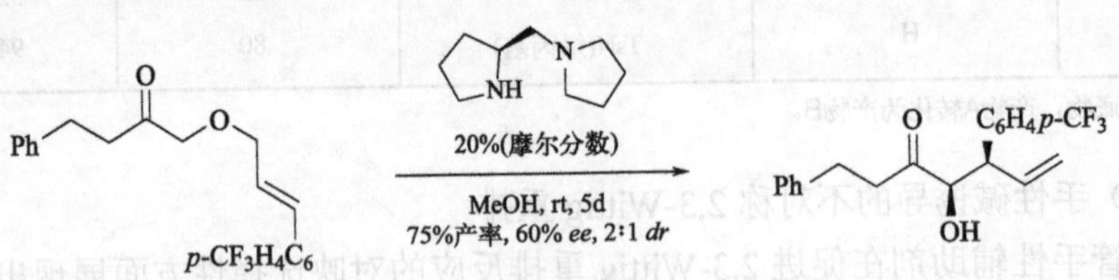

图12.24

12.3.5 其他 2,3-Wittig 重排

（1）氮杂 -2,3-Wittig 重排

氮杂 -2,3-Wittig 重排，作为传统 2,3-Wittig 重排的一个独特氨基变体，可以实现三级烯丙基胺到二级高烯丙基胺的转化[42]。尽管这类重排不及烯丙基醚参与的 2,3-Wittig 重排那般普遍，但它却为构建多取代开链以及环状结构的二级胺提供了一条新的合成路径。

在 1995 年，Anderson 等报道了首个烯丙胺衍生物经历氮杂 -2,3-Wittig 重排的反应实例。但遗憾的是，其非对映选择性表现欠佳，产物以 3 : 2 比例混合物的形式出现[43]。该反应对映选择性受限的原因，可归结为过渡态之间能量壁垒的细微差异。从理论角度出发，过渡态应受到 R^1 与苯基间 1,3- 二轴向相互作用的扰动而变得不稳定。然而，当 R^1 为诸如氢原子这样的小基团时，该二轴相互作用对过渡态间相对能量的影响变得微乎其微，进而导致了最终产物对映体比例的失衡（图 12.25）。

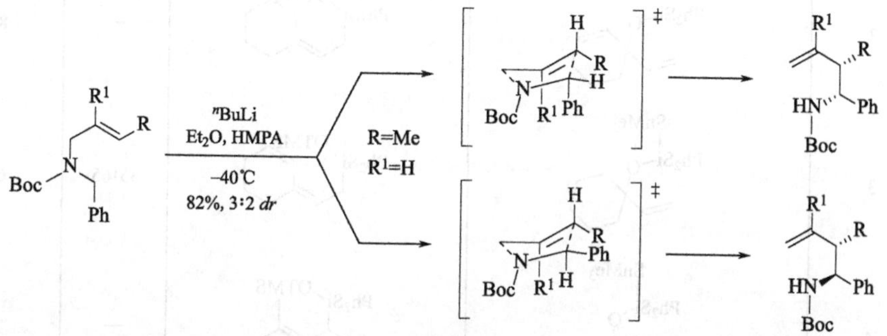

图 12.25

（2）硅杂 -2,3-Wittig 重排

硅杂 -2,3-Wittig 重排作为一种高效且多功能的合成策略，为从烯丙醇或烯丙胺出发，制备结构多样化的取代烯丙基硅烷衍生物提供了便捷途径[44]。该重排反应的前体，即（烯丙氧基）硅基锂试剂（图 12.26），可通过硅基锡烷与正丁基锂（*n*-BuLi）之间的高效转金属化反应制备得到。随后，中间体经历 2,3-Wittig 重排，以及随后的三甲基氯化硅（TMSCl）处理，最终生成目标化合物。

硅杂 -2,3-Wittig 重排策略在多种基于三级醇的硅基锡烷底物上展现出了显著的反应性，这一点得到了全面验证（表 12.5）。在产物构型选择性方面，*E* : *Z* 值虽然适中，但多数情况下表现出对 *Z*- 立体异构体的轻微偏好（表 12.5 条目 1 和 3）。值得注意的是，当以 1- 乙烯基环己 -2- 烯醇为前体制备的硅基锡烷作为底物时，硅杂 -2,3-Wittig 重排呈现出高度的区域选择性，优先发生在外环烯烃上，而非内环烯烃（表 12.5 条目 3）。此外，该重排反应的适用性还延伸至烯丙胺衍生的硅基锡烷，它们能够经历独特的氮杂 - 硅杂 -2,3-Wittig 重排过程，生成有价值的烯丙基硅烷产物（表 12.5 条目 5）。

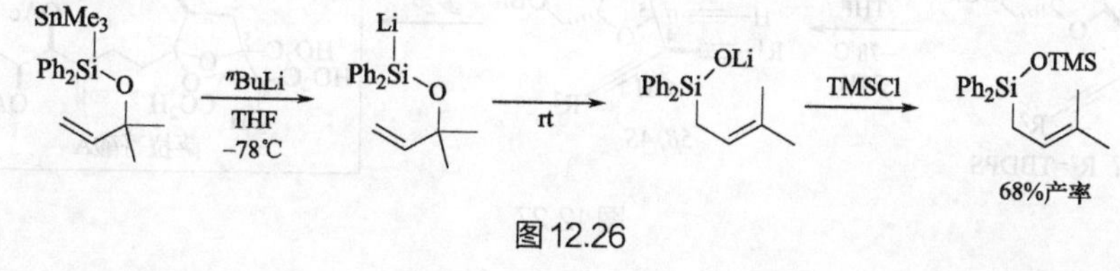

图 12.26

表 12.5

条目	底物	产物	E:Z	产率/%
1	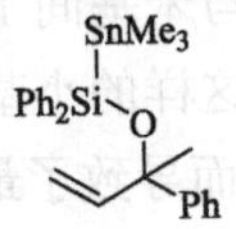	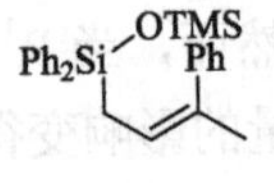	29:71	95
2	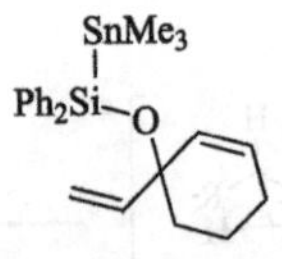	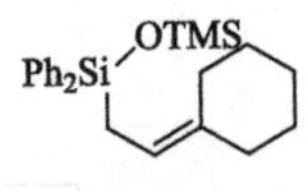	—	80
3	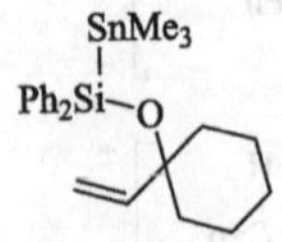	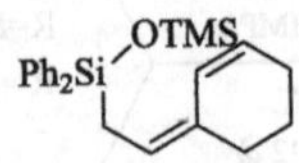	35:65	65
4	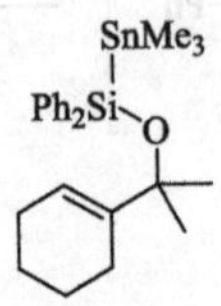	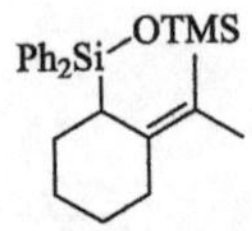	—	79
5	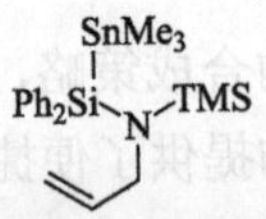	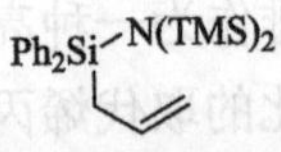	—	86

12.3.6 Wittig 重排反应的应用

Tomooka 及其研究团队报道了萨拉哥酸 A 的立体选择性全合成。该合成路径的关键步骤即 [1,2]-Wittig 重排[45]。通过正丁基锂对缩醛保护的乙炔基甲醇进行处理，成功触发了 [1,2]- 重排反应。这一过程不仅高效地构建了 C-5 和 C-4 位置的手性中心，而且实现了极高的非对映选择性，其中 C-5 位置的手性中心以 95% 的 β构型优势确立，而 C-4 位置的非对映体比例也较高（图 12.27）。

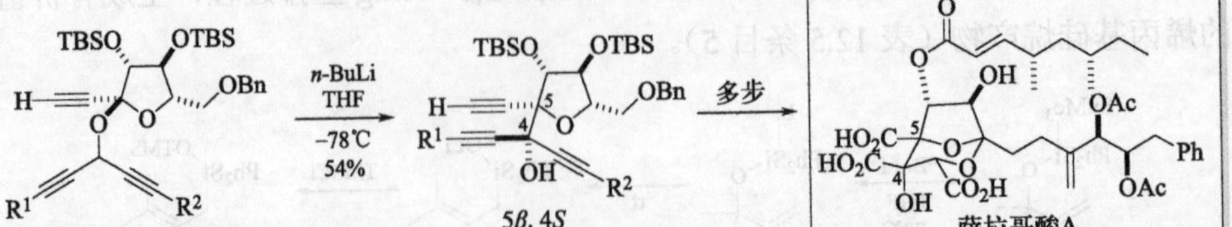

图 12.27

Blechert 团队首次报道了（+）-astrophylline2 的不对称全合成[46]（图 12.28）。在合成策略中，引入了 [2,3]-Wittig 重排（作为关键步骤），精准地构建了反式环戊烯中间体。具体而言，三丁基锡甲基醚底物与正丁基锂（*n*-BuLi）首先进行转金属化反应，成功引发了所需的 [2,3]-σ 迁移过程。这一过程不仅高效且选择性良好，直接导向了预期的手性高烯醇产物的生成，并且以单一对映体的形式呈现。

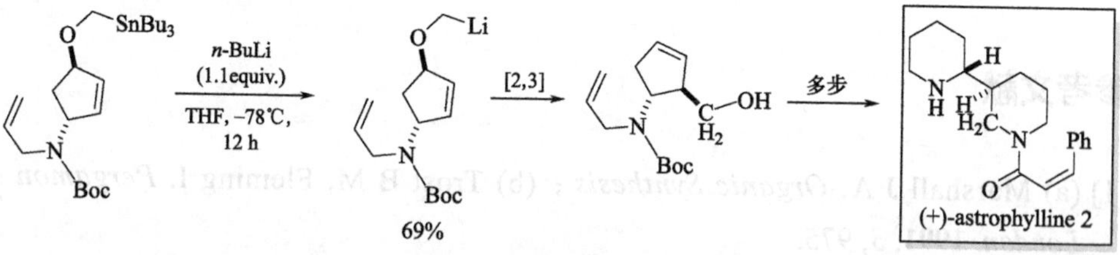

图 12.28

Fukuyama 等人报道了 sarcophytols A 的不对称全合成（图 12.29）。其中，具有高度立体特异性的 [2,3]-Wittig 重排是整个合成路径的关键步骤[47]。在该重排反应中，大环双烯丙基醚前体去质子化展现出了卓越的区域选择性，精确无误地发生在取代基较少的位置。即便面对如此复杂的底物结构，重排反应依然能以极高的产率顺利推进，并给出极高的立体选择性。

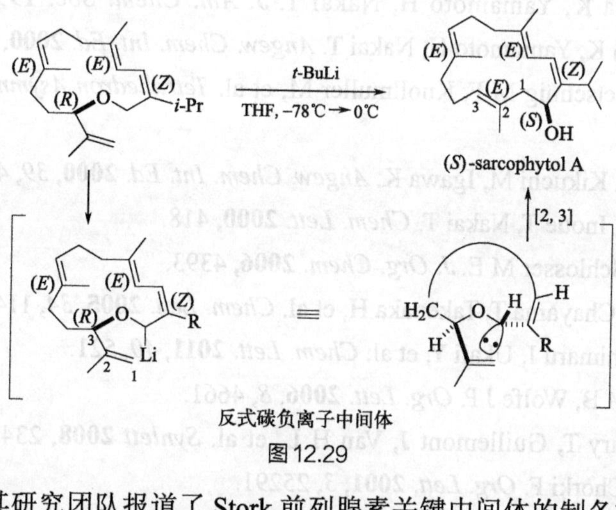

图 12.29

Nakai 及其研究团队报道了 Stork 前列腺素关键中间体的制备方法[48]。这一合成路线的关键在于首次将不对称 [2,3]-Wittig 重排应用于环状体系，并高效地构建了三个连续的手性中心（图 12.30）。

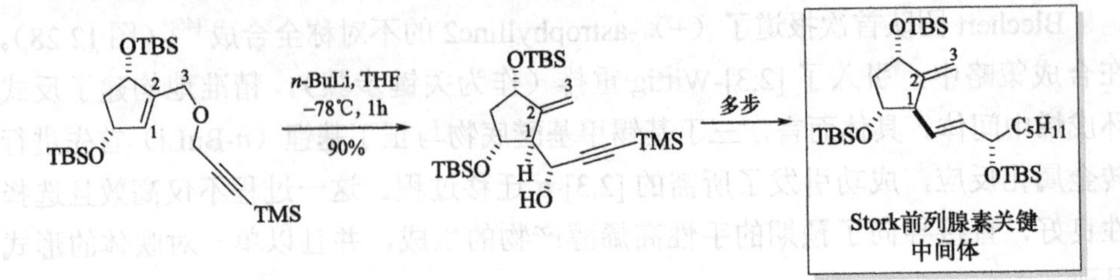

图12.30

参考文献

[1] (a) Marshall J A. *Organic Synthesis*; (b) Trost B M, Fleming I. *Pergamon*: *London*. **1991**, *3*, 975.

[2] Schorigin P. *Chem. Ber.* **1924**, *57*, 1634.

[3] Wittig G, Lohmann L. *Liebigs Ann. Chem.* **1942**, *550*, 260.

[4] (a) Tomooka K, Yamamoto H, Nakai T. *Liebigs Ann. Recueil* **1997**, 1275.
(b) Tomooka K, Rappoport Z, Marek I, et al. *Wiley*: *London*, **2004**, *2*, 749.
(c) Wolfe J P, Guthrie N J, Li J J, et al. *John Wiley and Sons*: *Hoboken*, **2009**, 226.

[5] Matsushita M, Nagaoka Y, Hioki H, et al. *Chem. Lett.* **1996**, 1039.

[6] (a) Tomooka K, Yamamoto H, Nakai T. *J. Am. Chem. Soc.* **1996**, *118*, 3317.
(b) Tomooka K, Yamamoto H, Nakai T. *Angew. Chem. Int. Ed.* **2000**, *39*, 4500.

[7] Gärtner P, Letschnig M F, Knollmuller M, et al. *Tetrahedron Asymmetry* **1999**, *10*, 4811.

[8] Tomooka K, Kikuchi M, Igawa K. *Angew. Chem. Int. Ed.* **2000**, *39*, 4502.

[9] Tomooka K, Inoue T, Nakai T. *Chem. Lett.* **2000**, 418.

[10] Strunk S, Schlosser M E. *J. Org. Chem.* **2006**, 4393.

[11] Takeda N, Chayama T, Takenaka H, et al. *Chem. Lett.* **2005**, *34*, 1140.

[12] Horii S, Ishimaru I, Ukaji Y, et al. *Chem. Lett.* **2011**, *40*, 521.

[13] Bertrand M B, Wolfe J P. *Org. Lett.* **2006**, *8*, 4661.

[14] (a) Hameury T, Guillemont J, Van H L, et al. *Synlett* **2008**, 2345. (b) Garbi A, Allain L, Chorki F. *Org. Lett.* **2001**, *3*, 25291.

[15] Katritzky A R, Ponkshe N K. *Tetrahedron Lett.* **1981**, *22*, 1215.

[16] (a) Miyata O, Koizumi T, Ninomiya I, et al. *J. Org. Chem.* **1996**, *61*, 9078.
(b) Miyata O, Koizumi T, Asai H, et al. *Tetrahedron* **2004**, *60*, 3893.

[17] Miyata O, Hashimoto J, Iba R, et al. *Tetrahedron Lett.* **2005**, *46*, 4015.

[18] Uneyama K, Hao J, Amii H. *Tetrahedron Lett.* **1998**, *39*, 4079.
[19] Miyata O, Iba R, Hashimoto J, et al. *Org. Biomol. Chem.* **2003**, *1*, 772.
[20] (a) Zhang P, Gawley R E. *J. Org. Chem.* **1993**, *58*, 3223. (b) Superchi S, Sotomayor N, Miao G. *Tetrahedron Lett.* **1996**, *37*, 6061.
[21] (a) Yang J, Dudley G B. *J. Org. Chem.* **2009**, *74*, 7998. (b) Yang J, Dudley G B. *Adv. Synth. Catal.* **2010**, *352*, 3438.
[22] Wittig G, Doser H, Lorenz I. *Liebigs Ann. Chem.* **1949**, *562*, 192.
[23] Cast J, Stevens T S, Holmes J. *J. Chem. Soc.* **1960**, 3521.
[24] (a) Ahmad N M, Li J J. *Hoboken : John Wiley and Sons*, **2009**, 241. (b) Nakai T, Mikami K. *Org. React.* **1994**, *46*, 105. (c) Mikami K, Nakai T. *Synthesis* **1991**, 594.
[25] Still W C, Mitra A. *J. Am. Chem. Soc.* **1978**, *100*, 1927.
[26] Mulzer J, List B. *Tetrahedron Lett.* **1994**, *35*, 9021.
[27] Sugino K, Nakazaki A, Isobe M, et al. *Synlett* **2011**, 647.
[28] Metz P, Schoop A. *Tetrahedron* **1995**, *51*, 9023.
[29] Reetz M T, Greif N. *Chem. Ber.* **1977**, *110*, 2958.
[30] Maleczka R E, Geng F. *Org. Lett.* **1999**, *1*, 1111.
[31] Nakai T, Mikami K, Taya S, et al. *J. Am. Chem. Soc.* **1981**, *103*, 6492.
[32] (a) Liang J, Hoard D W, van Khau V. *J. Org. Chem.* **1999**, *64*, 1459. (b) Druais V, Hall M J, Corsi C. *Org. Lett.* **2009**, *11*, 935.
[33] Reetz M T, Griebenow N, Goddard R. *J. Chem. Soc. Chem Commun.* **1995**, 1605.
[34] Hiersemann M, Abraham L, Pollex A. *Synlett* **2003**, 1088.
[35] (a) Hiersemann M. *Tetrahedron* **1999**, *55*, 2625. (b) Hiersemann M, Lauterbach C, Pollex A. *Eur. J. Org. Chem.* **1999**, 2713.
[36] Goto A, Fujiwara K, Kawai A, et al. *Org. Lett.* **2007**, *9*, 5373.
[37] Li Y J, Lee P T, Yang C M. *Tetrahedron Lett.* **2004**, *45*, 1865.
[38] Nakai T, Tomooka K. *Pure. Appl. Chem.* **1997**, *69*, 595.
[39] Kress M H, Yang C, Yasuda N, et al. *Tetrahedron Lett.* **1997**, *38*, 263.
[40] Barbazanges M, Meyer C, Cossy J, et al. *Chem. Eur. J.* **2011**, *17*, 4480.
[41] (a) Marshall J A, Lebreton J. *J. Am. Chem. Soc.* **1988**, *110*, 2925. (b) Marshall J A, Wang X J. *J. Org. Chem.* **1992**, *57*, 2747. (c) Gibson S E, Ham P, Jefferson G R. *Chem. Commun.* **1998**, 123.
[42] Vogel C. *Synthesis* **1997**, 497.
[43] Anderson J C, Siddons D C, Smith S C, et al. *J. Chem. Soc. Chem. Commun.*

1995, 1835.
[44] Kawachi A, Doi N, Tamao K. *J. Am. Chem. Soc.* **1997**, *119*, 233.
[45] Tomooka K, Kikuchi M, Igawa K, et al. *Angew. Chem., Int. Ed. Engl.* **2000**, *39*, 4502.
[46] Schaudt M, Blechert S. *J. Org. Chem.* **2003**, *68*, 2913.
[47] Kodama M, Yoshio S, Yamaguchi S, et al. *Tetrahedron Lett.* **1993**, *34*, 8453.
[48] Nakazawa M, Sakamoto Y, Takahashi T, et al. *Tetrahedron Lett.* **1993**, *34*, 5923.